普通高等教育"十一五"国家级规划教材

工业设计机械基础

第 3 版

主编　阮宝湘
参编　周殿春
主审　吴永健

机械工业出版社

本书为普通高等教育"十一五"国家级规划教材，共分两篇，第一篇为工程力学基础，第二篇为机械设计基础。第一篇中的4章分别为工程力学的基本概念，构件与产品的静力分析，构件与产品的强度分析，构件的刚度、压杆稳定和动载荷问题。第二篇中的4章分别为机械设计概述、机械零件基础、常用机构、机械传动基础。本书的特点是：①尽量以日用工业品取代机械生产设备作为讲解的示例和作业分析的对象；②将第二篇各章的作业尽量由"抄书答题"改为解剖分析产品实物，使学生在实践中学得活、掌握得牢固。附录A为机械设计基础综合作业，内有三种类型60多个大作业题，涉及几十种日用产品，学生可任选一个题目，通过自我钻研来巩固和加深对课程的学习掌握。附录B为产品结构的图例与剖析（学生自学阅读材料）。

本书主要适用于设计类专业本科的工程力学和机械设计基础两门课程，也可供其他非机类专业选用。为方便教学，在电子课件中新增了材料力学实验及机构演示等动画，课件中还有供教师参考使用的习题解答。

图书在版编目（CIP）数据

工业设计机械基础/阮宝湘主编. —3版. —北京：机械工业出版社，2016.6（2025.1重印）

普通高等教育"十一五"国家级规划教材

ISBN 978-7-111-54153-0

Ⅰ.①工… Ⅱ.①阮… Ⅲ.①工业设计-高等学校-教材②机械设计-高等学校-教材　Ⅳ.①TB47②TH122

中国版本图书馆CIP数据核字（2016）第149268号

机械工业出版社（北京市百万庄大街22号　邮政编码100037）
策划编辑：冯春生　责任编辑：冯春生　程足芬　责任校对：肖　琳
封面设计：张　静　责任印制：单爱军
北京虎彩文化传播有限公司印刷
2025年1月第3版第9次印刷
210mm×285mm·18.25印张·491千字
标准书号：ISBN 978-7-111-54153-0
定价：59.00元

电话服务　　　　　　　　　　网络服务
客服电话：010-88361066　　　机　工　官　网：www.cmpbook.com
　　　　　010-88379833　　　机　工　官　博：weibo.com/cmp1952
　　　　　010-68326294　　　金　书　网：www.golden-book.com
封底无防伪标均为盗版　　机工教育服务网：www.cmpedu.com

第3版前言

本书第 2 版于 2008 年 9 月第 1 次印刷，至 2015 年 11 月印刷 8 次，大体每年重印一次。7 年间陆续收到出版社转来的读者来信，有赞扬鼓励的、有指出差错的、有提出修订意见的。每一封读者来信都体现了读者对本书、对编者工作的关心，在此致以诚挚的谢意！读者的宝贵建议在第 3 版中多有采纳。

第 3 版的修订要点如下：

1）对深度广度不适当的部分做了删减，如力学部分压杆稳定计算的折减系数法、持久极限与疲劳强度、机械部分的齿轮失效和齿轮精度问题简介等。

2）为贴合工业设计专业教学的需要，改写充实了零件结构工艺性一节，扩展了四杆机构的内容等。对第五章至第八章做了相当多的段落调整、表述修改和插图更替。

3）排查发现第 2 版中的各种差错或失当 20 余处，并一一加以订正。

4）教材总篇幅有所减少。第 2 版中的"第九章 产品结构的图例与剖析"，因近乎是资料性的内容，删减至原来的 40% 左右，改放在附录 B 里。

5）对某些章节段落的行文进行剪枝削蔓，以求简洁明晰。

6）对第 2 版的课件重新编排改进，新增了材料力学实验及机构演示等动画，以提升课堂教学效果。

此次修订工作由北京理工大学阮宝湘与河北工程大学周殿春合作完成。具体分工是：第一章至第四章、附录 A、附录 B 的修订由阮宝湘承担，第五章至第八章的修订由周殿春、阮宝湘共同承担，全书由阮宝湘统稿定稿，课件由周殿春加工制作，全书由北京理工大学吴永健教授主审。合作者分居两城，在将近一年的时间里，讨论、辩正、沟通的电子邮件往来一百多次。

国内开设工业设计专业的高校有数百所，工程技术课程在专业教学中的比重各校互有差异。如何把握好教材的广度、深度才能使本书的适应面广些（包括其他非机专业）？各章各节的内容怎样才算繁简适宜、增删得当？这是修订中颇感难以拿捏决断之处。编者衷心期待多多得到这方面的指教，也希望读者对本书第 3 版继续关注，并提出更多的批评指正和改进建议。

编　者

第 2 版前言

本书于 2002 年 7 月发行第 1 版,至 2007 年 8 月第 4 次印刷,累计印刷 14000 册。由于当时交稿的时限较为紧迫,第 1 版在不少方面未能达到既定的编写要求,这一直是编者的一个心结。2006 年本书入选为教育部"普通高等教育'十一五'国家级规划教材",这才得到机会进行期待已久的修订。本次修订继续秉承"适专业、宽而浅、重实例、重应用"的原则,但改写的篇幅较多,对比第 1 版,主要有以下方面的改进:

1) 尽量采用日用工业品作为讲解的示例和作业分析的对象。因为日用品比机械生产设备更贴近学生生活,看得见、摸得着、容易懂,也更符合设计专业及其他非机类专业的工作实际。

2) 加大了第二篇各章中实践性作业的比例,通过作业引导学生去观察实物、分析实物、动手拆装产品实物,摆脱"抄书答题"的桎梏,使学生在结合实际中学得更加灵活、牢靠和有趣。附录机械设计基础综合作业是本书的特色所在,内有三种类型近 80 个大作业题,涉及百种以上的日用产品,学生可任选一个题目,通过自我钻研来有效地巩固和加深对课程的学习和掌握。

3) 改正了第 1 版中的一些差错,削减了部分较深的内容和较难的作业题。

4) 制作配套的电子课件,以便利任课教师的课堂教学。课件中还附有习题解答,给出了书中所有计算题的解题步骤和答案,这也是为减轻教师的工作负担而提供的。

参与编写本书第 1 版的老师,有的工作已有所变动,有的正忙于其他任务而无法分心,因此,此次修订工作由阮宝湘、邵祥华承担。但第 2 版的编者署名仍维持第 1 版的原样不变。第 2 版由北京理工大学简召全、吴永健两位教授主审,编者对他们认真细致的工作和所提的宝贵意见深表感谢。

曾经来信给本书第 1 版提出意见和建议的,有讲授这门课程的教师,也有学习这门课程的在校学生,他们的意见不仅有价值,而且还让编者感受到了社会的关心和帮助。编者由衷地期待本书第 2 版能得到更多的批评指正和改进建议。

编 者
于北京

第1版前言

工业设计是一个相对年轻的专业，我国多数高校建立这个专业（系）的时间还不是很长，所以本专业的工程基础课程一般聘请外系的教师来主讲。全国高等学校工业设计专业第二届教学指导组在讨论到这种现状时，指出存在以下两个值得关注的现象：第一，外系教师不易在短时间内熟悉本专业的需要，使得适当地把握课程的深广度和使课程内容结合专业实际都有一定难度；第二，工程基础各门课程由不同系的教师来讲授，教材也由他们分别选用，那么各课程之间的互相贯通衔接也难免出现问题。在这些工程基础课程中，当然包括"工程力学"和"机械设计基础"这两门课程。鉴于此，教学指导组讨论通过了编写本专业规划教材《工业设计机械基础》的建议，并审议通过了该教材的编写大纲，目的在于对解决上述问题进行初步的实践和探索。这就是本教材产生的背景。

非机类专业教材把《工程力学》和《机械设计基础》合成一册《机械基础》，已经不乏先例。本教材沿用这种做法，主要着眼于两者的贯通衔接。这既不妨碍在教学计划中仍把它们分列为两门课，也不影响分别聘请两位教师来授课。由于一般不会有哪个学校只开其中一门课而不开另一门，相信合册比分册能给教学双方都带来一些方便。

本教材在编写中力求遵循"适专业、宽而浅、重实例、重应用"的要求。专业的培养目标是工业设计师，需要一定宽度的力学和机械知识，但不可能也没必要达到机械专业的深度。在工程力学部分中，教材突出了静力学和材料力学的基本概念和结论；提供基本计算方法的目的，是让学生掌握的知识能从定性向定量的层面有初步的延伸，这对本科层次的人才培养是需要的。但计算公式的推导一般都加以精简了。机械设计部分中，常用机构、连接、各种传动、轴系零部件等基本内容，都从实用出发，着重于阐明特性对比和适用场合。一般机械基础教材的例题和习题常限于生产机械的范围，本教材补充了一些生活日用品的例子，以期贴近专业。工业设计的核心是创新，而结构创新往往就是功能创新的基础，这应该是本专业学生学习本课程的重点之一，对此本教材也在例题和习题中尽量加以体现。在第三篇"产品机构与结构图例"中，还提供了三大类、近40种产品的立体透视图，作为学生的参考阅读材料。希望它们既能给学生提供创新设计的借鉴，又能激发学生创新设计的热情。本书的附录为课程的"大作业指南"，阐明了"课程论文"和"课程设计"两类大作业的目的、要求和方法，还给出了几十个适合于工业设计专业特点的题目。编者的初步教学实践表明，学生对这样的大作业是欢迎和有兴趣的，能提高本课程的教学效果。希望使用本教材的老师和学生，通过实践，把改进大作业的意见和好的作业题目反馈给本书编者，让更多的学校能分享你们的宝贵经验。

在各个学校的教学计划中，"工程力学"和"机械设计基础"这两门课程的课时数颇有差异，加之本专业有从理工类招生的，也有从艺术类招生的，因此，各校对这两门课在要求上存在多样性是客观现实。这种多样性对我国设计教育整体而言，是好事；不可能也不应该强求一致。当然，既然如此，就不可能有任何一本教材能适用于所有的学校。本教材的基本对象为理工类招生的工业设计专业本科生。但本教材对较深的理论均已删削，例如，书中公式基本上都以初等数学的形式给出（只在个别地方出现微积分符号，可以跳过去，不影响对主要内容的理解），因此也可供艺术类招生的工业设计专业本科生、理工类招生的工业设计专业大专生参考。

本书由北京理工大学阮宝湘主编。参加编写的有北京理工大学阮宝湘、邵祥华（第一、二、三、四章，附录），北京机械工业学院高炳学（第五、六章，第十章的第一、二节），北京工商大学张宝刚（第七、八、九章），湖南大学钟家珍、胡锦（第十一、十二、十三章，第十章的第三节）。全书由北京理工大学吴永健教授主审。

由于作者水平所限，书中难免存在种种缺点与不当，恳切期待读者给予批评指正。

编　者
于北京

目 录

第3版前言
第2版前言
第1版前言

第一篇　工程力学基础

第一章　工程力学的基本概念 / 2
　第一节　工程力学与工业设计 / 2
　第二节　工程力学的研究对象与基本内容 / 8
　第三节　刚体与变形固体　力与力系 / 8
　第四节　静力学公理 / 10
　第五节　约束与约束反力 / 12
　第六节　分离体与受力图 / 15
　习题与作业 / 19

第二章　构件与产品的静力分析 / 22
　第一节　平面力系的简化与合成 / 22
　第二节　平面力系平衡问题的求解 / 30
　第三节　空间力系简介　超静定的概念 / 40
　第四节　物体的重心和平面图形的形心 / 43
　第五节　摩擦与摩擦力 / 48
　第六节　功与功率 / 56
　习题与作业 / 60

第三章　构件与产品的强度分析 / 65
　第一节　材料力学的研究目的　杆件的基本变形形式 / 65
　第二节　内力、应力与应变 / 67
　第三节　材料在拉伸和压缩时的力学性能 / 72
　第四节　拉压杆的强度 / 76
　第五节　剪切和挤压强度 / 79
　第六节　圆轴抗扭强度 / 84
　第七节　梁的抗弯强度（一）/ 91
　第八节　梁的抗弯强度（二）/ 98
　第九节　组合变形强度问题简介 / 105
　习题与作业 / 108

第四章　构件的刚度、压杆稳定和动载荷问题 / 113
　第一节　构件的变形与刚度 / 113
　第二节　压杆的稳定性 / 119
　第三节　动载荷与动应力 / 122
　第四节　应力集中现象和裂纹问题 / 125
　第五节　交变应力与疲劳强度简介 / 128
　习题与作业 / 130

第一篇《工程力学基础》篇后语　设计专业的学生怎样解读力学公式——从张飞的虎须谈起 / 132

第二篇　机械设计基础

第五章　机械设计概述 / 136
　第一节　机械结构在设计中的地位 / 136
　第二节　机械设计的基本要求和一般程序 / 139
　第三节　机械结构的常用材料及其选用原则 / 144
　第四节　零件的结构工艺性和造型因素 / 151
　习题与作业 / 157

第六章　机械零件基础 / 160
　第一节　连接 / 160
　第二节　轴与联轴器 / 170
　第三节　轴承 / 179

第四节 弹簧 / 187
习题与作业 / 195

第七章 常用机构 / 198
第一节 运动副、机构与机构运动简图 / 198
第二节 平面连杆机构 / 202
第三节 凸轮机构和螺旋机构 / 209
第四节 间歇运动机构 / 216
第五节 机构的扩展与组合 / 220
习题与作业 / 221

第八章 机械传动基础 / 224
第一节 带传动 / 224
第二节 链传动 / 230
第三节 齿轮传动 / 234
第四节 轮系与减速器 / 248
第五节 液压传动简介 / 253
参考资料 常用机械传动形式的性能对比 / 255
习题与作业 / 256

附录 / 258
附录A 机械设计基础综合作业 / 258
　附录A.1 第一类综合作业 撰写产品结构的分析报告 / 258
　附录A.2 第二类综合作业 绘制产品结构图 / 263
　附录A.3 第三类综合作业 制作产品机构的可动模型 / 264
附录B 产品结构的图例与剖析（学生自学阅读材料）/ 265
　附录B.1 日用小产品 / 266
　附录B.2 灵巧、便捷机构 / 269
　附录B.3 几种专用机构 / 271
　附录B.4 电烤炉和台式电扇 / 274
　附录B.5 机箱机壳 / 277

参考文献 / 282

第一篇

工程力学基础

第一章　工程力学的基本概念
第二章　构件与产品的静力分析
第三章　构件与产品的强度分析
第四章　构件的刚度、压杆稳定和动载荷问题

第一章

工程力学的基本概念

第一节 工程力学与工业设计

一、工程力学在产品设计中的作用

工程力学对产品设计有什么用？这是工业设计专业学生学习本课程时首先想了解的问题。简要的回答是：第一，任何产品都必须稳定或能按预定要求运动；第二，任何产品都应该牢固，正常使用中不会损坏。要正确处理这两方面的问题，都离不开工程力学知识。

上述两个方面中，前者属于静力学或动力学的范围，后者属于材料力学的范围。下面通过一些贴近工业设计的产品实例，来初步说明上面的论点。

1. 产品设计与静力学、动力学

图 1-1a 是酒吧里的吧椅和婴儿高椅，椅子高，人坐在椅子上难免左摇右摆、前倾后仰，为了安全，确保坐着不倾倒，地面上支撑的纵横尺寸该有多大，必须计算。对于图 1-1b 所示的儿童摇马，或图 1-1c 所示的成人摇椅，类似的安全问题显然更加突出。——这些都属于静力学的问题。

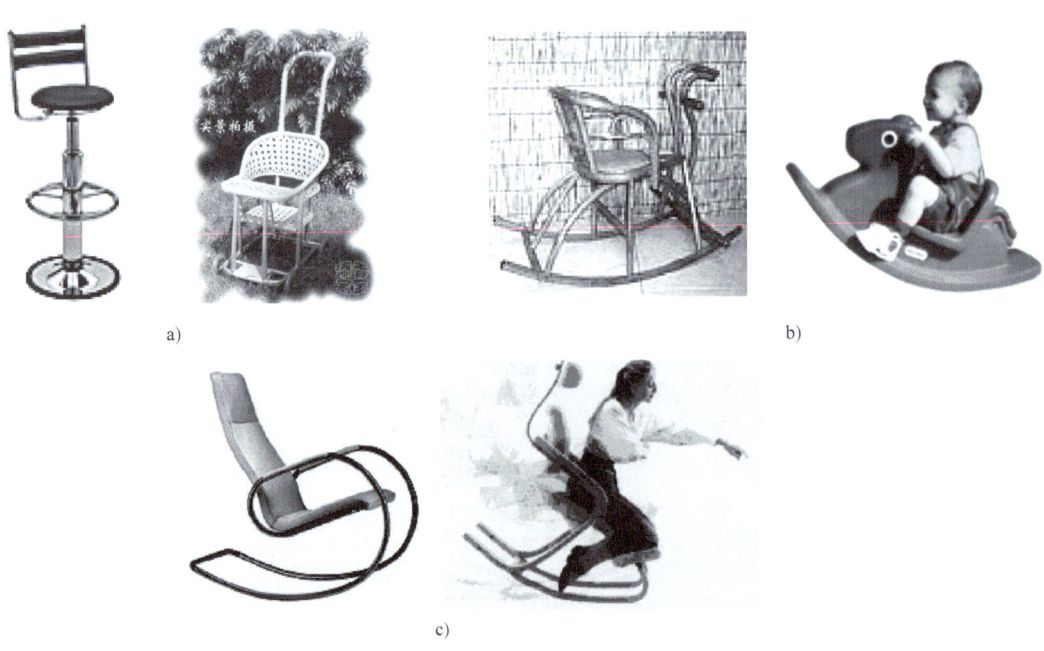

图 1-1 高椅、摇椅，使用中必须稳定，不会倾倒

椅子的各部分之间一般是固定不动的。另有不少产品，使用中有些部件会发生运动，从而使整个产品的重心产生移动，分析这类产品在工作中不致翻转倾倒的问题，还需要考虑部件移动中的极端状态。例如图 1-2a 所示的台灯，要求灯头探到最远位置而不倾倒，

那么台灯的底座需要多大、多重呢？图1-2b 所示的小型吊车，当达到预设的最大起重量且重物距离达到最远时，吊车的底盘尺寸和配重应该满足怎样的条件？本书第二章的例2-12和例2-17，将分别求解这样两个具体的问题。

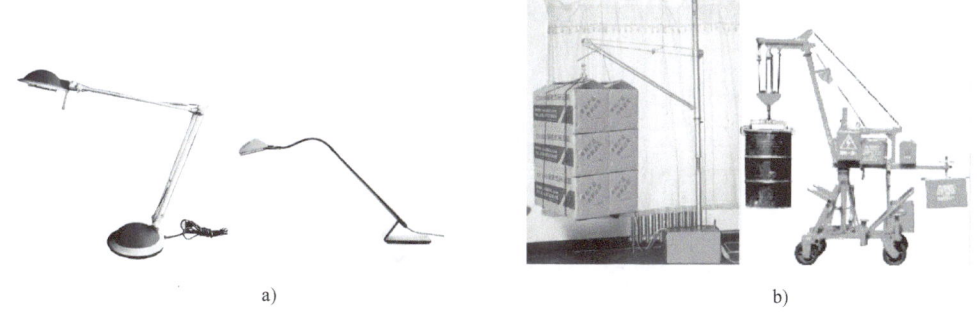

图1-2 部件运动会引起整体重心移动的产品

室外的广告牌（图1-3a）能经受多大的风力吹拂不倾倒？室外的公告栏顶棚（图1-3b）能承受多厚的积雪不被压塌？设计这些公共设施也需要进行力学计算。

图1-3 设计公共设施也需要进行力学计算

案桌上迷你风扇（图1-4a）的每秒送风量与电动机功率的关系如何？图1-4b 所示为儿童乐园里的电动摇马，怎样估算它所需的驱动功率？如今满路跑着的电动自行车（图1-4c），其功率与自重载重、爬坡能力、行驶速度等因素有怎样的定量关系？这些也属于工程力学解答的问题。第二章习题2-32 就是关于电动自行车功率计算的题目。

 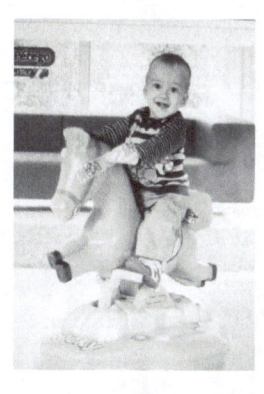 

a) b) c)

图1-4 产品中的功率计算问题举例

产品设计中涉及静力学或动力学问题的例子举不胜举。

2. 产品设计与材料力学

图1-5 是20世纪20年代包豪斯学校教师布劳耶（Marcel Breuer）设计的钢管椅，它

开启了采用钢管制作家具的新潮流,闻名于世界工业设计史的史籍。

1) 钢管椅应该尽量轻巧,但前提是必须牢固,能保证长期正常使用而不致折断破坏。如何做到这一点?——这是材料力学中的强度问题。

此问题涉及的力学因素比较多,例如:

① 人的体重如何作用于钢管椅?最容易折断破坏的是钢管椅的哪个或哪几个部位?

② 钢管架子的尺寸(如纵、深跨度)、形状(如钢管弯转的圆弧度)与钢管的承载能力有什么关系?

③ 人猛然往椅面上坐下去产生的冲击力(动载荷)有多大影响?人在椅子上长期晃动造成的反复作用(引起交变应力)又有什么影响?

弄清了上述问题,才能合理确定钢管的直径和壁厚这两个尺寸。而这两个尺寸是相关的,可选择直径较粗但较薄的钢管,也可选择直径较细而较厚的钢管,需要综合考虑酌情选定;另外还与钢材的质量有关,若选用优质钢材,椅子能更轻巧,但成本也会提高。

几乎所有的产品都像钢管椅这样,设计时需要考虑强度问题。图1-6a是常见的轻型家用物架,希望轻巧,也要求能多承载一点重量不被压坏。图1-6b是几款座椅等家具,造型还算新颖,但支撑部位的强度问题看来需要重视分析。市场上有些电脑桌,如图1-6c所示,设计并无问题,但因采用廉价劣质材料制作,用不多久就散了架,原因就在于强度不够。

图1-5 布劳耶钢管椅

公园游乐园里有些游乐设施是载人或挂着人玩的,如图1-6d所示,其构件的强度更直接关系着游人的人身安全。可折叠自行车,如图1-6e所示,当然越轻越好,叠起来能轻松地随身携带,而强度正是轻巧的主要制约因素。以上例证表明,几乎所有的产品都存在强度问题。

2) 富于弹性是钢管椅的关键特征,适宜的弹性能使人享受钢管椅的舒适和乐趣,因而人的体重使钢管椅产生多大的变形量是设计中的要点。——这是材料力学中的刚度问题。

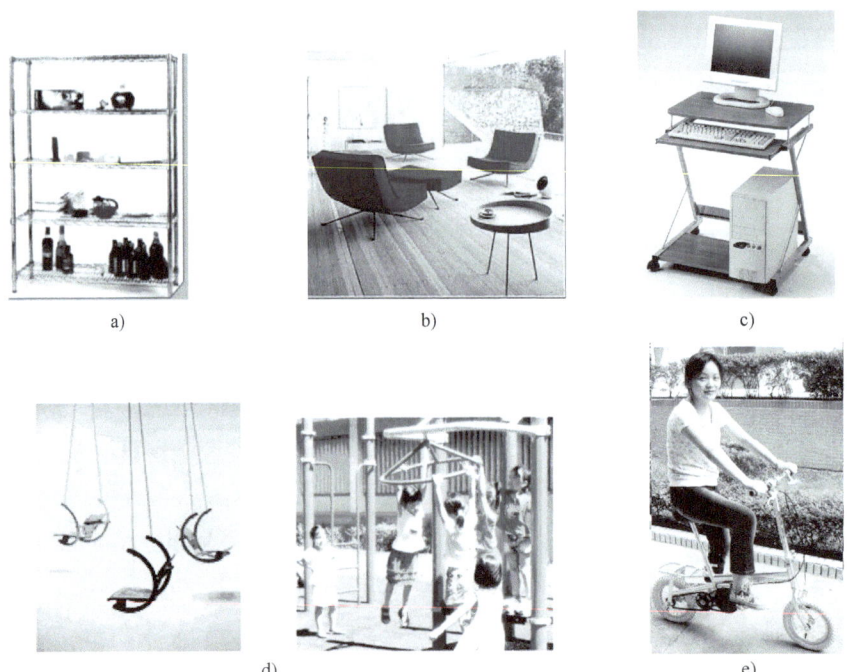

图1-6 几乎所有的产品都存在强度问题

再来看图1-7所示的儿童乐园里的弹性摇马，其底座是一个大弹簧。儿童坐在上面玩，颠簸中重力加大；摇晃间重心移动。既要长年使用，并确保儿童安全，是强度问题；又要能让儿童产生弹摇适度的乐趣，是刚度问题。那么，设计中该怎样选择和调整弹簧直径、钢条（或钢管）的粗细、弹簧圈数等参数呢？材料力学中强度、刚度两类知识都要涉及。

图1-7 儿童乐园里的弹性摇马

有的产品必须有足够的刚度，即产品受力引起的变形量需要限制。例如抽屉，如果底板太薄，被抽屉里的东西压得鼓起了包，抽屉就抽动不灵了。过于单薄的电脑桌在散架以前，常可能由于支架歪扭变形而不能正常使用。在另一些产品中，其使用功能却正需要依靠适宜的刚度（或者说弹性）才能达到。钢管椅是如此，很多电器插拔开关和电脑主机里的插板是如此，手机、相机的电池盖板是如此，就连一支圆珠笔上也有几处利用弹性的结构。

刚度的分析计算也是材料力学的一个部分。刚度与强度一样，影响因素较多，包括产品的结构、尺寸、形态、材料性能等，而且两者是相关的，提高构件刚度的同时一般也有利于提高其强度。图1-8是一些常见塑料日用品，每一件产品结构形态的优劣都与力学密切相关。消耗同样多的材料制成的一件产品，力

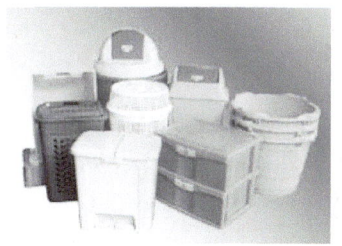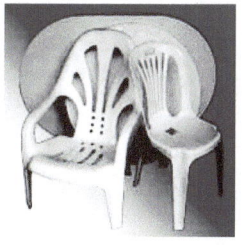

图1-8 塑料日用品：力学上是否合理，关系使用功能，也关系造型美观

学上合理，就能提高其使用功能，例如承重更大、装放更多、更加耐用等。或者是在同等使用功能下，产品能耗材更省、更轻巧。应该特别指出的是，这些日用品所谓的"结构形态"，当然直接联系着产品的外观造型。

工业设计的主体是产品设计，通过上面的介绍可知，掌握一定的工程力学基础知识，是产品设计师所必须具备的素质，因此设计专业的学生应该认真学习这门课程。

还有必要对读者强调指出，与本专业中某些重感受、重形象、重技艺的课程很不相同，力学的系统性强，较抽象，很严谨，其知识是通过一步步推理演绎向前延伸的，前面弄懂了，后面才能学得懂。本书虽然力求多引入一些贴近生活、贴近专业的实例，这只能起一点提高学习兴趣的作用。从本质上说，力学是难以通过一个个的例子（哪怕是典型的生动的例子）来完成其学习的；反过来，循序渐进地学懂到一定程度，那么相关范围里各种具体问题也就都可以处理解决了。

二、工程力学与产品的形态美

美的本质与审美意识是基本哲学问题之一，有各种不同的理论与观点。尽管如此，关于美的感受与审美标准，已有相当多的论点获得了多数研究者的认同。例如，和谐与秩序是美的本质之一，而和谐与秩序意味着一种数理逻辑关系；黄金分割之美中蕴藏着理性与和谐的深刻内涵等。与此相应，在产品的形态美和工程力学之间，也有以下广为认同的论点。

1. 均衡与稳定是造型美的形式法则之一，它们来源于力学中的概念

均衡与稳定的造型法则来源于人们对事物安稳、可靠的心理要求，它是由实际物体在重力作用下的平衡状态所直接引申而来。

我国古代的文物"飞马踏燕"的造型令人惊叹（图1-9）：飞奔着的马一蹄着地，动态中还维持着瞬时的平衡与稳定。

对于工业产品，物理意义上的稳定自然是必要的，碰碰就要倒塌的产品无法使用。而就造型而言，视觉感受上的稳定同样是取得美感的条件。视觉稳定与"视觉量感"有关：体积大、颜色深的物体，不论实际重量如何，总是让人产生很重的心理感受，这就是视觉量感。

图1-10是夏普公司的BH-351型半导体收音机，适应当时（20世纪60年代）的"太空热"而设计成飞行器的式样，前后方向的造型是不对称的。该产品前部（图上为右部）体积虽小而颜色深浓，后部（图上为左部）体积虽大而颜色浅淡。该产品在视觉上获得均衡稳定的要求是：①假如前后两部分的视觉量感相近，应该使两部分量感重心到底面中心点O的距离q与h也相近；②假如前部量感H略大于后部量感Q，则应使两部分量感重心到底面中心的距离大体成反比例关系，即$Qq \approx Hh$。经过这样的造型处理，产品前后方向上符合形式美学的均衡法则，给人安稳、可靠、端庄的良好感觉。倘若处理不当，看上去就使人觉得前后失衡，似乎不小心一碰就倒，将很难给人以美感。

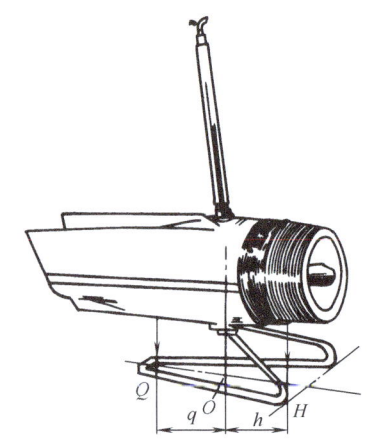

图1-9 飞马踏燕　　　　图1-10 夏普BH-351型半导体收音机

产品，尤其是大型产品设计时，一般都采用上部浅淡、下部深浓的色彩方案以保持良好的视觉感受，其根源就因为上轻下重的物体在力学上才是稳定的。

2. 形态的视觉心理感受，与它强度、刚度上的合理性有深刻的潜在联系

我国隋代工匠大师李春设计的赵州桥（图1-11），是世界上最古老、最著名的石拱桥之一，建造至今已经历约1400年的悠久历史。由楔形石块拼成向上弯曲的石拱，能充分发挥石材耐压的性能，使这一桥梁跨度既大，承受负荷的能力又高，而一大四

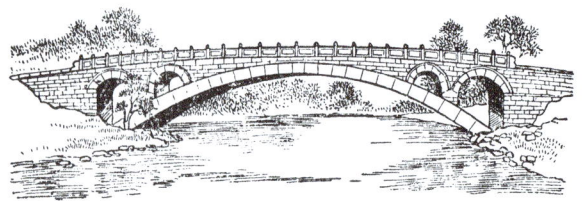

图1-11 中国古老的石拱桥——赵州桥

小拱形桥洞的优美曲线形态、端庄稳定的雄姿，也永远成为文明史中的佳话。

图1-12a所示的结构，常用作城市中公共汽车站或铁路沿线小站的遮阳防雨棚架。从立柱顶部向两侧伸展出去的挑梁支承着棚顶的重量。试看这段挑梁截面尺寸和形状的变化情况：与立柱相连及邻近部分梁截面的高度尺寸较大，而逐渐趋向挑梁的远端，高度尺寸也逐渐越来越小。人们会觉得挑梁的这种截面曲线挺美。事实上，由于挑梁上越接近根部

受力越大，所以挑梁截面的高度尺寸沿着趋近根部而逐渐加大，从结构强度来分析才是合理的。如果相反，挑梁根部很薄，越延伸向外反倒越厚，如图 1-12b 所示，挑梁的截面仍然是一条曲线，但人们看上去会自然地觉得不顺眼，很别扭，因而同样是曲线，却缺乏了美感。原来这样的挑梁将很容易在根部折断，从结构强度来看是不合理的。图 1-12c 是一款新式货架，每一块搁板都能方便地调整其上下位置，搁板的截面也是根部较厚，向外沿逐渐减薄，在力学上合理，视觉上也使人顺眼、舒服。

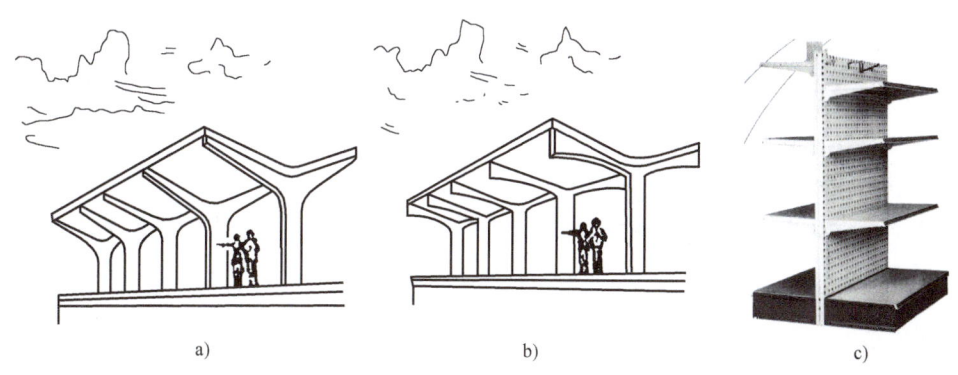

图 1-12 棚架的立柱、挑梁与货架

a）力学上合理，富有美感 b）不利于承载，视觉不佳 c）造型合理的货架

洗衣机等一些机壳的正面、侧面均采用压肋加固结构，如图 1-13a 所示。这是因为大面积薄平板的强度和刚度都很差，经过凹凸压肋，可大幅度提高薄板构件的强度和刚度，在力学上更为合理。与此相关，在视觉效果方面，当箱壳是一大块完全平的表面时，看上去单调、平淡、无生气、疲软，有了凹凸压肋，增加了立体感与层次，于是显得挺拔、丰富、生动。塑料垃圾箱（图 1-13b）、防盗门（图 1-13c）面板上的压肋，也是既加强了强度刚度，也增加了美观。即使不懂力学，讲不出上面这番道理，但凭直觉也会有同样的感受。由此可见，造型美与合理的力学构形有深刻内在联系的论点是毋庸置疑的。

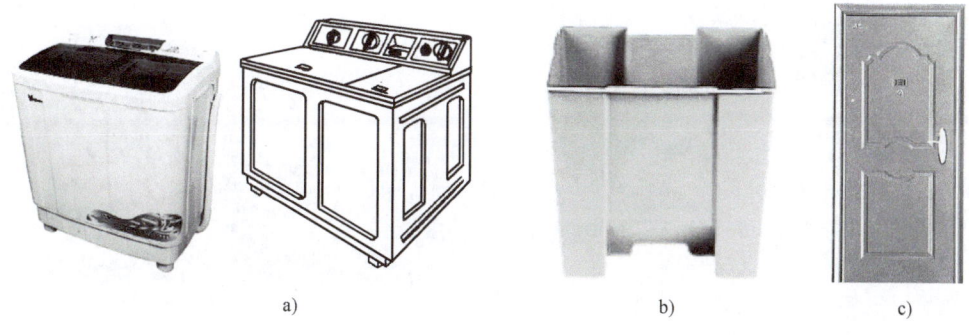

图 1-13 合理的力学结构与造型美

猛禽翱翔于高空，凶兽奔跑在山崖。猛禽的翅膀、凶兽的肢体都以它们超凡的形态美为千百年来的艺术家所倾倒。研究表明，由于亿万年进化的结果，飞禽走兽的翅膀肢体、形态结构都具有极佳的力学性能。

科学和艺术是人类文明的两大分支，它们在高层次上却有同一性。力学上的合理与造型美之间的关系，属于这种同一性的一个部分，是值得进一步深入研究的问题。

第二节 工程力学的研究对象与基本内容

工程力学一般包括理论力学和材料力学两个分支。

一、理论力学的基本内容

理论力学研究物体由于受力引起的机械运动的规律。物体的机械运动，是指物体的空间位置随时间而变化的过程与结果。

理论力学一般包含静力学、运动学和动力学三部分内容。

结合工业设计专业本科教学的实际需要，本书主要讲述其中的静力学部分。另外，仅对动力学中功与功率的概念略做简介。

静力学研究物体受力分析的方法和物体在外力作用下处于平衡状态的条件。

二、材料力学的基本内容

材料力学研究构件由于受力引起的变形和发生破坏的规律。

材料力学研究构件的强度、刚度和稳定性三类问题。

构件的强度，指构件受力中抵抗破坏的能力。

构件的刚度，指构件受力中抵抗变形的能力。

构件的稳定性，指构件受力中保持其原有平衡形式的能力。

结合工业设计专业本科教学的实际需要，本书对于强度、刚度问题的讲述，着重在基本概念和工业设计中可能涉及的应用方法，而删削理论分析和公式的推导过程（这部分在某些专业的材料力学教材中占有较大篇幅）。要能在工业设计中处理强度和刚度较简单较常见的一般性问题，除了定性了解其概念以外，学生还应初步掌握相关的常用计算公式。

图 1-14 中有四种产品或设施，读者试初步分析一下：它们的设计中分别存在哪些工程力学方面的问题？（建议：可以就此安排一次简短的课堂讨论）

图 1-14a 是书架，图 1-14b 是体能肢力训练器，图 1-14c 是缆车客罐，图 1-14d 是楼梯和防护栏杆。

a)
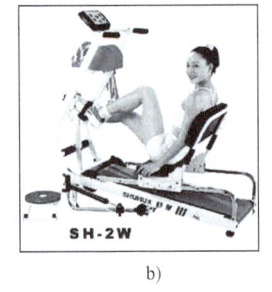
b)

c)

d)

图 1-14 这些产品或设施的设计中存在哪些工程力学问题？

第三节 刚体与变形固体 力与力系

一、刚体与变形固体

任何材料制作的构件及产品，在外力作用下都会产生一定量的变形。但分析构件受力的平衡条件等问题时，由于外力（包括构件自身重力）所引起的变形量，相对于它们的原始尺寸通常是很微小的。把构件理想化为不会变形（也不会破坏）的"刚体"，可以大大简化计算，其结果能满足设计的要求。因此在静力学的分析计算中，把构件视为刚体。

但研究构件的强度和刚度问题时，变形则是分析问题的依据也是分析的目标，所以在材料力学中，把构件视为（可）变形固体。

由于上述区别，通常说：静力学研究的是构件受力的"外效应"；而材料力学研究的是构件受力的"内效应"。

下面举一个简单的例子来说明刚体和变形固体的概念。图 1-15 所示用一根撬杠来撬动重物时，撬杠会产生一定的弯曲变形；因撬杠弯曲，从支点到人手着力点间的距离（力臂）必然发生一些改变。在一般情况下，由于撬杠弯曲而使力臂产生的改变量相对而言是微小的，进行杠杆的力平衡计算（属于静力学的范围）时将它忽略不计。这就是说，此时我们把撬杠看成不会变形的刚体。但如果我们要分析其他一些问题，例如"撬重物时撬杠会产生多大的弯曲量？"等（属于材料力学的范围），则就必须把撬杠看成变形固体了。

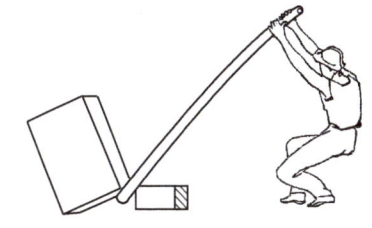

图 1-15 撬杠，看成刚体或看成变形固体

二、力与力系

1. 力与力的表示

力是物体相互之间的机械作用，是引起物体运动状态变化或引起物体变形的原因。

实践表明，力对物体的作用效应取决于三个要素，它们是：力的大小、力的方向、力的作用点，称为力的三要素。

我国法定计量单位的基础是国际单位制（SI）。在国际单位制中，力的度量单位是牛顿（N，简称牛）或千牛顿（kN，简称千牛）。过去人们生活的一定范围中有使用千克力（kgf）的习惯。牛顿和千克力的换算关系是

$$1kgf = 9.8N$$

力是一个既有大小又有方向的量，称为矢量。通常用一段带箭头的线段来表示一个作用力，因为它能把力的三要素都表示出来，如图 1-16 所示。

线段的长度按选定的比例表示力的大小；线段与某基准线间的夹角表示力的方位，箭头的指向表示力的作用指向；线段的起始点或箭头的指向点表示力的作用点。

用字母符号表示力矢量时，常用黑体斜体字母 F、T、R、N、X、Y 等；而相应的明体斜体字母 F、T、R、N、X、Y 等，则表示力矢量的数值大小。

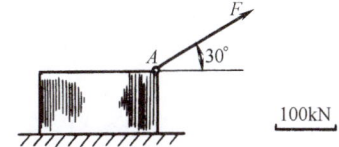

图 1-16 力的图示法

2. 集中力与分布力

在产品设计或工程分析中，构件受到的外来作用力常被称为载荷。譬如汽车装载货物的重量就叫汽车承受的载荷。当作用力的作用面积与所论产品或构件相比很小的时候，该力称为集中力或集中载荷。例如跳水运动员脚踏跳板的作用面积，相对于整个跳板来说是很小的，运动员跳水时蹬板的作用力对于跳板，便是集中力，或称集中载荷。当作用力分布作用在产品或构件上一个区域时，该力称为分布力或分布载荷。例如吹在广告牌上的风力，压在公共汽车站棚顶的积雪的重量等，都是分布力，或称分布载荷。

对于分布载荷而言，单位长度上的载荷量，或单位面积上的载荷量称为载荷集度。线载荷集度的单位是：牛/米（N/m），或千牛/米（kN/m）；面载荷集度也称为压强，其单位是帕[斯卡]（Pa），即牛/平方米（N/m²），或兆帕（MPa），即牛/平方毫米（10^6Pa=

$10^6 \text{N/m}^2 = 1\text{N/mm}^2$）。

一段长度上或一块面积上载荷集度为等值的分布载荷称为均布载荷。

3. 力系

作用在某物体上的若干个力统称为一个力系。

如果用一个力系代替另一个力系作用于物体，其作用效果不变，则说这两个力系是等效的，两者互为等效力系。如果一个力的作用等效于一个力系的作用，则该力称为此力系的合力；力系中的各力都是这个合力的分力。

物体相对于地球保持静止或做匀速直线运动，则称物体处于平衡状态。物体在一个力系作用下处于平衡状态，则该力系称为平衡力系。

各分力的作用线都处于同一平面上的力系称为平面力系。各力的作用线不共面，则为空间力系。各力的作用线汇交于一点的力系称为汇交力系。各力的作用线互相平行的力系称为平行力系。作用线既不汇交于一点，也不全互相平行的力系称为任意力系。

第四节　静力学公理

公理是由人类长期实践所证明了的正确结论、客观规律。静力学有4个公理，概括了力的基本性质，是建立静力学全部理论的基础。

公理1　二力平衡公理

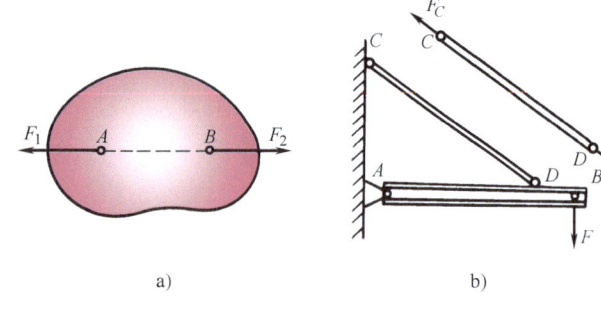

图1-17　二力平衡和二力构件
a）二力平衡　b）二力杆（杆CD的重量不计）

作用于刚体上的两个力，使刚体处于平衡状态的必要与充分条件是：这两个力大小相等，方向相反，且作用在同一直线上（简称：等值、反向、共线）。如图1-17a中的 F_1、F_2 所示。

此公理指出了刚体平衡最简单的性质，是推证各种力系平衡条件的依据。

不计自重、只在两点受力而处于平衡状态的构件，称为二力构件。当构件为杆状时，又习惯称为二力杆。

二力构件（二力杆）的概念虽然简单，但是掌握好这个概念，对分析问题是很有用的。它有助我们直观快捷地确定该构件所受外力的方向。在图1-17b所示的吊架中 AB 杆有 A、D、B 三个作用力点，它不是二力构件。而 CD 杆只在 C、D 两点与其他物体相接触，若不计重力（与所受载荷相比，工业产品自身的重力通常是很小而可以忽略不计的），只可能在这两点受力，于是可以判定它是二力杆，因此作用于 CD 杆 C、D 两点的力 F_C 和 F_D 的作用线，必在 CD 线上，且等值、反向，如图1-17b中所画。

公理2　加减平衡力系公理

在作用着已知力系的刚体上，加上或减去任意的平衡力系，不会改变原力系对该刚体的作用效应。

推论1　力的可传性原理

作用于刚体上某点的力，可以沿其作用线移到刚体上任意一点，而不会改变该力对刚体的作用效应。

力的可传性原理是由公理2推断而来的，推断说明如图1-18所示。在图1-18a中，小车在 A 点受 F 力作用。在 F 力作用线上某点 B 加一对等值、反向、共线的力（F_1、F_2），且取 $F_1 = -F_2 = F$，小车受力改变成图1-18b所示状态。因所加的（F_1、F_2）是平衡力系，由公理 2 可知，图 1-18a、图 1-18b 两情况下力的作用效应不变。而图 1-18b 中的（**F**，**F₂**）两力也符合等值、反向、共线的条件，也是平衡力系。现在我们再将（**F**，**F₂**）从图 1-18b 中减去，小车受力进一步变成图 1-18c 所示的状态。同理，图 1-18a、b、c 三种受力状态下，力的作用效应全然没有改变。而对比图 1-18a 和图 1-18c，就相当于将原作用力沿其作用线移到了另一点。由此，推论 1 得到了证明。

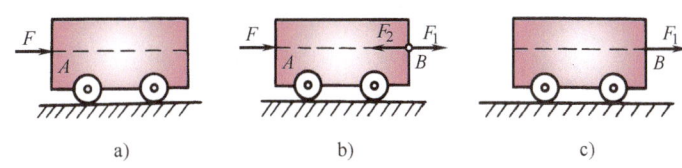

图 1-18 力的可传性原理

公理 3　作用与反作用公理

当甲物体给乙物体一作用力时，甲物体必同时受到乙物体的反作用力，且两个作用力大小相等、方向相反、作用在同一条直线上。

如在图 1-19 中，重物给绳一个向下的拉力 **T**，同时绳必给重物一个向上的拉力 **T′**，**T** 与 **T′** 就是一对作用力与反作用力。作用力与反作用力必成对地同时出现，也同时消失。

有些读者容易把一对"作用力、反作用力"与一对共线平衡力混同起来，因为它们都有等值、反向、共线的特性。应该弄清楚，它们是完全不同的两个概念。因为作用力和反作用力是分别作用于两个物体上的力，而一对平衡力则都是作用在同一物体上的。只有作用在同一个物体上的若干个力才谈得上是否组成平衡力系，因而"作用力、反作用力"的概念与"平衡力系"的概念根本不沾边。在图 1-19 中，重物在 A 点作用于绳子的拉力 **T** 和挂钩在 B 点作用于绳子的拉力 **T₁** 是一对平衡力，它们都作用在同一个物体（绳子）上；绳子在 A 点对重物的拉力 **T′** 和地球对重物的吸引力 **G** 也是一对平衡力，它们都作用在重物上；而重物作用于绳子的拉力 **T** 与绳子对重物的拉力 **T′** 则是作用力与反作用力，它们相互作用于对方物体。

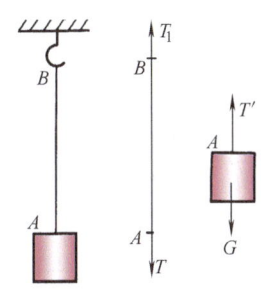

图 1-19 作用力与反作用力

公理 4　力的平行四边形公理

作用在物体上同一点的两个力，可以合成一个合力；合力也作用在该点上，合力的大小和方向用这两个力为邻边所构成的平行四边形的对角线确定。

如图 1-20a 所示，**F₁**、**F₂** 为作用于 O 点的两个力，以这两个力为邻边作平行四边形 $OABC$，则从 O 点作出的对角线 OB，就是 **F₁** 与 **F₂** 的合力 **R**。

实际上，如图 1-20b 所示，先画出力矢量 **F₁** 后，再以它的终点为起始点画出力矢量 **F₂**（简言之，将力矢量 **F₁**、**F₂** 首尾相连），形成折线 OAB，再以直线 OB 将折线封闭构成一个三角形 OAB，则矢量 OB 就代表了合力 **R**。这就是由力的平行四边形法则演变而来的力的三角形法则。力的三角形法则应用起来较为简便。

力的平行四边形法则是力的合成与分解的依据，也是较复杂力系简化的基础。

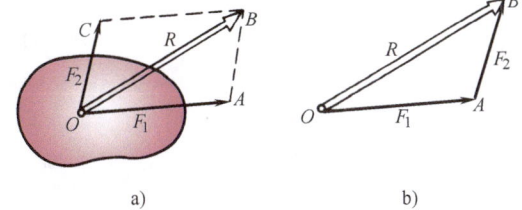

图 1-20 力的平行四边形公理
a) 力平行四边形　b) 力三角形

图 1-20a 所表示的力的合成关系，通常可说成"**F₁**、**F₂** 两力相加得到合力 **R**"。这一关系的矢量表示式是

$$F_1 + F_2 = R \tag{1-1}$$

由 **F₁**、**F₂** 可以算出合力 **R** 的数值和方向，公式如下（见图 1-21）

$$R = \sqrt{F_1^2 + F_2^2 + 2F_1F_2\cos\theta} \tag{1-2}$$

$$\tan\alpha = \frac{F_2\sin\theta}{F_1 + F_2\cos\theta} \tag{1-3}$$

由两个（或更多的）力求它们的合力，解是唯一的。反过来将一个力分解为两个

（或更多的）力，则有无穷多组解。

分析求解问题时常将力沿两个互相垂直（正交）的方向分解为两个分力，称为力的**正交分解**，如图1-22所示，力 F 沿水平（Ax）和铅垂（Ay）两方向分解为 F_x 和 F_y 两个分力。

由公理1和公理4可以得到一个如下的推论（推证从略）：

推论2　三力平衡汇交定理

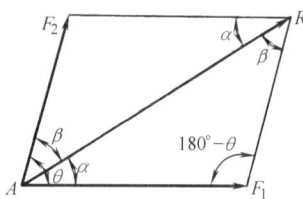

图1-21　分力与合力的关系

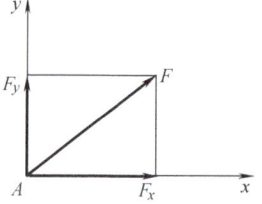

图1-22　力的正交分解

刚体受不平行三力作用而平衡时，这三个力的作用线必汇交于一点。

推论2虽然简单，但在分析问题，尤其是判定某些未知力的方向时却很有用。

例如图1-23中二力杆 CD 所受两力 F_C、F_D 的方向已经确定，它们都是沿着 CD 杆的方向的（参看图1-17b）。现在进一步来分析 AB 杆。外载荷 F 的方向是给定的，CD 杆作用于 AB 杆的力 F'_D 是 F_D 力的反作用力，方向也知道了（图1-23），那么，AB 杆在 A 点所受的力 F_A 的作用线如何确定呢？利用推论2就可以解决这个问题：AB 杆在三力作用下处于平衡状态，因此，三力必汇交于一点，也就是 F_A 的作用线必通过 F 力与 F'_D 两力作用线的交点 E，所以 A、E 两点的连线就是 F_A 力的作用线。这样，当该吊架 AB、CD 两杆间的夹角 $\angle ADC$ 已知，那么，在一定的 F 力（F 力就是起吊的重量）作用

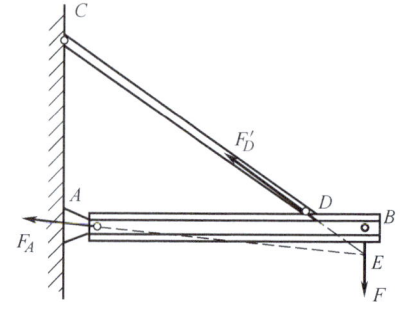

图1-23　三力平衡汇交定理的应用

下，AB、CD 两杆所受的力就全能求解出来了（求解的方法和过程将在后面的例题中再做介绍）。

第五节　约束与约束反力

一、约束与约束反力的概念

对物体的运动（或运动趋势）起限制作用的其他物体，称为该物体的**约束**。

若干个物体可以看成一个整体，这个整体就是一个**物系**。约束也可以是对物系而言的。产品总是由若干构件组成的，整个产品或其中的组成构件，都有其各自的约束。

约束能阻止被约束物体运动，必存在着约束对于所论物体的作用力，这种作用力称为**约束反力**，简称**反力**。

例如 AB 绳吊着重量为 G 的小球 C，如图1-24a所示，对于所研究的物体小球 C 而言，绳索 AB 能阻止它掉下来，绳索就是小球的约束；绳索对小球向上的拉力 T 就是约束反力，如图1-24b所示。而绳索也在 B 点受到小球 C 的作用，小球 C 的重量 G 是绳索受到的载荷。同样，图1-14c所示的缆车客罐，是由于钢制缆绳支持才使它不致坠落的，缆绳就是客罐的约束。客罐的重量加在缆绳上，是缆绳所受的载荷；而缆绳阻止客罐坠落的作用

力，就是对于客罐的约束反力。

再来看看图1-17b和图1-23。杆 AB 和杆 CD 构成的吊架是一个物系。该吊架在左边墙面上（或立柱上）A、C 两点受到约束的作用，吊架作为一个物系，除受到外载荷 F 的作用外，还受到 F_A 和 F_C 两个约束反力的作用。若单独分析 CD 杆，则墙面（或立柱）和 AB 杆都是它的约束；它在 C 点受墙面（或立柱）的约束反力 F_C 的作用，在 D 点受 AB 杆的约束反力 F_D 的作用。若单独分析 AB 杆，则墙面（或立柱）和 CD 杆都是它的约束，它受两个约束反力 F_A、F'_D 和一个外载荷 F，共3个力的作用（图1-23）。

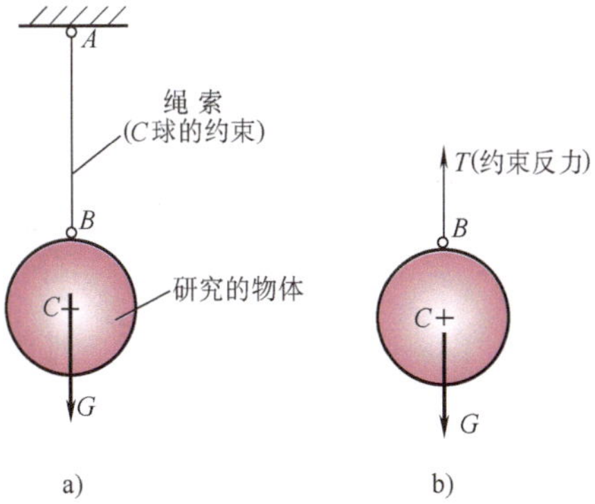

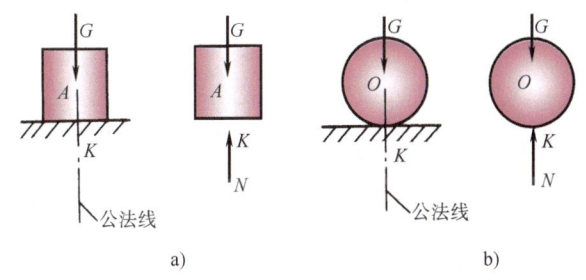

图 1-24　约束与约束反力

二、常见的约束类型和约束反力特性

1. 柔索约束

绳索、传动带、胶带、链条等柔性索状物形成的约束就是柔索约束。

柔索只能承受拉力，不能抵抗压力和弯曲，该约束只能阻止物体沿着柔索中心线伸长方向的运动，而不能阻止相反方向的运动，因此，柔索约束反力的特性是：作用点为柔索与物体的连接点，作用线与柔索中心线一致，作用力的指向为背离物体的方向。

例如图1-24b中的力 T 就是如此。

2. 光滑面约束

若支承面与物体接触处光滑，两者间能产生的摩擦力很小，可以忽略不计，则光滑面对物体形成光滑面约束。

光滑面能阻止物体沿光滑面的法线方向向着光滑面的运动，而不能阻止物体背离光滑面和沿光滑接触面切线方向的运动，因此，光滑面约束反力的特性是：作用点为接触点，作用线与接触面的法线方向一致，作用力指向被约束物体。光滑面约束反力也常称为法向反力。

图 1-25　光滑平面的约束反力

图1-25给出了两个表示光滑平面约束反力的例子，两图中的 N 都是光滑面约束反力。

图1-26给出了三个表示光滑曲面约束反力的例子，图1-26a和图1-26b两图中的 N、图1-26c中的 N_B 都是光滑曲面约束反力。图1-26c所画的是渐开线齿轮两个齿廓啮合接触的情形。

图1-27给出了光滑棱角约束反力的例子，图中 N_A、N_B、N_C 分别是支承面在 A、B、C 三点给斜靠杆的约束反力。注意：三个力的作用线均沿相应支承面在该点的法线方向。

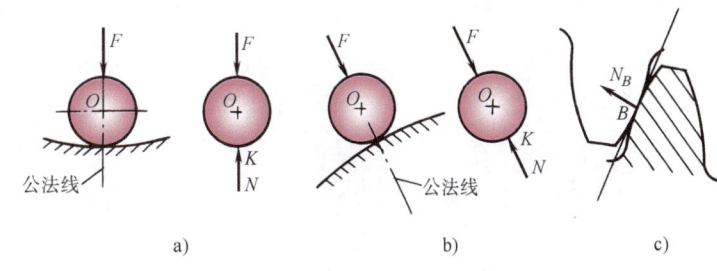

图 1-26　光滑曲面的约束反力

3. 光滑圆柱形铰链约束

表面光滑的圆柱形销轴插入两个构件的光滑圆孔中，常可忽略不计绕销轴转动的摩擦力，则销轴对于构件，或两构件互相之间形成圆柱铰链约束，简称铰链约束。

图1-28a为构成铰链约束三个构件的常见形状，图1-28b为三构件联接后的形式。

铰链约束不能阻止构件间绕销轴轴心线的相互转动，也不能阻止构件沿销轴轴心线方

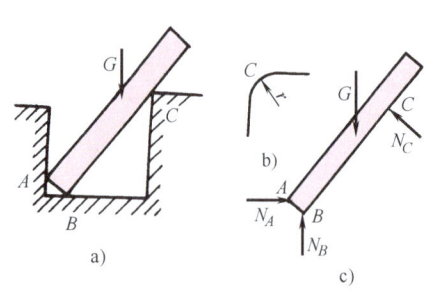

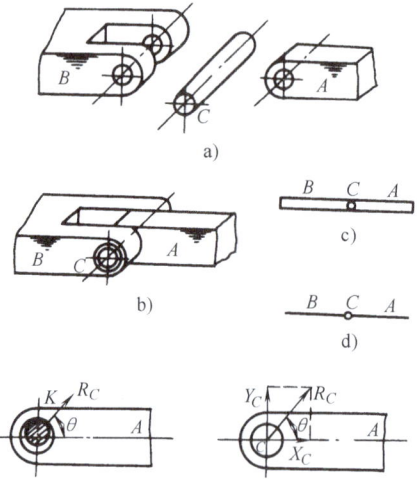

图 1-27　光滑棱角的约束反力

图 1-28　光滑圆柱形铰链约束

向的相对移动，但能阻止垂直于销轴轴心线平面内的任意方向上的相对移动。圆柱铰链可用图 1-28c 或图 1-28d 所示简图来表示。圆柱铰链约束的形式决定了铰链约束反力的特性是（图 1-28e）：作用点在销轴与圆孔的接触点 K，作用线通过销轴及圆孔的圆心，如 R_C 所示。但铰链约束反力 R_C 的方位角 θ 和指向取决于外载荷等具体条件，要根据实际情况才能分析确定。实际分析计算中，较方便也是较常用的方法，是求出 R_C 在 x、y 两个互相垂直方向上的正交分力 X_C、Y_C 来，如图 1-28f 所示。求出了 X_C、Y_C，则它们的合力 R_C 的大小、方位角 θ 和指向也就完全确定了。

建筑门窗的合页铰链，冰箱、微波炉的门铰链都是铰链约束的例子。图 1-29 所示的曲柄连杆机构中，A、B 两处都是铰链约束。

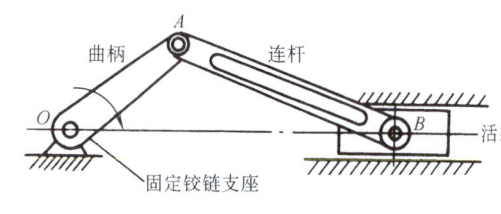

图 1-29　曲柄连杆机构中的铰链约束

4. 固定与活动铰链支座约束

在固定基础上联接着光滑铰链的支座为**固定铰链支座约束**，简称**固定铰支座**。

图 1-30a、图 1-30b 是固定铰支座的常见结构形式。力学计算中，常以图 1-30c、图 1-30d 所示简图表示固定铰支座。

固定铰支座的约束反力特性类似于光滑圆柱形铰链约束，作用线通过铰支座的中心，方位角 θ 和指向取决于外载荷等具体条件，也常用在 x、y 方向的两个正交分力 R_x、R_y 来表示，如图 1-30e 所示。

图 1-29 所示曲柄连杆机构中的 O 点处就是一个固定铰支座。

支座上联接着光滑铰链，支座能在一定范围内移动，移动所受阻力很小而可以忽略不计（例如支座下放置着若干圆柱形辊轴，见图 1-31a），则为**活动铰链支座约束**，简称**活动铰支座**。

图 1-31b 是活动铰支座约束计算简图的几种常见画法。

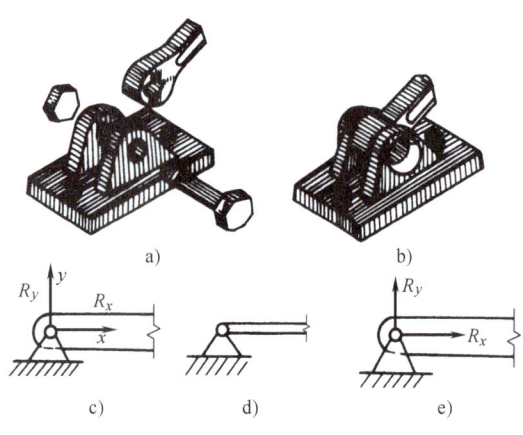

图 1-30　固定铰支座约束

活动铰支座约束反力的特性是：作用点在铰链中心，作用线垂直于支承面，指向为背离支承面，如图 1-31a 和图 1-31c 中的 R_A 所示。

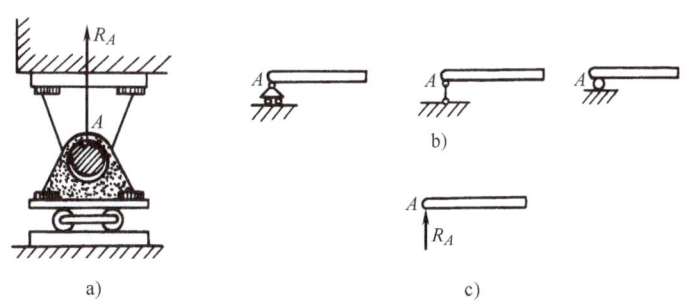

图 1-31　活动铰支座约束

5. 固定端约束

构件一端与支承物牢固地连接成一个整体，构件在此端不能沿任何方向移动，也不能转动，则为<u>固定端约束</u>，简称<u>固定端</u>。

图 1-32a 中 AB 杆的 A 端即为固定端约束。图 1-32b 是它的计算简图。

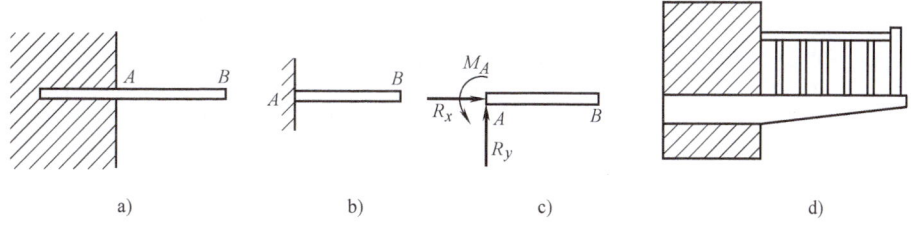

图 1-32　固定端约束

<u>固定端约束反力的特性是：既可能在该端受有任意方向（和任意指向）的反力，也可能受有反转动力矩（关于转动力矩，后面章节做进一步讨论）的作用，都要根据构件所受外载荷的情况来分析确定。</u>这个反力仍可以用它的两个法向分力 R_x、R_y 来表示，反力矩通常用符号 M_A 表示，这里的下标"A"是指固定端的位置在 A，参看图 1-32c。

例如房屋中支承阳台底面的梁，一端嵌入墙体较深，墙就是该梁的固定端约束，如图 1-32d 所示。

上述各种类型约束与约束反力的特性，可用通俗的套话概括如下："哪里有约束，那里就有反力；欲往哪边动，反力就阻挡。"

第六节　分离体与受力图

静力学研究力系的简化和物体受力的平衡条件，求解问题的一般步骤如下：

1. 确定研究对象，画出该研究对象的分离体

求解问题总是从已知条件出发去推求未知量，所以要选取与已知、未知两者有联系的物体或物系为对象进行分析研究。<u>将与研究对象相联系的实物"解除"掉，假想地把研究对象"分离"出来，以简图的形式单独画出来，这就是分离体。</u>

2. 作出受力图

把研究对象所受到的外载荷和约束反力都画到分离体上，得到的就是受力图。需要说明，被"解除"掉的、与研究对象有联系的那些实物，往往就是研究对象的约束，它们有约束反力作用于研究对象。但上一节已经介绍了各种不同约束反力特性，一般已经可确定它们的作用点和方位，据此就能按其特性把这些约束反力画出来；此时还不知道约束反力数值的大小，对某些约束反力也不知道它的指向，但这些是无妨的，因为这些正要通过下面的步骤来加以解决。

所以，所谓画受力图，简言之，就是：解除掉研究对象的约束，代之以相应的约束反力，再画上外载荷就是了。

3. 根据力学理论，进行问题求解

对于静力学问题，一般是根据平衡条件，列出平衡方程求解未知量。

下面举例说明选取分离体、绘制受力图的方法。

例 1-1 重量为 G 的小球放置在光滑的斜面上，左上方有一绳子将它挂住，如图 1-33a 所示。试画小球的受力图。

解 1）解除斜面和绳子对小球的约束，画出小球的分离体。

2）画上小球所受的外力——重力 G，此力方向铅垂向下，作用于球心 O，如图 1-33b 中的 G 所示。

3）画出所有约束反力。小球的约束有斜面和绳子。斜面是光滑面约束，约束反力作用于接触点 B，作用力方向垂直于斜面，指向小球，且通过球心 O，如图 1-33b 中 N_B 所示。绳子是柔索约束，作用点在绳子与小球的连接点 C，作用力沿绳子方向，指向为背离小球，如图 1-33b 中 T 所示。

至此，小球的受力图已画出，如图 1-33b 所示。

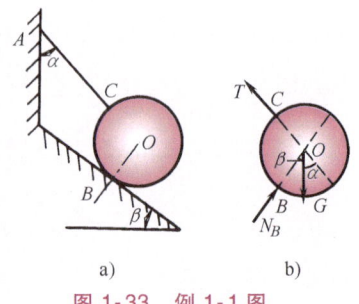

图 1-33 例 1-1 图

例 1-2 两个小球分别用两根绳子系住，它们在重力作用下互相靠着，如图 1-34a 所示。试画这两个小球的受力图（即分析它们的受力情况）。

解 1）先分析小球 O_1。小球 O_1 所受的外力只有重力 G_1；小球 O_1 在 A 点存在的约束是绳子，属于柔索约束，约束反力作用在连接点 A，作用线方向与绳子一致，力的指向为背离小球 O_1；小球 O_1 在 C 点还有大球 O_2 的约束，属于光滑面约束，约束反力作用在接触点 C，作用线与接触面的法线方向一致（即通过两个球心的连线 O_1O_2），力的作用为指向小球 O_1。画出小球 O_1 的分离体，再画上小球所受的外力 G_1 和两个约束反力 T_A、N_C，就画出了小球 O_1 的受力图，如图 1-34b 所示。

2）用同样的方法可画出球 O_2 的受力图，读者试自行练习，并与图 1-34c 进行对比检验。

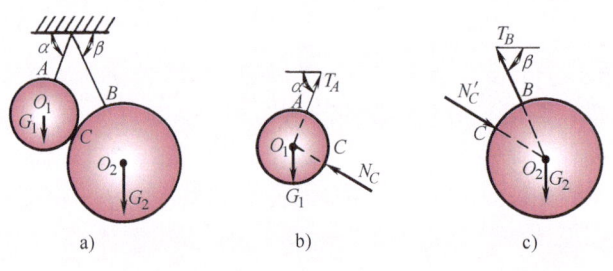

图 1-34 例 1-2 图

例 1-3 三角形吊架由 AB、BC 两杆用铰链联接而成，销轴 B 处悬挂重量为 G 的物体，A、C 两处用铰链固定在墙面上，如图 1-35a 所示。不计杆的自重，试分别画出：

1) AB、BC 两杆的受力图；2) 销轴 B 的受力图；3) 三角形吊架 ABC 的受力图。

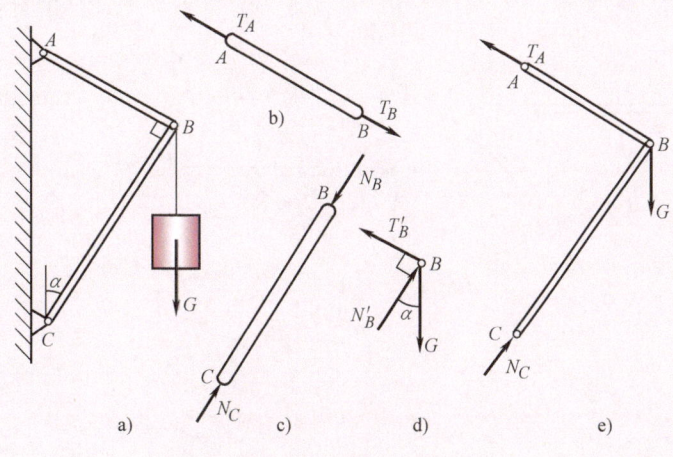

图 1-35 例 1-3 图

解 1) 画 AB、BC 两杆的受力图。本吊架的 A、C 两处是固定铰支座，B 处形成一个铰链约束，虽然一般而论这三处的约束反力的方向并不能预知，但在本问题中，在 AB、BC 两杆的自重忽略不计的条件下，因 AB 杆只可能在 A、B 两点各受有一个外力，可断定它必定是"二力杆"；同样，BC 杆只可能在 B、C 两点各受有一个外力，也肯定是"二力杆"。因此，A、C 两铰链支座和销轴 B 所给予两杆的作用力的方向，就都可以确定了，即：AB 杆两端作用力 T_A、T_B 的作用线沿着 AB 杆的轴心线，且两者等值、反向。BC 杆两端作用力 N_B、N_C 的作用线则沿着 BC 杆的轴心线，也互相等值、反向。于是先画出 AB、BC 两杆的分离体，再加上它们两端的作用力，便得到了 AB、BC 两杆的受力图，如图 1-35b、c 所示。

提示：在这两个图上，把 AB 杆的受力画成背离杆端（使该杆受拉），把 BC 杆的受力画成指向杆端（使该杆受压），在目前只是假设。实际上，画受力图时，若对力的作用指向还没把握确定，一般均可以假设一个指向先画上去；通过本课程后面的学习，读者自会知道，开始时把方向假设错了是无妨的，经过分析计算便可纠正过来。

2) 画销轴 B 的受力图。取销轴 B 为研究对象，画出分离体。它受的外力，有绳子传来的重物的重量 G，还有 AB、BC 两杆给它的约束反力 T'_B 和 N'_B。而 T'_B 与 AB 杆在 B 处受的力 T_B 互为作用力和反作用力，两者等值、反向。同样，N'_B 和 N_B 也互为作用力和反作用力，也互相等值、反向。据此，就可以画出销轴 B 的受力图，如图 1-35d 所示。

3) 画三角形吊架 ABC 的受力图。上面根据 AB、BC 两杆是二力杆的性质，判断确定了铰链 A 作用于 AB 杆的作用力 T_A、铰链 C 作用于 BC 杆的作用力 N_C，再加上 B 处的悬挂重量 G，即可画出三角形吊架 ABC 的受力图，如图 1-35e 所示。这里的"三角形吊架 ABC"是一个物系。

讨论：二力构件（二力杆）的受力特性清晰确切，分析解题时若能在结构中首先判断出二力构件，即可从二力构件起始，逐步推进。因此，判断出二力构件，对某些问题是很重要的。在本例中，A、C 均为铰链约束，约束反力的方位角和指向随具体条件而可能有所不同，因此一般而言铰链约束反力均需要用一对正交分力来加以表示（参看图1-28f）。但在本例中，由于正确判断出 AB、BC 两杆是二力杆，使这两处约束反力 T_A、N_B 的方向得以确定下来，于是才能画出简单明了的受力图。读者应从中细心领会学习。

实际上，若一个铰链约束反力的方向和大小都未确定，则求解中存在两个未知量；若能确定下该铰链约束反力的方向，则只剩下一个未知量。在下一章的学习中我们将进一步了解到，这对力学问题能否顺利求解常具有关键意义。

例 1-4 水平杆 AD 在 A 与墙面铰接，下部有曲杆 BC 以铰链在 C 点斜撑，D 处作用着已知外载荷（可简称"外载"）**F**，如图 1-36a 所示。不计杆的自重，试绘出：

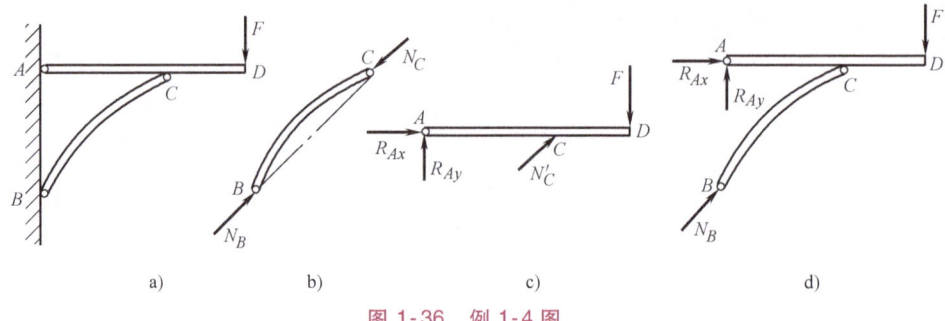

图 1-36 例 1-4 图

1）AD 杆的受力图。
2）BC 杆的受力图。
3）支架 ABCD 的受力图。

解 求解本题仍然要从寻找确定二力构件入手。本题中的 BC 杆虽然是曲杆，但只可能在 B、C 两点受力，即可能受两个外力作用，显然是二力杆（可见，一个构件是否为二力构件，与构件是曲是直等外形并无关系）。因此我们应该从 BC 杆入手进行分析。

1）画 BC 杆的受力图。BC 杆所受的外力只可能作用在 B、C 两点，所以容易确定这两个力 N_B、N_C 的作用线就是 B、C 两点的连线，于是可画出其受力图，如图 1-36b 所示。这里仍无妨假设此两力是分别指向两端的。

2）画 AD 杆的受力图。画出 AD 杆的分离体，再画上外载荷 **F**；AD 杆在 C 点受 BC 杆给它的反力 N_C'，此力是 N_C 的反作用力，其方位与指向已能确定，可以画出；最后，A 处是固定铰链支座，在此处画上一对正交力 R_{Ax}、R_{Ay} 便可表示此处的约束反力。于是 AD 杆的受力图也画出了，如图 1-36c 所示（注意：若不先分析 BC 杆而直接分析 AD 杆，则 C 点处约束反力的方向不能确定，需要用一对正交力来表示，得出的受力图是不完善的）。

3）画支架 ABCD 的受力图。先画整个支架 ABCD 的分离体，它所受的外力有：铰链 A 的约束反力 R_{Ax}、R_{Ay}，铰链 B 的约束反力 N_B、D 点作用的外载 **F**，画上这些外力，就得到支架 ABCD 的受力图，如图 1-36d 所示。

例 1-5 人字形梯子 ABC 结构如图 1-37a 所示，两侧页 AB、AC 用销轴 A 以光滑圆柱铰链连接，水平位置上 D、E 两点有绳子相系。梯子放在光滑水平面上。设铅垂向下的外载 **F** 加在销轴 A 上，试画出梯子 ABC 整体，AB、BC 两侧页和销轴 A 的受力图。

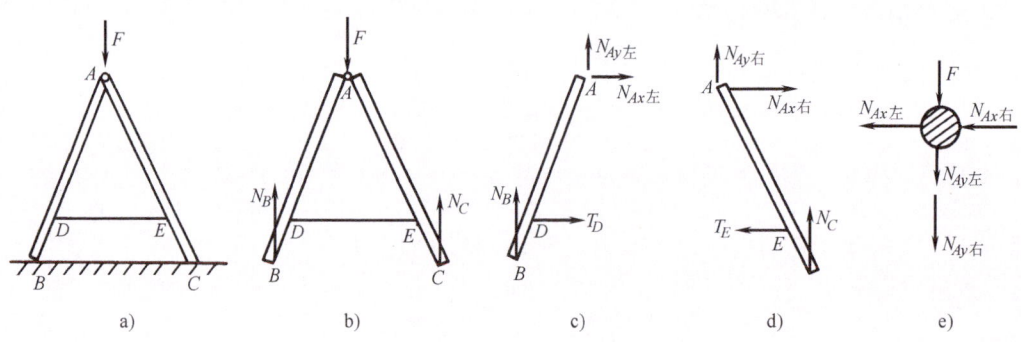

图 1-37 例 1-5 图

解 1）先画梯子 ABC 整体的受力图。梯子整体是一个物系，其组成各构件（如侧页 AB、AC、销轴 A、绳子 DE）互相之间的作用力，都以作用力和反作用力的形式成对地存在于这个物系的内部，故称为**物系内力**。对研究整个物系的平衡等静力学问题来说，物系内力是不起作用的。因此画物系的受力图时，不应画上物系的内力。（提示：回顾在例 1-4 画支架 ABCD 受力图时，我们已经正确处理过类似的问题。在图 1-36d 中，C 点处 AD 杆与 BC 杆之间的作用力，因属于"物系内力"而未画出）。

画出人字梯 ABC 的分离体，在 A 处画上外载 F；B、C 两处为光滑面约束，约束反力 N_B、N_C 作用在该两点（B、C），垂直于该光滑面并指向研究对象，画出这两个力后即得到人字梯 ABC 的受力图，如图 1-37b 所示。

2）画 AB 的受力图。首先注意到，AB 可能在 A、D、B 三点受力，因此它不是二力构件。先画 AB 的分离体。对它的作用力有：B 点的光滑面约束反力 N_B，铅垂指向上；D 点的柔索约束反力 T_D，沿绳子水平方向指向右（背离本研究对象）；A 点的铰链约束反力，作用于 A，方向不能预知，可用铅垂、水平两个正交的分力 $N_{Ax左}$、$N_{Ay左}$ 表示，把这 4 个力画在分离体上，就得到了 AB 的受力图，如图 1-37c 所示。

再次提醒：由于铰链约束反力的指向不能预知，图 1-37b 中所画 $N_{Ax左}$、$N_{Ay左}$ 两力的指向是假设的，但假设得是否正确都没有关系；如果错了，进一步分析还可以加以纠正。实际上，细心的读者从直观感觉或常识应该可以看出来，图上这两个力的指向确实都画错了（画反了）。为什么？怎么判断出来的？留给读者分析思考。

3）AC 的受力图作法和 AB 相同，如图 1-37d 所示，不再重复叙述。

4）画销轴 A 的受力图。以销轴 A 为研究对象，画分离体。它所受的力有：外载 F；AB 作用于它的约束反力 $N_{Ax左}'$、$N_{Ay左}'$，它们分别与 $N_{Ax左}$、$N_{Ay左}$ 等值、反向；同样还有 AC 作用于它的约束反力 $N_{Ax右}'$、$N_{Ay右}'$，它们分别与 $N_{Ax右}$、$N_{Ay右}$ 等值、反向。在 A 分离体上添画这 5 个力，就得到销轴 A 的受力图，如图 1-37e 所示。

通过以上几个例题可以看到，选定研究对象，画分离体、画受力图的过程，是对本章工程力学各方面基本知识进行综合运用的过程。

画分离体和受力图，是进行力学分析起始的和关键的步骤，是学习工程力学应掌握的"基本功"，很重要。打个比方，如果说求解工程力学问题有第一道"门槛"，那么，正确地选定研究对象，画出了分离体、受力图，才算跨进了第一道"门槛"，下面的路才能继续往前走。而画分离体和受力图是必须通过习题练习才能逐步掌握的，并无其他"窍门""捷径"。

任何知识，学过以后，一段时间不用，难免会觉得生疏，并且遗忘掉一些。对于工程力学来说，如果生疏以后再遇到问题，能想到第一步应该是画分离体、受力图，并初步试着开始画，那你就重新找到了门路，知道了复习提高的方向。否则，到那时常会茫然不知所措，感觉就像从来就没学过工程力学似的。

习题与作业

1-1 以你所知的工业产品为例，阐述产品在力学上维持稳定的必要性。

1-2 以你所知的工业产品为例，阐述产品设计中考虑强度问题的必要性。

1-3 以你所知的工业产品为例，阐述产品设计中考虑刚度问题的必要性。

1-4 以实例阐述产品形态美与力学合理性的关系。

1-5 说明：1）右列两个等式在意义上的差异：$R = F_1 + F_2$，$R = F_1 + F_2$。

2）F_1 和 F_2 符合什么条件上列两个等式才能同时成立？

1-6 刚体在 A、B 两点分别受到 F_1、F_2 两力的作用，如图 1-38 所示，试用图示法画出 F_1、F_2 的合力 R；若要使该刚体处于平衡状态，应该施加怎样一个力？试将这个力加标在图上。

1-7 A、B 两构件分别受 F_1、F_2 两力的作用，如图 1-39 所示，且 $F_1 = F_2$，假设两构件间的接触面是光滑的，问：A、B 两构件能否保持平衡？为什么？

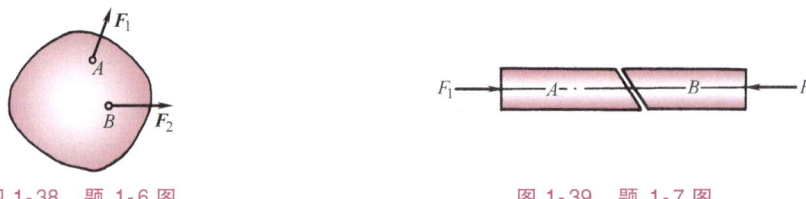

图 1-38 题 1-6 图　　　　　　　　　　图 1-39 题 1-7 图

1-8 指出图 1-40 中的二力构件，并画出它们的受力图。

1-9 检查图 1-41 的受力图是否有误，并改正其错误（未标重力矢 G 的杆，其自重忽略不计。图 1-41b 中的接触面为光滑面）。

1-10 试画出图 1-42 中 AB 杆的受力图（未标重力矢 G 的杆，其自重忽略不计。各接触面为光滑面）。

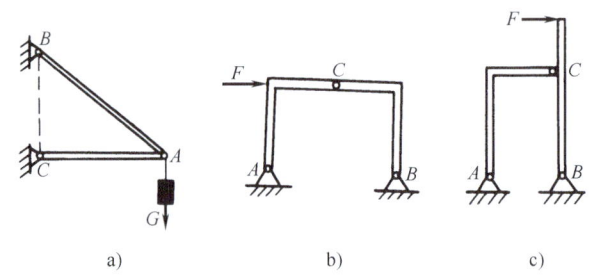

图 1-40 题 1-8 图

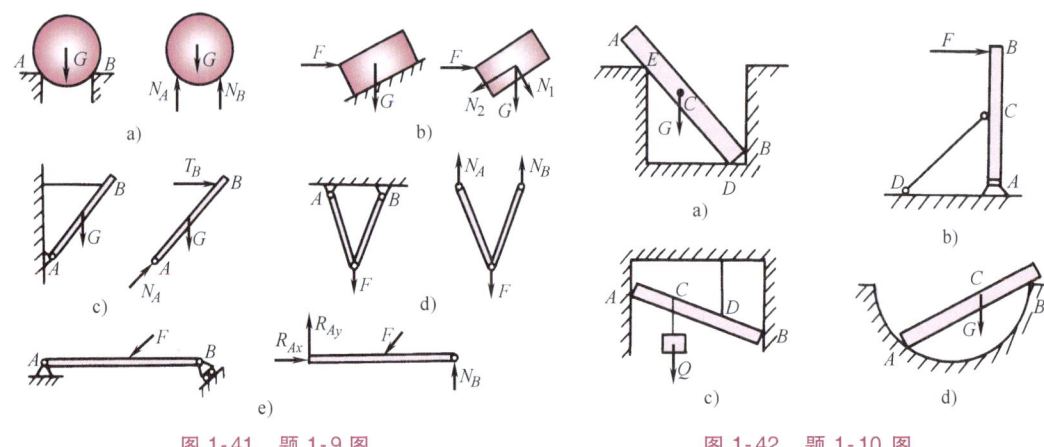

图 1-41 题 1-9 图　　　　　　图 1-42 题 1-10 图

1-11 画出图 1-43 各图中各个球的受力图。球的重量为 G，各接触面均为光滑面。

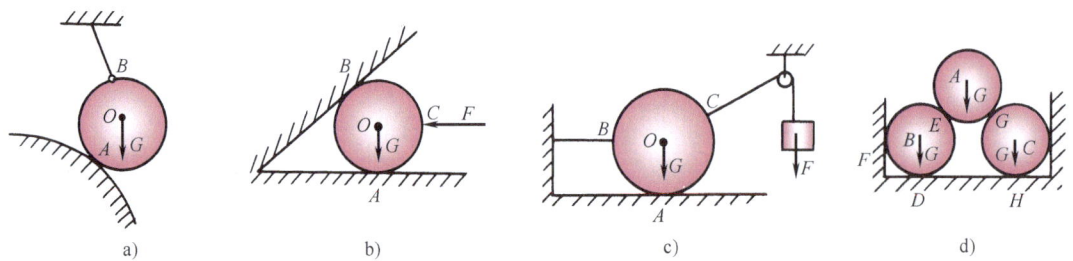

图 1-43 题 1-11 图

1-12 画出图 1-44a、b 中各个杆件的受力图（未标重力矢 G 的杆，其自重忽略不计。各接触面均为光滑面）。

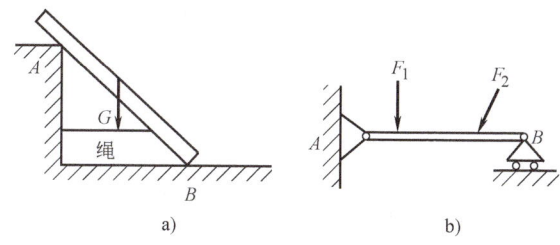

图 1-44 题 1-12 图

1-13 固定铰支座约束反力的方向一般需根据外载荷等具体条件加以确定，但特定情况下却能直接加以判定。请分析图 1-45a、b、c 三图中固定铰支座 A，如能直接判定其约束反力的方向（不计构件自重），试将约束反力的方向在图上加以标示。（提示：利用三力平衡汇交定理）

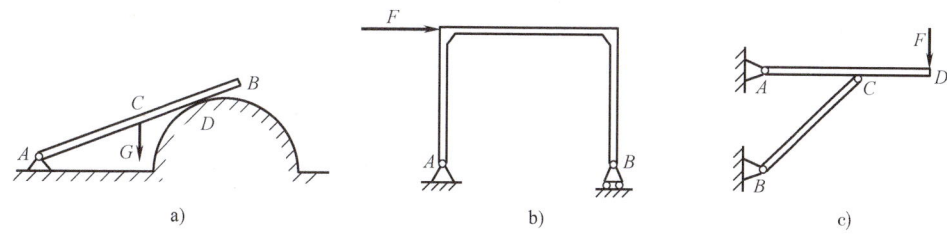

图 1-45 题 1-13 图

1-14 画出图 1-46 所示物系中各球体和杆的受力图。

1-15 重量为 G 的小车用绳子系住，绳子绕过光滑的滑轮，并在一端有 F 力拉住，如图 1-47 所示。设小车沿光滑斜面匀速上升，试画出小车的受力图。（提示：小车匀速运动表示处于平衡状态）

1-16 分别画出图 1-48 中梁 ABC、梁 CD 及组合梁 $ABCD$ 整体的受力图。（提示：先分析 CD 梁，可确定 C 处的作用力方向；然后梁 ABC 的受力图才能完善地画出）

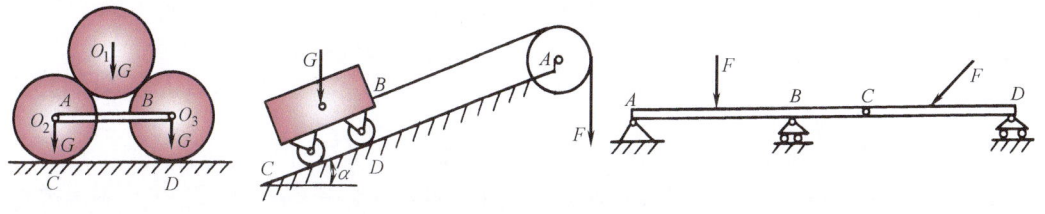

图 1-46 题 1-14 图   图 1-47 题 1-15 图   图 1-48 题 1-16 图

第二章

构件与产品的静力分析

第一节 平面力系的简化与合成

产品在使用中常受到由多个力和力偶组成力系的作用。为解决力系作用下的问题，首先需要在作用效果不变的前提下，将力系加以简化，以便于问题的求解。本节将依次介绍合力投影定理、平面汇交力系的合成、力矩的概念与合力矩定理、力偶系的合成等基本力学概念和知识，然后引出平面任意力系简化（合成）的方法。

一、力的投影 合力投影定理

1. 力在坐标轴上的投影

设在物体上的 A 点作用着力 $\boldsymbol{F}$，如图 2-1a 所示。在力 $\boldsymbol{F}$ 的作用线所在平面内建立直角坐标系 xOy。从力 $\boldsymbol{F}$ 的两端点 A 和 B 分别向 x 轴作垂线，得到垂足 a、b，则线段 ab 称为力 $\boldsymbol{F}$ 在 x 轴上的投影，用 F_x 表示。同样，在图 2-1a 中，线段 $a'b'$ 称为力 $\boldsymbol{F}$ 在 y 轴上的投影，用 F_y 表示。

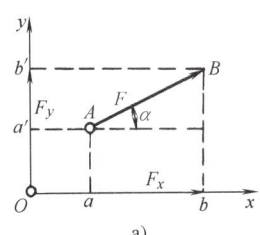
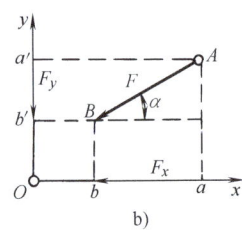

图 2-1 力的投影

注意，力的投影符号如 F_x、F_y 等应该使用明体字母。因为力的投影不是力，即不是矢量，而是代数量，因而有正负值之分。确定它们正负的规则是：若从 a 到 b 的指向与 x 轴的正向一致，则力 $\boldsymbol{F}$ 的投影 F_x 取正值；同样，从 a' 到 b' 的指向与 y 轴的正向一致，F_y 为正值，如图 2-1a 所示；反之，如图 2-1b 所表示的情况，则力的投影为负值。

若力 $\boldsymbol{F}$ 的数值大小为 F（恒为正值），力 $\boldsymbol{F}$ 与 x 轴（正向）所夹的锐角为 α，则力 $\boldsymbol{F}$ 在两个坐标轴上的投影 F_x、F_y 的计算式为

$$\begin{cases} F_x = \pm F\cos\alpha \\ F_y = \pm F\sin\alpha \end{cases} \tag{2-1}$$

例 2-1 试求图 2-2 中各力在 x、y 轴上的投影。已知 $F_1 = F_2 = 100\text{kN}$；$F_3 = F_4 = 200\text{kN}$。（注意，需首先根据图中所标各力方向，判定该力与 x 轴所形成的锐角 α 的数值）

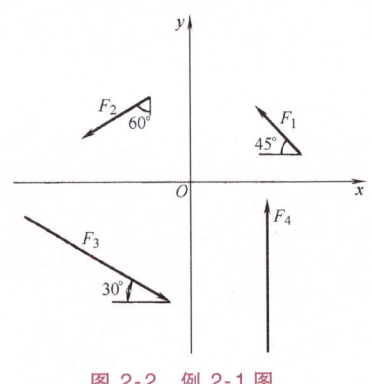

图 2-2 例 2-1 图

解 由图容易判定 F_1 与 x 轴形成的锐角是：$\alpha = 45°$，根据投影的定义和正负号规则，由式（2-1）可得

$$F_{1x} = -F_1\cos45° = -100\text{kN} \times 0.707 = -70.7\text{kN}$$
$$F_{1y} = F_1\sin45° = 100\text{kN} \times 0.707 = 70.7\text{kN}$$

由图容易判定 F_2 与 x 轴形成的锐角是：$\alpha = 30°$，因此有（对 F_3、F_4 也需做同样判定，不再重复）

$$F_{2x} = -F_2\cos30° = -100\text{kN} \times 0.866 = -86.6\text{kN}$$
$$F_{2y} = -F_2\sin30° = -100\text{kN} \times 0.500 = -50.0\text{kN}$$
$$F_{3x} = F_3\cos30° = 200\text{kN} \times 0.866 = 173.2\text{kN}$$
$$F_{3y} = -F_3\sin30° = -200\text{kN} \times 0.500 = -100\text{kN}$$
$$F_{4x} = F_4\cos90° = 0$$
$$F_{4y} = F_4\sin90° = 200\text{kN} \times 1.00 = 200\text{kN}$$

反过来，若已知某力 F 在直角坐标轴上的投影是 F_x 和 F_y，也可以由式（2-2）求出力 F 的大小和方向

$$\begin{cases} F = \sqrt{F_x^2 + F_y^2} \\ \alpha = \arctan\left|\dfrac{F_y}{F_x}\right| \end{cases} \tag{2-2}$$

式中，F 为力 F 的大小；α 为力 F 与 x 轴所形成的锐角。

力 F 的指向根据 F_x 和 F_y 的正负加以确定，规则是：$F_x>0$，$F_y>0$，则 F 指向右上方；$F_x>0$，$F_y<0$，则 F 指向右下方；$F_x<0$，$F_y>0$，则 F 指向左上方；$F_x<0$，$F_y<0$，则 F 指向左下方。

2. 合力投影定理

设刚体受 F_1、F_2 两个汇交力的作用，如图 2-3a 所示，根据力的平行四边形法则或力的三角形法则，作出这两个力的合力 R，如图 2-3a 所示。从图 2-3b 可看出

$$ac = ab + bc$$

这就表示：

$$R_x = F_{1x} + F_{2x}$$

同理，可以得到：$R_y = F_{1y} + F_{2y}$

由此推广，刚体受 F_1、F_2、$\cdots$、F_n 等 n 个力组成的汇交力系的作用，若该力系的合力为 R，即

$$R = F_1 + F_2 + \cdots + F_n$$

则有

$$\begin{cases} R_x = F_{1x} + F_{2x} + \cdots + F_{nx} = \sum F_x \\ R_y = F_{1y} + F_{2y} + \cdots + F_{ny} = \sum F_y \end{cases} \tag{2-3}$$

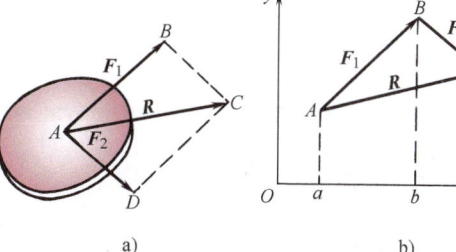

图 2-3 合力投影定理

式（2-3）表示：合力在任意坐标轴上的投影等于诸分力在同一坐标轴上投影的代数和，这就是合力投影定理。

二、平面汇交力系的合成

设有 F_1、F_2、$\cdots$、F_n 等 n 个力组成平面汇交力系，利用合力投影定理求算其合力 R

是较为简便的：在力的作用面上选定直角坐标系 xOy，求出各力的投影 F_{1x}、F_{2x}、$\cdots$、F_{nx} 和 F_{1y}、F_{2y}、$\cdots$、F_{ny}，则合力 **R** 的大小和方向可由式（2-4）求出

$$\begin{cases} R = \sqrt{R_x^2 + R_y^2} = \sqrt{(\sum F_x)^2 + (\sum F_y)^2} \\ \theta = \arctan\left|\dfrac{R_y}{R_x}\right| = \arctan\left|\dfrac{\sum F_y}{\sum F_x}\right| \end{cases} \tag{2-4}$$

式中，R 为合力 **R** 的大小；θ 为合力 **R** 与 x 轴所夹的锐角。

R 的指向仍由 R_x（$=\sum F_x$）和 R_y（$=\sum F_y$）的正负来判定；合力仍作用于汇交点。

例 2-2　作用于吊环螺栓上的四个力 F_1、F_2、F_3、F_4 处于同一平面内，且汇交于吊环中心 O，如图 2-4 所示。试求四力合力的大小和方向。

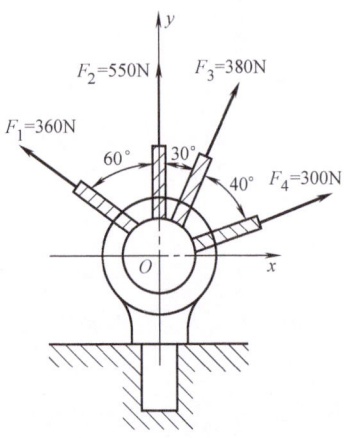

图 2-4　例 2-2 图

解　1）求各力在图示 x 轴和 y 轴上的投影

$$F_{1x} = -360\text{N} \times \cos(90° - 60°) = -312\text{N}$$
$$F_{2x} = 550\text{N} \times \cos 90° = 0$$
$$F_{3x} = 380\text{N} \times \cos(90° - 30°) = 190\text{N}$$
$$F_{4x} = 300\text{N} \times \cos(90° - 30° - 40°) = 282\text{N}$$
$$F_{1y} = 360\text{N} \times \sin(90° - 60°) = 180\text{N}$$
$$F_{2y} = 550\text{N} \times \sin 90° = 550\text{N}$$
$$F_{3y} = 380\text{N} \times \sin(90° - 30°) = 329\text{N}$$
$$F_{4y} = 300\text{N} \times \sin(90° - 30° - 40°) = 103\text{N}$$

2）求各力投影的代数和

$$R_x = \sum F_x = F_{1x} + F_{2x} + F_{3x} + F_{4x} = 160\text{N}$$
$$R_y = \sum F_y = F_{1y} + F_{2y} + F_{3y} + F_{4y} = 1162\text{N}$$

3）根据式（2-4）求出合力 **R** 的大小和方向

合力 **R** 的大小　$R = \sqrt{R_x^2 + R_y^2} = \sqrt{160^2 + 1162^2}\text{N} = 1173\text{N}$

合力 **R** 与 x 轴所形成的锐角　$\theta = \arctan\left|\dfrac{R_y}{R_x}\right| = \arctan\left|\dfrac{1162}{160}\right| = 82.16° = 82°10'$

由于 $R_x > 0$，$R_y > 0$，根据上述合力指向的判定规则可知，合力 **R** 指向右上方。

三、力对点之矩 合力矩定理

1. 力对点之矩

用扳手拧紧螺钉的时候（图 2-5），拧紧效果不仅与力 F 的大小 F 有关，而且与转动中心 O 到力的作用线的垂直距离 d 有关。实践表明，拧紧效果与 F 和 d 这两个量都成正比例的关系。因此，力学中以乘积 $F \times d$ 作为度量力 F 使物体绕 O 点转动效应的物理量，称为力 F 对 O 点之矩，简称力矩。转动中 O 点称为矩心。矩心到力的作用线的垂直距离 d 称为力臂。

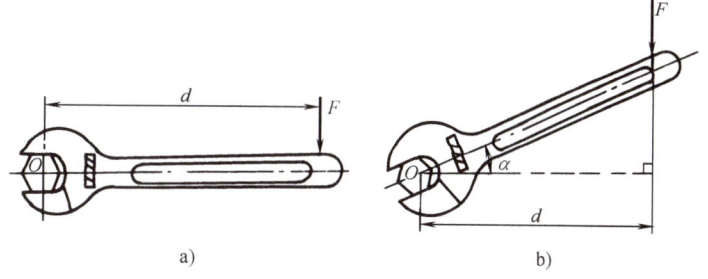

图 2-5 力对点之矩

力 F 对 O 点之矩用 $M_O(F)$ 表示，符号 "M_O" 中的下标 "O" 表示矩心点，即

$$M_O(F) = \pm Fd \tag{2-5}$$

力对点之矩是一个代数量，其正负规定为：力矩使物体绕矩心逆时针转动时，取正号；反之，取负号。力矩的基本单位为牛顿米（N·m），简称为牛米；或用其引出单位千牛顿米（kN·m），简称为千牛米。显然，1kN·m = 1000N·m。

由力矩的定义可知：

1) 力沿其作用线的移动不改变该力对矩心的力矩。这是因为这种移动的前后，力的大小、指向、力臂都没有改变。

2) 当力的作用线通过矩心时，力臂为零，力矩也为零。

2. 合力矩定理

合力矩定理 合力对平面内任意一点之矩，等于所有分力对同一点之矩的代数和，即

若 $$R = F_1 + F_2 + \cdots + F_n$$

则 $$M_O(R) = M_O(F_1) + M_O(F_2) + \cdots + M_O(F_n) = \sum M_O(F) \tag{2-6}$$

根据定义，可以用式（2-5）直接计算力矩；但在多数情况下，为了避免利用几何关系求算合力的力臂值（这样做有时会很繁复），根据合力矩定理，用式（2-6）来计算力矩常常更为简便。

例 2-3 一渐开线直齿圆柱齿轮，在分度圆上齿廓的 P 点受到法向力 F_n 的作用（图 2-6），已知 $F_n = 100\text{N}$，分度圆直径 $d = 80\text{mm}$，（P 点处）分度圆压力角 $\alpha = 20°$（α 角在图上已标出，齿轮"压力角"的含义在本书第二篇中将有说明），试求力 F_n 对轮心 O 点之矩。

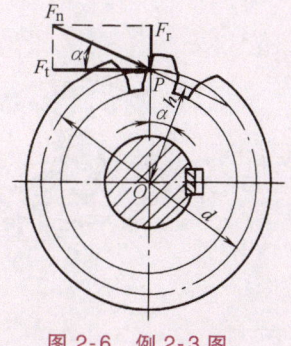

图 2-6 例 2-3 图

解 1）根据力矩的定义，用式（2-5）计算

$$M_O(\boldsymbol{F}_n) = -F_n h = -F_n\left(\frac{d}{2}\cos\alpha\right) = -100\text{N} \times \left(\frac{0.080\text{m}}{2}\cos 20°\right) = -3.76\text{N}\cdot\text{m}$$

2）根据合力矩定理，用式（2-6）计算

由图 2-6 可知，力 $\boldsymbol{F}_n$ 可以分解为两个力：径向分力 $\boldsymbol{F}_r$ 和切向分力 $\boldsymbol{F}_t$；前者通过轮心 O 点，对矩心 O 不产生力矩。因此力 $\boldsymbol{F}_n$ 对矩心 O 的力矩只等同于其切向分力 $\boldsymbol{F}_t$ 对该点的力矩，即

$$M_O(\boldsymbol{F}_n) = M_O(\boldsymbol{F}_t) + M_O(\boldsymbol{F}_r) = (-F_n\cos\alpha)\left(\frac{d}{2}\right) + 0$$

$$= (-100\text{N} \times \cos 20°) \times \left(\frac{0.080\text{m}}{2}\right) + 0 = -3.76\text{N}\cdot\text{m}$$

（本例所得结果为负值，表明该力矩使齿轮发生顺时针转动的效应或趋势。）

例 2-4 T 字形构件受力如图 2-7 所示（图中所标尺寸的单位是 mm），$F = 250$N，求力 $\boldsymbol{F}$ 对 C 点之矩 $M_C(\boldsymbol{F})$。

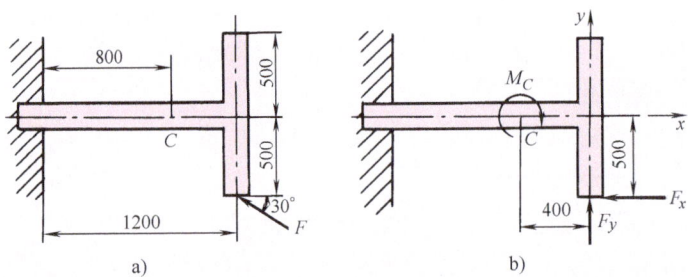

图 2-7 例 2-4 图

解 从图 2-7a 可以看出，因求算力 $\boldsymbol{F}$ 对矩心 C 的力臂（即 C 点到力 $\boldsymbol{F}$ 作用线的垂直距离）较为麻烦，因此将力 $\boldsymbol{F}$ 分解为 $\boldsymbol{F}_x$、$\boldsymbol{F}_y$ 两个分力，如图 2-7b 所示，根据合力矩定理，用式（2-6）来求解本题。

两个分力的数值为 $F_x = F\cos 30°$，$F_y = F\sin 30°$

$$M_C(\boldsymbol{F}) = M_C(\boldsymbol{F}_x) + M_C(\boldsymbol{F}_y) = -F_x \times 0.5\text{m} + F_y \times 0.4\text{m}$$

$$= -F\cos 30° \times 0.5\text{m} + F\sin 30° \times 0.4\text{m}$$

$$= -250\text{N} \times 0.866 \times 0.5\text{m} + 250\text{N} \times 0.5 \times 0.4\text{m} = -58.25\text{N}\cdot\text{m}$$

所得力矩值为负数，表示力 $\boldsymbol{F}$ 对 C 点的力矩效应是顺时针方向的。

四、力偶 力偶系的合成

1. 力偶及力偶矩

生活和工作中，常有两个等值、反向、不共线的平行力作用在物体上的情况，例如左右两手转动汽车转向盘的力（图 2-8a）；用螺纹丝锥攻螺纹时左右两手加在丝锥把手上的力（图 2-8b）等。力学中，把大小相

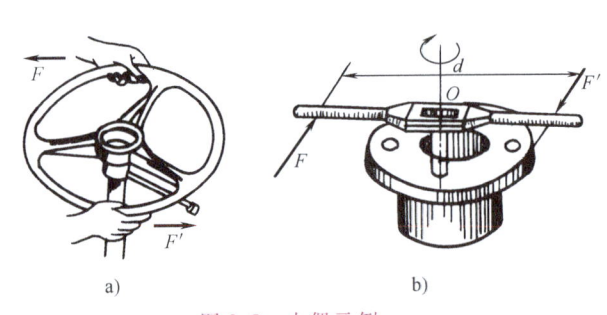

图 2-8 力偶示例
a）汽车转向盘 b）丝锥攻螺纹

等、方向相反、不共线的两个平行力组成的力系称为力偶。由 F、F' 两力组成的力偶用符号 (F, F') 表示。力偶中两力作用线间的垂直距离 d（图 2-9）称为力偶臂。力偶中两个力所在的平面称为力偶作用面。

实践表明，力偶只能使物体发生转动。力偶产生的转动效应与力的大小 F 成正比例关系，与力偶臂 d 也成正比例关系。因此，力学中以乘积 $F \times d$ 作为度量力偶 (F, F') 使物体转动效应的物理量，称为力偶矩，用符号 M 表示，即

$$M = \pm Fd \qquad (2-7)$$

平面力系中的力偶矩也是代数量，其正负号是用以区别力偶的转动方向的，正负号规则与力矩的正负号规则相同：力偶使物体逆时针转动，则力偶矩取正号；反之，取负号，参看图 2-10。力偶矩的单位也是牛米（N·m）或千牛米（kN·m）。

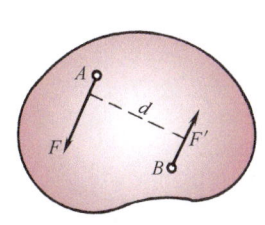

图 2-9　力偶臂

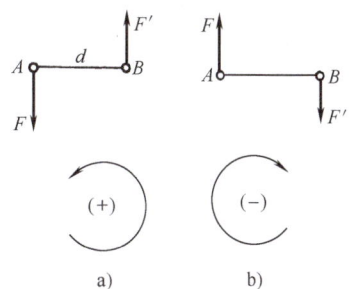

图 2-10　力偶矩的正负号规则

2. 力偶的性质

力偶具有以下性质（证明从略）：

1) 力偶在任意坐标轴上的投影都等于零，如图 2-11 所示，对物体只产生转动效应，而不产生移动效应。可见力偶无合力。力偶既不能与一个力等效，也不能用一个力来与之平衡。所以，力偶和力是组成力系的两个并列的基本物理量。

与力的三要素对应，力偶也有三要素，它们是：力偶矩的大小、转动方向和力偶作用面。

2) 组成力偶的两个力对力偶作用面内任一点的力矩的代数和，恒等于其力偶矩，而与矩心位置无关。

3) 力偶的等效性及其推论：

同一力偶作用面内，力偶矩代数值相等的力偶即等效，这就是力偶的等效性。

例如用丝锥攻螺纹时，如图 2-12a、图 2-12b 所示的两种情况，后者与前者比较，力偶臂减小到 $l/2$，而力的大小增加到 2 倍，转动方向相同，这样，力偶矩的代数值维持不变，都是 $M = Fl = 2F(l/2)$，因此这两个力偶就是等效的。

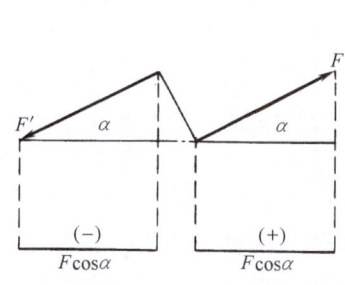

图 2-11　力偶的投影为零

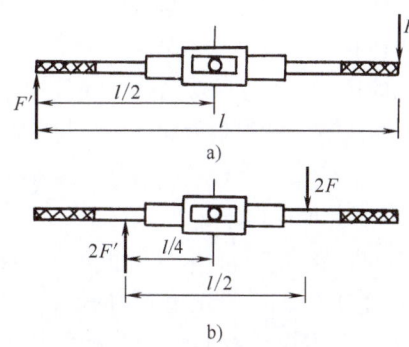

图 2-12　力偶的等效性

由力偶的等效性可以得到如下推论：

力偶可以在其作用面内任意移动而不改变它对刚体的转动效应，即力偶对刚体的转动

效应与力偶在作用面内的位置无关。

3. 平面力偶系的合成

作用于同一平面上的多个力偶所组成的力偶系，称为平面力偶系。

由于力偶对物体只产生转动效应，且转动效应只取决于力偶矩的代数值，因此平面力偶系也只能产生转动效应，其转动效应的大小等于各力偶转动效应的总和。由此可见：

平面力偶系合成的结果为一合力偶，合力偶矩等于各分力偶矩的代数和，即

$$M_合 = M_1 + M_2 + \cdots + M_n = \sum M \tag{2-8}$$

例 2-5 物体受 3 个共面力偶的作用如图 2-13 所示，现已知 $F_1 = 240N$、$d_1 = 100mm$、$F_2 = 160N$、$d_2 = 40mm$、$M_3 = -24N \cdot m$，试求合力偶矩。

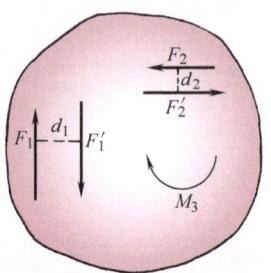

图 2-13 例 2-5 图

解 由式（2-7）得

$$M_1 = -F_1 d_1 = -240N \times 0.100m = -24N \cdot m$$
$$M_2 = F_2 d_2 = 160N \times 0.04m = 6.4N \cdot m$$

由式（2-8）得

$$M_合 = M_1 + M_2 + M_3 = (-24 + 6.4 - 24)N \cdot m = -41.6N \cdot m$$

合力偶矩为负值，表示它有使物体产生顺时针转动的效应。

五、力的平移定理

前面力的可传性原理已经指出：力可以沿其作用线移动而不改变对刚体的作用效应。但是，经验告诉我们，虽然保持力的大小、方向不变，当力的作用线平移到另一位置，力对刚体的作用效应将会发生变化。例如以一个力推动某物体，当力的作用线通过物体重心时，物体只沿作用力方向前移，如图 2-14a 所示；力平移以后不再通过物体重心，则物体既会向前移动，也会发生转动，如图 2-14b 所示。

力的作用线平移后对刚体作用效应的变化，可根据图 2-15 进行分析。设力 F 原作用于物体上的 A 点，如图 2-15a 所示。若将它平移到 O 点，作用效应有什么变化呢？——假想在 O 点加上一对与 F 平行且等值的力 F' 和 F''。F' 和 F'' 共线而反向，因而组成平衡力系，如图 2-15b 所示。现在物体受 F、F'、F'' 这样 3 个力组成的力系作用，根据"加减平衡力系公理"可知，图 2-15a、b 两种情况下力的作用效应相同。而图 2-15b 可以看成是：在 O 点作用着力 F'，同时作用着力偶（F，F''）。由于力偶（F，F''）的力偶矩等于 $F \times d$（d 是原力 F 作用线到 O 点的距离），恰是力 F 对于 O 点之矩；我们用 M 表示力 F 对于 O 点之矩，可将该物体的受力状况表示为图 2-15c 所示的情况。由此可见图 2-15b、图 2-15c 又在力学上等效，于是证明了图 2-15a 和图 2-15c 的等效性。这种等效性一般称为力的平移定理，可表述如下：

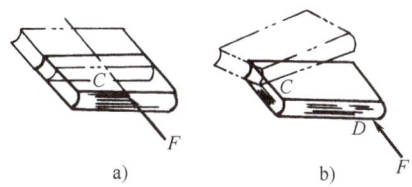

图 2-14 力的平移引起效应改变

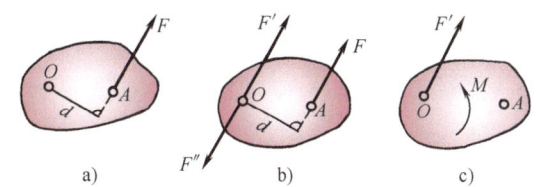

图 2-15 力的平移定理

若将作用在刚体某点的力平移到刚体上任意另外一点，而不改变原力的作用效应，则必须附加一力偶，其力偶矩等于原力对新作用点之矩。

力的平移定理是复杂力系简化的理论依据，也是分析力对物体作用的一个重要方法。毫无疑问，力的平移定理与人们的生活经验是一致的。例如用双桨均衡用力划船的时候，合力通过船的中心，船才会直线前进；若只用单桨划船，可等效于将单侧的桨力平移到船的中心、外加上原力对船中心线的力矩，于是船在前进中还会打转。打乒乓球的时候，上旋、下旋、左旋、右旋等旋转球的产生，也可以用力的平移定理解释。

六、平面任意力系的简化

作用在物体上的平面力系，不论由多少个力和多少个力偶组成，也不论这些力的作用点、作用线和力偶的转向如何，都可以简化为作用于面内任意点的一个力和一个附加力偶。简化所得的这个力，称为原力系的**主矢量**，简称**主矢**。简化所得这个附加力偶的力偶矩，称为原力系的**主矩**。由于是"面内任意点"，因此可以根据需要或为了方便任意加以选定，这个点被称为**简化中心**。

下面介绍确定平面力系简化所得主矢和主矩的方法，及相应主矢、主矩的计算公式。

设刚体上作用着平面任意力系 F_1、F_2、$\cdots$、F_n，如图 2-16a 所示。选力系所在平面内任意一点 O 为简化中心。现将所有的力都平移到 O 点，根据力的平移定理，得到两个力系：共同作用于 O 点的汇交力系 F_1'、F_2'、$\cdots$、F_n'，和力偶矩分别为 M_1、M_2、$\cdots$、M_n 的附加力偶系，如图 2-16b 所示。这里，$F_1' = F_1$、$F_2' = F_2$、$\cdots$、$F_n' = F_n$；$M_1 = M_O(F_1)$、$M_2 = M_O(F_2)$、$\cdots$、$M_n = M_O(F_n)$。

然后将汇交力系 F_1'、F_2'、$\cdots$、F_n' 合成一个合力 R'，它就是原力系的主矢量。再将附加力偶系合成一个合力偶（假如原平面任意力系中有力偶，也合成进去），这个合力偶的力偶矩就是原力系的主矩 M_O'。这样，平面任意力系简化的结果如图 2-16c 所示。

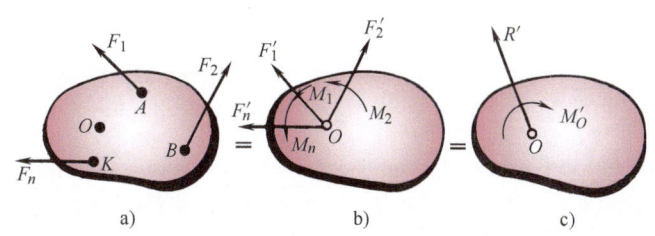

图 2-16 平面任意力系的简化

根据平面汇交力系的合成关系，由式 (2-4) 可得到主矢量 R' 的大小和方向（角）

$$\begin{cases} R' = \sqrt{(R_x')^2 + (R_y')^2} = \sqrt{(\sum F_x)^2 + (\sum F_y)^2} & (2\text{-}9) \\ \theta = \arctan\left|\dfrac{R_y'}{R_x'}\right| = \arctan\left|\dfrac{\sum F_y}{\sum F_x}\right| & (2\text{-}10) \end{cases}$$

式 (2-9) 中
$$\begin{cases} R_x' = F_{1x}' + F_{2x}' + \cdots + F_{nx}' = F_{1x} + F_{2x} + \cdots + F_{nx} = \sum F_x \\ R_y' = F_{1y}' + F_{2y}' + \cdots + F_{ny}' = F_{1y} + F_{2y} + \cdots + F_{ny} = \sum F_y \end{cases} \quad (2\text{-}11)$$

式 (2-10) 中的 θ 为主矢量 R' 与 x 轴所夹的锐角；R' 的指向仍由 $\sum F_x$、$\sum F_y$ 的正负来判

定。式（2-11）则表明：主矢量 R' 在 x、y 轴上的投影分别等于原力系中各力在对应轴上投影的代数和，且主矢量 R' 之值与简化中心的位置无关。

根据平面力偶系的合成关系及合力矩定理，由式（2-6）可求得主矩 M_O' 的数值

$$M_O' = M_1 + M_2 + \cdots + M_n$$
$$= M_O(F_1) + M_O(F_2) + \cdots + M_O(F_n)$$
$$= \sum M_O(F) \tag{2-12}$$

注意：主矩的大小是与简化中心的位置有关的。

综上所述，可得如下结论：平面任意力系向其作用面内任一点简化的结果是使原力系简化为一个通过简化中心的力和一个力偶；这个力等于原力系中各力的矢量和，而这个力偶的矩等于原力系中各力对简化中心之矩的代数和。

七、平面力系简化结果的分析

上述关于平面任意力系简化结果的结论，以及由式（2-9）、式（2-10）、式（2-11）、式（2-12）所表示的主矢量和主矩的计算公式，是求解静力学平面问题最一般的依据，很重要。对上述结论做进一步的分析可知，平面任意力系简化的结果不外乎以下四种情况：

1) 主矢量（之值）R' 和主矩 M_O' 都等于零，表示力系既不能使物体产生移动，也不能使物体产生转动，所以原力系是一个平衡力系。

2) 主矢量 $R' \neq 0$，主矩 $M_O' = 0$，表示力系只能使物体产生移动，不能使物体转动，原力系可合成为一个合力，此合力就是作用在简化中心的主矢量。

3) 主矢量 $R' = 0$，主矩 $M_O' \neq 0$，表示力系只能使物体产生转动，不能使物体移动，原力系可合成为一个力偶，此力偶的力偶矩就是主矩。

4) 主矢量 $R' \neq 0$，主矩 $M_O' \neq 0$，表示力系能使物体移动，也能使物体转动，这是最一般的情况。当然，主矢量 R' 和力偶矩为 M_O' 的合力偶还可以合成为一个合力 R，R 的大小和方向与 R' 相同，但 R 不通过简化中心。简化中心到合力 R 作用线的垂直距离 d 可由下式确定

$$d = \frac{|M_O'|}{R}$$

第二节　平面力系平衡问题的求解

一、平面汇交力系的平衡问题

若作用于刚体上的平面汇交力系的合力为零，不会引起刚体运动状态的改变，则该力系是平衡力系。由式（2-4）可知，此时将有

$$R = \sqrt{R_x^2 + R_y^2} = \sqrt{(\sum F_x)^2 + (\sum F_y)^2} = 0$$

由此，得到平面汇交力系的平衡方程如下

$$\begin{cases} \sum F_x = 0 \\ \sum F_y = 0 \end{cases} \tag{2-13}$$

可见，平面汇交力系平衡的充分必要条件是：力系中各力在任选直角坐标系两个坐标轴上投影的代数和均为零。

式（2-13）包含两个独立的方程，可用以求解两个未知量。

现举例说明平面汇交力系平衡方程的实际应用。

例 2-6 重量为 G 的重物以长度为 l 的绳索 BA 吊住，现有水平方向的力 F 将重物右推一个距离 x，如图 2-17a 所示。设 $G=80\text{N}$，$l=600\text{mm}$，$x=240\text{mm}$，试求重物稳定在该位置时，水平推力的大小 F 和绳索所受的拉力值 T。

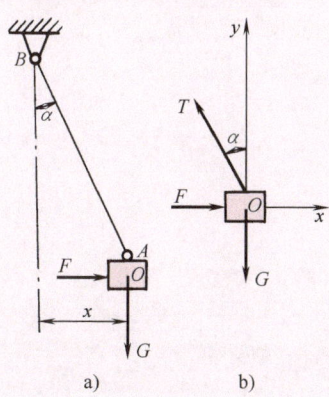

图 2-17 例 2-6 图

解 1) 取重物为研究对象，画出受力图，如图 2-17b 所示。

2) 建立直角坐标系 xOy，画在受力图上，列出平衡方程求解

$$\begin{cases} \sum F_x = 0, & F - T\sin\alpha = 0 & (1) \\ \sum F_y = 0, & T\cos\alpha - G = 0 & (2) \end{cases}$$

由图 2-17a 可知 $\sin\alpha = x/l = 240/600 = 0.4$

$$\cos\alpha = \sqrt{1 - \sin^2\alpha} = 0.917$$

将有关数据代入式（1）、式（2），即可求得：$F=35\text{N}$，$T=87.2\text{N}$。

读者可以注意到，此时绳索受到的拉力（$T=87.2\text{N}$）大于重物的重量（$G=80\text{N}$）。对此可解释如下：此时绳索既要承受铅垂方向上重物的重量，又要承受水平方向上推力 F 的作用，绳索所受拉力 T 是上述两力的合力。

例 2-7 绞车 D 以尼龙绳绕过滑轮 B 吊住重量为 $G=120\text{N}$ 的重物，滑轮（轴）与 AB、BC 两杆杆端铰接，两杆以 A、C 两铰链固定在竖直墙面上，两杆的方位如图 2-18 所示。不计两杆和滑轮的自重，试求平衡时 AB、BC 两杆所受的力。

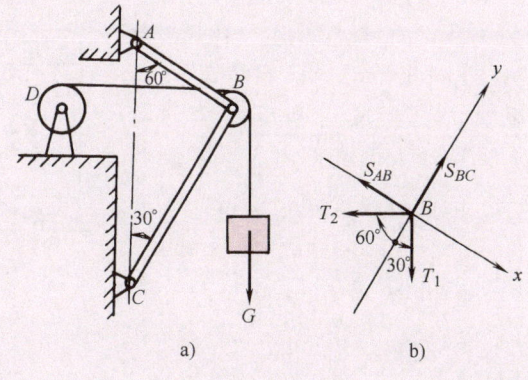

图 2-18 例 2-7 图

解 1) 取滑轮为研究对象（通常可不计其尺寸大小），画出受力图，如图 2-18b 所示。

由于通常也可忽略不计尼龙绳与滑轮之间的摩擦力，因而有 $T_1 = T_2 = G = 120\text{N}$。

AB 和 BC 都是二力杆，相应的作用力 S_{AB}、S_{BC} 都沿着杆的方向，指向不妨先任意假设。

2）注意到 AB、BC 两杆是互相垂直的，可以建立直角坐标系 xBy，其方向如图 2-18b 所示，列出平衡方程求解

$$\begin{cases} \sum F_x = 0, & T_1\sin30° - S_{AB} - T_2\sin60° = 0 \quad (1) \\ \sum F_y = 0, & S_{BC} - T_1\cos30° - T_2\cos60° = 0 \quad (2) \end{cases}$$

代入具体数值即可得到：$S_{AB} = -43.92\text{kN}$，$S_{BC} = 163.92\text{N}$。

讨论 对于本例题，读者可以注意以下两点：

1）在受力图上，S_{AB}、S_{BC} 本是 AB、BC 两杆对滑轮的作用力，但是很明显，滑轮作用于两杆的作用力分别是此两力的反作用力，且与它们大小相等、指向相反。

2）本题求解计算的结果，得到的 S_{BC} 是正值，这表示该力的实际指向和原先画在受力图上的（假设的）指向一致；而得到的 S_{AB} 却是负值，这表示该力的实际指向和原先画在受力图上的（假设的）指向相反。即本例题的计算结果表明，BC 杆受压，AB 杆也受压。

在第一章的例 1-3、例 1-4、例 1-5 中，我们多次提到：画受力图时如果某些力的指向还不能确切知道，则可以先任意假设一个指向画出来，通过进一步计算将可以判定原来假设的指向是正确还是错误。本例题对这个遗留问题做了交代。

二、平面力偶系的平衡问题

设刚体上作用着平面力偶系，若其合力偶的力偶矩等于零，将不会引起刚体的旋转效应，则该力偶系是平衡力偶系，由式（2-8）可知，此时必有

$$M_合 = \sum M = 0 \quad (2\text{-}14)$$

可见，平面力偶系平衡的充分必要条件是其合力偶矩为零。

注意，平面力偶系平衡的充分必要条件可以推广如下：若作用在刚体上的所有力偶都在互相平行的平面内，则刚体平衡的充分必要条件为所有力偶的合力偶矩为零。

例 2-8 用三轴钻床在水平工件上钻孔，三个钻头对工件分别施加三个力偶，如图 2-19a 所示，三个力偶矩分别为：$M_1 = 6\text{N}\cdot\text{m}$，$M_2 = 8\text{N}\cdot\text{m}$，$M_3 = 12\text{N}\cdot\text{m}$；固定工件的螺栓 A 和 B 间的距离 $l = 100\text{mm}$。求两螺栓所受水平力的大小。

解 取工件为研究对象。在水平面内三个主动力偶的作用下，工件能保持静止不动，只能是螺栓 A、B 对工件的一对约束反力也形成一个反向的力偶（N_A，N_B），且它与 3 个主动力偶共同组成了平衡力偶系，如图 2-19b 所示。因此可根据式（2-14）列出平衡方程

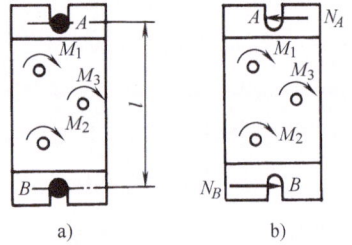

图 2-19 例 2-8 图

$$\sum M = 0, \quad N_A l - M_1 - M_2 - M_3 = 0$$

代入具体数值，得到 $N_A = \dfrac{M_1+M_2+M_3}{l} = 260\text{N}$，且 $N_B = N_A = 260\text{N}$。

提示 图 2-19b 中所画的 N_A、N_B 是两个螺栓 A、B 对于工件的约束反力，上面求出了它们的大小；这本不是本题所要求解的工件给螺栓 A、B 的作用力。但是，前者与后者互为作用力与反作用力，互相等值、反向。因此，求出了前者，实际上也可认为算求出了后者。今后对于类似情况，均做同样的"默认"，而不再一一说明。

例 2-9 结构示于图 2-20a，A 为固定铰支座，D、C 两处为铰链联接，B 端所作用力偶（$\boldsymbol{F}$，$\boldsymbol{F}'$）的力偶矩为 $M = 15\text{N} \cdot \text{m}$。不计结构的自重，求 A、C 两处的约束反力。

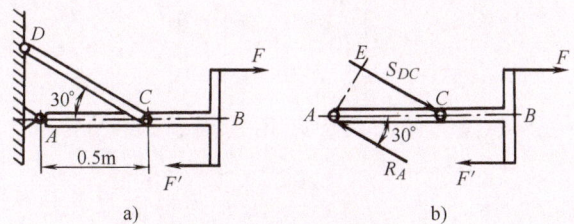

图 2-20　例 2-9 图

解　1）取 AB 杆为研究对象，分析其受力情况。

DC 是二力杆，AB 杆在 C 点所受的约束反力 $\boldsymbol{S}_{DC}$ 的作用线必沿着此杆的方向；A 处为固定铰支座，一般而言，其约束反力的方向并不能预知；但处于平衡状态下的 AB 杆还受力偶（$\boldsymbol{F}$，$\boldsymbol{F}'$）的作用，能与此力偶组成平衡力系的只能还是力偶，因此可以断定，A 点的约束反力将与 $\boldsymbol{S}_{DC}$ 形成力偶，即此处约束反力 $\boldsymbol{R}_A$ 的作用线与 $\boldsymbol{S}_{DC}$ 的作用线平行，且两者等值、反向。据此，可以画出 AB 杆的受力图，如图 3-20b 所示。

2）力偶（$\boldsymbol{S}_{DC}$，$\boldsymbol{R}_A$）的力偶矩为 $R_A \times \overline{AE}$。这里 $\overline{AE} = \overline{AC}\sin30° = 0.5\text{m} \times 0.5 = 0.25\text{m}$。根据式（2-14）列出平衡方程

$$\sum M = 0, \qquad (-R_A \times \overline{AE}) - M = 0$$

代入具体数据，即可求得：$S_{DC} = R_A = -60\text{N}$。

得到的力值为负数，仍表明两约束反力 $\boldsymbol{S}_{DC}$、$\boldsymbol{R}_A$ 的实际方向与图中所画方向相反。

三、平面任意力系的平衡问题

刚体上作用着平面任意力系是（平面问题中）具有普遍性、一般性的情况。若此平面任意力系的主矢量为零，主矩也为零，不会引起刚体任何移动和转动效应，则该平面任意力系是平衡力系，由式（2-9）、式（2-11）以及式（2-12）可知平衡方程如下：

$$\begin{cases} \sum F_x = 0 \\ \sum F_y = 0 \\ \sum M_O(\boldsymbol{F}) = 0 \end{cases} \qquad (2\text{-}15)$$

可见，平面任意力系平衡的充分必要条件是：力系中各力在两个任选的坐标轴上的投影的代数和分别等于零，各力对力系作用面内任一点之矩的代数和也等于零。

式（2-15）包含三个独立的方程，可以用来求解三个未知量。

式（2-15）中有两个投影方程、一个力矩方程。平面任意力系的平衡方程还有另外两种形式，一种形式是：

$$\begin{cases} \sum M_A(\boldsymbol{F}) = 0 \\ \sum M_B(\boldsymbol{F}) = 0 \\ \sum F_x = 0 \end{cases} \qquad (2\text{-}16)$$

式（2-16）中有两个力矩方程、一个投影方程，使用的限制条件是：所选的投影轴 x 轴不垂直于 A、B 两点的连线。

还有一种形式是：

$$\begin{cases} \sum M_A(\boldsymbol{F}) = 0 \\ \sum M_B(\boldsymbol{F}) = 0 \\ \sum M_C(\boldsymbol{F}) = 0 \end{cases} \tag{2-17}$$

式（2-17）中三个都是力矩方程，使用的限制条件是：A、B、C 三点不在一条直线上。

式（2-15）、式（2-16）、式（2-17）是互相等效的，根据具体问题的不同，适当选择其中某一组式子，可能使求解计算较为简便。

■ 例 2-10　悬臂吊车水平梁 AB 的 A 端以固定铰链安置于竖直墙面，B 端由拉杆 BC 拉住，结构与尺寸如图 2-21a 所示。吊重 $Q = 2\text{kN}$ 作用在图示的位置处，设梁自重为 $G = 500\text{N}$，试求拉杆 BC 所受的拉力及铰链 A 处的约束反力。

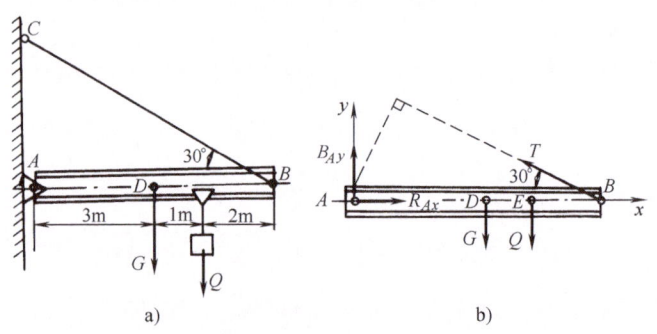

图 2-21　例 2-10 图

解　1) 取横梁 AB 为研究对象，画受力图。

以 A 点为坐标原点建立直角坐标系 xAy，先画上已知的主动力 $\boldsymbol{Q}$ 和 $\boldsymbol{G}$；拉杆 BC 对横梁 AB 的拉力 $\boldsymbol{T}$，因大小未知而待求，但其作用线易于判定为沿拉杆的方向，应作为"已知"看待，可以画上；铰链 A 处约束反力 $\boldsymbol{R}_A$ 的大小、方向均未知，通常以它在 x、y 两轴方向上的分力 $\boldsymbol{R}_{Ax}$、$\boldsymbol{R}_{Ay}$ 的形式在图上画出，这样更便于求解。于是就得到了横梁 AB 的受力图，如图 2-21b 所示。

2) 根据式（2-15）列出平衡方程

$$\begin{cases} \sum F_x = 0, & R_{Ax} - T\cos 30° = 0 \\ \sum F_y = 0, & R_{Ay} + T\sin 30° - G - Q = 0 \\ \sum M_A(\boldsymbol{F}) = 0, & T(AB \times \sin 30°) - G \times AD - Q \times AE = 0 \end{cases}$$

代入已知数据，即可求得：$T = 3.17\text{kN}$，$R_{Ax} = 2.74\text{kN}$，$R_{Ay} = 0.92\text{kN}$。

〔一点说明〕　有了 R_{Ax} 和 R_{Ay}，便容易由式（2-2）进一步求出铰链 A 处约束反力 R_A 的大小和方向。但力学中解题的通行习惯是，除非专门提出要求，一般地，求出了这两个分力的数值，就算解题结束，不再进一步具体计算其合力的大小和方向。

■ 例 2-11　运料斗车重 $G = 3\text{kN}$，由钢丝绳牵引，沿与水平面成 $\alpha = 30°$ 的斜坡等速提升，斗车的尺寸和重心位置 C 等如图 2-22a 所示。不计斗车车轮与坡道之间的摩擦力，求钢丝绳的牵引力 $\boldsymbol{T}$ 及斗车两个车轮对坡道的压力 N_A、N_B。

解 1）取斗车为研究对象，根据各约束反力的特性画出受力图，如图 2-22b 所示，并取 A 为坐标原点建立直角坐标系 xAy。

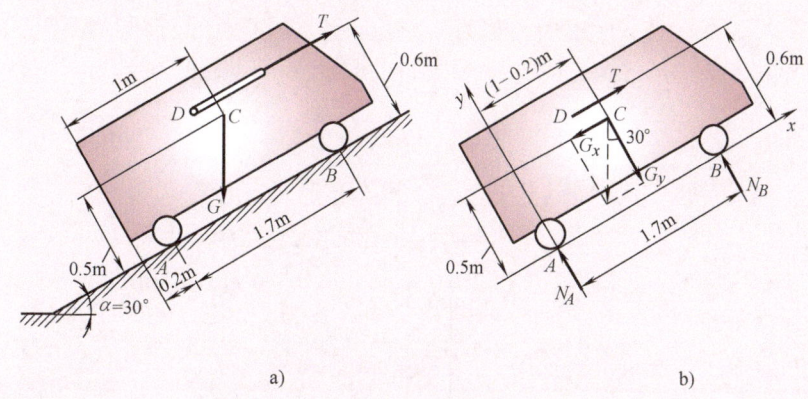

图 2-22 例 2-11 图

在受力图 2-22b 上，已经将斗车的重力 G 依两坐标轴的方向分解为两个分力 G_x、G_y，它们的数值为

$$G_x = G\sin 30° = 3\text{kN} \times 0.5 = 1.5\text{kN} \tag{1}$$

$$G_y = G\cos 30° = 3\text{kN} \times 0.866 = 2.6\text{kN} \tag{2}$$

2）根据式（2-15）列出平衡方程：

$$\begin{cases} \sum F_x = 0, & T - G_x = 0 & (3) \\ \sum M_A(\boldsymbol{F}) = 0, & N_B \times 1.7 + G_x \times 0.5 - [G_y \times (1 - 0.2)] - T \times 0.6 = 0 & (4) \\ \sum F_y = 0, & N_A + N_B - G_y = 0 & (5) \end{cases}$$

由式（3）得 $\qquad T = G_x = 1.5\text{kN} \qquad (6)$

将式（1）、式（2）、式（6）代入式（4）得

$$N_B = (0.8G_y + 0.6G_y - 0.5G_x)/1.7 = 1.31\text{kN} \tag{7}$$

将式（2）、式（7）代入式（5）得 $\qquad N_A = G_y - N_B = 1.29\text{kN}$

讨论 1）在例 2-10、例 2-11 中，都把两个未知待求力的作用线的交点选为列力矩方程所用的矩心，使得这两个未知量避免出现在力矩方程中，于是在该方程中就只剩下了一个未知量，从而方便了计算。类似这样的一些"解题技巧"，读者在解题中应注意体会和应用。

2）在例 2-11 的求解中，我们把斗车的重力 G 依两坐标轴的方向分解为两个分力 G_x、G_y 来进行求解，避免了较为繁琐的几何关系计算，从而使解题明显地变得简便。否则直接计算重力 G 对于 A 点之矩 $M_A(G)$，需要用到 G 力作用线到 A 点的距离，这个距离为 $(1\text{m} - 0.2\text{m} + 0.1\text{m} \times \tan 30°)\cos 30°$，不仅是这个计算式有点麻烦，更主要的是要找到这个几何关系相当不容易。

如果平面任意力系中各力的作用线都互相平行，便是平面平行力系。求解平面平行力系的平衡问题时，若坐标轴之一（如 y 轴）选为与力系中的各力垂直，则各力在该坐标轴上的投影均为零，使方程组式（2-15）中的方程只剩下两个，即

$$\begin{cases} \sum F_x = 0 \\ \sum M_O(\boldsymbol{F}) = 0 \end{cases} \tag{2-18}$$

例 2-12 塔式起重机的结构和尺寸如图 2-23 所示,起重机自身总重为 $G = 18 \text{kN}$,最大起吊重量为 $P_{max} = 6 \text{kN}$:

1) 欲使起重机满载作业而不致向右翻倾,试求平衡配重的最小值 W_{min};

2) 若配重为 $W = 6 \text{kN}$,实际起吊重量 $P = 5 \text{kN}$,试求两轨道处约束反力的大小 N_A、N_B。

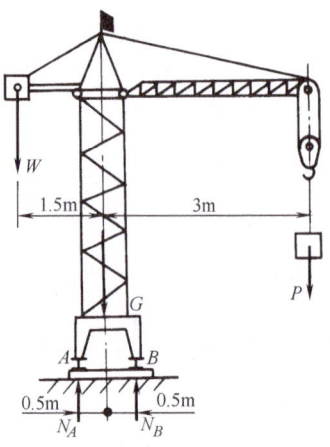

图 2-23 例 2-12 图

解 1) 取起重机为研究对象,分析可能引起的向右翻倾问题。

随着起吊重量逐渐加大,左边轨道 A 处约束反力的数值 N_A 逐渐减小,而当起吊达到最大重量 P_{max},并使 A 处约束反力 $N_A = 0$ 时,即处于翻倾与不翻倾的临界状态。这就是求解配重最小值 W_{min} 的条件。

在此条件下,以 B 为矩心列平衡方程:

$$\sum M_B(\boldsymbol{F}) = 0, \quad W_{min} \times (1.5 + 0.5)\text{m} + G \times 0.5\text{m} - P_{max} \times (3 - 0.5)\text{m} = 0$$

代入已知数据,即得到:$W_{min} = 3 \text{kN}$。

2) 此为平面平行力系的平衡问题,根据式 (2-18) 列出平衡方程如下:

$$\begin{cases} \sum F_x = 0, \quad N_A + N_B - W - G - P = 0 \\ \sum M_A(\boldsymbol{F}) = 0, \; W \times (1.5 - 0.5) + N_B \times (0.5 + 0.5) - G \times 0.5 - P \times (3 + 0.5) = 0 \end{cases}$$

代入已知数据,即得到:$N_A = 8.5 \text{kN}$,$N_B = 20.5 \text{kN}$。

注意,本题求出了起重机满载作业时,为使起重机不致向右翻倾的配重最小值 $W_{min} = 3 \text{kN}$,但实际配重只取此值却是很不安全的,因为吊着的重物稍有晃动(加速度)或起重机受点外界干扰,还会导致翻倾事故,所以实际配重必须大于此值。但配重过重又可能引起起重机向左翻倾,这当然首先可能发生在"空载"条件下。为避免起重机向左翻倾又可以计算出一个配重的最大值 W_{max},实际的配重取值应满足条件:$W_{min} < W < W_{max}$。读者试根据本题数据算出 W_{max}(结果是 $W_{max} = 9 \text{kN}$)。

四、物体系统的平衡问题

产品或结构常是由若干个物体(零构件、部件)通过一定约束方式连接成的整体,或叫系统,这就是物体系统,简称物系。

当物系处于受力平衡时,物系内的各个部分也是受力平衡的。物系以外的事物施于物系的作用力是物系的外力,而物系内部各部分之间的作用力则是物系的内力。求解物系的平衡问题，可能从求算未知外力开始，这就要先取整个物系为研究对象进行分析计算；也可能从求算某个、某些未知内力开始，这就要先选取物系内的某适当部分为研究对象进行分析计算。

例2-13 人字形梯子结构如图2-24a所示，两侧页 AB、AC 在 A 铰接，又在水平位置的 D、E 两点用绳子系住。梯子放在光滑的水平地面上。现有一体重 G = 720N 的男子站立于右侧页上的 K 点。有关尺寸如下：$AB = AC = 3$m，$AD = AE = 2$m，$AK = 1$m，$\alpha = 40°$。不计梯子的自重，试求 B、C 两点及铰链 A 处的约束反力、绳子 DE 承受的拉力。

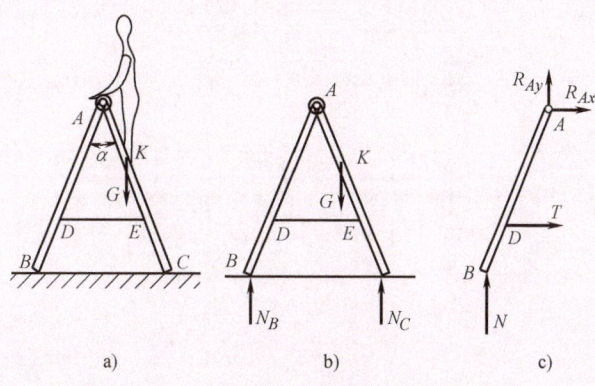

图 2-24　例 2-13 图

解　这是个物系平衡问题。只有登梯男子的体重 G 及所求 B、C 两点反力 N_B、N_C 是物系的外力，其他待求量是物系的内力。

1) 先求 B、C 两点的反力 N_B、N_C。取物系为研究对象，画出受力图，如图2-24b所示。先以 B 为矩心，得到一个力矩方程

$$\sum M_B(\boldsymbol{F}) = 0, \qquad N_C \times \left(2 \times 3\sin\frac{\alpha}{2}\right) - G \times (3+1)\sin\frac{\alpha}{2} = 0$$

将已知数据 G = 720N，α = 40° 代入上式，得到：N_C = 480N。

再对铅垂方向的 y 坐标轴写出一个投影方程

$$\sum \boldsymbol{F}_y = 0, \qquad N_B + N_C - G = 0$$

代入已知和已求出的数据，得到：N_B = 240N。

2) 绳子承受的拉力 T 和铰链 A 处的约束反力都是梯子这个物系的内力，只能选取物系中的某物、某部分为研究对象进行分析，才能求出。

现选取梯子的左侧页 AB 为研究对象，画出分离体的受力图，如图2-24c所示。

选水平、铅垂方向的坐标轴列投影方程，以（两未知分力的交点）A 为矩心列力矩方程

$$\begin{cases} \sum M_A(\boldsymbol{F}) = 0, & T \times 2\cos\dfrac{40°}{2} - N_B \times 3\sin\dfrac{40°}{2} = 0 \\ \sum \boldsymbol{F}_x = 0, & T + R_{Ax} = 0 \\ \sum \boldsymbol{F}_y = 0, & N_B + R_{Ay} = 0 \end{cases}$$

代入已知数据，得到：T = 131N，R_{Ax} = -131N，R_{Ay} = -240N。

计算得到的 R_{Ax}、R_{Ay} 均为负值，表明这两个力的实际指向与受力图（图2-24）上所标示的指向相反。

例 2-14 载重汽车与拖车用铰链联接（见 D 局部的放大图），有关尺寸如图 2-25a 所示。已知汽车重 $G_1 = 13.6$ kN，拖车重 $G_2 = 1.8$ kN，现载重 $G_3 = 39.6$ kN，重心位置如图 2-25a 所示。求静止时地面对 A、B、C 三轮的约束反力。

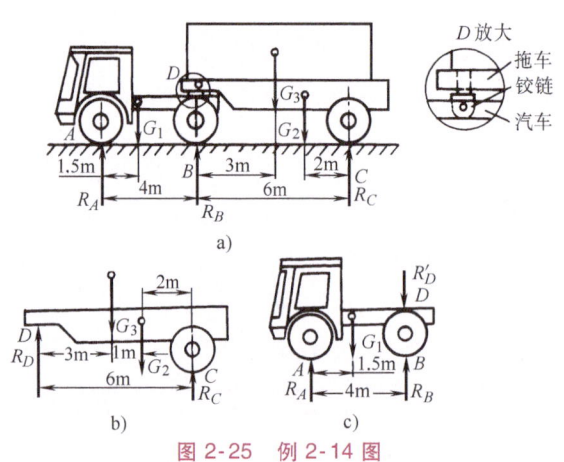

图 2-25 例 2-14 图

解 由于三个约束反力的作用线均与地面垂直，都与三个部分重力 G_1、G_2、G_3 的作用线相平行，因此这是一个平面平行力系的问题。求解平面平行力系问题只有两个独立的方程，见式（2-18），只能联立求解出两个未知量。而本问题却要求解三个未知量，所以如果直接选取整个物系为研究对象是无法求得结果的。但通过先选取物系中某合适的部分为研究对象，将能逐个地把三个未知量全部求解出来。

1) 先将拖车从铰链处"分离"出来，取拖车为研究对象，画出受力图，如图 2-25b 所示。虽然一般而言铰链约束反力的作用线方向不能预知，但因分离出来的拖车所受的其他所有外力 G_2、G_3、R_C 都相互平行且与地面垂直，因此，与这些力组成平衡力系的力 R_D 也只可能是与它们平行的，如图中所画。拖车仍受平行力系作用，列平衡方程如下：

$$\begin{cases} \sum M_D(\boldsymbol{F}) = 0, & R_C \times 6 - G_2 \times (3+1) - G_3 \times 3 = 0 \quad (1) \\ \sum M_C(\boldsymbol{F}) = 0, & G_2 \times 2 + G_3 \times (6-3) - R_D \times 6 = 0 \quad (2) \end{cases}$$

（平面平行力系的平衡方程可以由一个投影方程和一个力矩方程组成，如式（2-18）那样；也可以由两个力矩方程组成，像这里所用的形式。两者是等效的。）

代入已知数据，得到：$R_C = 21$ kN，$R_D = 20.4$ kN。

2) 再取分离后的汽车为研究对象，画出受力图，如图 2-25c 所示，经同样的分析可知它所受的也是平面平行力系的作用，列平衡方程如下：

$$\begin{cases} \sum M_A(\boldsymbol{F}) = 0, & R_B \times 4 - R_D' \times 4 - G_1 \times 1.5 = 0 \quad (1) \\ \sum M_B(\boldsymbol{F}) = 0, & G_1 \times (4-1.5) - R_A \times 4 = 0 \quad (2) \end{cases}$$

代入已知数据，得到：$R_A = 8.5$ kN，$R_B = 25.5$ kN。

例 2-15 三铰拱屋架的结构和尺寸如图 2-26a 所示（尺寸单位：m），两半拱架重 $G_1 = G_2 = 6$ kN，试求在水平方向的风压力 $F = 1.6$ kN 作用下，A、B、C 三铰链处的约束反力。

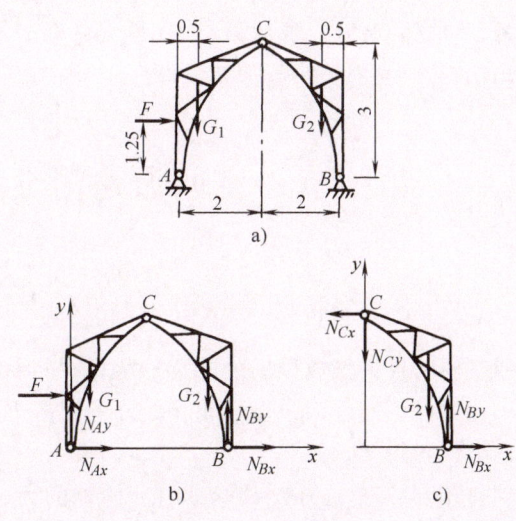

图 2-26 例 2-15 图

解 先分析一下，为求解本题，应如何选取研究对象。

本题要求三个铰链约束反力，每个铰链约束反力都包含大小、方向两个未知量，一共要求解出六个未知量。通常以约束反力的两个正交分力的形式来求解，它们是：N_{Ax}、N_{Ay}、N_{Bx}、N_{By}、N_{Cx}、N_{Cy}。其中前四个是物系的外力，后两个是物系的内力。现为平面任意力系的平衡问题，取整个物系为研究对象，有三个独立的方程，还不能解出全部四个未知外力。但若再取其中一部分（如右半拱）为研究对象，又能有三个独立的方程，这样，共有六个独立的方程，就能联立求解出全部六个未知量了。

1) 取三铰拱屋架整体为研究对象，画出受力图（图 2-26b），列出平衡方程：

$$\begin{cases} \sum F_x = 0, & F + N_{Ax} + N_{Bx} = 0 & (1) \\ \sum F_y = 0, & N_{Ay} + N_{By} - G_1 - G_2 = 0 & (2) \\ \sum M_A(\boldsymbol{F}) = 0, & N_{By} \times 4 - F \times 1.25 - G_1 \times 0.5 - G_2 \times (2 + 2 - 0.5) = 0 & (3) \end{cases}$$

（从式（3）可以直接解出 N_{By}，再将 N_{By} 值代入式（2）又可解出 N_{Ay}；但 N_{Ax}、N_{Bx} 还不能解出）

2) 取右半铰为研究对象，画出受力图（图 2-26c），列出平衡方程：

$$\begin{cases} \sum F_x = 0, & N_{Bx} - N_{Cx} = 0 & (4) \\ \sum F_y = 0, & N_{By} - N_{Cy} - G_2 = 0 & (5) \\ \sum M_C(\boldsymbol{F}) = 0, & N_{Bx} \times 3 + N_{By} \times 2 - G_2 \times (2 - 0.5) = 0 & (6) \end{cases}$$

将已知数据代入式（4）、式（5）、式（6）与式（1），可联立解出：$N_{Ax} = -0.27$ kN，$N_{Ay} = 5.5$ kN，$N_{Bx} = -1.33$ kN，$N_{By} = 6.5$ kN，$N_{Cx} = -1.33$ kN，$N_{Cy} = 0.5$ kN。

求解物体系统的平衡问题时，需要注意掌握如何适当地选择研究对象。上面三个例题，提供了三种不同的类型：例 2-13 的求解，是先取物系中的局部为研究对象，列出平衡方程，解出部分结果，再取物系整体为研究对象，进一步求解。求解例 2-14 则与求解例 2-13 相反。在例 2-15 解中，是把物系整体和某局部的平衡方程同时列出，联立求解。具体问题，具体分析，要点在于：注意待求未知量的数目应与独立平衡方程的数目相等，并充分利用已知条件。

第三节 空间力系简介 超静定的概念

一、力沿空间坐标轴的投影 力对轴之矩

轮船螺旋桨推进器或风扇的叶片形状是空间曲面，工作时叶面各点所受作用力的作用线肯定不在同一平面之内，而分布在空间的很多方向上。各力的作用线不在同一平面内的力系，称为空间力系。

用螺钉旋具（螺丝刀）拧紧螺钉所施加的力，包含一个沿螺钉轴线方向的压力和一个作用在与螺钉轴线垂直的平面内的力偶，它们也不在一个平面内。钻机钻孔时钻头受的力与此类似。挖掘机的挖斗、拖拉机的犁、游乐场中儿童及成人的某些游乐器械等，工作中所受的力也都是空间力系。生活中、工作中的各种器物，受空间力系作用的较为普遍。但空间力系的分析计算比平面力系麻烦。因此，其中凡是有可能的，常将它转化为平面力系的问题进行分析或初步分析；其结果有的基本就能满足要求，有的则可以为进一步研究提供基础或参考。比如在例 2-14 中，画出一个侧视图来分析汽车和相连的拖车，就是把空间力系问题转化成了平面力系问题。例题中算出了地面对 A、B、C（三轮）的约束反力。但是，实际上 A、B、C 三处都应该各有左、右两个车轮，总共有六个而不是三个车轮。汽车在一般载重情况下，左右方向上的载重常常是比较均衡的，在这种情况下，把例 2-14 中所算出数据的一半分别作为三处每个车轮的受力，产生的误差不会很大，且误差值一般在我们可以判断的范围以内，因此问题就基本解决了。倘若左右载重不均衡，当然需要做进一步分析，这属于本节稍后就要讲述的（超静定）问题，要用到静力学以外的理论才能解决。其实除了例 2-14 中的问题以外，还有例 2-15、例 2-16 及其他部分例题，也曾把空间力系问题转化为平面力系进行求解。在力学知识的应用中，常需要正确地进行这种转化，使复杂问题获得简化，而分析计算的结果又能基本满足设计的要求。

空间力系的简化、合成和平衡问题的求解，其理论基础和方法与平面力系类似，都源于静力学公理及其推论。空间力系问题比平面力系问题繁复，但只要平面力系理论掌握住了，今后进一步学习空间力系理论并无特别的难处。本节只简略介绍空间力系理论和应用的基础知识。

1. 力沿空间坐标轴的分解及相应的投影

在平面内，一个力可分解为互相垂直的两个正交分力；在空间，可将一个力分解为互相垂直的三个正交分力。任取空间直角坐标系，力在这三个坐标轴上的投影，就是相应的三个分力的值。

通常将力先投影在 z 轴及与 z 轴垂直的 xOy 平面上，分别得到 F_z 和 F_{xy}，如图 2-27 所示。

于是有

$$F_z = F\cos\gamma, \qquad F_{xy} = F\sin\gamma$$

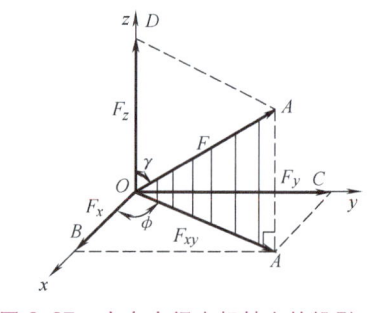

图 2-27 力在空间坐标轴上的投影

式中，γ为力 F 与 z 轴之间的夹角。

再将 F_{xy} 分别向面内的 x 轴和 y 轴投影，得到的 F_x 和 F_y 也就是原力在 x 轴和 y 轴上的投影。计算公式如下：

$$\begin{cases} F_x = F\sin\gamma\cos\phi \\ F_y = F\sin\gamma\sin\phi \\ F_z = F\cos\gamma \end{cases} \quad (2\text{-}19)$$

式中，ϕ 为力 F 在 xOy 平面上的投影与 x 轴之间的夹角。

2. 力对轴之矩

平面力系中有力对点之矩的概念，相应地，空间力系中有"力对轴之矩"的概念。生活和工作中绕轴转动的事物很多：自行车的前后轮和脚踏拐都绕轴转动，冰箱、微波炉和房屋的门也绕轴转动，机械中绕轴转动的零部件更多。从如何度量使刚体绕轴转动的效应出发，引出了力对轴之矩的概念。

以力 F 推门为例，取空间直角坐标系的 z 轴与门轴相一致，如图 2-28 所示。将力 F 分解为 F_z 和 F_{xy} 两个力，其中力 F_z 的作用线与 z 轴平行，力 F_{xy} 在与 z 轴垂直的平面内。实践证明，F_z 对推动门绕门轴转动不能起任何作用。能推动门绕门轴转动的力只是 F_{xy}，其转动效应与此力的大小 F_{xy} 成正比例关系，还与此力在与 z 轴垂直的平面内到 z 轴与该面交点 O 的垂直距离 d 成正比例关系。力学中就把这两个量的叉积 $F_{xy} \times d$ 作为度量这种效应的物理量，用符号 $M_z(F)$ 表示，称为力 F 对 z 轴之矩。

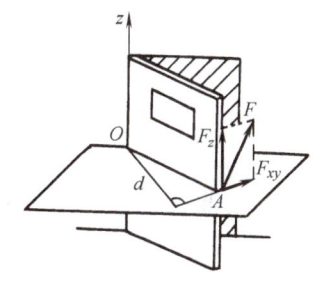

图 2-28 力对轴之矩

对比平面力系中力对点之矩的概念可知：空间一力对轴之矩等于此力在垂直于该轴平面上的分力对该轴与此平面交点之矩。也就是

$$M_z(F) = M_O(F_{xy}) = \pm F_{xy} \times d \quad (2\text{-}20)$$

力对轴之矩的单位仍是 N·m（牛米）。确定正负号的判定规则是"右手螺旋规则"：使右手大拇指的指向与 z 轴的正向一致，若力 F 使物体绕 z 轴旋转的方向与四指曲拢的方向一致，力矩取正值；反之，取负值。

二、空间力系的简化　空间力系平衡问题解法举例

前面已经讲过：平面力系向面内一点简化，得到一个通过该点的主矢量和一个合力偶。类似地，作用于刚体的空间力系中的各力，也可以向空间任一点（简化中心）简化，根据力的平移定理，得到一个通过简化中心的空间汇交力系和一个空间力偶系。这个空间汇交力系的合力，就是原空间力系的主矢量，它又可以分解为沿空间坐标系三个坐标轴方向的三个分力，它们的效应是使刚体在相应的三个方向上移动。这个空间力偶系经过合成、分解后所产生的效应，则可以归结为使刚体绕三个坐标轴转动。简言之，刚体可能发生的三种移动、三种转动共六种运动，分别对应着力系简化后得到的上述六个量。倘若在一个空间力系的作用下刚体处于平衡状态，不发生任何运动状态的变化，意味着空间力系简化所得的上述六个量都等于零。这就是空间力系平衡的条件，其数学表达形式如下：

$$\begin{cases} \sum F_x = 0 \\ \sum F_y = 0 \\ \sum F_z = 0 \\ \sum M_x(F) = 0 \\ \sum M_y(F) = 0 \\ \sum M_z(F) = 0 \end{cases} \quad (2\text{-}21)$$

式（2-21）表明：空间任意力系平衡的充分必要条件是，各力在任意直角坐标系三个坐标轴上的投影的代数和均等于零，各力对这三个坐标轴之矩的代数和也都分别等于零。

式（2-21）中的前三个式子称为投影方程，后三个式子称为力矩方程。

例 2-16 传动轴的结构、尺寸如图 2-29a 所示。已知带轮传动带的紧边拉力 $T=1.5$kN，松边拉力 $t=0.6$kN，带轮外径 $D=160$mm，齿轮在直径为 $d_0=100$mm 的分度圆周上受有切向力 F_t 和径向力 $F_r=F_t\tan 20°$ 的作用，试求作用于齿轮的切向力 F_t、径向力 F_r 和 A、B 两处轴承的径向约束反力。（不计带轮与轴的自重）

解 从图 2-29a 看出，这是一个空间力系问题。但问题中不存在任何轴向（即图 2-29 中的 y 轴方向）的作用力，即所有作用力皆在与 y 轴垂直的四个平行平面内（分别在带轮、齿轮和 A、B 两轴承处），因此，使空间力系问题可以转化为平面力系问题，求解较为简便。通常仍将 A、B 两处的约束反力分解为沿坐标轴方向的分力来求解。这样，本例题需要求解的有 F_t、R_{Ax}、R_{Az}、R_{Bx}、R_{Bz}，共五个未知量。

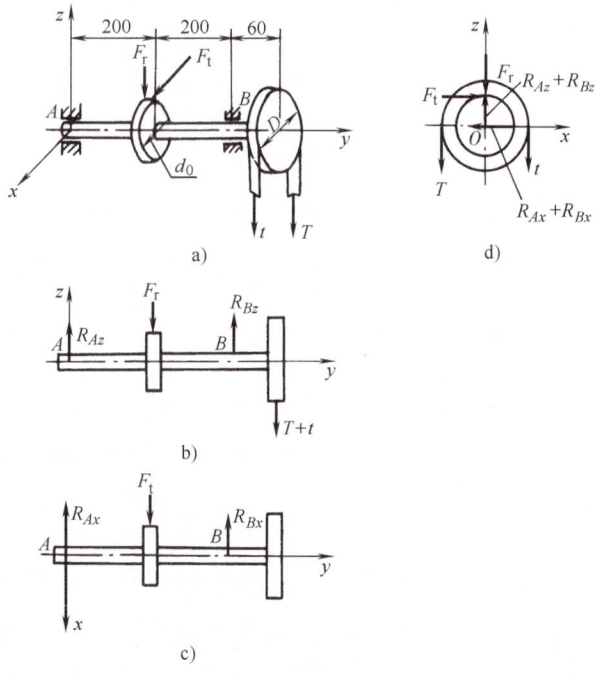

图 2-29 例 2-16 图

取传动轴、齿轮和带轮为研究对象，分别画出它在正视 zAy 平面、顶视 xAy 平面、左侧视 xAz 平面等三个平面内的受力图，如图 2-29b、c、d 所示。

1）先根据三个受力图，分析合适的求解步骤。

图 2-29b 所示为平面平行力系问题，只有两个独立的方程可用 [式（2-18）]，但这里却有三个未知量（未求出切向力 F_t 以前，径向力 F_r 也只能看成未知量），因此不宜从此图入手求解。图 2-29c 所示情况与图 2-29b 相同。

图 2-29d 所示为平面任意力系问题，有三个独立的方程可用 [式（2-15）等]，因可以将切向力 F_t 和径向力 F_r 两者看成一个未知量，则此图中共有三个未知量，因此可以进行求解。接着图 2-29b、图 2-29c 中的问题就可以求解了，……，这样一步步地，五个待求未知量全能求出。

2）依上述顺序，列平衡方程，逐步求解如下：

① 对图 2-29d，对轴心 O 取矩，有 $\sum M_O(\boldsymbol{F})=0$，$(T-t)\dfrac{D}{2}-F_t\dfrac{d_0}{2}=0$

代入已知数据，得到：$F_t=1.440$kN。

② 求 F_r：$F_r=F_t\tan 20°=0.524$kN。

③ 对图 2-29b，有

$$\begin{cases} \sum M_A(\boldsymbol{F})=0, & R_{Bz}\times 400-(T+t)\times 460-F_r\times 200=0 \\ \sum M_B(\boldsymbol{F})=0, & F_r\times 200-(T+t)\times 60-R_{Az}\times 400=0 \end{cases}$$

代入已知数据，得到：$R_{Bz}=2.677$kN，$R_{Az}=-0.053$kN。

④ 对图 2-29c，有

$$\begin{cases} \sum M_A(\boldsymbol{F}) = 0, & R_{Bx} \times 400 - F_t \times 200 = 0 \\ \sum F_x = 0, & R_{Ax} + R_{Bx} - F_t = 0 \end{cases}$$

代入已知数据，得到：$R_{Ax} = R_{Bx} = 0.720 \text{kN}$。

三、超静定的概念

求解刚体静力学平面任意力系平衡问题的方程组式（2-15）[式（2-16）、式（2-17）] 包含三个独立的方程，可以求解不多于三个的未知量；求解刚体静力学平面平行力系问题的方程组式（2-18）包含两个独立的方程，可以求解不多于两个的未知量，等等。如果要求解的未知量数目多于相应的独立方程的数目，那么，只用静力学理论就不能解出全部未知量了，这样的问题，称为 超静定问题，也叫 静不定问题。与此相反的，就是 静定问题。

通过一个日常生活中的事例，可以加深对超静定问题的理解。例如两个人扛一根大木柱，如图 2-30a 所示，求每人肩上的压力。木柱的重力和人肩上的压力都是铅垂方向的，这是个平面平行力系问题，用平衡方程组的两个方程，就能求出这两个人每人肩上的压力，这是静定问题。事实上，只要两人扛木柱的位置一定，则每人肩上的压力肯定就是计算出来的那么大，与两人个子的高矮无关，也与他们扛的时候是把肩往上挺起还是弯背往下抽缩无关。如果是三个人扛木柱，如图 2-30b 所示，则三个人肩上的压力是三个未知量，是个超静定问题，用静力平衡方程无法进行求解。相应的事实是，此时虽然三个人的位置不变，每人肩上的压力也确确实实是不一定的：三个压力值将随三个人的相对

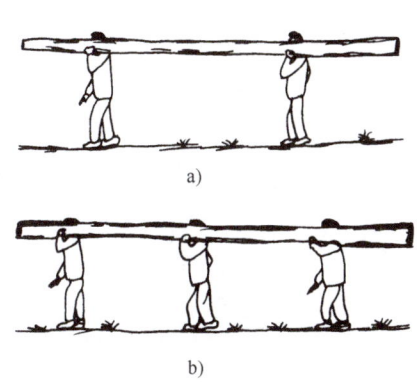

图 2-30 静定与超静定问题实例

高矮不同而不同；即使是三个高矮固定的人扛着，只要其中有人把肩往上挺一挺或往下松一松，都会使每人肩上的压力有变化。

从上述实例可以体会到，用静力学理论之所以解决不了超静定问题，原因在于：静力学只研究刚体的受力问题，而刚体是既不会变形也不会破坏的理想模型。求解超静定问题，需要考虑物体受力变形的影响。在材料力学、结构力学等理论中，将分析有关物体受力变形的规律，并据此建立补充方程，使超静定问题得以求解。本书不介绍超静定问题的求解方法，有兴趣的读者，可参考其他材料力学书籍。

第四节 物体的重心和平面图形的形心

一、物体重心的概念

工业产品的设计、使用中经常要涉及重心这个概念。例如图 1-1 中各种高椅摇椅，人坐着不倾倒的条件，就是在摇动中，整体重心铅垂线的垂足不超越椅子底部的支撑面。图 1-2a 那样的台灯，在灯头探出较远时能否保持不倒，自然也取决于该状态下重心的位置在何处。图 1-14c 那样的缆车客罐，设计时需要确定客罐重心的位置，以便让挂钩和客罐重心的连线与客罐的底面相垂直，这样，缆车使用运行中底面保持在水平位置，既有利于实

际使用的安全，也符合乘客心理安全的需要。人们使用的各种手工具（尤其是稍微重一点的工具），其重心与人手抓握位置的相对关系，对工具使用是否方便、省力、高效影响很大。若工具重心离手的握持位置离得较远，使用工具就费力。机械的驱动力作用线与被驱动件重心位置的关系，更是机械设计的要点。高速转动物体的重心对旋转轴线的偏离量，决定了离心力的大小，也和运转中的振动情况密切相关，等等。

物体的重心在产品设计中还有各种应用。图 2-31a 所示的不倒翁是大家都熟悉的玩具，因重心很低，怎么左右偏摆它，都能自动复位。工艺品中也有类似的应用。图 2-31b 所示的尖底瓶是远古时代人们用于在井中汲水的工具，巧妙地利用重心达到了某种意义上的汲水"自动化"。由于耳环位置较低，偏向瓶底一侧，用绳子穿挂在两侧耳环上，将瓶放下到井水中，

图 2-31 重心的应用
a) 不倒翁 b) 古人用来汲水的尖底瓶

重心必在耳环连线以上，偏向瓶口一侧，所以瓶口会自动倒下来使水进入瓶中；瓶里有了水，瓶的底部变重，又使瓶子自动正过来，瓶口变为向上，于是就可以把装了水的瓶子从井下提上来了。古人在器物设计中巧妙利用重心的事例，令人折服，也使人深受启发！

材质均匀、形状规则的物体，重心比较容易确定。譬如，均质球体的重心在球心，均质立方体的重心在对角线的交点，均质圆柱体、圆锥体的重心在轴线上某点等。物体重心在力学上的意义，可以理解为是所有各组成部分所受重力的合力作用点。由于各组成部分重力都铅垂向下、互相平行，所以重心是这个空间平行力系的合力的作用点。

二、物体重心的确定

1. 重心的坐标公式

对于整体形状较为复杂的物体，若可以把它分为 n 块，而每块所受的重力可以知道分别为 ΔG_1、ΔG_2、$\cdots$、ΔG_n，每块重力的作用点（即每块的重心）的空间坐标也可以知道，分别为 (x_1, y_1, z_1)、(x_2, y_2, z_2)、$\cdots$、(x_n, y_n, z_n)，该情况可一般性地表示如图 2-32 所示。

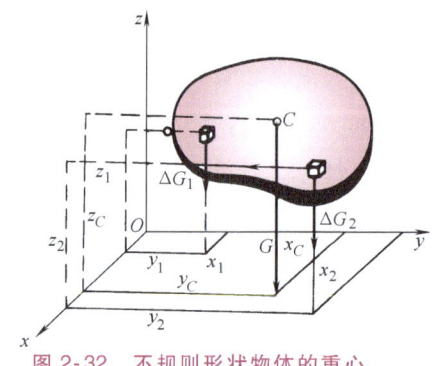

图 2-32 不规则形状物体的重心

那么根据确定空间平行力系合力的方法，则可由下式求出物体整体重心的空间坐标 (x_C, y_C, z_C)

$$\begin{cases} x_C = \dfrac{\sum \Delta G_i x_i}{G} = \dfrac{\sum \Delta G_i x_i}{\sum \Delta G_i} \\ y_C = \dfrac{\sum \Delta G_i y_i}{G} = \dfrac{\sum \Delta G_i y_i}{\sum \Delta G_i} \\ z_C = \dfrac{\sum \Delta G_i z_i}{G} = \dfrac{\sum \Delta G_i z_i}{\sum \Delta G_i} \end{cases}, \quad i = 1, 2, \cdots, n \qquad (2\text{-}22)$$

式中，G 为整个物体的重量，$G = \sum \Delta G_i$。

实际的工业产品，在结构上常由几个部分组成，每个部分的重量和重心位置也常可以确定，此时即可用式（2-22）计算它的重心位置。

例 2-17 台灯结构如图 2-33 所示,尺寸 $a=80$mm,$l=360$mm,底座重量 $W=6$N,包括灯罩、灯泡等在内的灯头部分重 $Q_1=0.5$N,四个连接杆合起来重 $Q_2=0.8$N,角度 α 是可调的,假设使用中灯头探得较远时可取 $\alpha\approx30°$。1)求此时台灯重心在 x 方向上的位置;2)分析:设计中是否需要对尺寸、重量做调整?

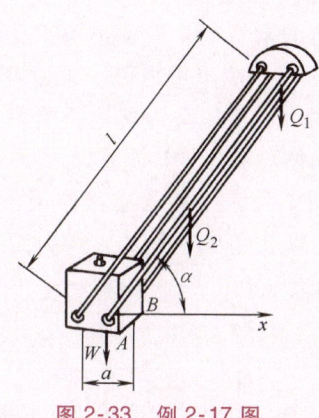

图 2-33 例 2-17 图

解 1)构成此台灯的三个部分形状都是规则的,它们的重心位置都在各自的中心点,若取底座的中心点为坐标原点,则三构件重心的坐标分别为

$$x_W=0,\quad x_{Q_1}=l\cos\alpha=360\text{mm}\times\cos30°=312\text{mm},\quad x_{Q_2}=(l/2)\cos\alpha=156\text{mm}$$

应用式(2-22)中的第 1 式,得

$$x_C=\frac{\sum\Delta G_i x_i}{\sum\Delta G_i}$$

$$x_C=\frac{W\times0+Q_1 x_{Q_1}+Q_2 x_{Q_2}}{W+Q_1+Q_2}=\frac{0+0.5\times312+0.8\times156}{6+0.5+0.8}\text{mm}=38.5\text{mm}$$

该状态下,台灯重心在底座中心点右侧 38.5mm 处。

2)分析:在台灯探得较远,即角 α 较小时,若台灯重心越出底座右侧边线 AB,则台灯将要倾倒。现 AB 离底座中心的距离是 $(a/2)=(80/2)$mm$=40$mm,而上述计算结果是,在 $\alpha=30°$ 时,$x_C=38.5$mm,因 $x_C<(a/2)$,表明该状态下台灯还不会倾倒。但是该情况下 $(a/2)-x_C=1.5$mm,相差很小。考虑到设计一般需要"留有余地",让使用中更为可靠,为此通常习惯再做一点调整。例如把底座再稍许加宽或加重一点。

对于形状不规则、材质不均匀的物体,求物体重心坐标的公式由积分式表示

$$\begin{cases}x_C=\left(\int_0^G x\text{d}G\right)\Big/G\\ y_C=\left(\int_0^G y\text{d}G\right)\Big/G\\ z_C=\left(\int_0^G z\text{d}G\right)\Big/G\end{cases} \tag{2-23}$$

2. 用实验法确定重心位置

有些工业产品形状不规则,质量分布也不均匀,通过计算求其重心位置将比较麻烦,而用实验法来确定其重心却较为简便。悬挂法和称重法是其中较常用的两种方法,介绍如下。

(1) 悬挂法　常用此法确定形状复杂的平板的重心位置，实际做法如图 2-34 所示。先将此板在任一点 A 挂住，过 A 点画一条铅垂线，可知平板重心必通过此直线；再任意另换一点 B 悬挂，并得到另一条铅垂方向直线。则所画的两条直线的交点 C 处，就是该平板的重心位置。我国民间扎风筝的艺人，一直沿用此法来确定风筝的重心位置。

(2) 称重法　常用此法确定形状复杂的构件、产品的重心位置。图 2-35 所示为用称重法确定一发动机连杆重心位置的示意图。先称出所论构件的重量，设为 G。将构件一端于 A 点的下部支住，在另一端的 B 点测出重力值，设为 W。图 2-35 中的测重工具为磅秤，根据构件大小、轻重情况的不同，也可能采用其他测重工具。A、B 间的距离记为 l。从已测量得到的 3 个数据 G、W、l，便可算出构件重心 C 到 A 点的距离 x_C。因为此时该连杆可以看成在以下三个平行力的作用下处于平衡状态：作用于 C 点向下的重力 G，作用于 A、B 两点铅垂线向上的支承力。设现在测出 B 处的支承力为 W，则利用平面平行力系的平衡方程式 (2-18)，以 A 为矩心，应该有

$$\sum M_A(\boldsymbol{F}) = 0, \quad Wl - Gx_C = 0$$

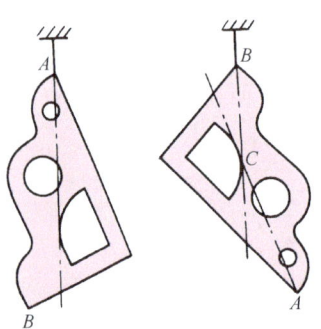

图 2-34　用悬挂法确定不规则平板的重心

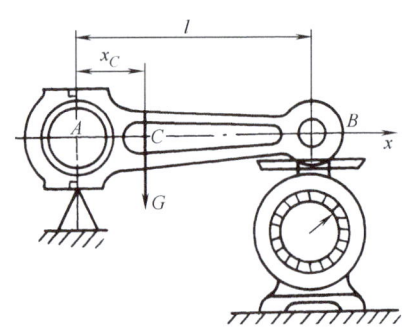

图 2-35　用称重法确定构件的重心

由此得到：$x_C = Wl/G$。

图示连杆包含 x 轴的水平、铅垂两个对称面，只要求出 x_C 这一数据，重心位置即可完全确定。若构件没有连杆那样的对称面、对称线，则称重需在不同方向进行两次或多次才行。

三、形心的概念

重心是个物理学（力学）的概念。与重心相对应，有一个几何学的概念，称为形心。一个物体只要是由均匀的材质所构成，则其重心的位置将与材料的物理特性（如密度大小）无关，而完全取决于几何形状。均质物体的重心位置，就是该物体轮廓几何体的形心位置。

特别地，如果物体是一块均质的、等厚度的平板，那么平板重心在此平面内的位置，就是该平板轮廓平面图形的形心的位置。

平面图形形心的概念，在本书后面材料力学部分中要用到，因此需要在此介绍。平面图形形心的力学意义是这样：在平面图形上作用着均布平行力系（力的作用线垂直于或不垂直于图形平面均相同），其合力作用线通过形心。

四、平面图形形心的确定

规则的平面图形，其形心位置容易确定，例如：圆的形心在圆心；矩形、平行四边形的形心都在两对角线的交点；等腰三角形、等腰梯形、扇形等有对称中心线的图形的形心，都在中心线上某点，等等。

倘若平面图形整体形状较为复杂，但可以把它分成 n 块，使每块都是简单、规则的图

形，则这样的图形常称为组合图形。设将组合图形分成 n 块，各块图形的面积和形心坐标依次是：ΔA_1，ΔA_2，$\cdots$，ΔA_n，和 (x_1, y_1)，(x_2, y_2)，$\cdots$，(x_n, y_n)，该情况一般性地表示如图 2-36 所示，则可由下式求出此平面图形形心的坐标 (x_C, y_C)

$$\begin{cases} x_C = \dfrac{\sum \Delta A_i x_i}{A} = \dfrac{\sum \Delta A_i x_i}{\sum \Delta A_i} \\ y_C = \dfrac{\sum \Delta A_i y_i}{A} = \dfrac{\sum \Delta A_i y_i}{\sum \Delta A_i} \end{cases} \quad (i = 1, 2, \cdots, n) \qquad (2\text{-}24)$$

式中，A 为整个平面图形的面积，$A = \sum \Delta A_i$。

对于形状不规则的平面图形，求形心坐标的公式由积分式表示

$$\begin{cases} x_C = \left(\int_0^A x \mathrm{d}A \right) \Big/ A \\ y_C = \left(\int_0^A y \mathrm{d}A \right) \Big/ A \end{cases} \qquad (2\text{-}25)$$

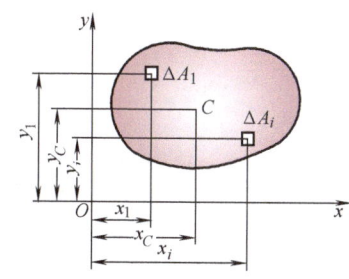

图 2-36　不规则平面图形的形心

机械设计手册、力学手册中，载有各种平面图形的形心坐标，需要时可以查阅。

求组合图形的形心，是实际工作较常遇到的问题。举个应用实例如下。

例 2-18　某"T"字形图形如图 2-37 所示，图中 $a = 30\mathrm{mm}$，$b = 150\mathrm{mm}$，试确定该图形形心的位置。

解　这明显是个组合图形，可据式（2-24）确定其形心的位置。

将此组合图形分为上部横置的矩形 I 和下部竖直的矩形 II 两块简单的图形，I 和 II 的形心 C_1、C_2 的位置都容易知道，如图所标。取坐标系如图 2-37 所示，式（2-24）中的相关数据便可写出

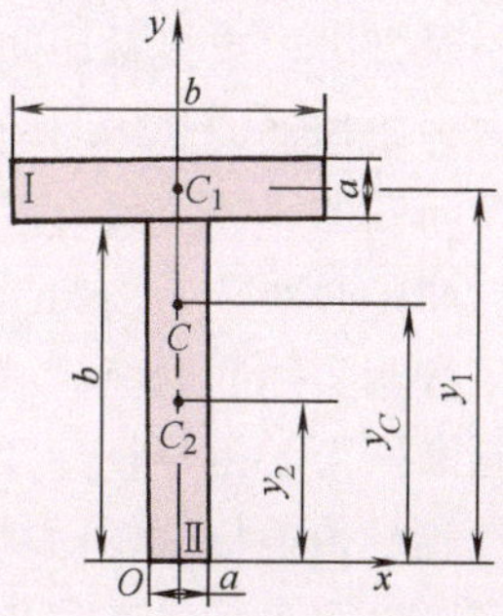

$\Delta A_1 = \Delta A_2 = ab = 30\mathrm{mm} \times 150\mathrm{mm} = 4500\mathrm{mm}^2$，

$A = \Delta A_1 + \Delta A_2 = 9000\mathrm{mm}^2$，

$x_1 = x_2 = 0$，

$y_1 = 150\mathrm{mm} + (30/2)\mathrm{mm} = 165\mathrm{mm}$，

$y_2 = (150/2)\mathrm{mm} = 75\mathrm{mm}$。

图 2-37　例 2-18 图

由式（2-24）求算该组合图形的形心坐标

$$x_C = \frac{\Delta A_1 x_1 + \Delta A_2 x_2}{A} = \frac{(4500 \times 0) + (4500 \times 0)}{9000}\mathrm{mm} = 0$$

$$y_C = \frac{\Delta A_1 y_1 + \Delta A_2 y_2}{A} = \frac{(4500 \times 165) + (4500 \times 75)}{9000}\mathrm{mm} = 120\mathrm{mm}$$

本题中，由于图形关于 y 轴对称，所以形心坐标 $x_C = 0$ 本是不言而喻，不必列式计算的。

例 2-19　半径为 R 的大圆中被挖去一个半径 r 的小圆，两圆中心距为 a，如图 2-38 所示，求该图形（图中阴影部分）的形心坐标。

解 以大圆圆心为坐标原点建立坐标系，如图 2-38 所示。

1) 由于图形的对称性，可知形心的 y 坐标为：$y_C = 0$。
2) 求图形形心的 x 坐标 x_C。

在利用式（2-24）的时候，应注意：被"挖"去部分的面积，需按负值对待。于是有关数据为

$$\Delta A_1 = \pi R^2, \quad \Delta A_2 = -\pi r^2,$$
$$A = \Delta A_1 + \Delta A_2 = \pi(R^2 - r^2),$$
$$x_1 = 0, \quad x_2 = a$$

由式（2-24）得 $\quad x_C = \dfrac{\sum \Delta A_i x_i}{A} = \dfrac{-ar^2}{R^2 - r^2}$

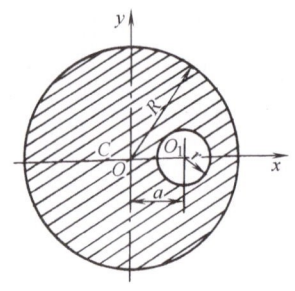

图 2-38　例 2-19 图

求出的 x_C 为负值，表明组合图形的形心 C 位于坐标原点 O 的左侧。

第五节　摩擦与摩擦力

一、摩擦与摩擦力的概念

物体之间存在的摩擦力，是人们经常容易感受到的。在生活或生产活动中，由于某些器物表面相对光滑，或接触面间润滑良好等原因，摩擦力与物体所受的其他作用力相比很小。对于这种条件下的力学问题，忽略摩擦力的影响，能简化分析计算，而其结果却能够满足所研究问题的实际需要。前面几节分析力学问题时都没有考虑摩擦力的作用，正属于这种情况，那是必要和合适的。

但是在有些实际问题中，摩擦力的影响较大，或者所分析的问题就是由摩擦力本身决定的，此时摩擦力就是分析计算的要素之一了。例如汽车靠驱动轮与地面之间的摩擦力才得以行驶，胶带传输机依靠物料与胶带间的摩擦力来输送物料，带传动机构、摩擦离合器和制动器靠摩擦力来传递或阻止运动，螺钉、螺栓靠摩擦力进行联接紧固，等等。这些是人们应用摩擦力达到一定目的的例子。另外在机器运动中机件间的摩擦也会造成无用的能耗，机件的磨损则加速机器的失效和报废，这是摩擦力起有害作用的例子。为了兴利除害，科技界对摩擦、摩擦力和磨损问题进行了广泛、深入的研究。本节只初步介绍古典摩擦理论的基本结论，且仅限于讨论接触面间不存在润滑剂的"干摩擦"问题。

二、滑动摩擦

互相接触的物体间存在相对滑动或有相对滑动的趋势时，两物体的接触表面之间就会产生阻碍彼此滑动的力，这种阻力称为 *滑动摩擦力*。滑动摩擦力作用在物体的接触面处，作用线沿着接触面的切线方向，其指向与物体相对滑动或相对滑动的趋势方向相反。按两物体间是否已经存在相对滑动，滑动摩擦力又有 *静滑动摩擦力* 和 *动滑动摩擦力* 的区别。

1. 静滑动摩擦力

两个互相接触的物体间有了相对滑动的趋势，而滑动尚未实际发生时，接触面间所产生的摩擦力称为静滑动摩擦力，简称静摩擦力。

通过图 2-39 所示的简单实验，可以了解静摩擦力的特性。

实验装置如图2-39a所示,在水平台面上放置一个重量为G的物块,其一侧系有一条绳子,绳子绕过滑轮,下端挂一砝码盘,内置砝码。若不计绳子的重量和绳子与滑轮之间的摩擦力,则绳子对于物块的拉力T的大小就等于砝码及砝码盘重量之和。拉力T使物块产生向右滑动的趋势。实验表明,砝码较小时,物块仅有向右滑动的趋势而并不产生滑动。可见此时物块处于受力平衡状态,与向右的拉力T起平衡作用的力,只可能出现在物块和台面互相接触之处,它指向左方,阻止物块滑动,这就是静摩擦力;设以F表示该静摩擦力,则此时物块的受力图如图2-39b所示。由平衡条件

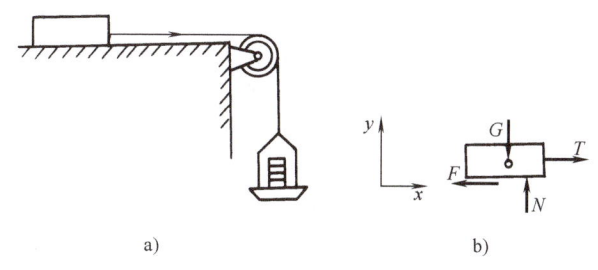

图2-39 静摩擦力实验

$$\begin{cases} \sum F_x = 0, & T - F = 0 \\ \sum F_y = 0, & N - G = 0 \end{cases}$$

得到:$F = T$,即静摩擦力等于绳子对物块的拉力,也就是等于砝码及砝码盘的重量之和。

逐渐增加砝码,拉力T相应加大,在T不超过某确定值的条件下,物块(向右滑动的趋势虽然增强着,却仍然)维持静止不动。这表明静摩擦力也随之逐渐增大着。当砝码增加到某一限度,也就是拉力T增大到某一极限值时,物块即处于将动未动的临界状态;砝码再略有增加,物块将开始向右滑动。这说明,静摩擦力逐渐增大有个不能超越的极限值。该极限值等于临界状态下拉力T的大小。静摩擦力的这个极限值称为**最大静滑动摩擦力**,简称**最大静摩擦力**,以F_{max}表示。

综上所述,可知静摩擦力F的特性是:其数值随使物体产生滑动趋势的主动力而变化,但不能超过最大静摩擦力F_{max}这个限度,即

$$0 \leq F \leq F_{max} \tag{2-26}$$

2. 动滑动摩擦力

继续上述的实验:一旦拉力值T超过最大静摩擦力值F_{max},物块就要向右滑动了。在滑动过程中的测试表明:两物体的接触面间仍然存在着阻碍物块滑动的摩擦力,这种摩擦力称为**动滑动摩擦力**,简称**动摩擦力**,以F'表示。动摩擦力的方向也与物体相对滑动的方向相反,作用在相对滑动的接触面上。

3. 滑动摩擦定律

实验证明,**最大静摩擦力F_{max}的大小与两物体间的正压力(即法向反力)N成正比**,即

$$F_{max} = \mu_s N \tag{2-27}$$

这就是**静滑动摩擦定律**。

式(2-27)中的比例常数用希腊字母(加英文字母下标)μ_s表示,称为**静滑动摩擦因数**,简称**静摩擦因数**。静摩擦因数μ_s是个无量纲的正数,其数值的大小取决于两接触面处的材料和表面状况(表面粗糙度、温度、湿度等),一般与接触面积的大小无关。两滑动摩擦接触面处的材料常简称为**摩擦副材料**。

实验还证明,**动摩擦力F'的大小也与两物体间的正压力N成正比**,即

$$F' = \mu N \tag{2-28}$$

这就是**动滑动摩擦定律**。

式(2-28)中的比例常数用希腊字母μ表示,称为**动滑动摩擦因数**,简称**动摩擦因数**。

动摩擦因数μ也是个无量纲的正数,其数值大小除与摩擦副材料和表面状况有关外,

还与物体间相对滑动的速度有关。一般来说，μ 值随速度增大而减小。但在速度变化不大的情况下，也可将 μ 视为常数。

动摩擦因数 μ 一般略小于静摩擦因数 μ_s。

静摩擦因数 μ_s 和动摩擦因数 μ 的具体数值是由实验测定的，在有关设计手册中可以查到。表 2-1 列出了几种常用摩擦副材料的摩擦因数值。由于影响摩擦因数的因素较多，测定实验的条件不易完全统一，所以不同手册提供的摩擦因数数值互相有一些出入。

表 2-1 几种常用摩擦副材料的摩擦因数值

摩擦副材料	静摩擦因数 μ_s	动摩擦因数 μ
钢-钢	0.15	0.10
钢-铸铁	0.2~0.3	0.16~0.18
钢-青铜	0.15	0.15
铸铁-青铜	0.28	0.15~0.21
皮革-铸铁	0.55	0.28
皮革-木料	0.4~0.5	0.3~0.5
木材-木材	0.4~0.6	0.2~0.5
麻绳-木材	0.5~0.8	0.5

综上所述可知，两物体之间存在的所谓"摩擦力"，其数值并不是固定不变的。分析有关摩擦力的问题时，要区分以下三种不同情况来确定摩擦力的数值：

1）物体受力作用，虽产生了相对滑动的趋势，若在摩擦力的阻止下物体仍静止未动，则此时静摩擦力之值 F 的取值范围为：$0 \leqslant F \leqslant F_{max}$，具体数值随外力变化，一般可根据该状况下的平衡条件计算确定。

2）物体处于临界平衡状态，静摩擦力值 F 根据式（2-27）确定，即 $F = F_{max} = \mu_s N$。

3）物体处于相对匀速滑动状态之中，动摩擦力值 F' 根据式（2-28）确定，即 $F' = \mu N$。

三、考虑摩擦时的物体平衡问题

考虑摩擦时的物体平衡问题，仍用平衡方程求解，但需注意以下几点：

1）画受力图时，应将摩擦力按其实际的方向，也就是与相对滑动（或滑动趋势）相反的方向画上。

2）平衡方程中出现的摩擦力的数值，根据实际问题由式（2-26）、式（2-27）或式（2-28）来计算确定。

3）由于静摩擦力的值有一个变动范围［式（2-26）］，因此问题的解答也有可能有一个取值范围。

例 2-20　一货箱重 $G = 400\text{N}$，放在倾角 $\alpha = 25°$ 的斜面上欲往上提拉，如图 2-40a 所示。设货箱底面和斜面之间的静摩擦因数为 $\mu_s = 0.3$，绳子拖拉货箱的方向与斜面平行，求：能往上开始拉动货箱时的拉力值 T。

解　1）取货箱为研究对象，作用于它的外力有：铅垂方向的重力 G，垂直于接触面的法向反力 N，沿斜面向上的拉力 T，沿斜面向下的摩擦力 F_{max}，共 4 个力。由于本题所求的是"开始往上拉动货箱时"的拉力，所以，相应的摩擦力应该是最大静摩擦力 F_{max}，其指向与向上滑动的趋势相反，即沿斜面向下。

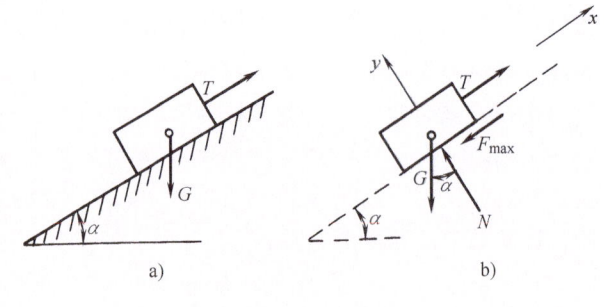

图 2-40　例 2-20 图

由此可画出货箱的受力图，如图2-40b所示。

2）取直角坐标系如图2-40b所示，列出平衡方程如下：

$$\begin{cases} \sum F_x = 0 & T - F_{max} - G\sin\alpha = 0 \quad (1) \\ \sum F_y = 0, & N - G\cos\alpha = 0 \quad (2) \end{cases}$$

由式（2-27）列出计算最大静摩擦力的补充方程：$F_{max} = \mu_s N$ (3)

3）代入具体数值，联立求解：

由式（2）得 $N = G\cos\alpha = 400N \times \cos25° = 362.5N$

将此值代入式（3）中，得 $F_{max} = \mu_s N = 0.3 \times 362.5N = 108.8N$

将所得到的值代入式（1）中，得到本题要求的结果：$T = F_{max} + G\sin\alpha = 277.8N$。

上一行的式子表明，拉力值 T 等于货箱重力沿斜面的分量（$G\sin\alpha$）与最大静摩擦力 F_{max} 之和。

例 2-21 靠自重向井下输送物品的鼓轮吊罐配有安全制动装置，示意图如图2-41a所示；重量为 G 的吊罐由绳子吊挂，绳子绕在半径为 r 的鼓轮上；吊罐因重力作用下落时，带动鼓轮顺时针旋转；在制动杆 AB 的 B 端加外力 P 下压，使半径为 R 的制动轮（它与鼓轮连成一体）受切线方向摩擦力 F 的作用，以控制吊罐下落速度或实现制动。制动块与制动轮间的静摩擦因数为 μ_s，其他有关尺寸如图2-41所示。求：实现吊罐制动应施加外力的最小值 P_{min}。

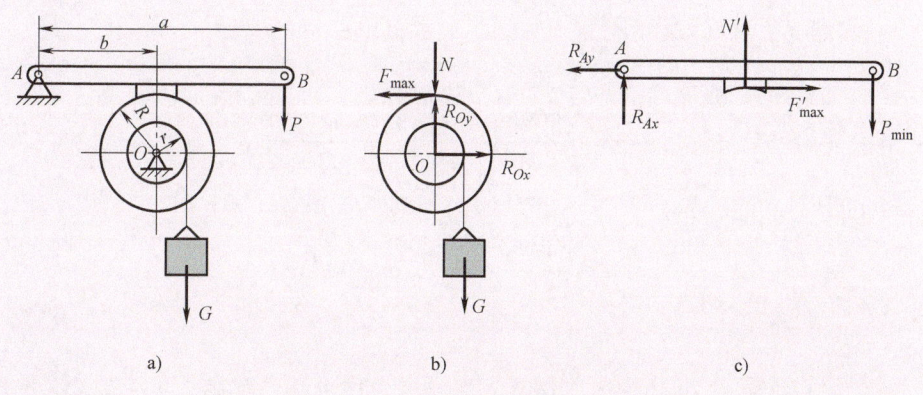

图 2-41 例 2-21 图

解 这是与摩擦力有关的物系平衡问题。刚能实现制动时，制动块和制动轮趋于相对静止，两者间的静摩擦力是最大静摩擦力，以 F_{max} 表示，如图2-41b、c所示。

1）先取制动轮和鼓轮一起为研究对象，画出受力图，如图2-41b所示。以 O 点为矩心，列平衡方程：

$$\sum M_O(\boldsymbol{F}) = 0 \quad F_{max}R - Gr = 0 \quad (1)$$

2）再取制动杆为研究对象，画出受力图，如图2-41c所示。以 A 为矩心，列平衡方程：

$$\sum M_A(\boldsymbol{F}) = 0, \quad N'b - P_{min}a = 0 \quad (2)$$

根据滑动摩擦定律，由式（2-27），有 $F_{max} = \mu_s N$ (3)

因作用力与反作用力等值，又有 $F_{max} = F'_{max}$，$N = N'$

联立求解以上各式，得到本题解答：$P_{min} = \dfrac{Grb}{\mu_s Ra}$

例 2-22 梯子 AB 长 4m，重 200N，斜靠在光滑的墙面上，如图 2-42a 所示。梯子与地面成 $\alpha=60°$ 角，梯子与地面的摩擦因数 $\mu_s=0.4$，有一体重 600N 的人登梯而上，问：此人上到什么位置时梯子会开始滑倒？

解 设此人上登到图 2-42a 所示 C 点，梯子开始滑倒，此时距离 $BC=x$。

1）取梯子为研究对象，画出受力图，如图 2-42b 所示。梯子除承受自重 200N 和登梯人的体重 600N 外，还有光滑墙面 A 处的反力 N_A，其方向与墙面垂直；地面 B 处有铅垂向上的反力 N_B 和摩擦力 F，后者阻止梯子滑倒，沿地面水平方向，指向为向左。

可见梯子不滑倒的表达式为

$$F \leq \mu_s N_B \tag{1}$$

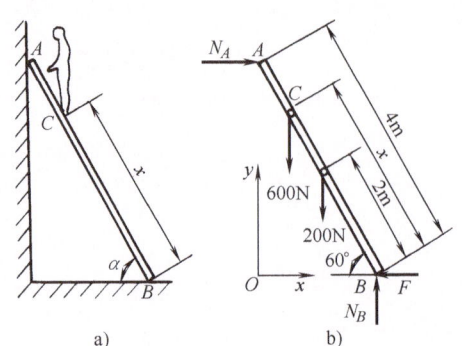

图 2-42 例 2-22 图

2）建立图 2-42b 所示直角坐标系，列出平衡方程求解满足该条件的 x 值

$$\begin{cases} \sum F_x = 0, \quad N_A - F = 0 & (2) \\ \sum F_y = 0, \quad N_B - 600\text{N} - 200\text{N} = 0 & (3) \\ \sum M_B(\boldsymbol{F}) = 0, \quad 600\text{N} \times x\cos60° + 200\text{N} \times 2\text{m} \times \cos60° - N_A \times 4\text{m} \times \sin60° = 0 & (4) \end{cases}$$

3）求解以上联立方程组

由式（3）得 $\qquad N_B = 800\text{N} \tag{5}$

由式（4）得 $\qquad x = \dfrac{3.464 N_A - 200}{300} = \dfrac{3.464 F - 200}{300} \tag{6}$

将不等式（1）、式（5）代入式（6），得到本题答案：

$$x \leq \frac{3.464\mu_s N_B - 200}{300}\text{m} = 3.03\text{m}$$

例 2-23 夹角为 2β 的楔形滑块 A 置于楔形导槽 B 中，如图 2-43a 所示。滑块上作用着铅垂方向的作用力 Q（包含滑块自重），试求沿导槽方向能将滑块开始推动的力值 F。该摩擦副的静摩擦因数为 μ_s。

解 1）取楔形滑块为研究对象，建立直角坐标系，画出受力图，如图 2-43b 所示。由于结构的对称性，滑块的两个斜面上的正压力互相等值：$N_1 = N_2 = N$。列平衡方程，可求出此正压力的值

$$\sum F_y = 0, \quad 2N\sin\beta - Q = 0$$

得到 $\qquad N = \dfrac{Q}{2\sin\beta}$

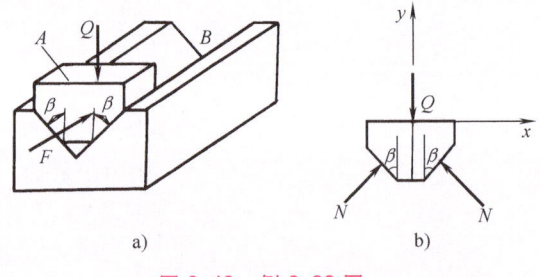

图 2-43 例 2-23 图

2）因在滑块、导槽的两个接触面上都有摩擦力，所以沿导槽方向的 F 力需克服这

两个面上的摩擦力才能使滑块开始移动。在临界状态下该力的大小为

$$F = 2\mu_s N = \frac{2\mu_s Q}{2\sin\beta} = \frac{\mu_s Q}{\sin\beta}$$

讨论：我们已经知道，在摩擦副的静摩擦因数为 μ_s、正压力为 Q 的条件下，滑块间为普通平面接触时，两者间最大静摩擦力为 $\mu_s Q$。本题计算表明：在静摩擦因数仍为 μ_s、滑块上正压力值仍为 Q 的条件下，若滑块为楔角为 2β 的楔形块与相应的楔形槽配合，则最大静摩擦力将变成 $\dfrac{\mu_s Q}{\sin\beta}$；由于 $\sin\beta<1$（因 $\beta\neq 90°$），所以 $\dfrac{\mu_s Q}{\sin\beta}>\mu_s Q$。这说明，采用楔形块槽配合的结构，可以增加滑动摩擦力；且一般条件下，减小楔角 β 的数值，摩擦力会增加得更多。这种称为"楔槽增压"的方法，在工业产品中常有应用。例如 V 带传动，带轮楔角为 $2\beta=38°$时，因 $\sin\beta\approx 0.33$，$(1/\sin\beta)\approx 3$，所以在传动带与带轮间径向压力相同的条件下，V 带的传动能力能提高到平带传动能力的大约 3 倍。

四、摩擦角与自锁

人们都有这样的经验：用手指去推动平面上的一个物体时（图 2-44），若手指的施力方向与物体底部接触面法线方向之间的夹角 ϕ 比较大，只要手指的推力足够大，就能推动物体向前滑动。而当角 ϕ 小到了一定程度，则无论手指推力有多大，都不可能把物体推动，这便是一种简单直观的自锁现象。下面先介绍摩擦角、摩擦锥的概念，再解释自锁现象，列举自锁现象的应用实例。

1. 摩擦角和摩擦锥

在考虑摩擦力的情况下，支承接触面对物体的约束反力包含两个分量：法向反力 N 和沿支承接触面切线方向的静摩擦力 F。这两个力的合力 R 称为全约束反力，简称全反力，如图 2-45 所示。反力 R 与接触面法线方向之间夹角 ϕ 的大小随摩擦力的大小而变化。当摩擦力达到其最大值最大静摩擦力 F_{max} 时，ϕ 角也达到其最大值 ϕ_m，ϕ_m 即称为摩擦角，如图 2-45 所示。

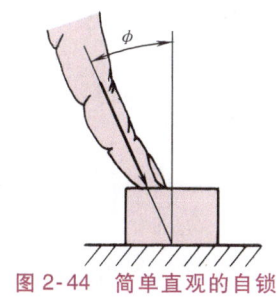

图 2-44 简单直观的自锁　　　　图 2-45 摩擦角的概念

根据上述摩擦角的定义，由图 2-45 可知，摩擦角的数值取决于摩擦副的静摩擦因数 μ_s。

$$\tan\phi_m = \frac{F_{max}}{N} = \frac{\mu_s N}{N} = \mu_s \tag{2-29}$$

式（2-29）表明，摩擦角的正切等于摩擦因数。摩擦角 ϕ_m 和摩擦因数都是表征摩擦性质的物理量。

如果接触面在各不同方向上的摩擦特性相同，那么围绕接触面法线四周各个方向上的摩擦角是相等的。各个方向的最大全反力作用线就形成一个以接触面法线为轴线、顶角为 $2\phi_m$ 的圆锥，称为摩擦锥，如图 2-46 所示。物体在各种受力情况下，接触面的全反力作用线都只可能在摩擦锥之内。

2. 自锁现象及应用实例

如果物体所受全部主动力的合力的作用线处在摩擦锥以内，那么接触面上的全反力将与它平衡，无论主动力有多大，物体都能保持静止不动，这就是自锁现象。

自锁现象的力学实质是：若主动力合力作用线在摩擦锥以内，则其切向分力必小于接触面上的最大静摩擦力，因此物体不可能被推动。反之，物体所受全部主动力的合力的作用线处在摩擦锥以外，切向分力将超过最大静摩擦力而使物体产生运动。

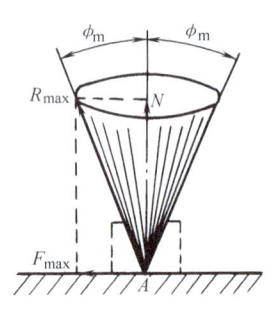

图 2-46　摩擦锥

自锁现象在生产和生活中有各种应用。譬如教室里学生用的课桌，为了便于阅读和书写，桌面相对于水平面有个倾斜度，但又要让物品放在桌面上不滑下来，这个倾斜度就不能过大，这是个斜面自锁的问题。若斜面与斜面上物品间静摩擦因数为 μ_s，满足自锁条件的倾斜角 α 是不难确定的，如图 2-47a 所示。

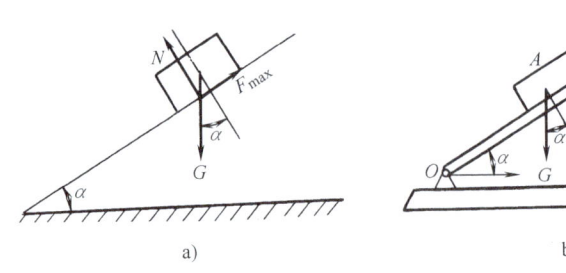

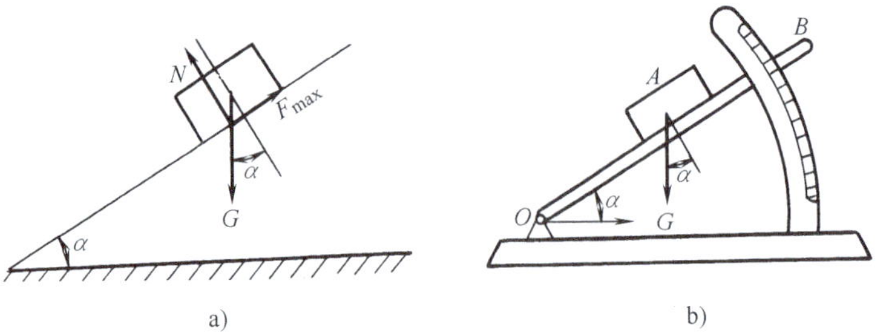

图 2-47　斜面自锁和摩擦因数的测定

设斜面上物品的重量为 G，则从图 2-47a 容易看出，物品对于斜面的正压力是 $G\cos\alpha$，物品沿斜面的下滑力是 $G\sin\alpha$。而在该情况下，斜面对于物品的最大摩擦力是 $F_{\max} = \mu_s (G\cos\alpha)$。只要下滑力不大于最大摩擦力，物品无论多重，都不会下滑，因此，斜面自锁条件是

$$G\sin\alpha \leq F_{\max} = \mu_s(G\cos\alpha)$$

移项后得到 $\dfrac{\sin\alpha}{\cos\alpha} \leq \mu_s$，即 $\tan\alpha \leq \mu_s = \tan\phi_m$

最后得到 $\alpha \leq \phi_m$

这就表明，斜面自锁的条件为：斜面的倾斜角小于等于摩擦角。

例如，当静摩擦因数 μ_s 分别为 0.3、0.25、0.2、0.15 和 0.1 时，相应的斜面自锁条件分别为倾斜角 α ($=\phi_m$) 不大于 16.7°、14°、11.3°、8.5° 和 5.7°。但实际上因为要顾及摩擦因数总会有所波动，且考虑到有点微小碰动、振动也不至于使斜面上的物品滑落，对于课桌之类的器物，设计时其桌面倾斜度取值常比 5.7° 还略小一些。

斜面自锁的条件可方便地用来测定摩擦副的静摩擦因数 μ_s，图 2-47b 是一种简单测试装置的示意图。物体 A 置于斜面表面 OB 上，从较小的倾斜角 α 开始，小心地慢慢加大 α 值，至物品 A 开始下滑，根据此时的 α 值便可得到该摩擦副材料的静摩擦因数 μ_s ($=\tan^{-1}\alpha$)。改变该装置中斜面 AB 的表面材料和物体 A 的底面材料，就能测定各种摩擦副材料间的摩擦因数值。

图 2-48 中给出一些自锁现象的应用实例，下面只做简要的说明。

图 2-48a 是一个螺旋千斤顶。螺旋面可以看成是斜面绕在圆轴侧面而形成的。螺旋千斤顶顶起重物，相当于把重物推上了斜面；顶完以后，相当于重物放在斜面上了。要求顶上的重物能稳住不掉落下来，需要满足斜面自锁条件，即千斤顶的螺旋角（相当于斜面的倾斜角）α 小于摩擦角。利用螺栓、螺钉进行紧固或联接以后能不自行松动，也是同样的道理，要求螺纹的螺旋角小于摩擦角。对比上面所讲可知，当螺纹摩擦副的静摩擦因数 $\mu_s = 0.1$ 时，若螺旋角 $\alpha \leq 5.7°$，理论上就能自锁。但为了工作可靠，实际螺纹联接件的螺旋角必须小于此值，且两者间差值要充分。图 2-48b 是压榨机的示意图：加在楔形块一侧的水平力 F 推动榨头上升压榨物料 C，楔形块的楔角 α 小到满足自锁条件，则力 F 撤消后仍能维持压榨状态。在住宅等建筑里，为了防止风把开着的门吹闭，可在门下塞一块小的木头楔形块，道理与此相同（只不过主动力来自门的方向），此楔形小木块的楔角应小于摩擦角。图 2-48c 是

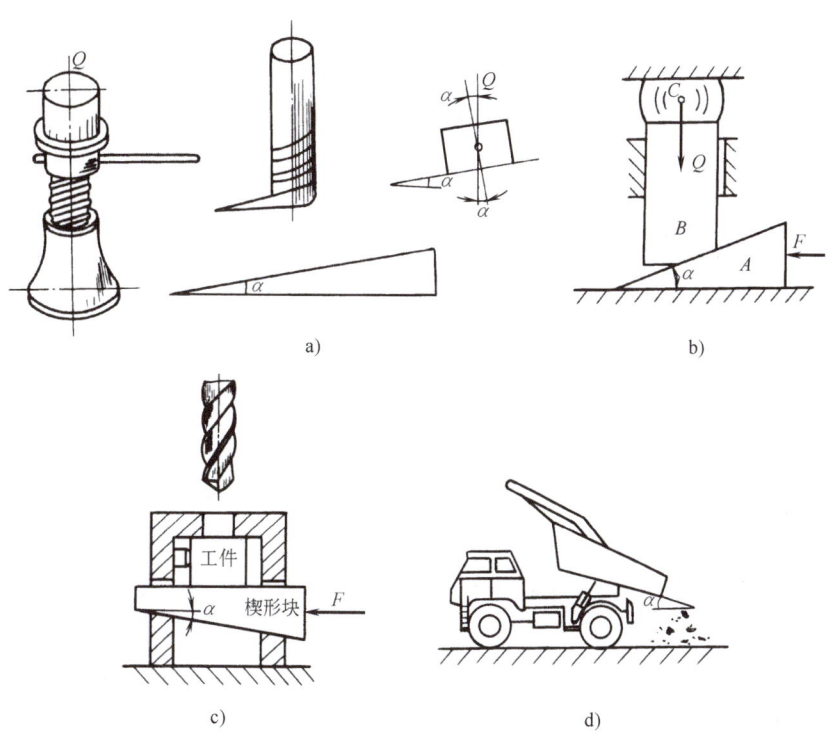

图 2-48 自锁现象的应用实例

机床上用的楔形块夹紧装置，从右端以 **F** 力敲击楔形块，使楔形块沿倾斜角为 α 的斜面上升，从而将工件夹紧，只要 α 角足够小，就不会自行松动，这也利用了自锁现象。自动卸货汽车的翻斗，在举起的斜角 α 大于摩擦角时，物料才会滑落，如图 2-48d 所示。

例 2-24 图 2-49a 是电工攀登电线杆子用的套扣，图中力 **G** 是攀登时作用在套扣上的电工的体重。欲使电工攀登时不下滑，就要求套扣在力 **G** 作用下应该自锁。为此，套扣的有关尺寸必须满足一定的条件。摇臂钻床有类似结构，但工作中的要求正相反：摇臂要上下移动，不能自锁。摇臂钻床的结构和尺寸如图 2-49b 所示，主轴箱处于摇臂右端极限位置时，包含主轴箱在内的整个摇臂的重心到立柱中心的距离 $L = 1.5\text{m}$，摇臂与立柱间的静摩擦因数 $\mu_s = 0.15$，立柱直径为 d，要求在 **G** 的作用下不自锁，问：摇臂高度 h 应满足什么条件？

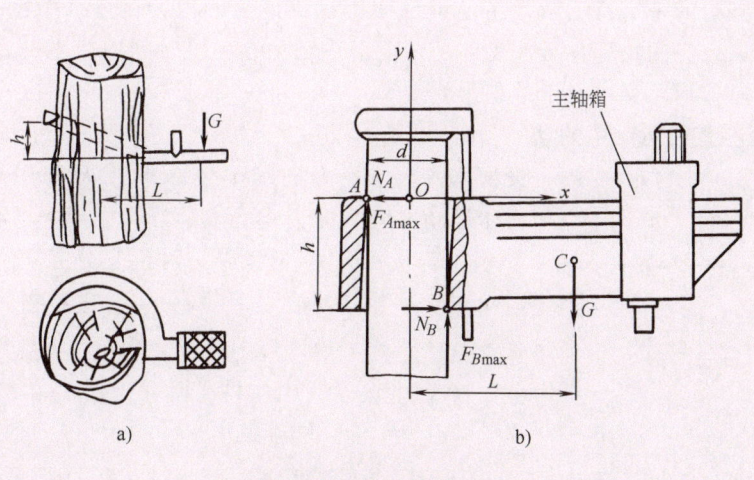

图 2-49 例 2-24 图

解 取摇臂和主轴箱一起为研究对象，其受力情况和直角坐标系均已画在图 2-49b 上。驱使摇臂下落的力是 G，阻止摇臂下落的力就是 A、B 两处的摩擦力。如这两处的摩擦力达到其最大值 $F_{A\max}$ 和 $F_{B\max}$ 时还不能阻止住摇臂下滑，就是不会发生自锁了，此条件的表达式为

$$F_{A\max} + F_{B\max} < G \tag{1}$$

下面利用摇臂受力的平衡方程来求解满足式（1）的几何条件。

平衡方程为

$$\begin{cases} \sum F_x = 0, & N_B - N_A = 0 \tag{2}\\ \sum M_A(\boldsymbol{F}) = 0, & N_B h + F_{B\max} d - G[L + (d/2)] = 0 \tag{3}\end{cases}$$

由摩擦定律 $\quad F_{A\max} = \mu_s N_A, \quad F_{B\max} = \mu_s N_B \tag{4}$

联解以上各式，得到本题解答为：$h > 2\mu_s L = 2 \times 0.15 \times 1.5\text{m} = 0.45\text{m}$。

从解答式（$h > 2\mu_s L$）可以看出，本题解答与摇臂（和主轴箱）的重量 G 及立柱的直径 d 无关，而完全取决于摇臂高度 h、摇臂重心位置 L 和静摩擦因数 μ_s 这三个参量之间的关系。

这也告诉我们，对于图 2-49a 所示电工登杆用的套扣，在静摩擦因数 μ_s 一定的条件下，只要套扣左右的高度差 h 较小，电工踩踏点离电杆中心距离 L 较大，就能保证电工每一步踩踏时的"自锁"，从而安全攀登电线杆。

第六节 功与功率

前面分析物体受力平衡的问题，属于静力学的范围。如果物体在力的作用下产生了运动，要进一步分析作用力与物体运动状态的关系，就属于动力学的问题了。本节仅简介动力学中 功与功率的概念。

一、功

拳击或散打的进攻，若拳脚刚触及对方的体肤而止，必无攻击效果。击倒或击痛的效果，定在拳脚力的一定持续后发生。可见作用在物体上的力，在持续中将产生积累效应。度量力的积累效应的物理量有冲量和功。前者表征力在一段时间内产生的积累效应，后者表征力在一段作用路程中产生的积累效应。

1. 常力在直线运动中的功

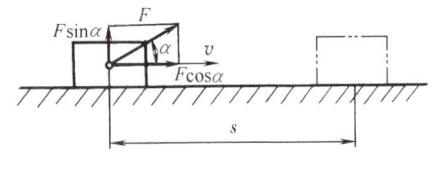

图 2-50 常力在直线运动中的功

设物体在大小、方向均不变的常力 F 作用下沿直线运动，力与物体运动方向间的夹角为 α，力的作用点的位移为 s，如图 2-50 所示。若将常力 F 分解成一对正交分力 F_n 与 F_r，前者与物体运动方向垂直，其值为 $F_n = F\sin\alpha$，它对物体运动方向的位移没有影响；后者与物体运动方向一致，物体在运动方向的位移即由这一分力引起，此分力的力值等于力 F 在物体运动方向的投影，即

$$F_r = F\cos\alpha \tag{2-30}$$

力学中把力 F 在物体运动方向上的投影与位移 s 的乘积称为力 F 在位移 s 中做的功，

以字母 W 表示，即

$$W = F\cos\alpha \times s = F_r s \quad (2\text{-}31)$$

由式（2-31）可知，若 α 为锐角（α<90°），力做正功（W>0）；若 α 为钝角（α>90°），力做负功（W<0）；当 α=90°时，力在运动方向的投影为零，力不做功。可见，功是一个代数量，有大小、正负，而没有方向。

功的单位是焦耳和千焦耳，分别用 J 和 kJ 表示，它由力的单位和位移的单位引出，即

$$1\text{ 焦耳} = 1\text{ 牛顿} \times 1\text{ 米} \qquad 1\text{ 千焦耳} = 1\text{ 千牛} \times 1\text{ 米}$$

或

$$1\text{J} = 1\text{N} \cdot \text{m} \qquad 1\text{kJ} = 1\text{kN} \cdot \text{m}$$

即 1 焦耳是 1 牛顿的力沿力的方向移动 1 米距离所做的功。

2. 力矩在物体绕轴转动中的功

与力能推动物体移动相对应，力矩能使物体产生绕轴线的转动。设在力矩值大小、力矩转向均不变的常力矩 M 作用下，物体发生绕轴线 O 的转动角为 φ，如图 2-51 所示，则力矩在物体这段转动中所做的功 W 为

$$W = M\varphi \quad (2\text{-}32)$$

式（2-32）中转角 φ 的单位为弧度（rad），1rad = 180°/π = 57.3°。

式（2-32）表明，当力矩为常量时，力矩对转动体所做的功等于力矩（转矩）M 与转角 φ 的乘积。当力矩转向与刚体的转动方向相同时，力矩做正功；反之，力矩做负功。

例 2-25 带轮直径 D=0.4m，紧边拉力 T_1=300N，松边拉力 T_2=160N，如图 2-52 所示。试求作用在带轮上的转矩 M 在轮子转过 5 圈中所做的功。

解 带轮所受的转矩为

$$M = T_1 \frac{D}{2} - T_2 \frac{D}{2} = (300 - 160)\text{N} \times \left(\frac{0.4}{2}\right)\text{m} = 28\text{N} \cdot \text{m}$$

所求出的转矩的方向是由紧边拉力确定的，轮子由它带动，两者转向一致，所做的功为正值

$$W = M\varphi = M(5 \times 2\pi) = 28\text{N} \cdot \text{m} \times 5 \times 2 \times 3.14 = 880\text{N} \cdot \text{m} = 880\text{J}$$

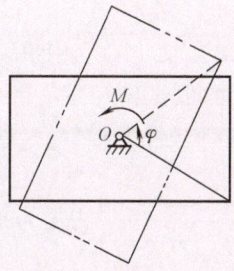

图 2-51 力矩在物体转动中的功

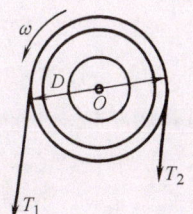

图 2-52 例 2-25 图

二、功率

功虽然是个重要的概念，但是一定量的功需要多长的时间才能完成，有时更重要。例如，把 10kN 的重物提升到 10m 的高度，消耗的功是 W=10kN×10m=100kN·m=100kJ。若用手摇绞车提升，一个成年人操作，一般需要 6~9min 才能完成。而用吊车，只要半分钟就行了。两者做功相等，工作效率却相差悬殊。为了表征做功的快慢，引出了功率的概念。

1. 功率

单位时间内所完成的功称为功率，用 P 表示，即

$$P = \frac{W}{t} \tag{2-33}$$

式中，t 是完成一定量功 W 所花费的时间。

将式（2-31）代入式（2-33）得 $P = F_r s/t = F_r(s/t)$。

上式中的 s/t 表示单位时间内物体的位移量，也就是物体移动的速度 v，于是我们有

$$P = F_r v \tag{2-34}$$

式（2-34）表明，力的功率等于力在速度方向上的投影与速度的乘积。

在作用力和速度方向一致，即 $\alpha = 0°$、$\cos\alpha = 1$ 时，式（2-34）简化为

$$P = Fv \tag{2-35}$$

同样地，由式（2-32）可以导出以力矩 M 表达的功率计算式，这是对于转动体而言的

$$P = M\omega \tag{2-36}$$

式中，ω 为物体转动的角速度，$\omega = \phi/t$。

式（2-36）表明，转动体上常力矩的功率等于转矩与转动体角速度的乘积。

功率的单位是瓦或千瓦，分别用 W 或 kW 表示，1kW = 1000W。

每秒时间内做功 1 焦耳，则功率为 1 瓦；每秒做功 1000 焦耳，则功率为 1 千瓦，即

$$1W = 1J/s = 1N \cdot m/s$$

$$1kW = 1kJ/s = 1kN \cdot m/s$$

有些产品还以"马力（hp）"作为功率的单位，但马力现在已经是国际单位制中不再使用的单位。马力与千瓦的换算关系是

$$1kW = 1.36hp \quad 或 \quad 1hp = 0.736kW$$

2. 功率、转速和转矩之间的关系

式（2-35）和式（2-36）指出，在功率一定的条件下，力与速度成反比，力矩与角速度成反比。即：在功率一定的条件下，欲获得较大的力或力矩，则需降低速度或角速度。例如，任何一辆汽车能输出的最大功率总有一定限度，因此汽车爬较陡的坡时，由于需要较大的牵引力，只能挂在低速档。各种机器使用中都有类似情况，因为一台机器配备的发动机（或电动机）的最大功率通常也是一定的。

式（2-36）中角速度 ω 的单位应该是弧度每秒（rad/s）。但实际使用中机器的性能指标"转速"，通常都是以"r/min"，即"每分钟 n 转"的数据给出的。为了使用的方便，下面给出功率 P 的单位为 kW、转速 n 的单位为 r/min（每分钟的转数）、转矩 M 的单位为 N·m 时三者之间的关系式。

由于当转速为 n 时，角速度 $\omega = (n \times 2\pi)/60$，再使功率 P 以千瓦为单位，于是，式（2-36）应写成以下形式

$$P \times 1000 = M\omega = M\frac{n \times 2\pi}{60}$$

移项后即得到

$$M = 9550\frac{P}{n} \tag{2-37}$$

式（2-37）是个经常用到的公式，使用时要特别注意的是：转矩 M 以牛米（N·m）为单位，功率 P 以千瓦（kW）为单位，转速 n 以每分钟的转数（r/min）为单位。

■ **例 2-26** 某电动机的额定功率 $P = 7.5$kW，试求传动轴的转速为 $n_1 = 1200$r/min 时，传动轴能输出的转矩值 M_1。若换为低速运行，转速 $n_2 = 200$r/min，此时传动轴能输出的额定转矩 M_2 为多大？

解 由式（2-37）得 $M_1 = 9550P/n_1 = (9550 \times 7.5/1200) \text{N} \cdot \text{m} = 59.7 \text{N} \cdot \text{m}$

$M_2 = 9550P/n_2 = (9550 \times 7.5/200) \text{N} \cdot \text{m} = 358.1 \text{N} \cdot \text{m}$

3. 有关功率的若干参考数据

各类大小产品需要多大的功率？人在劳动、工作和游乐时，可以发挥或提供多大的功率？凡要关注产品设计，自然不能不关注这些问题。表 2-2 中的参考数据，有助于在这方面建立一些数量上的概念。

表 2-2 某些产品的参考功率范围

个人或家用为主的产品	功率范围/W	生产或公用为主的产品	功率范围/kW
电动剃须刀	0.8~1.6	小型手电钻	0.12~0.37
微型电扇	6~12	台式小机床	0.25~1.1
台式电扇	15~45	手扶拖拉机	6~12
落地电扇	45~120	联合收割机	55~100
家用洗衣机	150~450	中型机床	3.0~15
手持式微型吸尘器	12~60	轻型两轮摩托车	1.5~10
普通家用吸尘器	600~1800	经济型轿车	30~60
电饭煲	350~1600	大客车	80~180
微波炉	500~1500	轻、中型货车	45~185
74cm 彩电	≈120	推土机或挖掘机	150~280
抽油烟机	100~250	重型载重货车	大于 250
电动自行车	200~600	客运火车	3000 甚至更大

至于用功率数值来考察人的体力如何，影响因素是很多的，无法简单地做出回答。首先，人的个体差异很大，男女老幼、体格强弱，互不相同；其次，与人使劲出力的持续时间有关：人在一段短时间内可以爆发出较大的功率，连续地干下去，体能就大为下降了；再次，还与人的施力部位和劳动姿势等有关：上肢、下肢力量不一样，站着劳作与坐着劳作不一样，在人体的不同方向、不同位置推、拉、举、抬、摇，能发挥的功率也不一样。表 2-3 仅以健康男子骑自行车发挥的功率数据为例，给出此问题的一个一般性概念。

表 2-3 健康男子骑自行车时发挥的平均功率

骑车者	发挥功率/kW	持续时间/min	骑车者	发挥功率/kW	持续时间/min
成年人	0.51	0.15~0.2	初中生	0.35	0.15~0.2
成年人	0.22	5~30	初中生	0.15	5~30
成年人	0.15	30~60	初中生	0.10	30~60

但是人在瞬间突然爆发出的功率却可能大很多倍，试将下面例题的计算结果与表 2-3 中的数据对比。

例 2-27 对一位举重运动健将进行的一次测试数据如下：在挺举最后的一挺中，他将 $m = 220 \text{kg}$ 的杠铃在时间 $t = 0.27 \text{s}$ 内挺上了 $s = 0.4 \text{m}$ 的距离，如图 2-53 所示，试求在最后一挺的短瞬时间段内这位运动员发挥的平均功率 P。

图 2-53 例 2-27 图

解 向上挺举的力　　$F = mg = 220 \times 9.81\text{N} = 2158\text{N} = 2.16\text{kN}$

上挺杠铃的平均速度　　$v = s/t = 0.4\text{m}/0.27\text{s} = 1.48\text{m/s}$

由式（2-35）求出平均功率　　$P = Fv = 2.16\text{kN} \times 1.48\text{m/s} = 3.2\text{kW}$

三、机械效率

机器或产品从发动机得到的功，称为输入功；机器克服有用阻力（即工作阻力）所做的功，称为输出功或有用功。由于机器运转中总要消耗掉一些功去克服摩擦等无用阻力（即有害阻力），所以输出功总是小于输入功。

与输出功和输入功对应的概念还有输出功率和输入功率，分别用 $P_{输出}$ 和 $P_{输入}$ 表示。机械效率就是输出功率与输入功率的比值，用希腊字母 η 表示

$$\eta = \frac{P_{输出}}{P_{输入}} \times 100\% \qquad (2\text{-}38)$$

机器工作中总有摩擦损耗，机械效率恒小于1，即 $\eta < 1$。机器的机械效率是重要的性能指标，机器的设计制造，应力求降低机器工作中无用功率的消耗，以提高其机械效率。

例 2-28　要求起重机能以 $v = 0.25\text{m/s}$ 的速度匀速提升 $G = 30\text{kN}$ 重的物料，若起重机传动系统的机械效率为 $\eta = 0.8$，求此提升机构所需的电动机功率。

解　先求该机器的输出功率。由式（2-35）

$$P_{输出} = Gv = (30 \times 0.25)\text{kW} = 7.5\text{kW}$$

再由式（2-38）得到　　$P_{输入} = P_{输出}/\eta = 7.5\text{kW}/0.8 = 9.4\text{kW}$

在实际的设计过程中，应该根据电动机使用条件，先选择电动机类型，然后如本例题所做的，算出所需的额定功率。而电动机是标准化的工业产品，其额定功率数是系列化的，一般不大可能有与计算结果正好一样的功率数。对于本例题，如果选用某类型的三相异步交流电动机，查阅相关设计手册可知，与计算结果 $P_{输入} = 9.4\text{kW}$ 接近的标准电动机功率数，可能只有 7.5 kW 和 11kW 两种，显然，选其中较小者将不能满足该机器的性能要求，当然是不行的，实际上就应该选用功率略大的 11kW 电动机。

习 题 与 作 业

2-1　图 2-54 中各力的大小均为 1000N，求各力在 x、y 轴上的投影。

2-2　图 2-55 中各力的大小为 $F_1 = 10\text{N}$，$F_2 = 6\text{N}$，$F_3 = 8\text{N}$，$F_4 = 12\text{N}$，试求合力的大小和方向。

2-3　图 2-56 中，若 F_1 和 F_2 的合力 R 对 A 点的力矩为 $M_A(R) = 60\text{N} \cdot \text{m}$，$F_1 = 10\text{N}$，$F_2 = 40\text{N}$，杆 AB 长 2m，求力 F_2 和杆 AB 间的夹角 α。

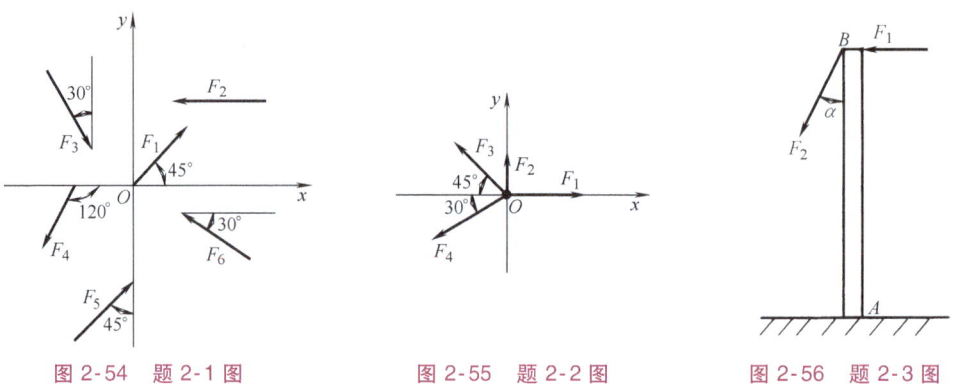

图 2-54　题 2-1 图　　　　图 2-55　题 2-2 图　　　　图 2-56　题 2-3 图

2-4 提升建筑材料的装置如图 2-57 所示，横杆 AB 用铰链挂在立柱的 C 点。若材料重 G = 5kN，横杆 AB 与立柱间夹角为 60°时，试计算：

1）力 **F** 的方向铅垂向下时，能将材料提升的力值 F 是多大？

2）力 **F** 沿什么方向作用最省力？为什么？此时能将材料提升的力值是多大？

2-5 图 2-58 所示物体受平面内 3 个力偶的作用，设 $F_1 = F_1' = 200$N，$F_2 = F_2' = 600$N，$M = -100$N·m，求合力偶矩。

2-6 试将图 2-59 中平面力系向 O 点简化。

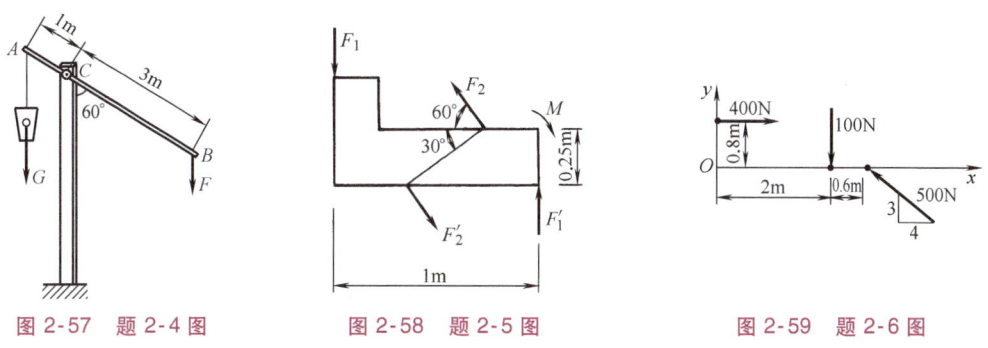

图 2-57　题 2-4 图　　　　图 2-58　题 2-5 图　　　　图 2-59　题 2-6 图

2-7 某机盖重 G = 20kN，吊装状态如图 2-60 所示，角度 α = 20°，β = 30°，试求拉杆 AB 和 AC 所受的拉力。

2-8 夹紧机构如图 2-61 所示，已知压力缸直径 d = 120mm，压强 $p = 60 \times 10^3$Pa，试求在位置 α = 30°时产生的夹紧力 F。

2-9 起重装置如图 2-62 所示，现吊起一重量 G = 1000N 的载荷，已知 α = 30°，横梁 AB 的长度为 l，不计其自重，试求图 2-62a、b 中钢索 BC 所受的拉力和铰链 A 处的约束反力。

2-10 水平梁 AB 长 l，其上作用着力偶矩为 M 的力偶，试求在图 2-63a、b 两种不同端支情况下支座 A、B 的约束反力。不计梁的自重。

2-11 梁的载荷情况如图 2-64 所示，已知 F = 450N，q = 10N/cm，M = 300N·m，a = 50cm，求梁的支座反力。

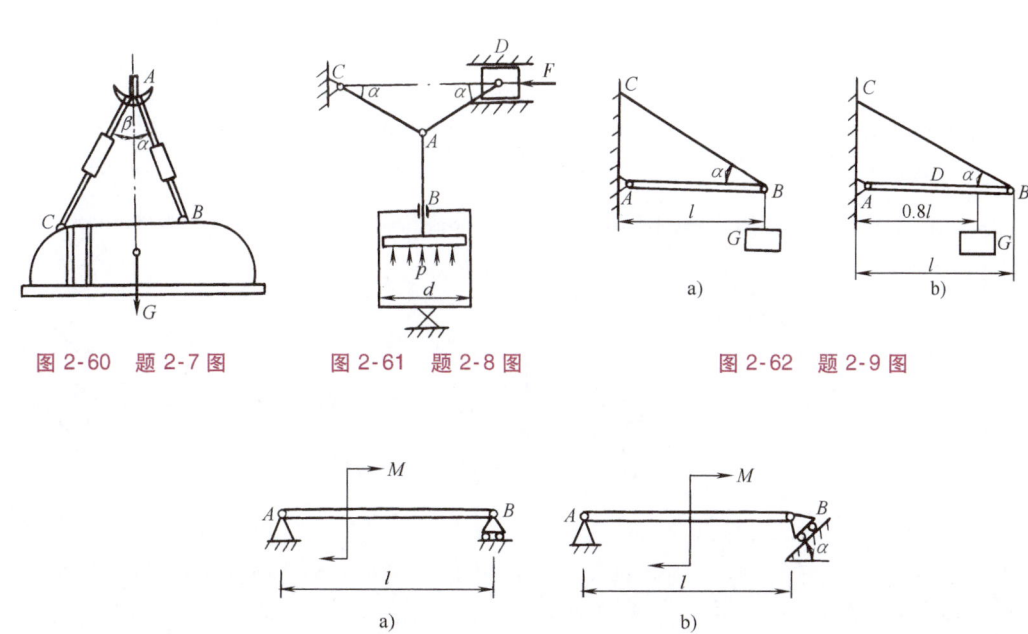

图 2-60　题 2-7 图　　　　图 2-61　题 2-8 图　　　　图 2-62　题 2-9 图

图 2-63　题 2-10 图

2-12 旋转起重装置如图 2-65 所示，现吊重 G = 600N，AB = 1m，CD = 3m，不计支架自重，求 A、B 两处的约束反力。

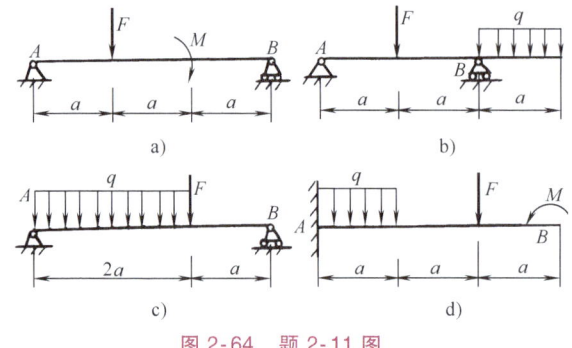
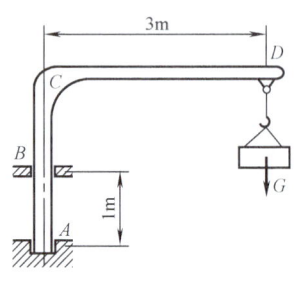

图 2-64 题 2-11 图　　　　图 2-65 题 2-12 图

2-13　两种装置如图 2-66a、b 所示，在杆 AB 的 B 端受铅垂力 F = 2kN 作用，求图示两种情况下绳子 CD 所受的拉力及固定铰支座 A 的反力。杆 AB 的自重不计。

2-14　运料小车及所载物料共重 G = 4kN，重心在 C 点，已知 a = 0.5m，b = 0.6m，h = 0.8m，如图 2-67 所示。试求小车能沿 30°斜面轨道匀速上升时钢丝绳的牵引力 T 及 A、B 轮对轨道的压力。

2-15　卷扬机结构如图 2-68 所示，重物置于小台车 C 上，其重量 G = 2kN，小台车装有 A、B 两轮，可沿导轨 DE 上下运动，求导轨对 A、B 两轮的约束反力。

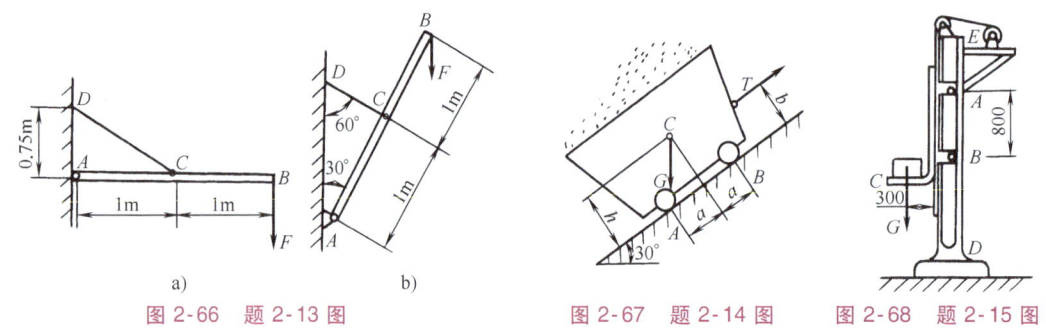

图 2-66 题 2-13 图　　　　图 2-67 题 2-14 图　　　　图 2-68 题 2-15 图

2-16　求起重机在图 2-69 所示位置时，钢丝绳 BC 所受的拉力和铰链 A 的反力。已知 AB = 6m，G = 8kN，吊重 Q = 30kN，角度 α = 45°，β = 30°。

2-17　起重机置于简支梁 AB 上，如图 2-70 所示，机身重 G = 5kN，起吊物重 P = 1kN，梁自重 G_1 = 3kN，作用在梁的中点。求 A、B 的支座反力，及起重机在 C、D 两点对梁的压力。

2-18　力 **F** 作用于 A 点，空间位置如图 2-71 所示，求此力在 x、y、z 轴上的投影。

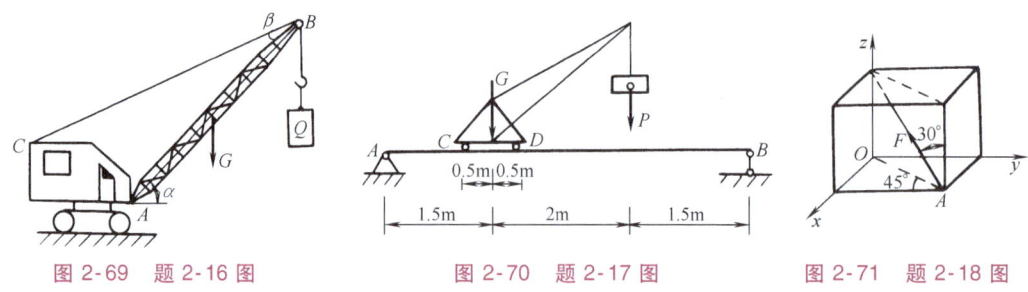

图 2-69 题 2-16 图　　　　图 2-70 题 2-17 图　　　　图 2-71 题 2-18 图

2-19　绞车的正、侧视图如图 2-72 所示，已知 G = 2kN，鼓轮直径 d = 160mm，试求提升重物所需作用于手柄上的力值 F 和此时 A、B 轴承对于轴 AB 的约束反力。

2-20　电动机通过联轴器带动带轮的传动装置如图 2-73 所示，已知驱动力偶矩 M = 20N·m，带轮直径 d = 160mm，尺寸 a = 200mm，传动带紧边、松边的拉力有关系 T = 2t（两力的方向可看成互相平行），不计轮轴自重，求 A、B 两轴承的支座反力。

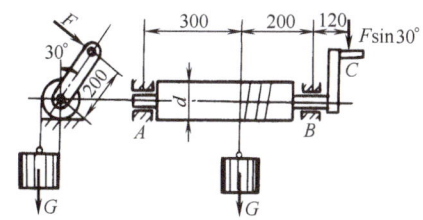
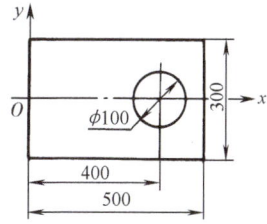

图 2-72　题 2-19 图　　　　　　　图 2-73　题 2-20 图

2-21　试求图 2-74 所示不等宽 T 字形截面的形心位置。

2-22　计算图 2-75 所示平面图形的形心位置，图中 $\phi 100\,\mathrm{mm}$ 的圆形为挖空的圆孔。

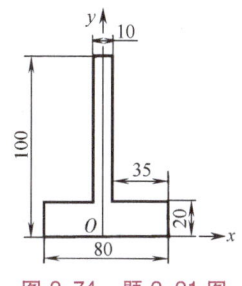
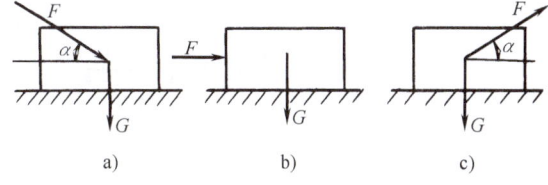

图 2-74　题 2-21 图　　　　　　　图 2-75　题 2-22 图

2-23　已知物体重量 $G=200\mathrm{N}$，$F=100\mathrm{N}$，$\alpha=30°$，物体与支承面间的静摩擦因数为 $\mu_s=0.5$，分析在图 2-76 所示的三种情况下。物体处于何种状态，所受摩擦力各为多大？

2-24　图 2-77 所示滑块斜面间的静摩擦因数 $\mu_s=0.25$，滑块重 $G=1\mathrm{kN}$，斜面倾角 $\alpha=10°$，问：

1）滑块是否会在重力作用下下滑？

2）要使滑块沿斜面匀速上升，应施加的平行于斜面的推力 F 是多大？

图 2-76　题 2-23 图

2-25　双闸瓦式电磁制动器如图 2-78 所示，制动轮直径 $D=500\mathrm{mm}$，受一主动力偶矩 $M=100\mathrm{N}\cdot\mathrm{m}$ 的作用，设制动块与制动轮间的静摩擦因数 $\mu_s=0.25$，求制动时加在制动块上的压力值 F 至少需要多大？

2-26　重 $G_1=500\mathrm{N}$ 的物体压在重 $G_2=200\mathrm{N}$ 的钢板上如图 2-79 所示，物体与钢板间的静摩擦因数 $\mu_{s1}=0.2$，钢板与地面间的静摩擦因数 $\mu_{s2}=0.25$，问：要抽出钢板，拉力 F 至少需要多大？

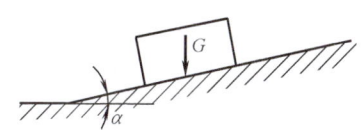

图 2-77　题 2-24 图

2-27　重量为 G 的圆球夹在曲臂杆 ABC 与墙面之间，如图 2-80 所示，圆球半径为 r，圆心比 A 点低 h，各接触面间的摩擦因数均为 μ_s，求：维持圆球不下滑的最小力值 F。

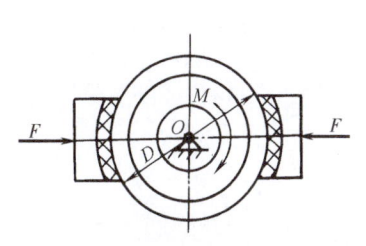
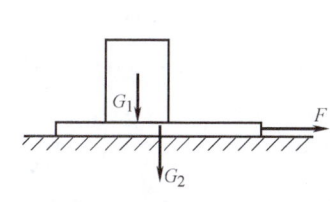
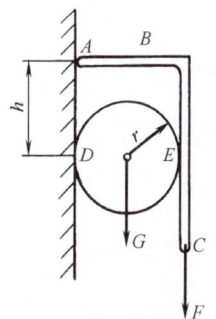

图 2-78　题 2-25 图　　　　图 2-79　题 2-26 图　　　　图 2-80　题 2-27 图

2-28　重量为 G 的均质箱体底面宽度为 b，其一侧受水平力 F 作用，力 F 距地面高度为 h，如图 2-81 所示；箱体与地面间的静摩擦因数为 μ_s，若逐渐加大力 F，问：欲使箱体向前滑动而不会在推力下翻倒，高度 h 应满足什么条件？

2-29 图 2-82 所示手摇起重器具的手柄长为 $l = 360$mm，操作者在柄端施加作用力 $F = 120$N，若操作起重器具以转速 $n = 4$r/min 做匀速转动，求操作者在 10min 内做的功 W。

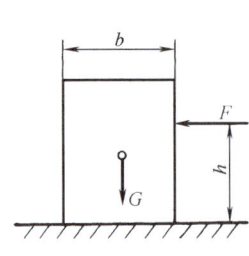

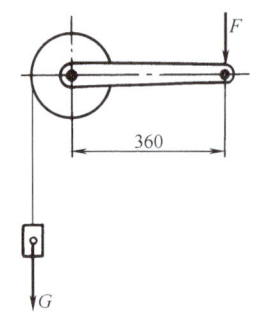

图 2-81 题 2-28 图　　　　　　　　　　　图 2-82 题 2-29 图

2-30 在直径 $D = 400$mm 的绞车鼓轮上绕有一根绳子，绳端挂重 $G = 10$kN，如图 2-83 所示，假设对于绞车的输入功率为 $P = 2.5$kW，求匀速提升条件下鼓轮的转速和挂重的提升速度（不计鼓轮工作中的摩擦损耗）。

2-31 如图 2-84 所示，电动机的转速 $n = 1125$r/min，经带轮传动装置带动砂轮旋转，如砂轮的直径 $D = 300$mm，工件对砂轮的切向工作阻力为 $F = 20$N，两带轮的直径分别为 $d_1 = 240$mm，$d_2 = 120$mm，该装置的机械效率 $\eta = 0.75$，求此电动机的输出功率 $P_{输出}$。

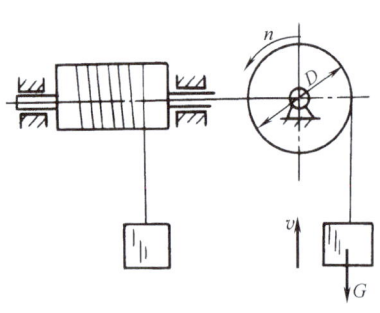
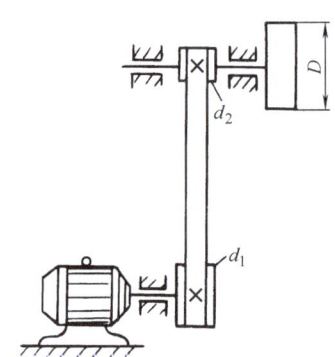

图 2-83 题 2-30 图　　　　　　　　　　　图 2-84 题 2-31 图

2-32 对自行车的一项测试实验表明：在自行车车况和路面路况均良好的条件下，成年男子以速度 $v = 3.5$m/s（相当于每小时 12.6km）骑行时，自行车的驱动功率约为 0.1kW。现要开发一种电动自行车，要求在速度提高一倍的条件下，还能持续地在坡度为 40/1000 的坡道上行驶。试计算电动自行车所需的功率 P，骑车人与自行车的总重量均按 1kN 计（不考虑两种车的重量差别），并设车况、路况不变。

第三章

构件与产品的强度分析

第一节 材料力学的研究目的 杆件的基本变形形式

一、材料力学的研究目的

如前所述，材料力学研究构件受力引起的变形和发生破坏的规律，包含构件的强度、刚度和稳定性三类问题。这是从课程（学科）内容的角度对材料力学的说明。

从应用、工程与设计的角度，又可以说：材料力学是研究构件与产品承载能力的学科。承载能力是指构件在外载荷作用下能够满足强度、刚度和稳定性要求的能力。

产品均由多个构件组成，必须使每个构件在使用中安全可靠，才能保证产品的正常工作。所谓安全可靠，包括以下三个方面：

第一，构件在工作载荷作用下不会破坏，即构件有足够的强度。例如，过街天桥的栏杆不因挤碰而倒塌，起重机钢丝绳或秋千吊索不在使用中被拉断，齿轮轮齿不在啮合传动中断折等，保证产品在预定使用期限内不失效和不引发事故。

第二，构件在载荷作用下不产生过大的变形，即构件有足够的刚度。例如旧折叠伞不能顺利打开收拢，往往是由于细杆构成的支撑架刚度差，过度变形所造成；塑料箱箱壁太薄，装进东西以后产生较大变形，盖子盖不上了；装满水的薄塑料脸盆，端起来盆底下坠、盆沿变形成椭圆，使用不便等。这些产品的刚度都必须提高。

第三，细长杆、薄板、薄壳一类形状的构件，要求有足够的稳定性。细长杆两端受轴向压力过大，会突然弯曲而失效，薄板、薄壳在一定受力形式下也会突然扭曲或"鼓包"而完全丧失承载能力，必须避免。

二、安全性与经济性的关系

为了产品牢靠稳固，最简单的办法是把构件加粗增厚或采用优质材料，但多用材料或采用优质材料都会增加成本。所以产品的安全可靠和产品的经济性一般是有矛盾的。材料力学将告诉我们怎样正确处理这种矛盾。

首先，任何产品都不应盲目地加粗增厚、采用昂贵材质，以致造成产品笨重、成本攀升。试想一台计算机桌，只要牢靠方面没问题，谁不希望轻巧一些、便宜一些呢？因此，在安全可靠的前提下，应节约用材、降低成本。本课程将初步讲解与此相关的力学理论和计算方法。

其次，并不是简单地用材多、用材贵，构件的强度、刚度、稳定性一定就高。正确的截面形状、合理的结构形式，对提高承载能力、节省用材、使外观轻盈美观常有更大的作用。例如同等重量的实心和空心棒材对比，承受轴向拉力的能力虽然相同，但承受横向外力（弯曲、扭转）的能力，后者却明显高于前者。用等量的材料，把梁做成"工"字形或"⊓"形截面，就比平板形截面梁的承载能力高很多，等等。

还有一些情况下，甚至在构件原来的形状上去掉部分材料，反倒能使构件变得更为耐用。这既耐人寻味，也颇具启发性，举几个例子如下。

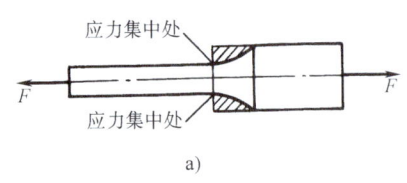

图 3-1a 是一根受拉的直杆，如果粗细两段间的直径差是突变形成的，有个直角的凸台，受拉力作用时，在凸台的内尖角处会出现"应力集中"现象（参看第四章第四节），直杆容易在此处出现裂纹，进而折断。把图中阴影部分去掉，改为平滑的圆弧过渡，消除了应力集中，它承受的拉力将能大幅度提高。——用料少了，构件轻了，承载能力却高了。

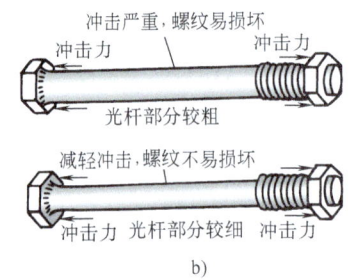

图 3-1 省了材料却更为耐用的例子

螺栓受力后容易先损坏的是螺纹。对于发动机上的气缸螺栓，图 3-1b 下面那个光杆较细的螺栓，却比上面那个光杆较粗的螺栓更耐用。这是因为发动机气缸点火、缸内燃气爆燃的瞬间，用来固定气缸盖的联接螺栓受到很大冲击拉力的作用，光杆细，柔性好，更有弹性，能对冲击力起到缓冲作用，与光杆较粗的螺栓比较，其螺纹部分更加不易损坏。正像人从高处跌落到坚硬的地面上容易致伤，而跌落在松软地面上较为安全一样。

类似的应用在工业产品中是很普遍的，现在，钢材、铝材、塑料多以各种"型材"的形式提供给市场，其力学性能优于同量的实心圆、实心方截面材料，又能满足某些结构联接的需要。读者通过本课程的学习，掌握其中的道理，才能合理自如地应用。

三、变形体性质的基本假设

第一章第三节中已经讲过，研究静力学问题时，要把材料抽象化为"刚体"这一理想模型，而研究材料力学问题时，则需要把材料抽象化为"变形固体"的理想模型。

各种材料的微观结构复杂多样，而材料力学分析问题并不涉及微观结构，所以忽略材料微观结构这一次要属性，只保留其相关的主要特征，以便于分析研究。材料力学理论在长期、大量的应用实践中，已经证明采用"变形固体"的理论模型进行分析研究是有效、可行的。材料力学中对变形固体赋予以下假设：

（1）连续均匀假设　假设物体的内部连续均匀、无间隙地充满了材料，且各处的力学性质均同。（不考虑物质分子组成的不连续、不均匀性）

（2）各向同性假设　假设材料在所有不同方向上具有相同的力学性质。

上述假设对于金属、塑料等多数常用材料是适用的。但是木材、竹子等纤维性材料在不同方向上力学性能有明显差别，因而有关手册上，对木、竹这类材料的力学性能，在不同方向上给出了不同的数据。

另外，材料力学一般限于研究材料在弹性范围内的"小变形"问题。

四、杆件及杆件的基本变形形式

1. 杆件

构件的形状千差万别，但经过简化归类，可以归纳为四类，即杆、板、壳和块体。

杆件的几何特征是：其长度远大于其他两个方向上的尺寸。产品中的大量构件可以简化为杆件，例如机器中的传动轴、支架中的拉杆、压杆、房梁等。如果一块板可以看成是由一根杆向一个方向延伸而形成的，则板的某些问题也可以当作杆件的问题来分析处理。

材料力学主要研究杆件的强度、刚度和稳定性问题。

杆件各个横截面形心的连线叫杆件的轴线。垂直于杆件轴线的截面叫杆件的横截面。

轴线是直线的杆件叫直杆。轴线是曲线的杆件叫曲杆。各横截面大小形状相同的直杆叫等直杆。本教材主要讲述等直杆的问题。

2. 杆件的基本变形形式

杆件在不同的受力情况下，将产生不同形式的变形。材料力学将基本的变形形式归纳为四种，如图 3-2 所示，分别是：①轴向拉伸或压缩（图 3-2 a、b）；②剪切（图 3-2c）；③扭转（图 3-2d）；④弯曲（图 3-2e）。

在杆件的四种基本变形形式中，轴向拉伸或压缩（简称"轴向拉压"）的外载荷条件是：拉力或压力的作用线与杆件的轴线一致，且作用在横截面的形心上。其他几种变形形式的外载荷条件后面再做介绍。

实际上杆件可能承受的外载荷形式是复杂多样的，对应的变形形式也复杂多样，但复杂的变形一般能看成是上述四种基本变形形式的某种组合，称为组合变形。在学习基本变形分析计算的基础上，可以进一步学习组合变形问题的分析计算方法。

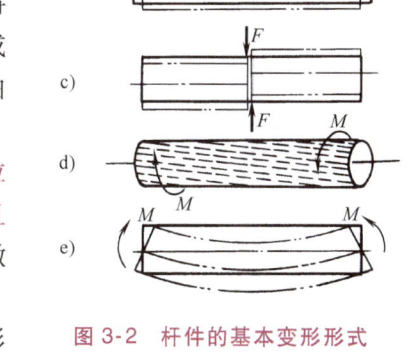

图 3-2 杆件的基本变形形式

第二节 内力、应力与应变

一、内力与截面法

1. 内力

构件所受其他物体施加给它的载荷和约束反力，都称为构件受到的外力。而由外力引起的构件（或说材料）内部各部分之间相互作用力的改变量，称为内力。

内力是材料力学中重要的概念。材料或构件，无论是否有外力作用于它，其内部各部分微粒之间都存在着某种结合力。材料力学中的内力，却不是一般意义上的这种结合力，而是外力引起构件变形时，材料内部微粒间抵抗相对位置改变而产生的那部分附加作用力。在上面那个内力定义的表述中，有两点值得注意：

1) 内力的作用者（施力体）与被作用者（受力体）是一个构件材料中的这一部分与那一部分。

2) 内力是由外力引起的，是原有相互作用力的"改变量"。可见内力的大小应完全取决于外力；外力解除，内力也随之消失。

例如用手拉弹簧，弹簧受拉而伸长时，弹簧材料内部产生的阻止其伸长的抵抗力，就是内力。内力随外力增减而增减。材料力学中强度、刚度的计算，都要以计算内力为前提。

四种基本变形形式横截面上的内力各有特点，并各有专门的名称，各有特定的表示符号。轴向拉压时横截面上的内力的作用线与横截面垂直，且各点内力之合力作用于横截面图形的形心上，特称为"轴力"，表示符号是"N"。其他变形形式下内力的特点和专有名称、特定符号在后面再做介绍。

2. 截面法

所谓截面法，是用假想截面将构件在所论部位截分开来，然后用平衡方程由外力求算内力的方法。

下面以等直杆两端受拉这种最简单的情况，说明应用截面法求算内力的过程，如图 3-3 所示。

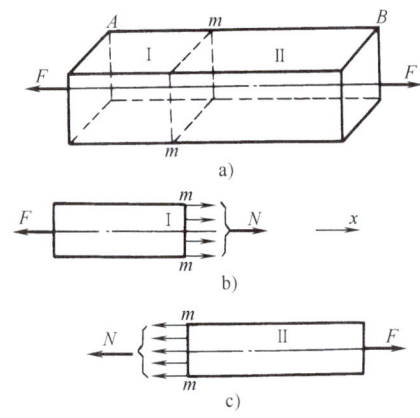

图 3-3 截面法和内力的概念

设有等直杆 AB 在两端受一对等值拉力 F 的作用，如图 3-3a 所示。现欲了解某横截面 m—m 上的内力，就可以用一个假想的截面在 m—m 处将此杆截开，使 AB 杆分成 Ⅰ、Ⅱ 两部分。如果此杆原来处于平衡状态，则截开后的任一部分 Ⅰ 和 Ⅱ 也仍处于平衡状态。现任选一段，例如 Ⅰ 作为研究对象，并如静力学中那样取它为分离体，画受力图，如图 3-3b 所示，保留作用在 Ⅰ 左侧面的外力，同时将另一段 Ⅱ 弃去，而将 Ⅱ 对于 Ⅰ 的作用以力来代替（像前面讲的，把约束解除而代之以约束反力）。此力显然作用在截分面 m—m 上；因为材料所有微粒间都有相互作用力，因此可以判定 Ⅰ、Ⅱ 两者截分面的所有各点上作用着一个分布力系。而内力一般是指这个分布力系的合力。这样就可画出 Ⅰ 的受力图，如图 3-3b 所示。图中已经用 N 作为分布力系的合力表示了内力。此内力的大小和方向，可通过平衡方程求得。在本例中，有平衡方程

$$\sum F_x = 0, \qquad N - F = 0$$

于是求得了 m—m 截面上的内力 $N = F$

如果选取 Ⅱ 作为研究对象，通过同样过程，画出 Ⅱ 的受力图，如图 3-3c 所示，可以得到另一个 $N = F$。

求算内力在材料力学中很重要，而凡求算内力，都要用截面法。通过上面这个引例，可以将截面法的应用概括为以下三个步骤：

（1）截开 在想要计算内力的那个截面，假想将构件截开，留下研究对象，弃去另一部分。

（2）替代 以作用力（它就是欲求算的内力）替代弃去部分对研究对象的作用。以此画出研究对象的受力图。

（3）求算 用平衡方程由已知外力求算内力。

应该注意的是，必须选取含有足够已知信息（主要指已知外力）的部分作为研究对象，才能由已知条件去求得未知的内力。若将含有已知信息的部分弃去，未知内力将无法求出。

下面再举一个求算轴向拉压内力的例子。

例 3-1 图 3-4a 所示为一等直杆在轴线上 A、B、C 三点分别受到三力组成的平衡力系的作用，这三个力的力值为：$F_1 = 5kN$（向右），$F_2 = 8kN$（向左），$F_3 = 3kN$（向右）。试求算 1—1、2—2 两个横截面上的内力。

解 1) 按上述截开、替代、求算的"三部曲"来求算 1—1 截面上的轴力 N_1。

① 假想在 1—1 截面将杆件截开，留下左段为研究对象，弃去右段，画分离体。

② 以轴力 N_1 替代弃去部分对于留下部分的作用，加画在分离体上，如图 3-4b 所示。

③ 画完受力图（图 3-4b），列平衡方程求解

$$\sum F_x = 0, \qquad F_1 + N_1 = 0$$

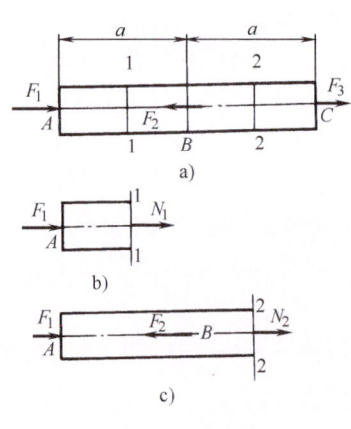

图 3-4 用截面法求内力举例

得到 $N_1 = -F_1 = -5\text{kN}$

N_1 为负值，说明其实际指向与图 3-4b 所画指向相反，且它使该段杆件受压（内力指向截面）。

2) 按截开、替代、求算这"三部曲"来求算 2—2 截面上的轴力 N_2。

还依上述步骤进行，画出研究对象的受力图（图 3-4c），列平衡方程求解

$$\sum F_x = 0, \qquad F_1 + N_2 - F_2 = 0$$

得到 $N_2 = F_2 - F_1 = 8\text{kN} - 5\text{kN} = 3\text{kN}$

N_2 为正值，说明其实际指向与图 3-4c 所画指向一致，且它使该段杆件受拉（内力背离截面）。

提示：图 3-4b 中的 N_1 和图 3-4c 中的 N_2，原可按任意假设的指向画出，通过后面的计算，再判定假设的正误（参看前面例 2-7、例 2-9 等例题。）而在例 3-1 的分析中，我们把它们都画成背离截面的方向，这是材料力学中约定俗成的习惯：均假设轴力为背离截面的方向。这是因为背离截面的轴力对于杆件是拉力。拉力使杆件伸长，材料力学中规定轴向拉力用正值表示；反之，使杆件缩短的轴向压力用负值表示。解题时按背离截面的方向假设轴力的好处是：假设对了，计算得到正值，符合"拉力为正"的规定；假设错了，计算得到负值，也符合"压力为负"的规定。因此要求读者解题时也如此假设。

二、应力

设有一粗一细两根等直杆，材料相同，且受同等大小的拉力作用。从上面的例题可知，它们横截面上的内力是相等的。在逐渐加大外力，两杆中的内力也随之逐渐加大的过程中，显然细杆会先破坏。这是因为细杆单位横截面面积上的内力较大之故。我们把单位面积上的内力称为应力。容易理解：材料破坏与否，并不直接取决于内力，而取决于应力的大小。

轴向拉压杆件横截面上的应力，其方向与横截面垂直，称为正应力，用希腊字母"σ"表示。

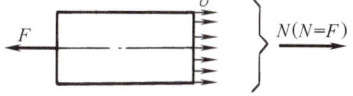

图 3-5 轴向拉压时横截面上内力均匀分布

理论与实践证明，在等直杆轴向拉压的条件下，横截面上的内力是均匀分布的（图 3-5）。于是有

$$\sigma = \frac{N}{A} \tag{3-1}$$

式中，N 为横截面上的轴力值；A 为横截面的面积。

正应力 σ 的正负号规定与轴力 N 相同，拉伸时 σ 为正，压缩时 σ 为负。

应力的基本单位是帕斯卡，简称帕，符号 Pa。一帕等于每平方米面积上作用一牛顿的力：$1\text{Pa} = 1\text{N/m}^2$。

帕是一个很小的单位。材料力学中常用它的百万（10^6）倍单位兆帕（MPa），有时还用到十亿（10^9）倍单位吉帕（GPa）。它们的关系是

$$1\text{MPa} = 10^6\text{Pa} = 10^6\text{N/m}^2 = 1\text{N/mm}^2$$
$$1\text{GPa} = 10^9\text{Pa} = 10^3\text{MPa}$$

例 3-2 重物 $G_1 = 8\text{kN}$ 置于水平梁 BC 上，如图 3-6a 所示。均质梁 BC 自重 $G_2 = 5\text{kN}$，左侧圆截面吊杆 AB 的直径 $d = 30\text{mm}$，右侧正方截面吊杆 DC 横截面的边长 $a = 10\text{mm}$。试求 AB、CD 两杆横截面上的正应力。

解 1）求吊杆 AB、CD 所受的拉力 F_1 和 F_2。

取水平梁 BC 为研究对象，画出其受力图，如图 3-6b 所示，列此平面平行力系的平衡方程进行求解

$$\begin{cases} \sum M_B(\boldsymbol{F})=0, & F_2\times 4\mathrm{m}-G_1\times 1\mathrm{m}-G_2\times 2\mathrm{m}=0 & (1)\\ \sum F_y=0, & F_1+F_2-G_1-G_2=0 & (2) \end{cases}$$

由式（1）得

$$F_2=\frac{(8\mathrm{kN}\times 1)+(5\mathrm{kN}\times 2)}{4}=4.5\mathrm{kN}$$

将 F_2 值代入式（2）得

$$F_1=(8+5-4.5)\mathrm{kN}=8.5\mathrm{kN}$$

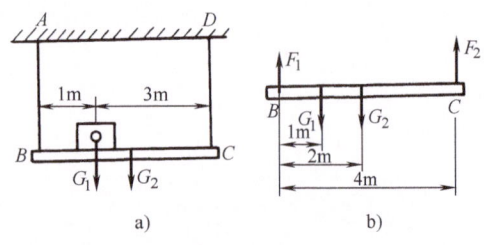

图 3-6 例 3-2 图

2）求 AB 杆的轴力 N_1、CD 杆的轴力 N_2。

从前面图 3-3 表示的引例可知，等直杆只在两端受拉时，杆内横截面上的轴力就等于拉力，取正值，即

$$N_1=F_1=8.5\mathrm{kN}=8.5\times 10^3\mathrm{N}, \quad N_2=F_2=4.5\mathrm{kN}=4.5\times 10^3\mathrm{N}$$

3）求 AB、DC 两杆横截面上的应力 σ_1、σ_2。

AB 杆横截面面积 $\quad A_1=\dfrac{\pi d^2}{4}=\dfrac{\pi\times 30^2}{4}\mathrm{mm}^2=707\mathrm{mm}^2$

AB 杆横截面上的应力 $\quad \sigma_1=\dfrac{N_1}{A_1}=\dfrac{8.5\mathrm{kN}}{707\mathrm{mm}^2}=\dfrac{8.5\times 10^3\mathrm{N}}{707\times 10^{-6}\mathrm{m}^2}=12\times 10^6\left(\dfrac{\mathrm{N}}{\mathrm{m}^2}\right)=12\mathrm{MPa}$

CD 杆横截面面积 $\quad A_2=a^2=10^2\mathrm{mm}^2=100\mathrm{mm}^2$

CD 杆横截面上的应力 $\quad \sigma_2=N_2/A_2=4.5\times 10^3\mathrm{N}/100\mathrm{mm}^2=45\mathrm{MPa}$

三、拉压变形与应变　胡克定律

1. 绝对变形

实验表明，杆件受拉时纵向尺寸伸长，横向尺寸缩小；受压时，则纵向尺寸缩短，横向尺寸加大。设有长度为 l、直径为 d 的等直圆杆，两端受 F 力轴向拉伸后，长度变为 l_1，直径变为 d_1，如图 3-7 所示。

变形后的尺寸与变形前的尺寸之差，称为绝对变形，用 Δl、Δd 分别表示纵向和横向的绝对变形，则有

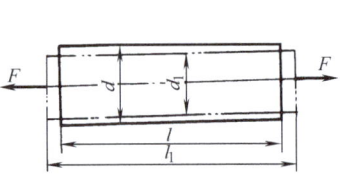

图 3-7 拉压变形

$$\Delta l=l_1-l, \qquad \Delta d=d_1-d$$

拉伸时 Δl 为正，Δd 为负；压缩时 Δl 为负，Δd 为正。

2. 相对变形——线应变

同样的绝对变形量，发生在大的和小的两种原始尺寸下，变形的程度显然是不同的。为了衡量变形的程度，引入相对变形的概念。绝对变形与原始尺寸之比，称为相对变形，又称为线应变，用希腊字母"ε"表示。即线应变 ε 是变形量与原始尺寸的比值

$$\varepsilon=\frac{\Delta l}{l} \tag{3-2}$$

线应变 ε 是个比值，无量纲（无单位）。尺寸增大，ε 为正；尺寸减小，ε 为负。例如轴向拉伸时，轴向尺寸的 ε 为正，横向尺寸的 ε 为负；而轴向压缩时则相反。

3. 胡克定律

实验表明，受轴向拉伸或压缩的杆件，当应力未超过某一限度时，杆件的绝对变形 Δl 与轴力 N 及杆件原长 l 成正比，与杆件的横截面面积 A 成反比，这就是胡克定律。即

$$\Delta l \propto \frac{Nl}{A}$$

这个比例式的比值取决于材料性能。引入材料性能参数作比例系数后，得到胡克定律的表达式

$$\Delta l = \frac{Nl}{EA} \tag{3-3}$$

式中，E 为材料的拉压弹性模量，简称材料的弹性模量。

式（3-3）表明，其他条件不变时，弹性模量 E 越大，杆件的变形量 Δl 越小。可见，弹性模量 E 表征了材料抵抗拉伸压缩变形的性能，是材料的刚性指标。

式（3-3）还表明，当轴力 N 和杆件长度 l 相同时，EA 值越大，绝对变形量越小，说明 EA 是杆件抵抗拉压变形能力的度量。因此 EA 称为杆件的抗拉（压）刚度，它取决于杆件材料的弹性模量和横截面面积这两个参数。

将式（3-1）和式（3-2）代入式（3-3），得到

$$\sigma = E\varepsilon \tag{3-4}$$

式（3-4）是胡克定律的另一表达式。因此胡克定律又可表述为：当应力不超过某一限度时，应变与应力成正比。在下一节中将进一步说明，这里说的应力的"某一限度"就是该材料的比例极限。

材料的弹性模量 E 由实验测定。几种常用材料的 E 值参看表 3-1。

表 3-1 几种常用材料的弹性模量值（单位：GPa）

材 料 名 称	E	材 料 名 称	E	材 料 名 称	E
碳钢	196~214	合金钢	186~216	灰铸铁	113~157
铜及其合金	73~128	硬铝合金	70	橡胶	0.0079
木材（顺纹）	9.8~12	木材（横纹）	0.5~0.98	聚丙烯（PP）	1.1~1.6
耐热型 ABS	2.5	尼龙 1010	1.6	低压聚乙烯	0.49~0.78

产品设计做到零部件设计的阶段，总是需要参阅各种技术资料，其中很大一部分就是一些数据表格。这些数据会给人"繁琐、枯燥无味"的感觉。但是作为一个设计师，实在很需要对事物有一定的数量上的概念，叫做"心中有数"；而这些数据表格往往就能提供这样的信息。一旦能从这些数据表格中吸收有用的信息，它们也就不再枯燥，而显得生动了。

例如，"想把圆珠笔那样粗细的钢棒拉长千分之一约需多大的拉力？"这个问题，读者多少有点概念吗？还有，"不是钢棒而是尼龙棒呢？两者约差多少倍？"其实，这些问题，利用表 3-1 很容易得到答案。下面就以解答上述问题作为应用表 3-1 的起始实例吧！

问题中棒子的相对伸长为千分之一，即线应变 $\varepsilon = 10^{-3}$；

表 3-1 中列出了两种钢材的 E 值，大体都是 $E \approx 200 \times 10^9 \text{Pa}$；

代入式（3-4）就得到应力值 $\sigma = E\varepsilon = (200 \times 10^9 \text{Pa}) \times 10^{-3} = 200 \times 10^6 \text{Pa}$；

因圆珠笔直径约 10mm，其横截面面积约为 $A=\pi\times(10^2/4)\text{mm}^2\approx 80\text{mm}^2=80\times10^{-6}\text{m}^2$；

再从式（3-1）即得到棒子的轴力 $N=\sigma A=(200\times10^6\text{Pa})\times(80\times10^{-6}\text{m}^2)=16000\text{N}$；

加于棒子的拉力 F 值与轴力是相等的，即：$F=N=16000\text{N}$。

转化为日常生活中习惯用的千克力（kgf），$F=(16000/9.8)\text{kgf}\approx 1600\text{kgf}$。

由此可知：想把圆珠笔那么粗细的钢棒拉长千分之一，约需要 1600kgf 的巨大拉力。

表 3-1 中有尼龙 1010 的 E 值，与钢对比，两者 E 值之比约为 1.6/200≈1/125，可见同样问题对于尼龙棒，只要拉钢棒力量的 1/125，即（1600/125）kgf=12.8kgf 就行了。两者相差非常悬殊！

如果能学会这样来看数据表格等资料，就"活"了，也会有些趣味而不再枯燥。

第三节　材料在拉伸和压缩时的力学性能[一]

材料从开始受力、加大受力，直到材料破坏整个过程中所表现出来的各种性能，叫做**材料的力学性能**。这些性能指标是进行材料选择和强度、刚度计算的基本依据。

材料的力学性能测定试验种类很多，其中常温下静载荷的拉伸和压缩试验，是最基本也是最重要的一种。通过这种试验获得的几个材料性能指标，是构件设计中作为依据的基本数据。在各种材料中，又以低碳钢和铸铁的材料性能具有代表性，且这两种材料也应用广泛。本节介绍这两种材料的拉压试验过程，引出相关的力学性能指标。

一、低碳钢拉伸时的力学性能

试验用的标准试件如图 3-8 所示。圆截面试件的直径为 d，"标距" l 有 $l=10d$ 和 $l=5d$ 两种规格。试验时，将试件的两端装卡在试验机的卡头上，然后对试件施加缓慢增加的拉力，直到把试件拉断为止。由于拉力是"缓慢增加"的，所以称为"静载试验。"

在不断缓慢增加拉力的同时，试件的伸长量 Δl 也逐渐加大，试验机能自动测出每一瞬时的拉力值 F 和该瞬时对应的试件伸长量 Δl，并自动绘制出"F-Δl（拉力-伸长量）"的曲线图，称为**拉伸图**。因为标准试件的标距 l 和横截面面积 A 都是常量，且为标准值，所以拉伸图（F-Δl 曲线）也以一定比例代表着 (F/A)-$(\Delta l/l)$ 曲线，后者就是 **σ-ε 曲线**，即**应力-应变曲线**，也称为**应力应变图**。低碳钢的应力-应变曲线如图 3-9 所示。

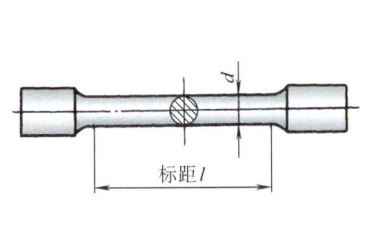

图 3-8　拉伸试验的标准试件

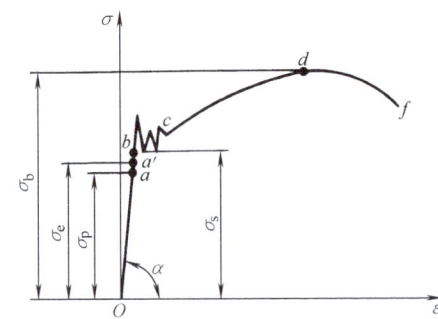

图 3-9　低碳钢拉伸时的应力-应变曲线

分析研究材料的应力应变图，可以得到几个重要的力学性能参数。

[一]　由于新标准的贯彻执行需要一定的时间，所以本章力学性能符号仍沿用旧标准。

1. 比例极限 σ_p，弹性极限 σ_e

σ-ε 曲线的初始段 Oa 是一条斜的直线，说明在这一阶段应变与应力成正比，材料服从胡克定律：$\sigma = E\varepsilon$。若斜直线 Oa 与横坐标（ε 轴）的夹角为 α，因斜线的斜率为 $\tan\alpha = \sigma/\varepsilon = E$，可见应力-应变曲线初始段直线的斜率就是该材料的弹性模量 E。斜直线 Oa 最高点 a 所对应的应力值 σ_p，是材料服从胡克定律的最大应力值，称为材料的比例极限。

应力超过比例极限 σ_p 以后，有一小段 aa'，已经不是直线，但是只要拉伸不超过 a' 点，拉力解除后，变形能完全消失，试件恢复原长。若拉伸时超过了 a' 点，再把拉力全部解除，试件将不能恢复原长，而会保留一定量的残余变形。我们把外力解除后能完全消失的变形称为弹性变形，而把外力解除后仍保留的变形称为塑性变形。因此，应力-应变曲线上 a' 点的应力值 σ_e，是材料只出现弹性变形的极限应力值，称为弹性极限。相应地，应力-应变曲线中从 O 到 a' 这一变形阶段，叫做弹性阶段。

对于低碳钢等常用材料，由于比例极限 σ_p 与弹性极限 σ_e 很接近，实际应用中有时并不严格区分。对于一般低碳钢，比例极限和弹性极限近似地等于 200MPa。

2. 屈服强度 σ_s

试验中加载到应力超过弹性极限 σ_e 以后，σ-ε 曲线上出现一段近似与横坐标平行的锯齿波纹形的曲线 bc。说明这一阶段应力只有波动，几乎没有增加，而应变却明显增加了，似乎此刻材料一时失去了抵抗变形的能力。这种应力基本不变而应变显著增加的现象称为材料的屈服或流动。σ-ε 曲线上 bc 对应这一段叫材料的屈服阶段。这一阶段应力波动的最低值 σ_s 称为屈服强度。由于屈服阶段的变形量比较大，而且是塑性变形，外力撤消后也不再消失，在构件和产品上一般是不允许出现的。所以，屈服强度是材料重要的强度指标。

根据国家标准 GB/T 700—2006，碳素结构钢的牌号就由它的屈服强度值来定，例如屈服强度分别为 215MPa、235MPa、255MPa 的碳素结构钢，就分别用 Q215、Q235、Q255 等来代表它们的牌号。

3. 抗拉强度 σ_b

对材料的加载经过屈服阶段以后，σ-ε 曲线又开始逐渐上升，说明要进一步增加应变，必须增加应力，材料又恢复了抵抗变形的能力，这种现象称为材料的强化。σ-ε 曲线上从 c 到 d 这一段叫做材料的强化阶段。曲线最高点 d 对应的应力值 σ_b 是试件断裂前能承受的最大应力值，称为材料的抗拉强度，是材料另一个重要的强度指标。

4. 断后伸长率 δ 和断面收缩率 ψ

加载中应力值小于抗拉强度 σ_b 时，试件的变形在全部长度上均匀地发生。应力达到 σ_b 后，试件的某一局部的轴向尺寸开始显著增加，同时伴随着该局部小段横截面面积的显著减小，称为缩颈现象，如图 3-10 所示。且从此以后变形主要发生在直径继续减小着的部位，因此整个试件不断加长，而试件除缩颈部位以外的截面上应力却逐渐减小（呈现松弛趋势），且接着试件很快就在缩颈部位拉断了，这段 σ-ε 曲线如图 3-9 中 df 段曲线所示。

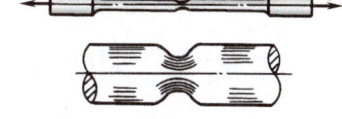

图 3-10 拉伸试验中的缩颈现象

试件拉断后，弹性变形消失，剩下的变形为塑性变形部分。根据拉断后的有关尺寸定义以下两个性能参数：

断后伸长率
$$\delta = \frac{l_1 - l}{l} \times 100\% \tag{3-5}$$

式中，l 为试件原始标距；l_1 为试件拉断后原标距线间的距离；$l_1 - l$ 为试件拉伸试验引起的轴向塑性变形。

断面收缩率
$$\psi = \frac{A - A_1}{A} \times 100\% \quad (3\text{-}6)$$

式中，A 为试件原始横截面面积；A_1 为试件拉断后（缩颈部位）断口处的横截面面积。

断后伸长率 δ 和断面收缩率 ψ 是表征材料塑性的两个性能指标。一般把断后伸长率 $\delta > 5\%$ 的材料称为塑性材料，如低碳钢、铜、铝等；把断后伸长率 $\delta < 5\%$ 的材料称为脆性材料，如铸铁等。

对于低碳钢的拉伸试验可简要总结如下：

1) 拉伸过程经历以下四个阶段：弹性、屈服、强化和缩颈。

2) 通过材料拉伸试验所得应力-应变曲线（σ-ε 曲线），可获得六个材料性能参数，分别是：比例极限 σ_p、弹性极限 σ_e、屈服强度 σ_s、抗拉强度 σ_b、断后伸长率 δ 和断面收缩率 ψ。

二、其他某些材料拉伸时的力学性能

低碳钢拉伸时表现出的材料性能具有"代表性"，其他材料的性能可以通过与低碳钢对比，根据其间的异同而加以了解。

1. 几种没有屈服阶段的塑性材料

图 3-11a 是几种断后伸长率 $\delta > 10\%$ 的塑性材料的拉伸应力-应变曲线。从这几条曲线可以看出，在拉伸的初始阶段，σ-ε 也呈直线关系（青铜例外），说明这些材料也服从胡克定律。与低碳钢的 σ-ε 曲线相比，值得注意的不同在于：它们没有明显的屈服阶段。对于这样的一些材料，定义条件屈服强度 $\sigma_{0.2}$ 作为它的强度指标。$\sigma_{0.2}$ 是加载卸载后能残留 0.2% 塑性变形所对应的应力值，参看图 3-11b。

2. 灰铸铁

灰铸铁也是最常用的金属材料之一，它的拉伸应力-应变曲线如图 3-12 所示。

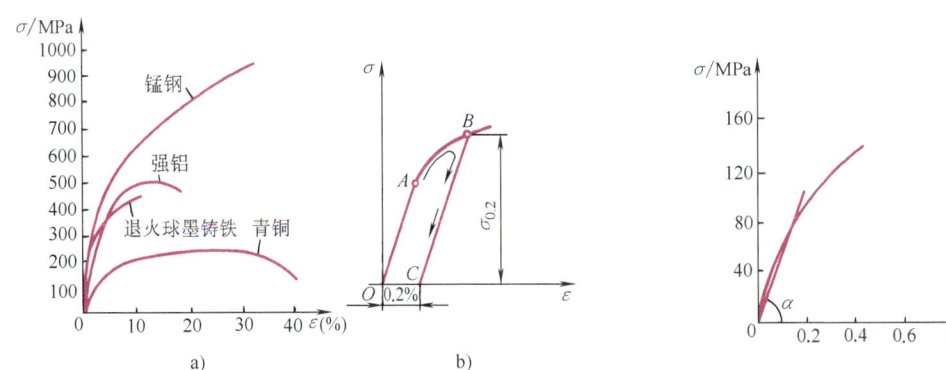

图 3-11 几种塑性材料拉伸时的应力-应变曲线　　图 3-12 灰铸铁拉伸时的应力-应变曲线

灰铸铁的 σ-ε 曲线上没有明显的直线部分，但在应力较小时，可认为灰铸铁近似地服从胡克定律。曲线上没有屈服阶段和缩颈阶段，灰铸铁试件拉伸中在变形很小时就突然断裂，属于脆性材料，因此抗拉强度 σ_b 是衡量灰铸铁强度的唯一指标。它的抗拉强度较低，不适于制作承受拉力的构件。

三、低碳钢、灰铸铁压缩时的力学性能

1. 低碳钢

材料压缩试验的标准试件是短圆柱体，高度 h 与直径 d 之比为 1.5~3，如图 3-13a 所示。

第三章 构件与产品的强度分析

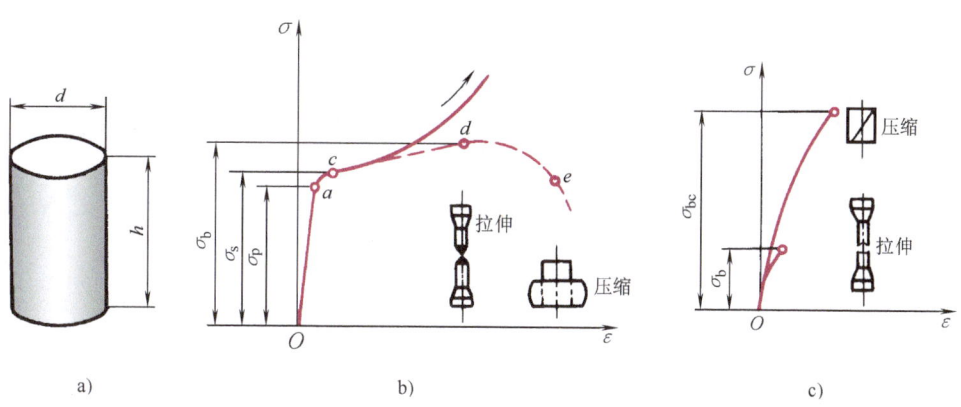

图 3-13 压缩试验试件和应力-应变曲线

a）压缩试件 b）低碳钢 c）灰铸铁

低碳钢压缩时的应力-应变曲线如图 3-13b 中的实线。与图中虚线所示的低碳钢拉伸应力-应变曲线进行对比，可以看出，在屈服阶段以前两者一致，即低碳钢压缩时的比例极限 σ_p、弹性极限 σ_e 和弹性模量 E 都和拉伸时相同。但屈服阶段以后，随着压力的加大，压缩试件的横截面积也不断增大，试件越压越扁而并不破坏，所以低碳钢压缩时不存在与抗拉强度 σ_b 对应的性能指标。

2. 灰铸铁

灰铸铁压缩时的应力-应变曲线如图 3-13c 中较高的那条线，与图中较低的灰铸铁拉伸应力-应变曲线进行对比，可以看出，灰铸铁压缩时同样只是近似地服从胡克定律，同样没有屈服现象，压缩破坏时是沿着约 45° 的斜截面断裂。直到破坏，灰铸铁试件的变形量都甚小。值得注意的是，灰铸铁的抗压强度 σ_{bc} 比抗拉强度 σ_b 高得多，前者约为后者的 3~4 倍，可见灰铸铁耐压，适宜做承压构件。加之灰铸铁价格低廉，吸振能力良好，耐摩擦，易于浇注成形，所以灰铸铁是制作机器和较大型产品底座的常用材料。

本节介绍了若干重要的材料性能指标，表 3-2 是一些常用材料的力学性能数据。

表 3-2 几种常用材料的力学性能（常温、静载）

材料名称、牌号	屈服强度 σ_s /MPa	强度极限/MPa（抗拉、抗压）	断后伸长率 δ（%）	应用举例
Q235（碳素结构钢）	235	375~460	26	拉杆、螺钉、轴、支架
45（优质碳素钢）	355	600	16	传动轴、齿轮、销、键
65Mn（合金弹簧钢）	785	980	8	各种较大尺寸的弹簧件
灰铸铁		拉 147~372 压 640~1300		轴承盖、底座、支架、机壳、泵体
H68（黄铜棒材）		≈300	15~45	导管、外壳、弹壳、垫片
3A21（LF21 铝合金板材）	255	410	10	油箱、油管、液体容器
天然橡胶		17~29	650~900	轮胎、胶带、胶管、胶鞋
杉木（顺纹）		拉 79，压 36		一般轻质木制品与构件
硬聚氯乙烯（PVC）		拉 45~50 压 56~91	30	灯头、插座、开关、装饰板
聚丙烯（PP）		拉 30~39 压 39~56	200	耐腐蚀件、受热绝缘件
耐热 ABS		拉 53~56，压 70	108~116	轿车车身、齿轮、轴承
尼龙 1010		拉 74~78，压 79	100~250	轻载、耐磨、低噪声传动件
尼龙 6		拉 74~78，压 90	130	轻载、湿差大、无润滑零件

像对于表 3-1 一样，对于表 3-2，也可以提出下面这类问题："要把一根圆珠笔粗细的 45 钢棒拉断，大约需要多大的力量？"，"如果是 H68 黄铜棒、杉木棒、PVC 棒、ABS 棒、尼龙 6 棒，又各需要多大的力量呢？"希望读者对上述每个问题，都可以在三四分钟的短时间里简单一算，得到答案，从而获得一定数量上的概念。如此，读者对于这样的表格也就会感到亲近而有意思了。

第四节 拉压杆的强度

一、许用应力与安全系数

1. 两类材料的极限应力

引起构件丧失工作能力的应力称为极限应力，用 σ_j 表示。构件丧失工作能力也叫失效。通过前面对材料力学性能的分析可知，塑性材料和脆性材料失效的原因互不相同。像低碳钢这类塑性材料，破坏以前会产生较大塑性变形，一般因变形过大使构件失效。所以，塑性材料构件的极限应力是它的屈服强度 σ_s（或 $\sigma_{0.2}$）。而像灰铸铁这类脆性材料，在变形还很小的情况就突然断裂破坏了，因此，脆性材料的极限应力是它的抗拉（抗压）强度 σ_b（σ_{bc}）。

2. 许用应力与安全系数

在构件设计中，对于客观工作要求、工作环境与条件等，很难做出非常准确细致的估计，为避免稍有意外就造成构件失效，引起事故，"留有余地"是设计中必须遵循的原则之一。另外，构件实际制作材料的性能是否那么可靠？加工制作是否有点小毛病？构件失效后造成的后果是否严重？等等，也是要考虑的问题。因此，设计构件时，不允许构件工作时达到它的极限应力值，而应该留有必要的安全储备。

设计计算中，把构件在工作时允许产生的最大应力，称为许用应力，用 $[\sigma]$ 表示。

显然，许用应力 $[\sigma]$ 必须小于极限应力 σ_j，可以由极限应力 σ_j 除以一个大于 1 的系数 n 得到。这个系数 n 称为安全系数，即 $[\sigma]=\sigma_j/n$。这样，对于两类材料就分别有：

塑性材料
$$[\sigma]=\frac{\sigma_s}{n_s} \quad \text{或} \quad [\sigma]=\frac{\sigma_{0.2}}{n_s}$$

上面两个式子中，n_s 是对应于塑性材料的安全系数，一般情况下常取 $n_s=1.4\sim1.8$。

脆性材料
$$[\sigma]=\frac{\sigma_b}{n_b}$$

上式中，n_b 是对应于脆性材料的安全系数，一般情况下常取 $n_b=2.0\sim3.5$。

对于构件失效会危及人身安全或造成其他严重后果的非一般情况，n_s 或 n_b 的取值需根据具体情况另行研究，适当加大。

脆性材料的安全系数 n_b 通常比塑性材料的安全系数 n_s 取得大一些，主要是因为脆性材料的失效是断裂破坏，在无明显前兆的情况下突然发生，引起的后果，一般比塑性材料因材料屈服而造成的失效严重。

安全系数的确定，涉及经济、社会等诸多因素，较为复杂，不全是力学本身的问题。选用较大的安全系数，产品和构件安全保障是提高了，但使用材料多，成本增加，经济性下降，且又大又重的产品使用也不方便。反之，选用较小的安全系数，节省材料，经济性好，产品又小又轻，但产品容易失效，上述好处能否补偿一旦产品失效带来的不良后果？

需要多方面的考察斟酌。然而，力学计算是讨论分析上述问题的基础。不通过力学计算出构件中的应力值，安全系数的大小以及安全与否，全都无从说起。

二、拉压杆的强度计算

为保证受轴向拉伸或压缩的杆件在工作中有足够的强度，应该使杆件横截面上的工作应力 σ 不超过材料的许用应力 $[\sigma]$，即

$$\sigma = \frac{N}{A} \leqslant [\sigma] \tag{3-7}$$

式中，N 为危险截面上的轴力值；A 为危险截面的面积。

式（3-7）称为杆件在轴向拉伸或压缩时的强度条件。

危险截面指构件上产生最大工作应力的截面。进行强度计算，首先要确定危险截面。危险截面满足了强度条件，整个杆件就安全了。

强度计算一般有三类问题，现以拉压杆为例，说明利用式（3-7）解决强度计算的三类问题。

（1）强度校核 结构和载荷已知，杆件的尺寸（包括横截面面积 A）已知，材料的许用应力 $[\sigma]$ 也已知，校核是否满足强度条件。计算步骤一般是：确定危险截面，计算出其最大工作应力 σ，校核是否满足强度条件式（3-7），即 $\sigma = N/A \leqslant [\sigma]$。

（2）设计截面尺寸 结构和载荷已知，材料的许用应力 $[\sigma]$ 已知，根据强度条件式（3-7）确定杆件的横截面面积，然后根据截面形状等要求，进一步确定截面具体尺寸，即要求

$$A \geqslant \frac{N}{[\sigma]} \tag{3-8}$$

（3）计算许可载荷 结构和杆件尺寸（包括横截面面积 A）已知，材料的许用应力 $[\sigma]$ 已知，根据强度条件式（3-7）确定许可的轴力值 N，再进一步由许可轴力确定许可载荷，即要求

$$N \leqslant [\sigma] A \tag{3-9}$$

例3-3 儿童秋千座位由4根尼龙绳吊挂，如图3-14所示。尼龙绳直径 $d = 8\text{mm}$，充分考虑人身安全的重要性，及露天使用尼龙绳的磨损、老化、4根绳子受力不均匀等多种不利因素后，取尼龙的许用应力 $[\sigma] = 8\text{MPa}$；还难免会有大孩子来使劲荡玩，也要顾及他们的安全，秋千的吊挂重量设定为 $G = 900\text{N}$。试校核尼龙绳的强度。

图3-14 例3-3图

解 尼龙绳横截面上的轴力 N 就等于每根尼龙绳承受的载荷，即

$$N = \frac{G}{4} = \frac{900\text{N}}{4} = 225\text{N}$$

尼龙绳横截面面积为 A，横截面上的工作应力为

$$\sigma = \frac{N}{A} = \frac{225\text{N}}{(\pi \times 8^2 \times 10^{-6}/4)\text{m}^2} = 4.48 \times 10^6 \text{Pa} = 4.48\text{MPa}$$

对比可知，$\sigma < [\sigma]$，因此结论为：尼龙绳的强度足够。

例3-4 气动夹具如图3-15a所示，已知气缸内径 $D = 140\text{mm}$，缸内气压 $p = 0.6\text{MPa}$，活塞杆材料为20钢，材料许用应力 $[\sigma] = 80\text{MPa}$，试设计活塞杆的直径 d。

解 气缸内的气体压力通过左端的活塞向左拉活塞杆，被右端压头压住的工件又向右顶住活塞杆，所以活塞杆是轴向拉伸构件，如图 3-15a、b 所示。拉力值 F 可由气压 p 及活塞面积 A 求得，此拉力也就是活塞杆内的轴力 N。因活塞杆横截面积远小于活塞面积，计算气压作用面积时可将活塞杆这部分面积减小量略去不计。由此

$$N = F = pA = p\frac{\pi D^2}{4} = 0.6 \times 10^6 \frac{\text{N}}{\text{m}^2} \times \frac{\pi \times 140^2 \times 10^{-6}}{4} \text{m}^2 = 9240\text{N} = 9.24\text{kN}$$

根据式（3-8）计算活塞杆横截面面积 A

$$A = \frac{\pi d^2}{4} \geqslant \frac{N}{[\sigma]} = \frac{9.24 \times 10^3 \text{N}}{80 \times 10^6 (\text{N/m}^2)} = 116 \times 10^{-6} \text{m}^2 = 116\text{mm}^2$$

由上式即可算出活塞杆的直径 d $\quad d \geqslant \sqrt{4A/\pi} = \sqrt{4 \times 116 \text{mm}^2/\pi} = 12.1\text{mm}$

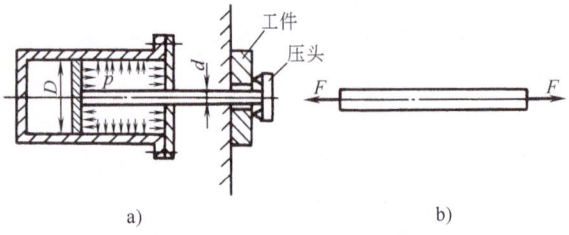

图 3-15 例 3-4 图

[一点说明]

本题得到了 "$d \geqslant 12.1\text{mm}$" 的结果，就力学本身而言，计算已经结束，不必再往下说什么。但就 "设计" 而言，产品结构上一般会回避 "12.1mm" 这样的 "非圆整值"，而要把算得的结果进行 "圆整化"，即取一个与计算结果尽量接近的 "圆整值" 或 "标准值" 作为实际应用值。例如计算结果要求 "$\geqslant 15.3\text{mm}$"，实际就取 "16mm"；计算结果要求 "$\geqslant 117.8\text{mm}$"，实际就取 "120mm" 等。但对于本题这样的计算结果，工程设计中的惯例是：也允许取接近的圆整值 $d = 12\text{mm}$ 作为实际应用值，这是因为 12mm 与 12.1mm 很接近（相差小于 5%），在确定安全系数等环节中，一般能够包容 5% 左右的波动范围。

例 3-5 一钢木结构支架如图 3-16a 所示。AB 为木杆，横截面面积 $A_{AB} = 10 \times 10^3 \text{mm}^2$，许用应力 $[\sigma]_{AB} = 7\text{MPa}$；$BC$ 为钢杆，横截面积 $A_{BC} = 600\text{mm}^2$，许用应力 $[\sigma]_{BC} = 160\text{MPa}$。试求端点 B 可吊起的最大许可载荷 Q。

解 分析：应分别根据 AB、BC 两杆的强度条件求出相应的两个许可载荷 Q_{AB} 和 Q_{BC}，取其中较小者作为本题的答案。

1）计算 AB、BC 两杆的轴力 N_{AB}、N_{BC}。A、B、C 均为铰接。取 B 铰链为研究对象，画受力图，如图 3-16b 所示。因不计两杆自重，则 AB、BC 都是二力杆，它们受的外力就等于两杆内的轴力 N_{AB} 和 N_{BC}，现已直接以轴力符号标在受力图上。

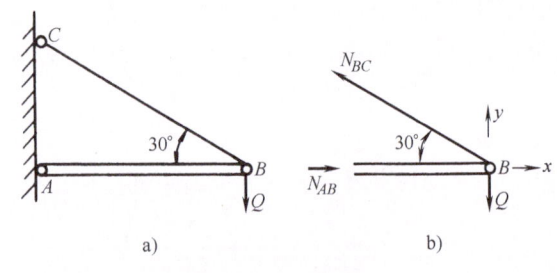

图 3-16 例 3-5 图

由 $\quad \sum F_y = 0, \quad N_{BC}\sin 30° - Q = 0$，得到 $N_{BC} = \dfrac{Q}{\sin 30°} = 2Q$

由 $\sum F_x = 0$, $N_{AB} - N_{BC}\cos30° = 0$, 得到 $N_{AB} = N_{BC}\cos30° = 1.73Q$

2) 根据式 (3-9), 计算分别由两杆确定的许可载荷。

考虑 AB 杆 $N_{AB} = 1.73Q_{AB} \leq [\sigma]_{AB} A_{AB} = 7 \times 10^6 \text{N/m}^2 \times 10 \times 10^{-6} \text{m}^2 = 70 \times 10^3 \text{N}$

得到 $$Q_{AB} \leq \frac{70 \times 10^3 \text{N}}{1.73} = 40.5 \times 10^3 \text{N} = 40.5 \text{kN}$$

考虑 BC 杆 $N_{BC} = 2Q_{BC} \leq [\sigma]_{BC} A_{BC} = 160 \times 10^6 \text{N/m}^2 \times 600 \times 10^{-6} \text{m}^2 = 96 \times 10^3 \text{N}$

得到 $$Q_{BC} \leq \frac{96 \times 10^3 \text{N}}{2} = 48 \times 10^3 \text{N} = 48 \text{kN}$$

因 $Q_{AB} < Q_{BC}$, 取其中较小者, 整个结构的许可载荷为 40.5kN。

第五节 剪切和挤压强度

一、抗剪强度与切应变

1. 剪切的实例与概念

一个铆钉联接两块钢板的结构如图 3-17a 所示。在左右两侧分别以相反的指向作用于上下两块钢板的外力 **F**, 通过钢板孔的半侧作用在铆钉两边半侧面上, 如图 3-17b 所示, 铆钉 m—n 截面的上、下部有分别向左、向右移动而互相错动的趋势。外力足够大时, 就将使铆钉沿 m—n 截面被剪断。这就是剪切变形和相应的剪切破坏的例子。

这个例子说明, 剪切变形的受力特点是: 作用在构件两侧面上外力的合力大小相等、方向相反、作用线平行且相距很近。

剪切变形是常见变形形式之一。和铆钉类似的还有销子以及联接轮子与轴的键 (图3-18a) 等零件。它们均在工作中承受剪切变形, 可能因受剪切而破坏。冲剪钢板时, 上下刃口作用于钢板两侧的力也是大小相等、方向相反、作用线平行且相距很近, 是更典型的一对剪切力, 工作中将钢板剪断, 则是剪切破坏的应用, 如图3-18b 所示。

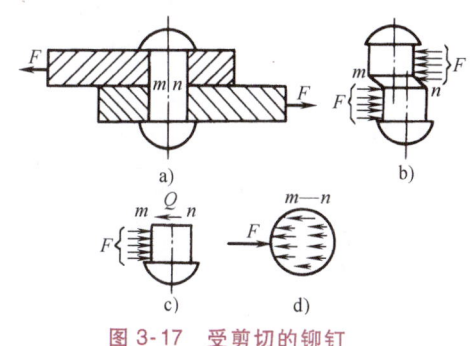

图 3-17 受剪切的铆钉

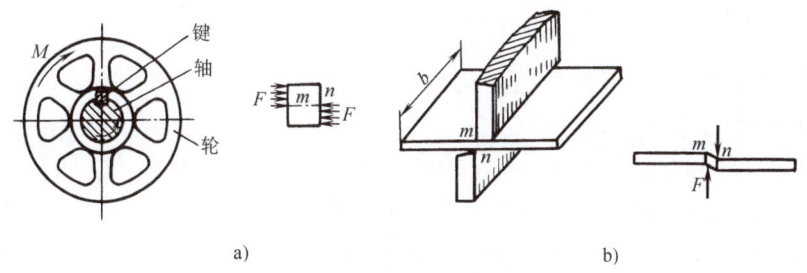

图 3-18 其他的剪切实例
a) 轮与轴间的键 b) 冲剪钢板

2. 抗剪强度的计算

下面以图 3-17 所示的铆钉为例, 分析构件受剪切时的内力和应力。

用截面法, 假想沿受剪面 m—n 将铆钉截开, 保留下半部为研究对象, 可画出其受力图，如图 3-17c 所示。在此图中，已用作用于剪切面 m—n 上的力 **Q** 表示弃去部分（铆钉上半部）对于留下部分的作用，因此力 Q 就是剪切变形的内力，称为剪切力或剪力。由研究对象的平衡条件可知，剪力的大小 Q 等于作用在铆钉侧面的力的合力 F，方向则相反，如图 3-17c 中所画。

与剪力对应的应力称为切应力，以希腊字母"τ"表示。切应力 τ 与剪切力 Q 方向一致，与剪切面相切，单位为帕（Pa）或兆帕（MPa）。实用计算中，通常假设切应力 τ 在剪切面上是均匀分布的，如图 3-17d 所示。于是有

$$\tau = \frac{Q}{A} \quad (3\text{-}10)$$

式中，A 为剪切面的面积。

不发生剪切破坏的条件，即抗剪强度条件应表示为

$$\tau = \frac{Q}{A} \leqslant [\tau] \quad (3\text{-}11)$$

式中，$[\tau]$ 为许用切应力。

许用切应力 $[\tau]$ 的值，仍应以该材料实验测定的抗剪强度 τ_b 除以安全系数 n 得到。但实践表明，根据同一材料的拉伸许用应力值 $[\sigma]$ 来确定许用切应力 $[\tau]$ 值是方便和适宜的，关系是：

对塑性材料 $[\tau] = (0.6 \sim 0.8)[\sigma]$

对脆性材料 $[\tau] = (0.8 \sim 1.0)[\sigma]$

3. 切应变和剪切胡克定律

如图 3-17b 所表示，剪切变形时，剪切面附近的截面互相间发生错动。将剪切面附近变形前后的情况加以放大，如图 3-19a、b 所示。剪切面附近的材料由变形前的矩形 abcd，变形后成为斜平行四边形 $a'b'cd$，歪斜的角度用希腊字母"γ"表示，称为切应变或角应变，用弧度（rad）来度量。

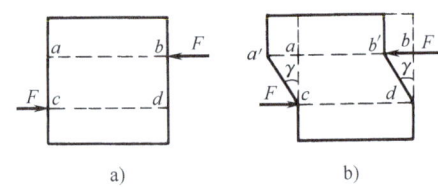

图 3-19 切应变的概念

实验证明，当切应力不超过材料的剪切比例极限 τ_p 时，切应变与切应力成正比，这就是剪切胡克定律，用下式表示

$$\tau = G\gamma \quad (3\text{-}12)$$

式中，G 为材料的切变模量，是表征材料抵抗剪切变形能力的指标。

线应变 ε 和切应变 τ 是度量材料变形的两个基本参量。材料的切变模量 G 和弹性模量 E 之间有一定的关系。

各种材料的切变模量 G 值能在有关手册中查得，常用钢材的 G = 80GPa。

二、挤压强度的计算

1. 挤压的概念与实例

当两物体接触而传递压力时，接触面间形成互相挤压。如果在不大的接触面间存在着较大的压力，因局部区域产生显著的塑性变形，使局部接触面被压陷、压塌，直至压碎，这种现象称为挤压破坏，与之相应的受力形式则称为挤压。

例如螺栓联接着两块木板，拧紧螺母时，若拧紧力矩很大，螺母底面可能将木板压陷，如图 3-20a 所示；又如铆钉联接两块薄板时，若上下两块薄板分别受到相反方向的拉力 F 作用，薄板上的圆孔因一侧受力较大，可能变形成为椭圆，如图 3-20b 所示；拉簧挂钩也常把构件上的拉簧孔从圆孔拉成椭圆等，都是挤压的例子。

挤压与前面讲的杆件轴向压缩在力学概念上是不同的。轴向压缩是杆件整体（或某一

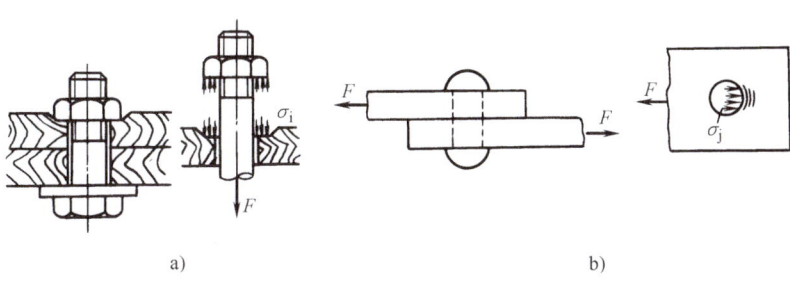

图 3-20 挤压的例子

段的整体)的受力形式,受压缩杆件的每一个横截面上都受压应力。而挤压则是局部接触面上的受力形式,挤压应力只存在于挤压表面及其邻近区域的材料内。

2. 挤压强度的计算

在挤压面上,单位面积上的挤压力称为挤压应力,以 σ_{jy} 表示。实用计算中,以挤压面上的平均挤压应力 σ_{jy} 为计算依据,即

$$\sigma_{jy} = \frac{F_{jy}}{A_{jy}} \qquad (3\text{-}13)$$

式中,F_{jy} 为挤压面上的挤压力,由外载荷求得;A_{jy} 称为挤压计算面积,分两种情况做不同的处理:

1) 挤压接触面为平面时,按实际接触面积计算。例如长度、高度分别 l、h 的键和键槽之间的挤压,按实际情况取 $A_{jy}=lh/2$,如图 3-21a 所示。

2) 挤压接触面为半圆柱面时,则以该半圆柱面在与挤压力垂直的平面上的投影面积计算。例如该段圆柱面的高度为 t,圆柱直径为 d,则取 $A_{jy}=dt$,如图 3-21b 所示。

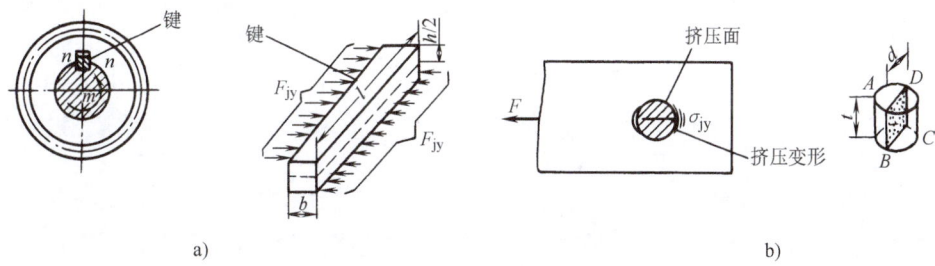

图 3-21 挤压面面积的计算

挤压的强度条件式为

$$\sigma_{jy} = \frac{F_{jy}}{A_{jy}} \leqslant [\sigma_{jy}] \qquad (3\text{-}14)$$

式中,$[\sigma_{jy}]$ 为材料的许用挤压应力。

实践表明,$[\sigma_{jy}]$ 可根据同一材料的压缩许用应力 $[\sigma]$ 来确定,关系是:

对塑性材料　　　$[\sigma_{jy}] = (1.5 \sim 2.5)[\sigma]$
对脆性材料　　　$[\sigma_{jy}] = (0.9 \sim 1.5)[\sigma]$

例 3-6 厚度 $t=4\text{mm}$ 的钢板,抗剪强度 $\tau_b=300\text{MPa}$,现欲用冲床将钢板冲出直径 $d=25\text{mm}$ 的孔,图 3-22 为冲剪示意图。求所需的冲剪力 F。

解 这是要求计算引起剪切破坏的外力值 F。由图 3-22 可知，要求剪断的剪切面面积为

$$A = \pi d t = \pi \times 25 \times 10^{-3} \text{m} \times 4 \times 10^{-3} \text{m} = 314.2 \times 10^{-6} \text{m}^2$$

需要的冲剪力为

$$F \geqslant \tau_b A = 300 \times 10^6 \text{N/m}^2 \times 314.2 \times 10^{-6} \text{m}^2$$
$$= 94.3 \times 10^3 \text{N} = 94.3 \text{kN}$$

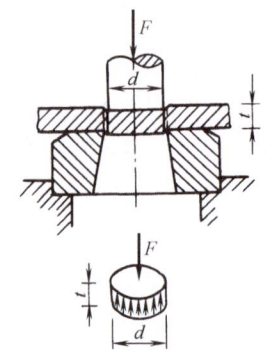

图 3-22　例 3-6 图

关于解题运算的提示　在运算过程中，应养成采用基本单位的习惯。

1) 在本例题的求解中，题目里原来的 "$d=25\text{mm}$"，我们把它换成为 "$25 \times 10^{-3}\text{m}$" 写进计算式里去；同样，把 "$t=10\text{mm}$" 换成为 "$10 \times 10^{-3}\text{m}$"，把 "$\tau_b = 300\text{MPa}$" 换成为 "$300 \times 10^6 (\text{N/m}^2)$"。实际上在前面的例题解中已经一直这么做了，即：在解题运算中，均采用基本单位。

这样做的好处非常突出、明显，有经验的力学老教师常把此作为一项"规定"来要求学生。这一点在下面的学习中会更加明显，因为除"长度""长度^2"外，将更多地出现"长度^3""长度^4"之类的量纲，计算式里，还有 $\sqrt{\cdots/\cdots}$、$\sqrt[3]{\cdots/\cdots}$、$\sqrt[4]{\cdots/\cdots}$ 等算式，倘若计算式里混杂着不同的单位，运算结果实在难以避免错误。

2) 均采用基本单位进行运算，得到的最终结果也肯定是基本单位，这样更带来一个方便，就是在所有的中间运算步骤里，各种量的单位都可以省略不写，只在计算结果处把单位写明即可。读者将在下面看到，有些计算式很长，式子里有多种量值，倘若每一种量的单位都写在计算式里，式子更长，既"难为人"，看上去也乱。本教材在下面的例题及题解中，将逐步过渡到中间运算步骤里省略量的单位，但在个别题解中仍不加省略，以便读者对比。

3) 涉及最多、必须重视的两个基本量单位是长度单位 m 和力值单位 N，当然包括它们的导出单位 m^2、m^3、m^4、$\text{N}\cdot\text{m}$、N/m、N/m^2 等。此外，还有时间单位用 s、功的单位用 J、功率单位用 W、角度单位用 rad（弧度）等，予以适当注意也有必要。

4) 个别不宜采用基本单位进行运算的公式，例如式（2-37）等，教材中肯定会做出特别提示。

5) 注意：上面强调采用基本单位，指的是"运算过程中"。至于计算最终结果的单位则酌情而定，例如应力单位要统一用 MPa，较小的尺寸宜表示为 mm，较大的力或重量宜用 kN，较大的功率宜用 kW 等。例如板材的厚度写成 6mm 要比 0.006m 合于情理，棒材的直径写成 22mm 要比 0.022m 更显得自然等。

例 3-7　悬挂式公共垃圾箱由两侧的金属销轴支承，如图 3-23a 所示。垃圾箱满载时因动荡而达到的重力常达 $G = 400\text{N}$。箱体材料为某种塑料板壳，厚度 $t = 3\text{mm}$，$[\sigma_{jy}] = 8\text{MPa}$。原设计的销轴直径 $d = 5\text{mm}$，使用后塑料箱体上的销轴孔逐渐扩展变形成椭圆形，如图 3-23b 所示。试解释此现象，并重新设计销轴直径 d_1。

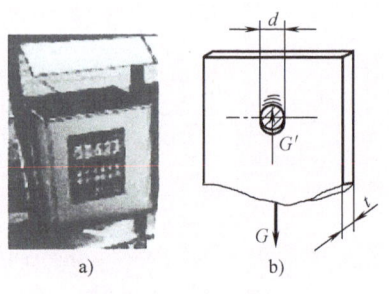

图 3-23　例 3-7 图

解 初步判断，塑料箱体上销轴孔处材料的挤压强度不够，验算如下。

1) 每个销轴孔承受的挤压力　　$F_{jy}=G/2=400\text{N}/2=200\text{N}$

2) 受挤压的面积（半圆柱面的投影面积）$A_{jy}=dt=5\times10^{-3}\text{m}\times3\times10^{-3}\text{m}=15\times10^{-6}\text{m}^2$

3) （平均）挤压应力　　$\sigma_{jy}=\dfrac{F_{jy}}{A_{jy}}=\dfrac{200\text{N}}{15\times10^{-6}\text{m}^2}=13.3\times10^6\dfrac{\text{N}}{\text{m}^2}=13.3\text{MPa}$

对比说明，挤压应力 $\sigma_{jy}=13.3\text{MPa}$ 超过许用值（8MPa）较多，箱孔处材料的挤压强度确实不够。

4) 将箱孔直径加大到 d_1，令该处受挤压面积 A_{jy1} 满足以下条件：

$$\sigma_{jy1}=\dfrac{F_{jy}}{A_{jy1}}=\dfrac{F_{jy}}{d_1 t}\leqslant[\sigma_{jy}]$$

即　$d_1\geqslant\dfrac{F_{jy}}{t[\sigma_{jy}]}=\dfrac{200\text{N}}{3\times10^{-3}\text{m}\times8\times10^{-6}\dfrac{\text{N}}{\text{N/m}^2}}=8.33\times10^{-3}\text{m}=8.33\text{mm}$

实际可取 $d_1=10\text{mm}$。

例 3-8　图 3-24 所示木榫头的尺寸为 $t=8\text{mm}$，$h=18\text{mm}$，$b=14\text{mm}$，每个榫头预设的承载力值为 $F=450\text{N}$，此木料的许用切应力为 $[\tau]=3\text{MPa}$，许用挤压应力为 $[\sigma_{jy}]=6\text{MPa}$。

1) 校核木榫头的抗剪强度与挤压强度。

2) 如需调整尺寸，提出调整尺寸的简单方案。

解　1) 校核木榫头的抗剪强度与挤压强度。

① 校核抗剪强度　　榫头受剪切面的剪切力 Q 即等于预设的载荷 F：$Q=F$

榫头受剪切面的面积 A：$A=th$

剪切面上的切应力　$\tau=\dfrac{Q}{A}=\dfrac{F}{th}=\dfrac{450}{8\times10^{-3}\times18\times10^{-3}}\text{Pa}=3.13\times10^6\text{Pa}=3.13\text{MPa}$

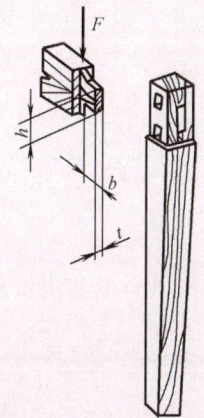

图 3-24　例 3-8 图

对比：$\tau=3.13\text{MPa}>[\tau]=3\text{MPa}$，可见此木榫头的抗剪强度不够。

② 校核挤压强度　　接榫处的挤压力 F_{jy} 即等于预设的载荷 F：$F_{jy}=F$

接榫处挤压面的面积 A_{jy}：$A_{jy}=tb$

挤压面上的挤压应力　$\sigma_{jy}=\dfrac{F_{jy}}{A_{jy}}=\dfrac{450}{8\times10^{-3}\times14\times10^{-3}}\text{Pa}=4.02\times10^6\text{Pa}=4.02\text{MPa}$

对比：$\sigma_{jy}=4.02\text{MPa}<[\sigma_{jy}]=6\text{MPa}$，可见此木榫头的挤压强度够。

2) 调整尺寸。因挤压强度不成问题，只加大榫头的高度增加剪切面面积即可。现将榫头由原高度 $h=18\text{mm}$ 调整为 $h_1=22\text{mm}$，验算其切应力 τ_1 如下：

$$\tau_1=\dfrac{Q}{A_1}=\dfrac{F}{th_1}=\dfrac{450}{8\times10^{-3}\times22\times10^{-3}}\text{Pa}=2.56\times10^6\text{Pa}=2.56\text{MPa}$$

对比：$\tau_1=2.56\text{MPa}<[\tau]=3\text{MPa}$，可见榫头调整高度后即可满足抗剪强度的要求。

第六节　圆轴抗扭强度

一、扭转的概念和实例

洗过衣被，用手拧去衣被中的水时，人手对衣被是施加了一个力偶，这个力偶的作用平面与衣被所拧成的圆轴形的轴线垂直，衣被则拧成了麻花状，如图 3-25 所示。扭转力矩和扭转变形大体像是如此。

图 3-25　扭转的概念

扭转是常见的变形形式。例如用螺钉旋具拧螺钉时，手在旋具杆一端施加一个主动力偶，螺钉在旋具另一端的反作用是工作负荷力偶，此时旋具杆的两端分别作用着旋向相反的两个力偶。两力偶的所在平面与旋具杆轴线是垂直的，此时旋具杆就受扭转，如图 3-26a 所示。汽车转向盘下那根圆管（转向杆）受力情况与螺钉旋具类似，如图 3-26b所示。在图 3-26c 所示的搅拌机里，主动力偶 M_G 和被搅拌物料的阻力偶，使搅拌机的轴受到扭转。图 3-26d 所示卷扬机里的轴也受到扭转作用。

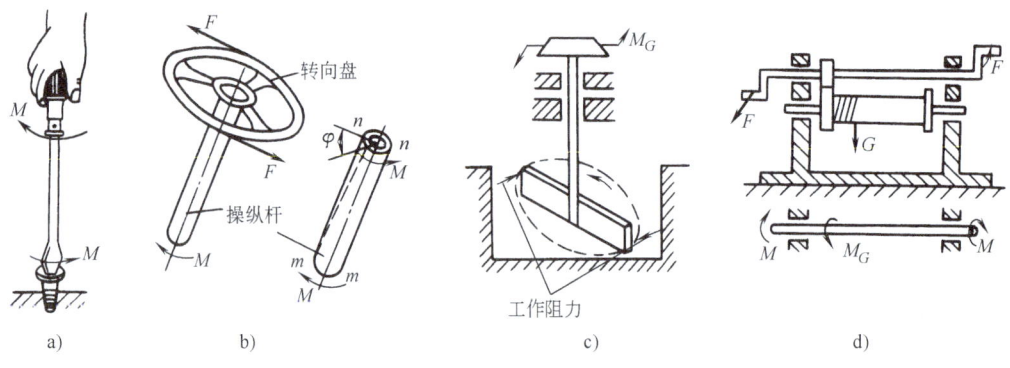

图 3-26　扭转的实例

从以上实例看出，杆件发生扭转变形的受力特点是：在与杆件轴线垂直的平面内，受到一对大小相等、方向相反的力偶作用。扭转变形的特点是：各横截面绕杆件轴线发生相对转动。杆件任意两横截面相对转过的角度称为扭转角，用希腊字母"φ"表示。图 3-26b中的 φ 角就是圆管上端截面 n—n 和下端截面 m—m 之间的扭转角。

实心圆轴和圆管受扭转作用的力学分析较为简单也是最常见的受扭构件形状，本章只研究圆轴（含圆管）扭转的强度问题。

二、圆轴扭转的内力——扭矩

圆轴在外力偶作用下发生扭转变形时，其横截面上的内力仍用截面法分析计算。设图 3-27a 所示传动轴的主动轮 B 上作用着力偶矩为 $M_B = 6 \text{kN} \cdot \text{m}$ 的主动力偶，A、C、D 三个从动轮上的阻力偶矩分别为 $M_A = 3 \text{kN} \cdot \text{m}$、$M_C = 2 \text{kN} \cdot \text{m}$、$M_D = 1 \text{kN} \cdot \text{m}$，这 4 个力偶所在平面互相平行，均垂直于圆轴的轴线。现在用截面法来求 Ⅱ—Ⅱ 截面的内力。

以垂直于轴线的假想截面将传动轴沿 Ⅱ—Ⅱ 截开，弃去右段，留下左段为研究对象，画分离体受力图，如图 3-27b 所示。由于整个传动轴是平衡的，所以其左段也受力平衡。该段受两个互相平行平面内的外力偶 M_A、M_B 的作用；而能与力偶共同组成平衡力系的只能还是平行平面内的力偶，因此Ⅱ—Ⅱ截面上的内力（它是弃去的右段对于留下的左段的作用）必为力偶。可见圆轴扭转时横截面上的内力是（作用面与轴线垂直的）力偶，称为扭矩，用 T 表示。在图 3-27b 中已用 T_2 作为Ⅱ—Ⅱ截面上的扭矩标出。然后可用平衡方程式（2-14）求出扭矩 T_2

$$\sum M = 0, \qquad T_2 + M_A - M_B = 0$$

于是得到 $\qquad T_2 = M_B - M_A = (6-3)\text{kN}\cdot\text{m} = 3\text{kN}\cdot\text{m} \qquad (1)$

如果取Ⅱ—Ⅱ截面右边的一段作为研究对象，画出受力图（图 3-27c），用平衡方程计算该截面的扭矩

$$\sum M = 0 \qquad M_C + M_D - T_2 = 0$$

于是得到 $\qquad T_2 = M_C + M_D = (2+1)\text{kN}\cdot\text{m} = 3\text{kN}\cdot\text{m} \qquad (2)$

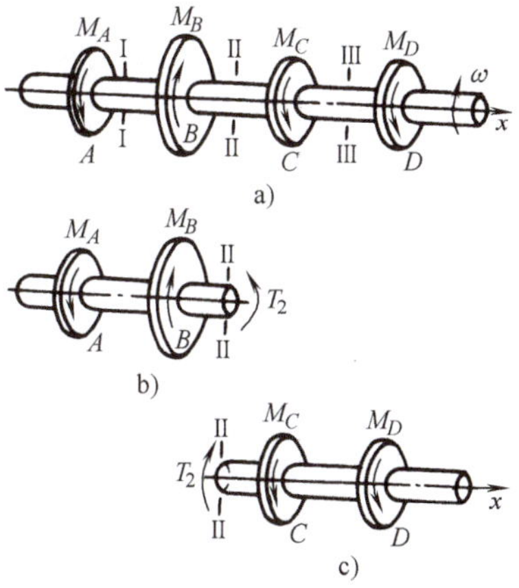

图 3-27 用截面法求扭转内力——扭矩

从上面的计算看到，对于同一截面的内力，无论取哪一段作为研究对象，计算结果的数值是一样的。取左段为研究对象，及取右段为研究对象，所分别讨论的两个力偶，互为作用力偶和反作用力偶，它们的转向是相反的。但是单从强度分析来看，只取决于扭矩的数值，而与扭矩的转向无关。所以在强度计算中，可以只关注扭矩的绝对值大小。

从上面这个引例的式（1）和式（2）还可以得到一个简单结论：任一截面上的扭矩，在数值上等于该截面（任意）一侧轴上所有外力偶矩的代数和。

例 3-9 传动轴上主动轮 A 的输入功率 $P_A = 40\text{kW}$，三个从动轮 B、C、D 的输出功率分别为 $P_B = 18\text{kW}$，$P_C = P_D = 11\text{kW}$，轴的转速为 $n = 200\text{r/min}$。现有两种主、从动轮的布置形式，分别如图 3-28a 和图 3-28b 所示。

1）试求两种布置情况下传动轴各段中的扭矩值。
2）对比传动轴承受的扭矩大小，指出较合理的布置形式。

解 1）求作用于传动轴上的外力偶矩。扭转内力扭矩 T 要由外力偶矩（转矩）M 来计算，而实际问题中更常见的已知条件是功率 P 和转速 n（r/min，每分钟的转数），所以先要由功率、转速计算外力偶矩。根据第二章中的式（2-37）得

$$M_A = 9550\frac{P_A}{n} = 9550 \times \frac{40}{200}\text{N}\cdot\text{m} = 1910\text{N}\cdot\text{m}$$

$$M_B = 9550\frac{P_B}{n} = 9550 \times \frac{18}{200}\text{N}\cdot\text{m} = 860\text{N}\cdot\text{m}$$

$$M_C = M_D = 9550 \times \frac{11}{200}\text{N}\cdot\text{m} = 525\text{N}\cdot\text{m}$$

2）传动轴各段中的扭矩值。按"扭矩等于截面任意一侧轴上所有外力偶矩的代数和"，我们在各段中以假想截面截开，画出受力图，可直接写出各段中的扭矩。

对于图 3-28a 所示的布置形式，由图 3-28c 可写出 AB 段轴内的扭矩 $T_{AB} = M_A = 1910\text{N}\cdot\text{m}$。

由图 3-28d 可写出 BC 段轴内的扭矩 $T_{BC} = M_A - M_B = (1910 - 860)\text{N}\cdot\text{m} = 1050\text{N}\cdot\text{m}$。

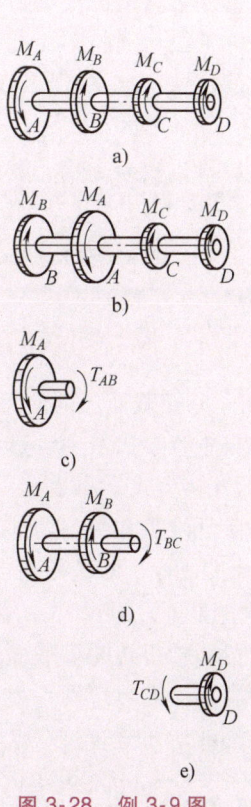

图 3-28 例 3-9 图

由图 3-28e 可写出 CD 段轴内的扭矩 $T_{CD}=M_D=525\rm N\cdot m$。

图 3-28b 的布置形式，可以不再分别画各段截开后的受力图，而直接写出各段的扭矩：

AB 段轴内的扭矩 $T_{AB}=M_B=860\rm N\cdot m$。

BC 段轴内的扭矩 $T_{BC}=M_A-M_B=1050\rm N\cdot m$。

CD 段轴内的扭矩 $T_{CD}=M_D=525\rm N\cdot m$。

3）对比两种布置形式下传动轴所受的扭矩。在图 3-28a 情况下，AB 段轴内的最大扭矩值为 $T_{AB}=1910\rm N\cdot m$；而在图 3-28b 情况下，最大扭矩值（发生在 BC 段轴内）只有 $T_{BC}=1050\rm N\cdot m$。可见虽然传动轴输入、输出的功率（及转矩）相同，但将主动轮布置在几个从动轮的中间位置，可以降低传动轴承受的最大扭矩值，因此可以缩小传动轴的直径、减少用材、减轻重量。

【讨论 注意表示内力的专用符号】

在图 3-28c、d、e 中，有的力偶（或者说力偶矩，下同）用符号 M 表示，如 M_A、M_B、M_D 等；而有的却用符号 T 表示，如 T_{AB}、T_{BC}、T_{CD} 等。读者是否会有这样的问题："都表示力偶，为什么要用两种符号呢？省点事，统一用一种符号行吗？"或者："都是表示力偶，用符号 M 的地方改用 T，或用符号 T 的地方改用 M，行不行呢？"

回答是：不行。

为什么？因为"M"和"T"虽都表示力偶，但却是概念上有根本区别的两种力偶："M"是表示作用于构件的外力偶，常称为旋转力矩或转矩，而"T"是表示构件某截面上的"内力"（请读者复习本章第二节中关于内力的概念），扭转变形下此种内力特称为"扭矩"。材料力学中对于几种不同变形形式的内力都规定了专用名称和专用符号，避免与外力混淆，以利于概念的廓清。读者在本课程的学习中应该注意对外力、内力两者的分辨。

这个问题在轴向拉压变形和剪切变形中早已存在。例如在图 3-3~图 3-5 中，都是沿杆件轴线方向的力，凡是外力就用符号"F"表示，而凡是内力（轴力）必用符号"N"表示等。在以后学习弯曲变形时，也要注意其特定内力的名称和符号。

到本节为止，已经学习过的内力种类及其专用符号如下：

变形形式	轴向拉压	剪切	扭转
内力名称及符号	轴力 N	剪切力 Q	扭矩 T
应力种类及符号	正应力 σ	切应力 τ	切应力 τ

三、圆轴扭转的应力

1. 横截面上的应力及其分布

本章第二节中讲过，"等直杆轴向拉压中，横截面上的应力是均匀分布的"，计算公式为：$\sigma=N/A$。事实上，可以把杆件看成由无数条纵向纤维集合而成，轴向拉压条件下，每条纤维及其每一局部段落的相对伸缩，确实是均匀发生的（只有外力作用点附近的局部区域除外），即横截面上各点发生的应变相同，根据胡克定律，可知横截面各点的应力相等。这就是 $\sigma=N/A$ 的由来。该公式的正确性，已经被实践所证明。

圆轴扭转时横截面上应力分布规律，同样可以从发生的变形情况进行推断。可以把圆轴看成由无数薄圆片叠摞而成，圆轴扭转时，变形情况可看成是：每一薄圆片都绕圆轴的轴心线均匀地转过一微小的角度。薄圆片之间距离没变化，即轴向正应变 $\varepsilon=0$，由胡克定律（$\sigma=\varepsilon E=0$）可知横截面上不存在正应力。圆片之间发生的，是绕轴旋转形式的错动，说明相邻薄片间发生了切应变，所以圆轴扭转时横截面上的应力是切应力。

那么切应力在横截面上是怎样分布的呢？设想相邻薄圆片绕轴心线发生角度为 φ 的相对转动，如图 3-29a 所示，半径 OA 转到了 OA' 的位置。分析半径 OA 这条线上的材料，圆周上 A 点处的材料错动到了 A' 点，错动距离（AA'）最大；轴心 O 处的材料还在原点没动，错动距离为零，最小。OA 上任意一点处材料的错动量，都与该点到轴心的距离成正比。也就是任意一点处的切应变 γ 与该点到轴心的距离 ρ 成正比：$\gamma \propto \rho$。于是根据剪切胡克定律（$\tau = G\gamma$），便可得出结论：圆轴扭转时横截面上任一点的切应力 τ_ρ 与该点到圆心的距离 ρ 成正比，即 $\tau_\rho \propto \rho$。

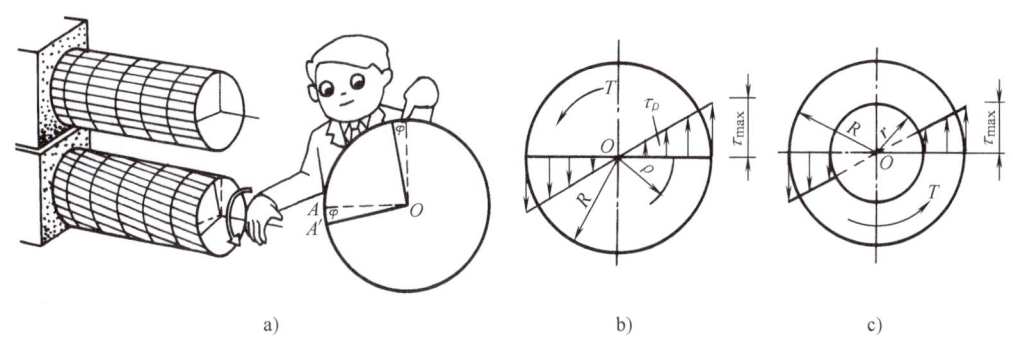

图 3-29 圆轴扭转时的应变和应力

据此，可以画出实心圆轴和圆管扭转时横截面上各点切应力的分布情况，分别如图 3-29b、c 所示。图中所画切应力的方向都与半径垂直，因为这正是该点材料发生相对错动的方向。

2. 圆轴扭转时横截面上任一点的切应力

由于整个横截面上切应力的合力就是圆轴扭转的内力——扭矩 T，因此扭矩 T 的大小和方向由各点的切应力 τ_ρ 集合而成；反之，每一点的切应力值 τ_ρ 则可由扭矩值 T 推定。

由圆轴横截面上的扭矩值 T 计算各点切应力的公式如下（推导过程从略）：

$$\tau_\rho = \frac{T\rho}{I_\rho} \tag{3-15}$$

式中，τ_ρ 为横截面上离圆心距离为 ρ 的点的切应力值；T 为该横截面上的扭矩值；I_ρ 称为横截面对圆心的极惯性矩。

极惯性矩 I_ρ 是一个与截面的尺寸和形状有关的几何量，表征截面的抗扭能力。I_ρ 的单位是 m^4、cm^4 或 mm^4。圆截面的极惯性矩 I_ρ 取决于其直径，圆管截面的极惯性矩 I_ρ 取决于其内径与外径。

3. 圆轴扭转时的最大切应力 τ_{max}

式（3-15）表明，圆轴扭转时横截面上某点的应力值与该点到圆心的距离 ρ 成正比。若圆轴半径为 R，则在圆轴的表面即 $\rho = R$ 处，切应力最大。若以 τ_{max} 表示最大切应力，则

$$\tau_{max} = \frac{TR}{I_\rho}$$

上式中的 I_ρ 和 R 都是取决于截面几何尺寸的量，为应用方便，把两者合成为一个量，令

$$W_n = \frac{I_\rho}{R} \tag{3-16}$$

式中，W_n 称为抗扭截面模量（又称抗扭截面系数），也是一个与截面的尺寸和形状有关的几何量，直接表征截面的抗扭强度。W_n 的单位是 m^3、cm^3 或 mm^3。圆截面的抗扭截面模

量 W_n 取决于其直径，圆管截面的抗扭截面模量 W_n 取决于其内径与外径。

至此，得到圆轴扭转时横截面上的最大切应力如下：

$$\tau_{max} = \frac{T}{W_n} \tag{3-17}$$

式（3-15）和式（3-17）只适用于实心圆轴和空心圆轴（圆管）在弹性变形范围内扭转应力的计算。产品或结构也有其他截面形状杆件受扭的情况，例如建筑中的钢筋混凝土框架边梁（图 3-30a）、雨篷梁（图 3-30b）等，都同时产生弯曲变形和扭转变形，由于它们的截面是非圆形的，对它们的扭转分析，式（3-15）、式（3-17）等不适用。

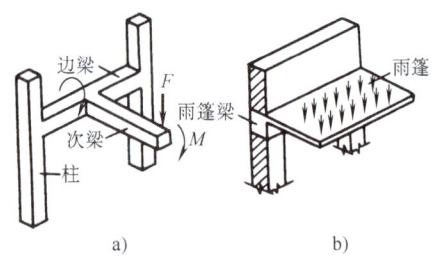

图 3-30 非圆截面杆件的扭转

4. 实心、空心圆截面的极惯性矩 I_ρ 和抗扭截面模量 W_n

I_ρ 和 W_n 是扭转强度、刚度计算中两个重要的量。圆截面和空心圆截面（圆环）的极惯性矩 I_ρ 和抗扭截面模量 W_n 的算式如下：

（1）直径为 D 的圆截面

极惯性矩
$$I_\rho = \frac{\pi D^4}{32} \approx 0.1 D^4 \tag{3-18}$$

抗扭截面模量
$$W_n = \frac{\pi D^3}{16} \approx 0.2 D^3 \tag{3-19}$$

（2）外径为 D、内径为 d 的圆环形截面

极惯性矩
$$I_\rho = \frac{\pi(D^4 - d^4)}{32} = \frac{\pi D^4(1-\alpha^4)}{32} \approx 0.1 D^4 (1-\alpha^4) \tag{3-20}$$

抗扭截面模量
$$W_n = \frac{\pi D^3(1-\alpha^4)}{16} \approx 0.2 D^3 (1-\alpha^4) \tag{3-21}$$

式中，α 为圆环截面内径与外径的比值，$\alpha = d/D$。

四、圆轴的抗扭强度计算

圆轴的抗扭强度条件是：轴的危险截面（即产生最大扭转切应力的截面）上的最大切应力 τ_{max} 不超过材料的许用切应力 $[\tau]$，即

$$\tau_{max} = \frac{T}{W_n} \leqslant [\tau] \tag{3-22}$$

式中，T 为危险截面上的扭矩值；W_n 为危险截面的抗扭截面模量。

许用切应力值 $[\tau]$ 由材料试验数据并考虑安全系数后加以确定。有关设计手册中载有 $[\tau]$ 的参考数据。在静载作用下，$[\tau]$ 与材料的拉伸许用应力有如下关系可供参考：

塑性材料　　　　$[\tau] = (0.5 \sim 0.6)[\sigma]$

脆性材料　　　　$[\tau] = (0.8 \sim 1.0)[\sigma]$

圆轴的抗扭强度计算，除了根据式（3-22）进行强度校核以外，较常见的问题是：已知外载荷条件和选定材料的许用切应力 $[\tau]$，要求设计圆轴的直径 D，或圆管的外径 D 和内径 d。

将式（3-19）代入式（3-22）得到设计受扭实心圆轴直径 D 的公式

$$D \geqslant \sqrt[3]{\frac{T}{0.2[\tau]}} \tag{3-23}$$

将式（3-20）代入式（3-22）得到设计受扭空心圆轴外径 D 的公式（设圆管内、外

径之比 $\alpha = d/D$ 为已经确定）

$$D \geqslant \sqrt[3]{\frac{T}{0.2(1-\alpha^4)[\tau]}} \qquad (3\text{-}24)$$

例 3-10 某载货汽车转向盘的直径 $D = 520\text{mm}$，预设驾驶员每只手加在转向盘上的最大切向力 $F = 40\text{N}$，如图 3-31 所示。转向盘下的转向轴为空心圆管，外径 32mm，内径 24mm，试求转向轴内的最大切应力 $\tau_{\max}$。

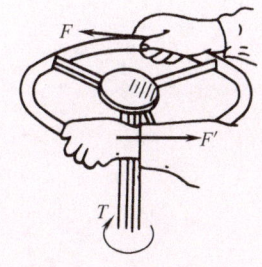

图 3-31 例 3-10 图

解 先求作用于转向轴的外力偶矩 M。在本问题中，转向轴横截面上的扭矩 T 就等于外力偶矩 M，即

$$T = M = FD = 40\text{N} \times 0.52\text{m} = 20.8\text{N} \cdot \text{m}$$

再求转向轴横截面的抗扭截面模量 W_n。此为空心圆管，由式（3-21）得

$$W_n = 0.2 \times 32^3 \times 10^{-9} \times \left[1 - \left(\frac{24}{32}\right)^4\right] \text{m}^3 = 4.48 \times 10^{-6} \text{m}^3$$

最后求转向轴内的最大扭转切应力 $\tau_{\max}$。由式（3-17）得

$$\tau_{\max} = \frac{T}{W_n} = \frac{20.8}{4.48 \times 10^{-6}} \frac{\text{N}}{\text{m}^2} = 4.64 \times 10^6 \frac{\text{N}}{\text{m}^2} = 4.64\text{MPa}$$

例 3-11 传动轴转速 $n = 500\text{r/min}$，主动轮 Ⅰ 的输入功率 $P_Ⅰ = 3\text{kW}$，从动轮 Ⅱ、Ⅲ 的输出功率分别为 $P_Ⅱ = 2\text{kW}$，$P_Ⅲ = 1\text{kW}$，如图 3-32 所示。已知轴的材料 $[\tau] = 30\text{MPa}$，此轴为等截面圆轴，试确定轴的直径 D。

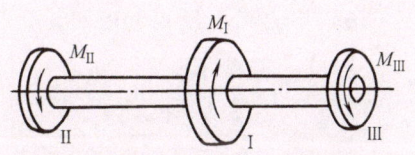

图 3-32 例 3-11 图

解 1) 求危险截面上的扭矩 T。因 $P_Ⅱ > P_Ⅲ$，从动轮Ⅱ输出的功率大于从动轮Ⅲ输出的功率，所以作用于从动轮Ⅱ的转矩 $M_Ⅱ$ 也大于从动轮Ⅲ的转矩 $M_Ⅲ$。又因"轴上任一横截面上的扭矩等于它的一侧各外力偶矩的代数和"，可知此轴Ⅱ—Ⅰ段内的扭矩 $T = M_Ⅱ$，大于Ⅰ—Ⅲ段内的扭矩。可见Ⅱ—Ⅰ段轴上的横截面是危险截面，其扭矩值 T 为

$$T = M_Ⅱ = 9550\frac{P_Ⅱ}{n} = 9550 \times \frac{2}{500}\text{N} \cdot \text{m} = 38.2\text{N} \cdot \text{m}$$

2) 根据强度条件确定受扭圆轴的直径 D。由式（3-23）得

$$D \geqslant \sqrt[3]{\frac{T}{0.2[\tau]}} = \sqrt[3]{\frac{38.2}{0.2 \times 30 \times 10^6}}\text{m} = 1.85 \times 10^{-2}\text{m} = 18.5\text{mm}$$

例 3-12 汽车的传动轴 AB 由 45 钢无缝钢管制成，外径 $D = 90\text{mm}$，壁厚 $t = 2.5\text{mm}$，如图 3-33a、b 所示。该轴传递的最大转矩 $M = 1.5\text{kN} \cdot \text{m}$，材料的许用切应力 $[\tau] = 60\text{MPa}$。

1) 校核该传动轴的抗扭强度。

2) 若改用相同材料的实心圆轴，要求和原钢管传动轴有同等的抗扭强度，计算其直径 D_s。

3) 比较空心轴和实心轴的重量。

解 1）校核传动轴的抗扭强度。由图 3-33b所示受力情况可以看出，传动轴内横截面上的最大扭矩 T 就等于它传递的最大转矩 M，即

$$T = M = 1.5\text{kN}\cdot\text{m}$$

该轴内、外径之比

$$\alpha = \frac{d}{D} = \frac{D-2t}{D} = \frac{90-(2\times 2.5)}{90} = 0.944$$

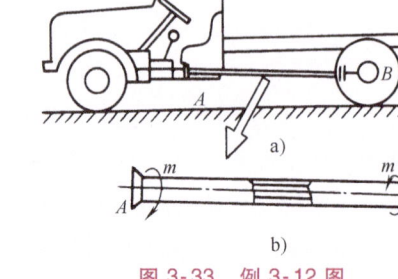

图 3-33 例 3-12 图

由式（3-17）和式（3-21）得

$$\tau_{\max} = \frac{T}{W_n} = \frac{T}{0.2D^3(1-\alpha^4)} = \frac{1.5\times 10^3}{0.2\times 90^3\times 10^{-9}(1-0.944^4)}\text{Pa}$$

$$= 50.3\times 10^6\text{Pa} = 50.3\text{MPa}$$

对比结果：$\tau_{\max} < [\tau]$，可见传动轴 AB 能满足抗扭强度要求。

2）计算具有同等抗扭强度的实心圆轴直径 D_S。这是要求实心圆轴横截面的抗扭截面模量 W_{nS} 和原圆管截面的抗扭截面模量 M_n 相等，即 $W_{nS} = M_n$，由式（3-19）和式（3-21）应该有

$$0.2D_S^3 = 0.2D^3(1-\alpha^4)$$

即

$$D_S = D\sqrt[3]{(1-\alpha^4)} = 90\text{mm}\times\sqrt[3]{(1-0.944^4)} = 53\text{mm}$$

3）空心轴重量 G 和实心轴重量 G_S 的对比。

两轴的材料和长度相同，两者重量之比等于它们的横截面面积之比，即

$$\frac{G}{G_S} = \frac{[\pi D^2(1-\alpha^2)]/4}{(\pi D_S^2)/4} = \frac{90^2\times(1-0.944^2)}{53^2} = 0.31 = 31\%$$

五、空心传动轴的合理性

在例 3-12 的具体实例中，采用空心圆管，其重量只有实心圆轴的 31%，却具有同等的抗扭强度，说明采用空心管传动轴能有效节省材料，减轻自重，因此汽车、钻机等产品中的传动轴一般都采用空心轴。空心轴受扭在力学上的合理性，可以从扭转切应力在横截面上的分布图中得到说明。因为扭转切应力沿截面半径是呈"线性分布"的，当轴的外缘处的最大切应力达到许用值 $[\tau]$ 时，轴心附近的切应力仍然非常小，如图 3-34a 所示。这说明轴心附近的材料远没有发挥其应有的性能。若将实心圆棒轴心附近的材料转移到离轴心较远的部位去，变成空心圆管，则所有的材料都接近得到了充分的利用，如图 3-34b 所示，这就是圆管扭转在力学上

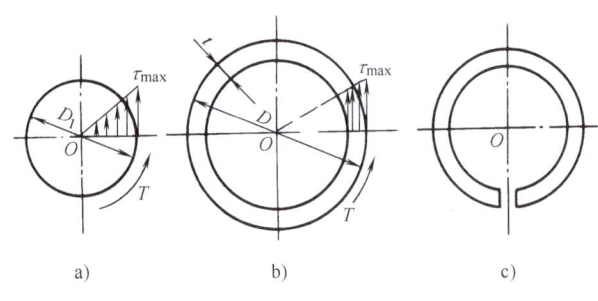

图 3-34 空心圆轴受扭的合理性

的合理性所在。但圆管的壁厚也不能过薄，那样会发生另一类问题：受扭时产生皱折（即失去稳定性，简称失稳）。另外，只有截面闭合的圆管才有较高的抗扭强度，开口圆管（图 3-34c）的抗扭能力是很低的。焊接的钢管，如果焊缝的质量不能保证，相当于作为圆管其截面未能充分闭合，也会大大降低它的抗扭强度。

第七节　梁的抗弯强度（一）

一、弯曲的概念与梁的基本形式

1. 弯曲的实例和概念

单杠的横杆在运动员的动力作用下，会明显地由一根直杆变成曲杆（图 3-35a）。厂房里的吊车梁（图 3-35b）、民宅中支托阳台的挑梁（图 3-35c），受力的形式与单杠的横杆类似，只是变形不那么明显而已。

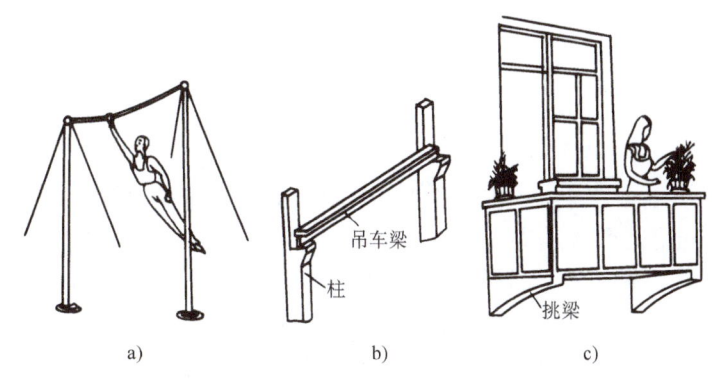

图 3-35　弯曲的实例

上述几个实例中，构件的共同受力特点是：在通过杆的轴线的一个平面内，受到垂直于轴线的外力（称为横向力）或力偶的作用，使杆件的轴线由直线变成曲线（或原曲线的曲率发生变化），这种变形形式称为弯曲。只发生弯曲变形（或以弯曲变形为主）的构件称为梁。

产品与机械中的梁，其横截面往往具有对称轴，如图 3-36a 所示。对称轴 y 与梁的轴线 x 构成纵向对称平面，如图 3-36b 所示。如果作用在梁上的外力和力偶都在纵向对称面之内，如图 3-36b 所示，则变形后梁的轴线将是该平面内的一条曲线。这种弯曲变形形式称为平面弯曲。本教材主要讲述平面弯曲问题，这是弯曲变形中基本的也是简单和常见的形式。

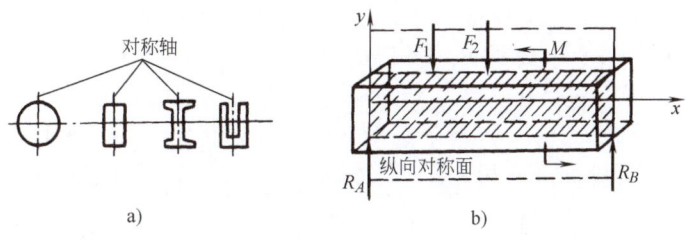

图 3-36　平面弯曲的概念

2. 梁的基本形式

梁的支座形式和结构实际上是多种多样的。为便于分析研究，根据实际约束的主要力学特性，将它们归纳为以下三种基本类型。

（1）简支梁　梁的两端均有约束，一端可简化为固定铰支座，另一端可简化为活动铰支座的梁称为简支梁。图 3-35a 中的单杠横杆、图 3-35b 所示厂房里的纵向吊车梁、图

3-37a所示趣味秋千架横杆等都可看成简支梁。

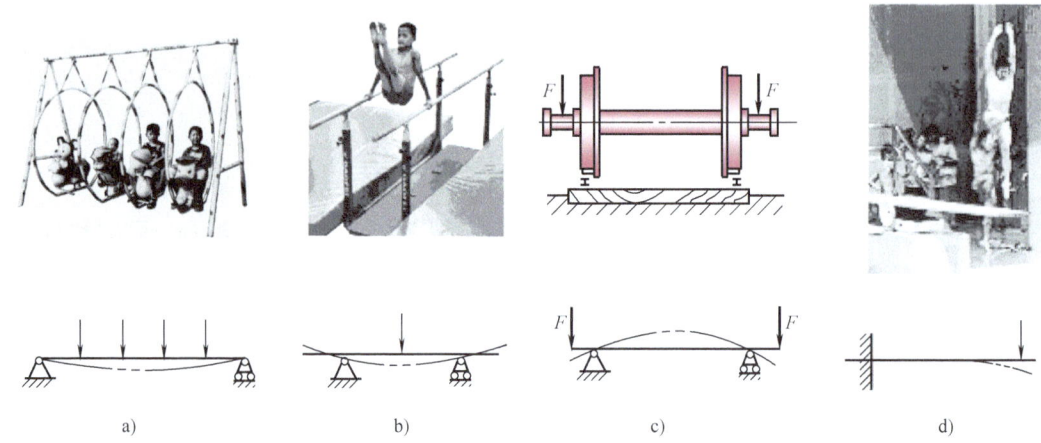

图 3-37 梁的基本形式及其实例

（2）**外伸梁** 若简支梁有一端或两端伸出支座之外，则为外伸梁。图 3-37b 所示体操运动中的双杠可看作外伸梁。图 3-37c 所示的火车轮轴也可看成是外伸梁。

（3）**悬臂梁** 一端为固定端、另一端自由的梁称为悬臂梁。图 3-35c 所示建筑中的挑梁可简化为悬臂梁，图 3-37d 所示跳水馆里的跳板也可看成悬臂梁。

为了分析研究的简便，常以梁的一条轴线来代表梁，以简化了的支座图标代表实际支承结构，再画上载荷，所得的示意图形称为**梁的计算简图**。梁的支座之间的距离称为**跨度**。图 3-37a、b、c、d 中，每个结构示意图下，都有一个对应的计算简图。

二、梁的弯曲内力

前面已经分析过三种基本变形的强度问题，分别是轴向拉压、剪切与挤压、圆轴扭转。分析均依照以下三个相同的步骤进行：

第一步，由构件所受的外力（载荷及约束反力）求算构件中的内力。

第二步，由危险截面上的内力计算构件内的最大应力。

第三步，依据最大应力是否小于许用应力，做出强度问题的分析判断。

弯曲变形的强度问题同样依循上述分析步骤，因此首先讲述弯曲变形时构件的内力。

1. 弯曲内力——剪力 Q 和弯矩 M

以图 3-38a 所示的简支梁为例，用截面法来分析梁横截面上的弯曲内力。

该梁在 C 处作用着集中载荷 F，因此在两端的支座 A、B 处应分别有支座反力 R_A 和 R_B，如图 3-38b 所示。现任取一个与左端 A 点距离为 x 的截面 1—1 进行研究：假想沿截面 1—1 将梁截开，取其左段为研究对象，从该段的平衡条件来分析横截面上的内力，如图3-38c所示。因研究对象在 A 处受有一个向上的力 R_A，此力有使研究对象向上移动的趋势，由平衡条件可知，横截面 1—1 上必作用着一个与 R_A 大小相等、方向相反的力，图中以 Q 表示这个力。又由于 R_A 和 Q 这一对力组成一个力偶，有使研究对象顺时针转动的趋势，从平衡条件可知，横截面 1—1 上又必作用着一个力偶，该力偶与力偶（R_A，Q）的力偶矩相等，而转向相反；图中以 M 表示这个力偶。力 Q 和力偶 M 都是假想截开后弃去的右边那段梁对于留下段（研究对象）的作用，因此就是梁弯曲时横截面上的内力。力 Q 的作用线与截面相切，称为**剪力**。力偶 M 使梁的轴线曲率发生变化，称为**弯矩**。通过这个例子，可以得到结论：**梁的弯曲内力有与横截面相切的剪力 Q 和使梁的轴线曲率发生改变的弯矩 M**。

若取梁的右段为研究对象，如图 3-38d 所示，经同样分析，可知横截面上存在剪力 Q' 和弯矩 M'。它们是截开后的左段对右段的作用，因此，Q 与 Q'，M 与 M' 都互为作用与反作用，有大小相等、方向相反的关系。

2. 剪力 Q 和弯矩 M 的计算

前面已经学习过三种基本变形形式的强度计算方法，分别是轴向拉压、剪切与挤压、圆轴扭转。三种基本变形的强度条件是类似的，都要求构件内相应的最大应力小于材料的许用应力。强度条件分别是：

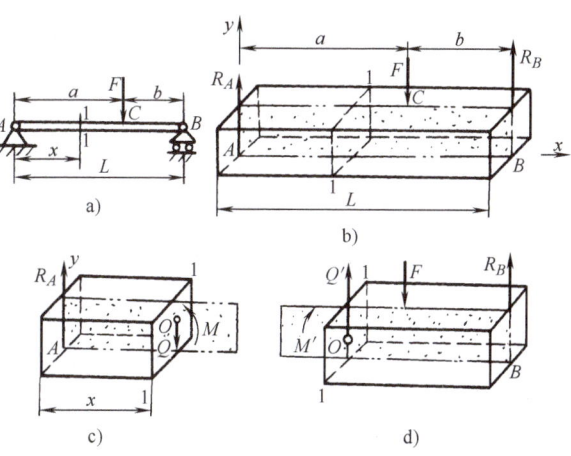

图 3-38 梁的弯曲内力——剪力 Q 和弯矩 M

轴向拉压： $\sigma = \dfrac{N}{A} \leqslant [\sigma]$

剪切与挤压： $\tau = \dfrac{Q}{A} \leqslant [\tau]$， $\sigma_{jy} = \dfrac{F_{jy}}{A_{jy}} \leqslant [\sigma_{jy}]$

圆轴扭转： $\tau_{max} = \dfrac{T}{W_n} \leqslant [\tau]$

可见，为了进行强度计算，都要先计算出该变形形式下构件里的内力，分别是轴力 N（轴向拉压）、剪切力 Q（剪切）与挤压力 F_{jy}（挤压）、扭矩 T（圆轴扭转）。

与此类似，进行弯曲强度计算也必须先计算出弯曲变形下构件横截面上的内力。因此，下面介绍弯曲内力（剪力与弯矩）的计算方法。

以图 3-38 所示的简支梁为引例。

先用平衡方程求出支座反力 R_A 和 R_B $R_A = bF/L$， $R_B = aF/L$

再取图 3-38c 中左段梁为研究对象，取横截面的形心 C 为矩心，列平衡方程，计算弯曲内力剪力 Q 和弯矩 M，由

$$\sum F_y = 0, \qquad R_A - Q = 0$$

得到 $$Q = R_A = \dfrac{bF}{L} \qquad (1)$$

由 $$\sum M_C(F) = 0, \quad M - R_A x = 0$$

得到 $$M = R_A x = \left(\dfrac{bF}{L}\right) x \qquad (2)$$

若取图 3-38d 中右段梁为研究对象，同样可求得剪力 Q' 和弯矩 M' 如下（读者试自行推导）

$$Q' = \dfrac{bF}{L} \qquad (3)$$

$$M' = \left(\dfrac{bF}{L}\right) x \qquad (4)$$

本引例说明，计算弯曲内力剪力与弯矩的一般步骤是：第一步，先根据梁的外载荷求出支座反力；第二步，用截面法，根据外载荷和支座反力，利用平衡方程求出剪力和弯矩。

从本引例的计算结果式 (1) ~ 式 (4) 可以看出：横截面上的剪力，在数值上等于其左段或右段梁上所有外力的代数和；横截面上的弯矩，在数值上等于其左段或右段梁上所有外力对该截面形心的力矩的代数和。

3. 剪力与弯矩的正负规定

在上面的引例中，取左段或取右段为研究对象，所计算的 Q 和 Q'，M 和 M' 互为作用

和反作用,因此,得到数值相同的结果。为了让同一截面上弯曲内力的正负号也相同,对剪力和弯矩的正负做出如下规定:

1) 截面上的剪力使所取研究对象(的分离体)有顺时针方向转动趋势者,为正;反之为负(参看图3-39a)。

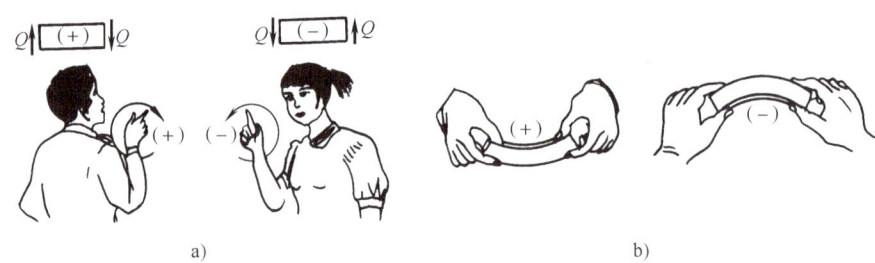

图3-39 剪力与弯矩的正负规定

2) 截面上的弯矩使所取研究对象(的分离体)产生向下凸的变形者(像菜盘子盛着菜的状态),为正;反之向上凸的变形者(像洗完的菜盘子倒放着空水的状态),为负(参看图3-39b)。

【关于弯曲内力正负号的两点说明】

1) 由于对钢材、塑料等常用塑性材料的梁来说,弯矩是正还是负在物理上并无区别。弯矩对这类梁的强度的影响,仅取决于弯矩的绝对值。因此,强度计算中所说的"梁内最大弯矩",对于塑性材料梁来说,按约定俗成的理解,是指绝对值最大的弯矩,即 $|M|_{max}$。

但脆性材料的抗拉、压强度不同,弯矩是正是负,对梁强度的影响可能不同。

2) 当梁受几种外载荷时,用"叠加法"计算梁内弯矩是较为简便的,即先分别计算出各单一载荷所产生的弯矩,然后求其代数和。由于是求代数和,同号的弯矩应进行累加,异号的弯矩则互相消减。之所以制定弯矩的正负号规则,从实用说主要因为需要求代数和。

4. 弯矩图

一般情况下,梁内剪力和弯矩的数值随横截面所在位置而变化,即 Q 和 M 是它们所在的横截面位置的函数。在上面的引例中,与梁左端 A 点距离为 x 的截面上的内力 Q 和 M,就是 x 的函数。引例的计算结果 "$M=(bF/L)x$",正说明了这一点。

通常就以截面离梁的某一端的距离 x 来表示截面的位置,于是剪力 Q 和弯矩 M 都是 x 的函数:$Q=Q(x)$,称为剪力方程;$M=M(x)$,则称为弯矩方程。

为了能直观地表示梁各个截面上的剪力值 Q 和弯矩值 M,可分别以剪力值 Q 和弯矩值 M 为纵坐标,把剪力方程 $Q=Q(x)$ 和弯矩方程 $M=M(x)$ 用图像沿梁的轴线(横坐标)表示出来,这样的图像分别称为剪力图、弯矩图。因为实际上只有在梁的跨度很小的情况下,剪力才对梁的强度和刚度产生较明显影响,而绝大多数的梁,弯矩是其强度、刚度的决定因素。因此下面主要讲述弯矩的分析计算。

例3-13 悬臂梁 AB 长 L,在自由端 A 受集中力 F 作用,如图3-40a所示。

1) 求梁上任意截面的剪力和弯矩,画弯矩图。
2) 求梁内的最大弯矩。

解 1) 求任意截面上的剪力、弯矩,画弯矩图。建立坐标系 yAx,画出悬臂梁 AB 的计算简图(图3-40b)。假想在距离 A 端为 x 的任意截面1—1处将梁截开,留下左段为研究对象。在本题中,由于左端没有支座,所以能省略求支座反力这一步骤,直接画出受力图,如图3-40c所示。列平衡方程,求剪力 Q 和弯矩 M(列力矩平衡方程时,以所论横截面的形心 C 为矩心。以下例题均如此，不再重复说明。）

$$\sum F_y = 0, \quad Q - F = 0$$

得到任意截面上的剪力 $Q = F$

$$\sum M_C(\boldsymbol{F}) = 0, \quad M + Fx = 0$$

得到任意截面上的弯矩 $M = -Fx \qquad (1)$

式（1）就是 AB 梁的弯矩方程。根据式（1）画出弯矩图，如图 3-40d 所示：弯矩 M 与 x 成正比，因此弯矩图沿 x 轴是一条斜直线；整段梁为"向上凸"的变形，故弯矩为负值。

2）求梁内的最大弯矩 $|M|_{max}$。式（1）表明，横截面上的弯矩（绝对）值与距梁端 A 点的距离 x 成正比，可见，在 $x = L$，即梁的固定端 B 处，有最大弯矩值

$$|M|_{max} = |-FL| = FL$$

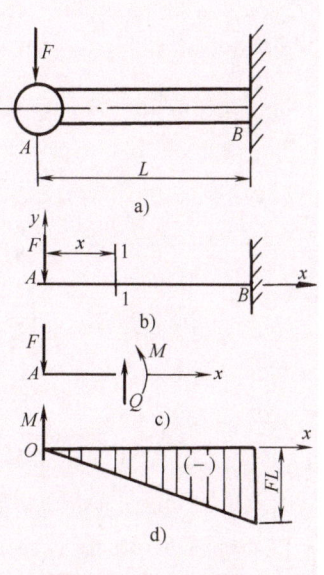

图 3-40　例 3-13 图

【关于绘制弯矩图的两点说明】

1）按通行习惯，弯矩图与梁的结构简图对齐，置于结构简图的下方，如图 3-40d 所示。

2）应在弯矩图上标出：①最大弯矩值；②弯矩图转折处的弯矩值；③最大弯矩值及弯矩图转折处所在截面的位置。例如本题的最大弯矩发生在固定端 B，就在此点标出最大弯矩值，如图 3-40d 所示。

例 3-14　鼓轮轴 AB 如图 3-41a 所示。鼓轮吊物的重力 F 作用于鼓轮轴 AB。鼓轮轴可简化为图 3-41b 所示的简支梁 AB。试画梁 AB 的弯矩图。

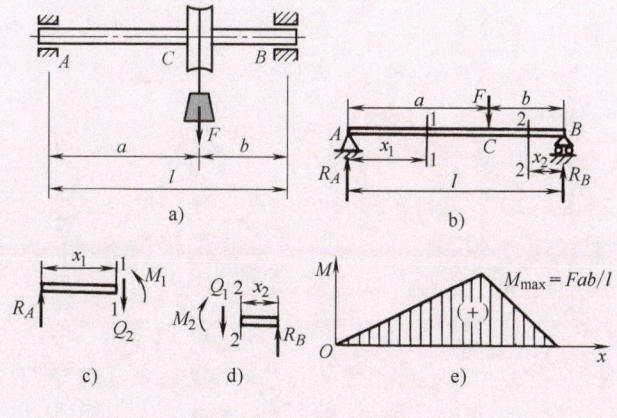

图 3-41　例 3-14 图

解　1）计算梁的支座反力。A、B 两端的支座反力分别为（读者可自行推求）

$$R_A = bF/l, \quad R_B = aF/l$$

2）列弯矩方程。由于集中力 F 作用于 C 点，梁在 AC 和 CB 两段内的弯矩方程有不同的表达式，需分段列出。

① AC 段：以梁左端 A 为坐标原点，在 AC 段内，在距 A 为 x_1 的任意截面 1—1 处假想截开。1—1 截面上有剪力和弯矩，画出受力图，如图 3-41c 所示。以该截面的形心为矩心，由平衡方程可得到弯矩方程

$$M_1 = R_A x_1 = \left(\frac{bF}{l}\right) x_1 \qquad (0 \leqslant x_1 \leqslant a) \qquad (1)$$

② CB 段：再以梁右端 B 为坐标原点，在 CB 段内，在距 B 为 x_2 的任意截面 2—2 处假想截开，2—2 截面上有剪力和弯矩，画出受力图，如图 3-41d 所示。以该截面矩心为形心，由平衡方程可得到弯矩方程

$$M_2 = R_B x_2 = \left(\frac{aF}{l}\right) x_2 \qquad (0 \leqslant x_2 \leqslant b) \qquad (2)$$

3）画弯矩图。由式（1）和式（2）可知，在 AC 和 CB 段内，弯矩分别是 x_1 和 x_2 的一次方程，其图形都是一条斜直线，对于每一条斜直线，只要确定两个点就可画出。

① AC 段的弯矩图斜线：$x_1 = 0$（A 截面），$M_1 = 0$；$x_1 = a$（C 截面），$M_1 = abF/l$

在"弯矩-截面位置"坐标系里，将这两个弯矩值点连成斜直线，就得到梁在 AC 段的弯矩图，如图 3-41e 所示。

② CB 段的弯矩图斜线：$x_2 = 0$（B 截面），$M_2 = 0$；$x_2 = b$（C 截面），$M_2 = abF/l$

在"弯矩-截面位置"坐标系里，将这两个弯矩值点连成斜直线，又得到梁在 CB 段的弯矩图，如图 3-41e 所示。

画出全梁的弯矩图，如图 3-41e 所示，并在图上 C 截面处标明最大的弯矩值 $M_{max} = abF/l$。

> 从例 3-13 和例 3-14 的弯矩图可以看出：
> 1）某一段梁上没有载荷作用，则该段梁的弯矩图是一条直线。
> 2）集中力作用之处（如例 3-14 中的 C 点），弯矩图发生转折，且最大弯矩常发生在有集中力作用的某一截面上。

例 3-15 火车轮轴可简化为两端作用着等值力 F 的外伸梁，如图 3-42a 所示。此外伸梁的有关尺寸 a、l 已标注在图上。试画出火车轮轴的弯矩图。

解 1）画计算简图。火车轮轴可简化为外伸梁，计算简图如图 3-42b 所示。以前说过，画受力图时要把研究对象上的约束"解除"掉，代之以相应的约束反力。但在图 3-42b 上，还保留着 A 点的固定铰支座、B 点的活动铰支座，直接将两处的支座反力 $\boldsymbol{R}_A$、$\boldsymbol{R}_B$ 画在上面，这是画梁计算简图约定俗成的习惯。

2）求出支座反力（很简单，读者应能看一看直接写出结果），$R_A = R_B = F$。

3）画弯矩图。此梁在 CA、AB、BD 三段中都没有载荷作用，可知这三段的弯矩图分别是三条直线。又 A、B 两点有集中力，可知弯矩图的直线在这两点发生转折。根据上述判断，只要算出几个特征截面的弯矩值，就能画出此梁的弯矩图，可免除像例 3-14 那样分段列出弯矩方程。本题选择 C、A、B、D 四个特征截面，计算出这四个截面上的弯矩值，就能画出全梁的弯矩图了。

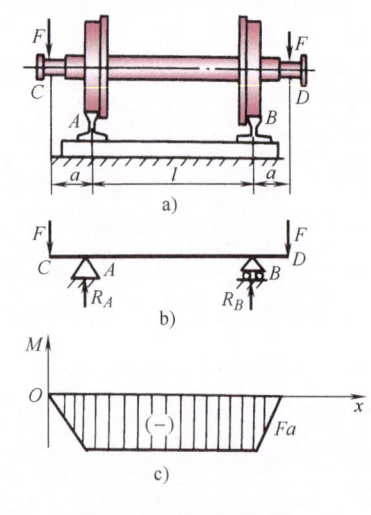

图 3-42 例 3-15 图

C 截面：　　　　　$x=0$, 　　　　　　$M_C=0$
A 截面：　　　　　$x=a$, 　　　　　　$M_A=-Fa$
B 截面：　　　　　$x=a+l$, 　　　　　$M_B=-F(a+l)+R_A l=-Fa$
D 截面：　　　　　$x=2a+l$, 　　　　$M_D=0$

在"弯矩-截面位置"坐标系里，按比例作出这四个截面的弯矩值点，连成折线，即此外伸梁的弯矩图如图3-42c所示。

下面两个例题，作弯矩图的方法和前面三个例题是相同的，留给读者自行练习。仅就梁上载荷与弯矩图之间的关系，加以介绍说明。

例 3-16 简支梁上离 A 端距离为 a 的 C 点作用着集中力偶 M，如图 3-43a 所示。
1）画弯矩图；2）分析梁上载荷与弯矩图之间的关系。

说明 1）弯矩图如图3-43b所示。梁内最大弯矩出现在集中力偶 M 作用处的 C 截面。最大弯矩为：$M_{\max}=Ma/l$（假设两段梁的跨度对比为 $a>b$）。要求读者自行练习画出此图。

2）梁上载荷与弯矩图的关系

① AC 段和 CB 段上没有载荷，因此这两段梁的弯矩图是直线，仍符合前述分析结论。

② 集中力偶 M 作用处弯矩值有突变，变化量就等于此处作用的集中力偶值 M。

本例中，从 C 点左侧到它的右侧，弯矩值从（$+aM/l$）变到了（$-bM/l$），变化量为（$+aM/l$）－（$-bM/l$）＝ $(a+b)M/l=M$，等于作用在该点的集中力偶值。

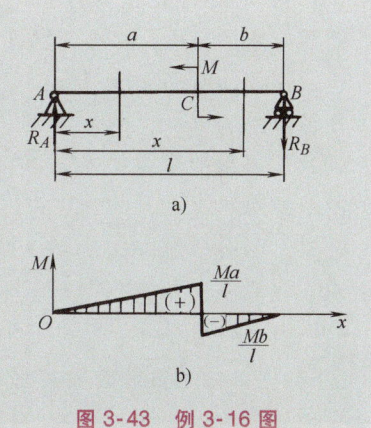

图 3-43　例 3-16 图

注意，"集中力的作用点弯矩图有转折"和"集中力偶的作用点弯矩值有突变"，两者是不同的。前者为"转折"，弯矩图线在此"拐了弯"；后者为"突变"，弯矩由一个数值直接"跳"到了另一个数值去。

例 3-17 简支梁上作用着集度为 q 的均布载荷，梁的跨度为 l，如图3-44a所示。
1）画弯矩图；2）分析梁上载荷与弯矩图之间的关系。

说明 1）弯矩图如图3-44b所示。梁内最大弯矩出现在梁跨度的正中截面上，最大弯矩为：$M_{\max}=ql^2/8$。要求读者自行练习画出此图。

2）梁上载荷与弯矩图的关系

① 梁上某段有均布载荷，该段梁的弯矩图为二次抛物线，有了特征截面的弯矩值，即可把此抛物线的形状大致画出。

② 此梁的结构和载荷情况对于正中截面对称，因此弯矩图也对于正中截面对称。

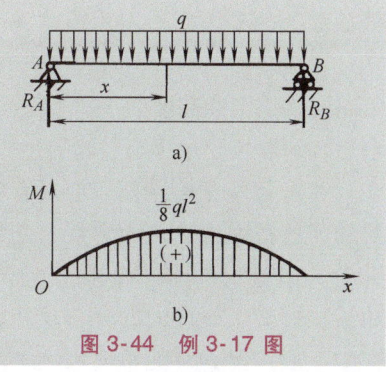

图 3-44　例 3-17 图

5. 用叠加法画复杂载荷下梁的弯矩图

上面几个例题中，载荷都比较简单、单一。假若载荷比较复杂，画弯矩图及计算梁内的最大弯矩可能比较麻烦。但所谓复杂载荷，往往是几种常见载荷的同时作用。只要梁内的最大应力不超过材料的比例极限，就可以用叠加法画出复杂载荷下的弯矩图。所谓"叠加法"，是把构成该复杂载荷的各个简单载荷的弯矩图分别画出，然后叠加起来，得到该复杂载荷的弯矩图。而各种典型单一载荷的弯矩图，是可以在设计手册中直接查到的，并不需要自己分析计算。这样，用"查表然后叠加"即可解决问题，在实用中是很方便的。

例 3-18 简支梁 AB 的尺寸及载荷如图 3-45a 所示，画 AB 梁的弯矩图。

解 本题是简支梁承受两种典型简单载荷的组合作用，因此用叠加法求解很方便。该简支梁承受的两种简单载荷分别是：①简支梁受一集中力作用，其弯矩图已在例 3-14 中画出，如图 3-41e 所示；②简支梁全跨度上受均布载荷作用，其弯矩图已在例 3-17 中画出，如图 3-44b 所示。因此，（条件是梁内最大应力不超过材料的比例极限，）两种载荷作用下的弯矩图可直接由上面两种单一载荷的弯矩图叠加而成。

图 3-45b、c 是两种单一载荷的弯矩图，图 3-45d 由两者叠加而成，即本问题所求的弯矩图。

在叠加所得弯矩图中，最大弯矩出现的截面，必定是各组成的单一载荷弯矩图上最大弯矩所在截面之一。例如本问题中，均布载荷弯矩图的最大弯矩在梁跨度的正中截面；集中力弯矩图的最大弯矩在集中力作用的 C 截面。那么叠加以后的最大弯矩，或者在梁的正中截面，或者在 C 截面，只要计算对比这两个截面的弯矩值，组合载荷最大弯矩的所在截面和弯矩值也就确定了（本题中，两个可能的最大弯矩值中到底哪个更大，建议读者自行练习算出）。

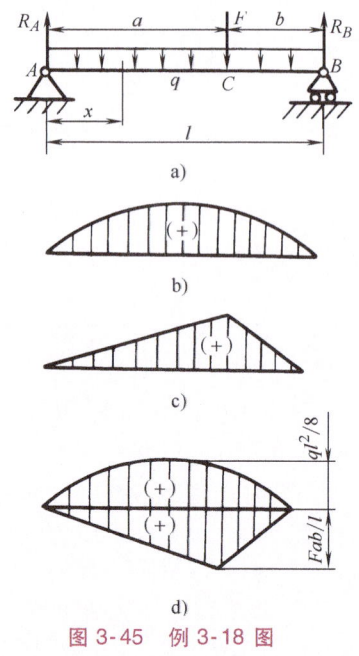

图 3-45 例 3-18 图

第八节 梁的抗弯强度（二）

一、梁的弯曲应力

知道了梁的弯曲内力以后，还需研究横截面上的应力及其分布规律，进而由内力确定横截面上的最大应力，才能建立梁的强度条件，进行强度计算。

梁横截面上的内力通常既有弯矩又有剪力，但是，除了梁的跨度很小（例如，梁的跨度不超过其横截面高度的 3~5 倍）的少见情况之外，一般地，梁的强度主要取决于横截面上的弯矩，即取决于由弯矩引起的正应力。因此下面着重讨论由弯曲正应力决定的强度问题。

如果某段梁的横截面上只有弯矩没有剪力，则这段梁的受力状态称为<u>纯弯曲</u>。纯弯曲梁的所有截面上弯矩为常量。例如例 3-15 中的火车轮轴，从图 3-42c 所示的弯矩图可知，其中 AB 这段梁所有横截面上的弯矩为常量，因此其受力状态就是纯弯曲。下面讨论纯弯曲梁横截面上正应力的分布规律，所得到的弯曲正应力计算公式，对于横截面上有剪力存在的一般情况，也能够适用。

1. 纯弯曲横截面上的应力及其分布

与分析等直杆拉压、圆轴扭转横截面上的应力一样，对于弯曲，也从观察研究其变形出发，先得出横截面上应变的分布规律，于是根据胡克定律，横截面上应力分布规律的问题也就迎刃而解了。

取一矩形截面的直梁，在它的侧面画上纵向线 aa、bb 和横向线 nn、qq，如图 3-46a

所示。然后在梁的纵向对称面内施加一对等值、反向的力偶 M，使梁产生如图 3-46b 所示的纯弯曲变形。从变形后的纵向线 $a'a'$、$b'b'$ 和横向线 $n'n'$、$q'q'$ 可以看出：

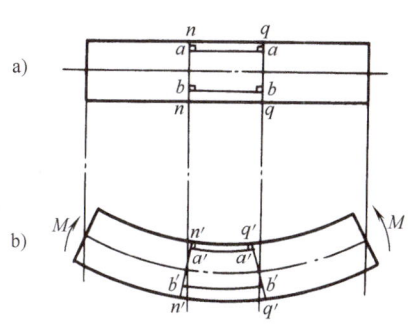

图 3-46 梁的纯弯曲变形

1）横向线在变形后仍为直线且仍与纵向线垂直，但发生了相对转动，即原来 $nn/\!/qq$，变形后 $n'n'$ 与 $q'q'$ 形成一定角度。

2）纵向线变成弧线，凹边的线段 $a'a'$ 比原先的 aa 缩短，凸边的线段 $b'b'$ 比原先的 bb 伸长。

根据上述变形现象，可以设想梁在纯弯曲变形后横截面仍为平面，仍垂直于变形后的梁轴线。如果再设想梁是由无数纵向薄层叠摞而成，那么变形后凹边的薄层纵向长度都缩短了，凸边的薄层纵向长度都伸长了。由于变形的连续性，可以断定中部必存在一薄层既没缩短也没伸长。**弯曲变形中保持纵向长度不变的这一层，称为中性层；中性层与横截面的交线称为中性轴，中性轴通过横截面的形心**，参看图 3-47。纯弯曲变形时，梁的横截面都绕各自的中性轴发生微小转动。于是可知各层纵向长度变形程度的不同：图 3-47 中，中性层以上，离中性层越远，缩短得越多；中性层以下，离中性层越远，伸长得越多。用线应变的概念来描述就是：材料的纵向应变与到中性层的距离成正比，中性层以上线应变为负（缩短），中性层以下线应变为正（伸长）；中性层处线应变为零。

于是，根据胡克定律可得出结论：**梁弯曲时横截面上各点正应力 σ 的大小，与该点到中性轴的距离 y 成正比：$\sigma \propto y$。中性轴处的应力为零，梁的凹边顶层压应力最大，凸边底层拉应力最大。**

据此，可以画出矩形截面梁纯弯曲时横截面上各点正应力 σ 的分布情况，如图 3-48 所示。

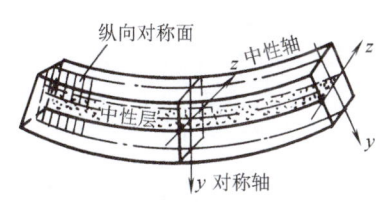

图 3-47 弯曲变形的中性层

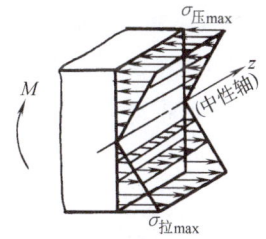

图 3-48 横截面上弯曲正应力的分布

2. 横截面上应力与弯矩的关系

由于横截面上的内力弯矩 M 是整个横截面上正应力 σ 的合力，因此两者的大小和方向都互为因果，即：

1）**每一点的正应力值 σ 都与弯矩 M 成正比：$\sigma \propto M$。**

2）**以中性轴为分界，一侧为压应力，另一侧为拉应力，其具体的拉压由弯矩的转向决定。**

3. 梁弯曲时横截面上任一点的正应力

梁弯曲时横截面上任一点的正应力 σ 与弯矩 M 的关系式（推导过程从略）如下：

$$\sigma = \frac{My}{I_z} \qquad (3\text{-}25)$$

式中，σ 为横截面上任一点的正应力；y 为所论点到中性轴的距离；M 为横截面上的弯矩；I_z 为横截面对中性轴（z 轴）的惯性矩，这是一个与截面的尺寸和形状有关的几何量，表征截面的抗弯能力，I_z 的单位是 m^4、cm^4 或 mm^4。

4. 梁弯曲时的最大正应力 σ_{max}

式（3-25）表明，梁弯曲时横截面上某点的应力值与该点到中性轴的距离 y 成正比。

若横截面上离中性轴最远的点（梁上、下表面处）与中性轴距离为 y_{max}，此处正应力为最大，用 σ_{max} 表示，则

$$\sigma_{max} = \frac{My_{max}}{I_z} \quad (3-26)$$

式中，I_z 和 y_{max} 都是与截面几何尺寸有关的量，为应用方便，把这两个量合成一个，令

$$W_z = \frac{I_z}{y_{max}} \quad (3-27)$$

式（3-27）中的 W_z 称为抗弯截面模量（又称抗弯截面系数）。它也是一个与截面的尺寸和形状有关的几何量，直接表征截面的抗弯强度。W_z 的单位是 m^3、cm^3 或 mm^3。

至此，得到梁弯曲时横截面上的最大正应力 σ_{max} 的计算公式如下：

$$\sigma_{max} = \frac{M}{W_z} \quad (3-28)$$

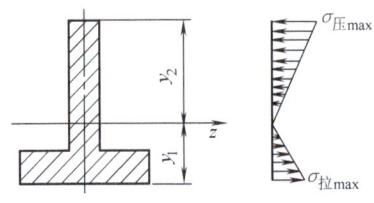

图 3-49 对于中性轴不对称的截面

式（3-25）和式（3-28）是在梁的纯弯曲条件下推导所得，但对于跨度 l 与截面高度 h 之比（l/h）>5 的梁，即使横截面上存在剪力，这两个公式仍可适用。

有些梁的横截面，例如 "T" 形、倒 "T" 形截面等，其上、下部对于中性轴不对称，截面上、下部最远点离中性轴的距离 y_1 和 y_2 也不相等，如图3-49所示。因此该截面有两个数值不等的抗弯截面模量 W_{z1} 和 W_{z2}，分别对应着最大拉应力 $\sigma_{拉max}$ 和最大压应力 $\sigma_{压max}$，且两者的绝对值也不相等。在图3-49中，最大拉应力 $\sigma_{拉max}=M/W_{z1}$，而最大压应力 $\sigma_{压max}=M/W_{z2}$。

5. 截面惯性矩和抗弯截面模量

常见梁截面的惯性矩 I_z 和抗弯截面模量 W_z 的计算公式见表3-3。产品与结构中常用的各种型材，例如角钢、槽钢、工字钢、角铝、槽铝等，它们的 I_z 和 W_z 都能从有关手册中查出。

表3-3 常见梁截面的惯性矩 I_z 和抗弯截面模量 W_z 的计算公式

截面图形	矩形	空心矩形	圆形	空心圆
惯性矩 I	$I_z = \dfrac{bh^3}{12}$ $I_y = \dfrac{hb^3}{12}$	$I_z = \dfrac{bh^3-b_1h_1^3}{12}$ $I_y = \dfrac{b^3h-b_1^3h_1}{12}$	$I_z = I_y = \dfrac{\pi D^4}{64} \approx 0.05D^4$	$I_z = I_y = \dfrac{\pi}{64}(D^4-d^4)$ $= \dfrac{\pi}{64}D^4(1-\alpha^4)$ $\approx 0.05D^4(1-\alpha^4)$ 式中 $\alpha = \dfrac{d}{D}$
抗弯截面模量 W	$W_z = \dfrac{bh^2}{6}$ $W_y = \dfrac{hb^2}{6}$	$W_z = \dfrac{bh^3-b_1h_1^3}{6h}$ $W_y = \dfrac{b^3h-b_1^3h_1}{6b}$	$W_z = W_y = \dfrac{\pi D^3}{32} \approx 0.1D^3$	$W_z = W_y = \dfrac{\pi D^3}{32}(1-\alpha^4)$ $\approx 0.1D^3(1-\alpha^4)$ 式中 $\alpha = \dfrac{d}{D}$

二、梁的抗弯强度计算

杆件的轴向拉压中,常见情况是杆的内力(轴力)在全杆是常量,或分段地是常量。圆轴扭转中也类似,常见情况是轴的内力(扭矩)在全轴是常量,或分段地是常量。但梁的弯曲有所不同,梁的内力弯矩在梁中通常是随位置变化的。如果是等截面梁,弯矩最大的截面就是危险截面;要先(通过画弯矩图的方法)确定最大弯矩所在的截面,算出最大弯矩值,然后计算出该截面上应力最大的点的应力值。它就是全梁中的最大应力 σ_{max},称为危险点应力,这个点称为危险点。如果是变截面梁,则危险点未必出现在弯矩最大的截面上,因为还要考虑截面抗弯截面模量的大小。需要综合这两个因素,才能找到危险点,算出危险点应力,再进行强度计算。

梁的抗弯强度条件,仍然是梁内的危险点应力 σ_{max} 不超过材料的许用弯曲应力 $[\sigma]$,即

$$\sigma_{max} = \frac{M}{W_z} \leqslant [\sigma] \tag{3-29}$$

运用梁的抗弯强度条件式(3-29),同样可以解决强度校核、设计截面尺寸、确定最大载荷三类强度计算问题。

例 3-19 每层货架由前后两根木档承重,如图 3-50a 所示。每根木档可视为矩形截面的简支梁,跨度 $L=1.6\text{m}$,截面宽 $b=40\text{mm}$,高 $h=60\text{mm}$,其最大承重为全长受均布载荷 $q=800\text{N/m}$ 的作用,如图 3-50b 所示。该木材的许用弯曲应力 $[\sigma]=12\text{MPa}$。校核木档的抗弯强度。

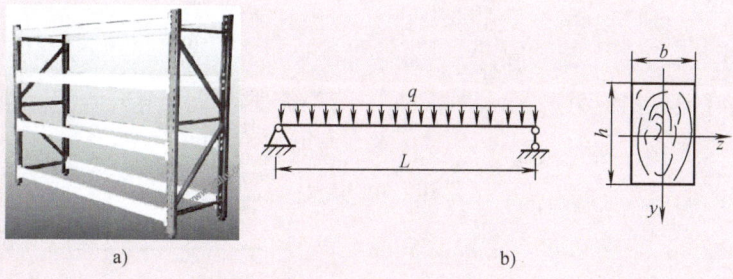

图 3-50 例 3-19 图

解 1)确定危险截面,计算该截面上的弯矩 M_{max}。木档为等截面梁,弯矩最大的截面就是危险截面。对于全长受均布载荷作用的简支梁,在例 3-17 中已求得:梁跨度的正中截面弯矩最大,是危险截面。该截面上的弯矩为

$$M_{max} = \frac{qL^2}{8} = \frac{800(\text{N/m}) \times (1.6\text{m})^2}{8} = 256\text{N}\cdot\text{m}$$

2)计算梁截面的抗弯截面模量 W_z。由表 3-3 查得,对于矩形截面

$$W_z = \frac{bh^2}{6} = \frac{(40 \times 10^{-3}\text{m}) \times (60 \times 10^{-3}\text{m})^2}{6} = 24 \times 10^{-6}\text{m}^3$$

3)进行抗弯强度校核。由式(3-28)得

$$\sigma_{max} = \frac{M}{W_z} = \frac{256\text{N}\cdot\text{m}}{24 \times 10^{-6}\text{m}^3} = 10.7 \times 10^6 (\text{N/m}^2) = 10.7\text{MPa}$$

对比得 $\sigma_{max} = 10.7\text{MPa} < 12\text{MPa} = [\sigma]$,符合抗弯强度条件式(3-29),木档满足强度要求。

例 3-20 某游乐场要设计一载人游乐设施,其中的钢材圆轴可视为一外伸梁,尺寸及设定的受力状况如图 3-51a 所示。人体重量的设定值取 $G=1500\mathrm{N}$。为确保人身安全,材料的弯曲许用应力取较低的数值 $[\sigma]=60\mathrm{MPa}$,试设计轴的直径 D。

解 1) 判断危险截面,计算该截面的弯矩 $M_{\max}$。对于等截面梁,弯矩最大的截面就是危险截面。画出该梁的弯矩图,如图 3-51b 所示,可知 B 截面为危险截面,该截面的弯矩为 $M_{\max}=1500\mathrm{N}\times1.2\mathrm{m}=1800\mathrm{N}\cdot\mathrm{m}$。(这一步计算留给读者自行练习)

2) 设计轴的直径 D。由表 3-3 查得实心圆截面的抗弯截面模量为 $W_z\approx0.1D^3$,代入强度条件式 (3-29) 后为

$$\sigma_{\max}=\frac{M_{\max}}{W_z}=\frac{M_{\max}}{0.1D^3}\leqslant[\sigma]$$

因此应有

$$D\geqslant\sqrt[3]{\frac{M_{\max}}{0.1[\sigma]}}=\sqrt[3]{\frac{1800}{0.1\times60\times10^6}}\mathrm{m}$$

$$=6.69\times10^{-2}\mathrm{m}=66.9\mathrm{mm}$$

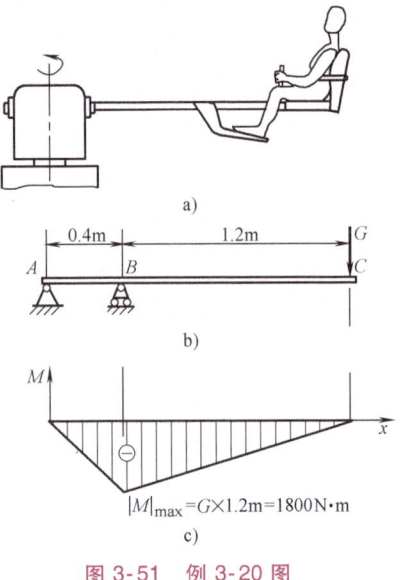

图 3-51 例 3-20 图

例 3-21 大型广告牌矗立在建筑物上,承重的每根悬臂梁长 $L=1.5\mathrm{m}$,由两条不等边角钢 12.5/8(高、宽、厚尺寸为 125mm、80mm、10mm)缀接而成,如图 3-52 所示。材料的弯曲许用应力 $[\sigma]=160\mathrm{MPa}$,从手册查得单条角钢的抗弯截面模量 $W_{z单}=37.33\mathrm{cm}^3$,求作用于每根悬臂梁自由端 B 的许可载荷 F。

解 1) 确定危险截面及其弯矩 M。在例 3-13 中已解得悬臂梁自由端受集中载荷时危险截面在固定端,此截面的弯矩为

$$M=FL$$

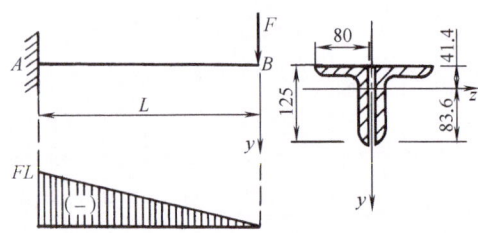

图 3-52 例 3-21 图

2) 求许可载荷值 F。由抗弯强度条件式 (3-29) $\left(\sigma_{\max}=\dfrac{M}{W_z}\leqslant[\sigma]\right)$ 得到 $M=FL\leqslant W_z[\sigma]$

即 $\quad F\leqslant\dfrac{W_z[\sigma]}{L}$

两根角钢并列相缀,其抗弯截面模量应加倍

$$W_z=2W_{z单}=2\times37.33\mathrm{cm}^3=74.66\mathrm{cm}^3=74.66\times10^{-6}\mathrm{m}^3$$

于是有 $\quad F\leqslant\dfrac{W_z[\sigma]}{L}=\dfrac{74.66\times10^{-6}\times160\times10^6}{1.5}\mathrm{N}$

$$=7964\mathrm{N}\approx8\mathrm{kN}$$

【一点说明】 角钢截面对于中性轴是不对称的，本题中的角钢上、下边缘到中性轴的距离不等，分别为 83.6mm 和 41.4mm（图中已标出）。弯曲时与中性轴距离大的点（图 3-52 中下尖角的点）是危险点，应力大。本例题中给出的抗弯截面模量数据，是对应于此危险点的数据。

三、提高梁承载能力的方法

梁的承载能力一般取决于正应力强度条件。对式（3-29）（$\sigma_{max} = M/W_z \leq [\sigma]$）进行分析可知，采取以下方法，能够节省用材、降低产品的重量，或提高梁的承载能力。

1. 选用梁的合理截面形状

用一张硬纸薄板做成图 3-53a、b、c 三种形状的悬臂梁，大家都知道，承载能力相差悬殊。这是因为同样的截面面积（即同样的材料用量），"W"形截面的抗弯截面模量 W_z 最大，"⊓"形的次之，"="形的最小。在同样的载荷下。抗弯截面模量 W_z 大，则产生的最大正应力 σ_{max} 小，梁的承载能力就能提高。所以，现代建筑和其他产品中，常采用"〰"形折板或"〰"形波纹板构件代替平板构件。

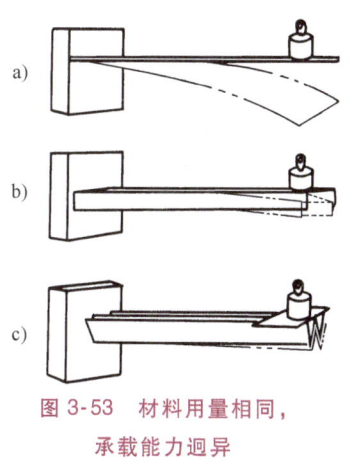

图 3-53 材料用量相同，承载能力迥异

表 3-4 列出了四种抗弯截面模量相等的截面面积比。它们就是等抗弯强度条件下梁的重量比。表 3-4 表明，工字钢截面性能最佳，其横截面面积仅为实心圆截面面积的 21%。

表 3-4 几种抗弯截面模量相等（$W_z = 1860 \text{cm}^3$）的截面面积对比

截面形状	圆形	正方形	矩形	工字钢
截面尺寸/cm	$D = 26.66$	$a = 22.35$	$h = 28.16$　$b = 14.08$	工字钢
截面面积/cm²	558.2	499.5	396.5	119.3
面积比	1	0.89	0.71	0.21

前面的图 3-48 已经表明，在梁的弯曲中，中性轴附近的材料承受的应力很小，不能充分发挥其应有的性能。让较多的材料聚集在中性轴附近，是对材料的浪费，实心圆截面便是如此。若把中性轴附近的部分材料移到离中性轴较远的部位去，使更多的材料"物尽其用"，梁的抗弯能力自然能提高。工字钢抗弯性能优越的道理即在于此。因为工字形截面可以看成是把矩形截面中性轴附近部分材料"挖"掉，然后"补"到上、下侧而形成的，如图 3-54 所示。

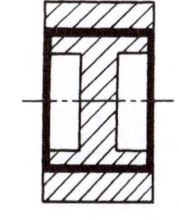

图 3-54 矩形到工字形的"演变"

对于铸铁、混凝土这类耐压而不耐拉的脆性材料，还可以采用图 3-49 所示那样的"⊥"形截面，让材料承受较大的压应力和较小的拉应力，充分发挥其性能特长。

一名设计人员，要会定性、定量地把握设计对象。例如学过本节内容，应该知道，为了提高矩形截面梁的承载能力，加宽截面和加高截面，其效果有什么区别？其实矩形截面的抗弯截面模量公式 $W_z = bh^2/6$（参看表 3-3）已经给出了准确的解答：梁的承载能力与截面宽度成正比关系，即截面宽度增加到 2、3、4…倍，梁的承载能力也仅仅提高到 2、3、4…倍。而梁的承载能力却与截面高度的平方成正比，即截面高度增加到 2、3、4…倍，则梁的承载能力将提高到 $2^2 = 4$、$3^2 = 9$、$4^2 = 16$…倍，效果比增加截面宽度大得多。

2. 合理配置载荷和支座

在总载荷量不变的条件下，合理配置载荷和支座，可以有效地降低梁内的最大弯矩值 M_{max}，从而减少结构用材，减轻结构重量。举例如下。

跨度为 l 的简支梁受集中载荷 F 的作用，若作用点在梁跨度的正中，如图 3-55a 所示，容易算出梁内最大弯矩为 $M_{max} = Fl/4$；将载荷移到离支座较近的部位，例如离支座 $l/6$ 处，如图 3-55b 所示，则 $M_{max} = 5Fl/36$（请读者自行计算出上述结果），后者仅为前者的 56% 左右。

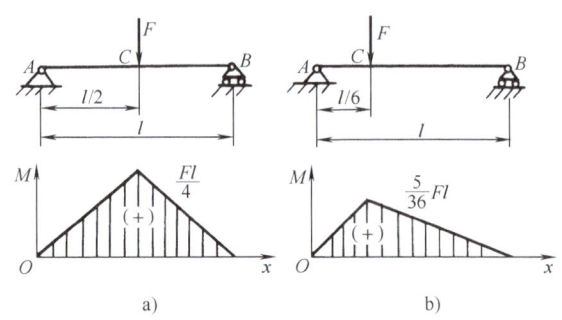

图 3-55 载荷位置不同，最大弯矩值改变

将载荷分散，也能降低梁的最大弯矩值 M_{max}。例如将图 3-55a 中的集中力 F 分散成两个力 $F/2$ 作用在离梁左右支座 $l/3$ 处，如图 3-56a 所示，则 $M_{max} = Fl/6$，降到了原来的 2/3。设图 3-56b 所示吊车梁原设计的最大吊重为 4t，加装一个易于装卸的承重点 D，起吊能力可提高到 6t。拆除加装部分，又可恢复吊车在梁上自由移动的距离。读者可从中得到"灵活设计"的领悟。

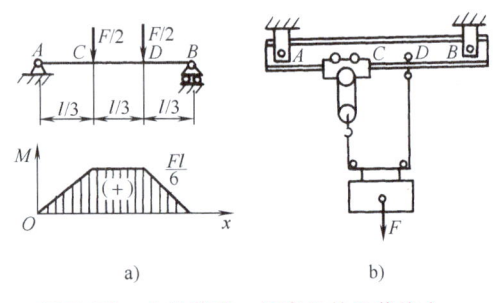

图 3-56 分散载荷，提高梁的承载能力

合理配置支座位置，是降低梁内 M_{max} 的另一种有效方法。例如图 3-57a 所示全跨度受均布载荷作用的简支梁，在例 3-17 中已经算出其最大弯矩为 $M_{max} = ql^2/8$，若将两端支座各内移 $0.2l$ 成为外伸梁，则 $M_{max} = ql^2/40$，降到了原来的 20%（见图 3-57a、b 的对比）。图 3-57c 是一张家用玻璃茶几，它就是按图 3-57b 那样设计茶几腿的。由于支撑腿的适当内收，力学上更合理，也增强了视觉上的轻巧感。力学合理与良好视觉感受是有内在深刻联系的。又如龙门吊车梁的支承构架，也做这样的合理安置，如图 3-57d 所示。

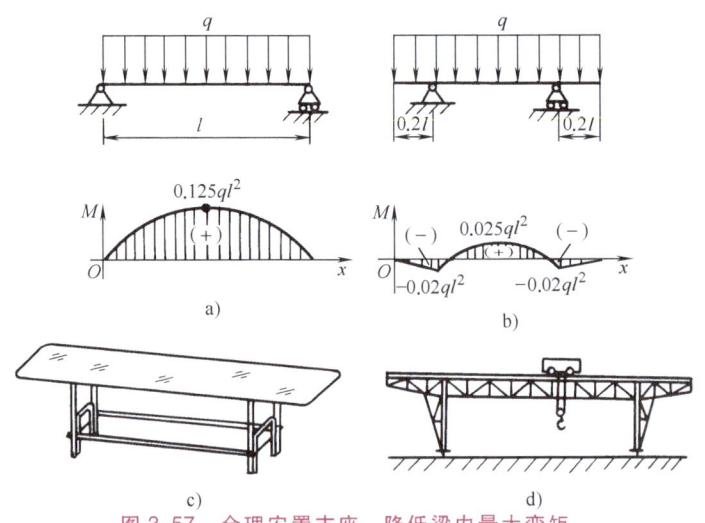

图 3-57 合理安置支座，降低梁内最大弯矩

3. 采用变截面梁

梁的内力弯矩沿梁的轴线常为变量。设计时若让截面尺寸随弯矩值变化，使每个截面上的最大正应力接近相等，这样的梁称为 等强度梁，能够节省用材，减轻结构重量。从例 3-13 等例题中已经知道，悬臂梁承载中的弯矩，一般都是从自由端往固定端逐渐加大，到

固定端达到最大值。所以要把悬臂梁做成等强度梁（或接近于等强度梁）的合理形状，其截面的高度也应该从自由端到固定端逐渐加大。第一章图1-10a、c中车站雨棚挑梁和新式货架搁板，正符合这样的力学原理，而且也具有视觉美感。简支梁受均布载荷或梁的跨中受集中力，跨度正中截面的弯矩最大，越靠近两端越小。相应地，就有如图 3-58 所示"鱼腹梁"的设计，也是力学上既合理，视觉上也能给人以美感。

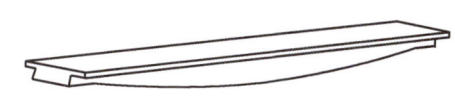

图 3-58　力学上合理且富于美感的"鱼腹梁"

第九节　组合变形强度问题简介

实际产品中构件的承载状态，未必都是单一的基本变形形式。若构件在外力作用下，同时发生两种或多种基本变形，则称为组合变形。本节通过实例简介两类组合变形强度问题的计算方法。

一、弯曲与轴向拉压组合变形

1. 实例和概念

弯拉（或弯压）组合变形有两种常见类型：斜拉伸（或斜压缩）和偏心拉压。

设有一端固定、一端自由的杆件，在自由端的截面形心受力 F 的作用，如图 3-59a 所示。力 F 不沿杆件的轴线方向，也不与杆件轴线垂直，而（是在轴向对称面内）与杆件轴线成 φ 角，则此杆件就产生斜拉伸变形。偏心拉压的实例在下面例 3-22 中举出。

可以把图 3-59a 中的力 F 进行正交分解，分解成 F_1 和 F_2 两个力。前者 $F_1 = F\cos\varphi$，沿杆件的轴线方向，使杆件产生轴向拉伸变形；后者 $F_2 = F\sin\varphi$，与杆件轴线垂直，使杆件产生平面弯曲变形。力 F 对杆件的作用，等效于它的两个分力 F_1 和 F_2 对杆件的共同作用，即此杆件同时发生了轴向拉伸和平面弯曲两种基本变形，因此属于组合变形，如图3-59b 所示。

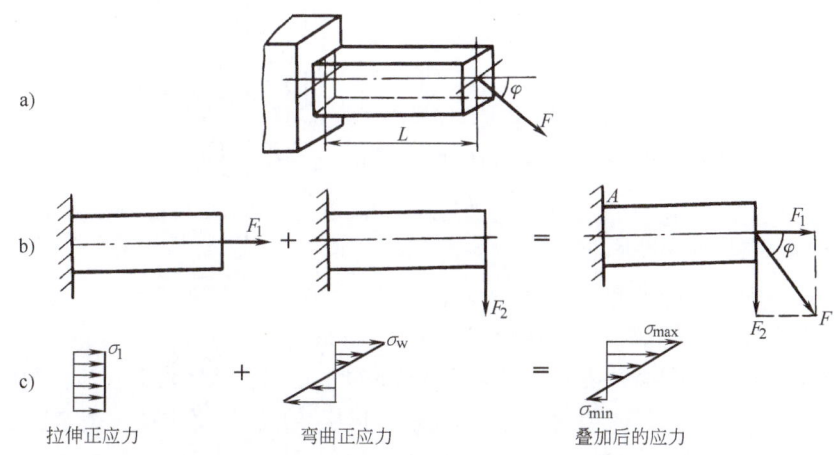

图 3-59　弯拉组合变形的实例和概念

2. 强度计算方法

轴向拉压和平面弯曲这两种变形中，横截面上都产生正应力。轴向拉压正应力在横截面上均匀分布，用式（3-1）（$\sigma_1 = N/A$）计算；弯曲正应力在横截面上呈线性分布，用式（3-25）（$\sigma_w = My/I_z$）计算，其最大应力值则用式（3-28）（$\sigma_{wmax} = M/W_z$）计算。在总的最大应力不超过材料比例极限 σ_p 的条件下，横截面上每一点的应力值是两种变形所分别引起的应力值的代数和。在图 3-59c 中画出了轴向拉应力 σ_1 和弯曲正应力 σ_w 在横截面上的分布图,以及叠加以后的分布状况。在图 3-59 所示的具体情况下,弯曲正应力在横截面的中性轴以上为拉应力,中性轴以下为压应力,因此与轴向拉伸正应力叠加以后,中性轴以上的拉应力加大了,而中性轴以下的拉应力减小了,各横截面上的最大拉应力(也是绝对值最大的应力)都出现在杆件的上边缘处,图 3-59c 表示的正是如此。

由于悬臂梁在自由端受集中力时最大弯矩发生在固定端截面,所以叠加以后的危险截面仍在固定端。全杆件的危险点在固定端截面的上边缘,即图 3-59b 中的 A 点。该点的应力值 σ_{max} 为

$$\sigma_{max} = \sigma_1 + \sigma_{wmax}$$

式中,σ_1 为横截面上轴向拉应力值,$\sigma_1 = F_1/A$(左式中 A 是杆件的横截面面积);$\sigma_{wmax} = M/W_z = F_2L/W_z$(左式中 $M = F_2L$ 是固定端截面的弯矩,W_z 是该杆件截面的抗弯截面模量)。

强度条件仍为危险点应力不超过材料的许用应力。通过上面的分析可知,在轴向拉压和弯曲组合变形下,强度条件一般地可表达为

$$\sigma_{max} = \sigma_1 + \sigma_{wmax} \leq [\sigma] \tag{3-30}$$

式(3-30)适用于斜拉伸和偏心拉伸,式中的 $[\sigma]$ 是材料的许用拉应力。如果是斜压缩或偏心压缩,则对于塑性材料,要依据绝对值最大的压应力来进行强度计算;而对脆性材料,更要考虑到其拉、压许用应力值的不同,就具体问题计算对比后,才能判定危险点是拉应力最大的点还是压应力最大的点,然后进行强度计算。

例 3-22 拆卸工具如图 3-60a 所示,两个爪杆由 45 钢制成,许用应力 $[\sigma] = 180MPa$,爪杆的截面形状和尺寸已在图中的 I—I 截面上标明,试按爪杆的强度确定工具的最大拆卸力 F。

解 1)受力及变形分析。将爪杆假想在I—I截面截开,作为研究对象,先画出其分离体,如图 3-60b 所示。由于该工具的结构和受力对于中心线对称,可知作用在一个爪子上的力是拆卸力的一半,即 $F/2$。将此力画在分离体上,因为这个力 $F/2$ 不通过爪杆的轴线,偏离一定距离(图中标明为32mm),这样,爪杆的受力形式就不是轴向拉伸,而称为偏心拉伸。因作用在爪钩上的载荷有使研究对象向下运动的趋势,从平衡关系知,假想的截开面上必存在一个与它等值、反向的爪杆内力 $N = F/2$;而这一对力值

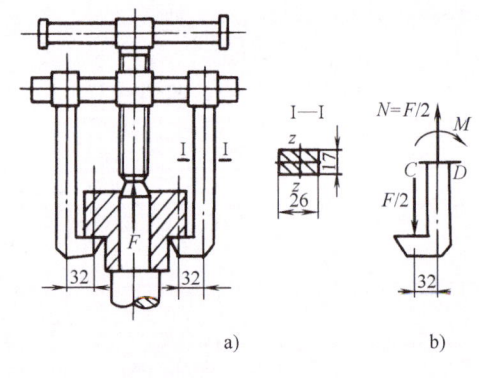

图 3-60 例 3-22 图

为 $F/2$ 的力组成的力偶又有使研究对象逆时针转动的趋势,从平衡关系知,截面I—I上必作用着一个与它等值、反向的弯矩 M。把这几个力和力偶都画在研究对象的分离体上,就得到了该研究对象的受力图,如图 3-60b 所示。

2)强度计算。爪杆所受拉伸正应力在截面上均匀分布,设截面面积为 A,则拉伸正应力为

$$\sigma_1 = N/A = (F/2)/A = F/2A$$

这里 $A = 17 \times 26 \times 10^{-6} m^2$。爪杆所受弯曲正应力在截面上的 C 点是拉应力,而在 D 点是压应力。由于 C 点的拉伸正应力与弯曲正应力互相叠加,因此 C 点是危险点。此点的弯曲应力值最大:$\sigma_{wmax} = M/W_z$。

因横截面Ⅰ—Ⅰ上的弯矩为 $M = (F/2) \times 32 \times 10^{-3} \text{N} \cdot \text{m}$

Ⅰ—Ⅰ截面的抗弯截面模量为 $W_z = \dfrac{17 \times 26^2 \times 10^{-9}}{6} \text{m}^3$

强度条件为式（3-30） $\sigma_{\max} = \sigma_1 + \sigma_{w\max} \leqslant [\sigma]$

将有关数据代入上式，得到

$$\sigma_{\max} = \dfrac{F}{2A} + \dfrac{M}{W_z} = F\left[\dfrac{1}{2 \times 17 \times 26 \times 10^{-6}} + \dfrac{(32/2) \times 10^{-3} \times 6}{17 \times 26^2 \times 10^{-9}}\right]\text{m}^2 \leqslant [\sigma] = 180 \times 10^6 \text{Pa}$$

上式中 F 为唯一未知量，计算后得到：$F = 18.98 \times 10^3 \text{N} \approx 19 \text{kN}$。

二、弯曲与扭转的组合变形

1. 实例和概念

设圆轴 B 端固定，自由端 A 处有一半径为 R 的圆盘，在圆盘外缘作用着力 F，如图3-61a所示。

将力 F 向杆件自由端的轴心 A 点简化，得到一个力值为 F 通过 A 点的力和一个顺时针转向的附加力矩 M，力矩值为 $M = FR$。前者使 AB 杆成为在自由端受集中力作用的悬臂梁；后者使 AB 杆受到扭矩为 $T = FR$ 的扭转。于是可画出 AB 杆的计算简图，如图 3-61b 所示。像 AB 杆这样同时发生弯曲和扭转两种基本变形，就称为弯曲和扭转的组合变形，简称弯扭组合变形。

根据以前所学知识，可画出 AB 杆的弯矩图，如图3-61c所示。扭矩在全杆是常量，扭矩图如图 3-61c 所示。

2. 强度计算简介

弯扭组合变形强度计算的一般步骤仍然是：①由外载荷计算支座反力；②计算内力弯矩和扭矩，确定危险截面，而危险截面到底是在弯矩最大的截面还是在扭矩最大的截面，需要根据具体问题计算对比才有结论；③根据危险点应力，进行强度校核、截面设计或确定许可载荷等三类强度计算。

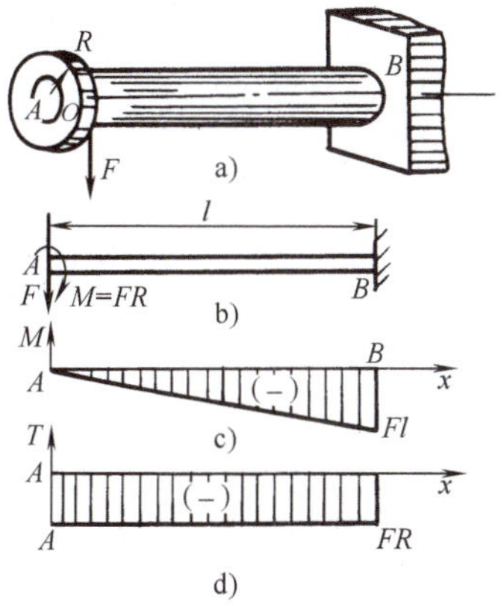

图 3-61 弯扭组合变形的实例和概念

弯扭组合变形强度计算在上述第③步具有以下特点：弯曲正应力和扭转切应力是方向不同的两类应力，不能进行简单的叠加。对于塑性材料的弯扭组合变形问题，根据材料力学中的一套理论分析，定义了相当应力 σ_{xd}的概念，而弯扭组合变形的强度条件就是危险点的相当应力 σ_{xd} 不大于材料的许用应力 $[\sigma]$。

相当应力的定义是

$$\sigma_{xd} = \dfrac{\sqrt{M^2 + T^2}}{W_z} \tag{3-31}$$

式中，M 为危险截面的弯矩；T 为危险截面的扭矩；W_z 为危险截面的抗弯截面模量。

于是，对于圆轴弯扭组合变形的强度条件，可表达为

$$\sigma_{xd} = \dfrac{\sqrt{M^2 + T^2}}{W_z} \leqslant [\sigma] \tag{3-32}$$

在下面这个例题中，只简要介绍弯扭组合变形强度问题的解题步骤，给出结果，而省略具体计算。有兴趣的读者利用前面学过的知识，补全略去的计算应是没有什么困难的。

例3-23 长 $l = 1.6\text{m}$ 的轴 AB 用联轴器和电动机连接，如图 3-62a 所示。AB 轴的中点有一带轮重 $W = 100\text{N}$，直径 $D = 0.4\text{m}$，带的拉力 $F = 200\text{N}$，$2F = 400\text{N}$。材料许用应力 $[\sigma] = 50\text{MPa}$。试设计轴的直径 d。

解 1) 计算支座反力 R_A、R_B，计算带轮紧边、松边拉力形成的转矩 M_e，画出轴 AB 的计算简图，如图 3-62b 所示。

2) 画出弯矩图、扭矩图，如图 3-62c、d 所示。判定危险截面在轴的中点。算出该截面的弯矩 M 和扭矩 T：$M = 280\text{N} \cdot \text{m}$，$T = 40\text{N} \cdot \text{m}$。

3) 根据强度条件式 (3-32) 计算出 AB 轴的最小直径：$d = 38.4\text{mm}$。

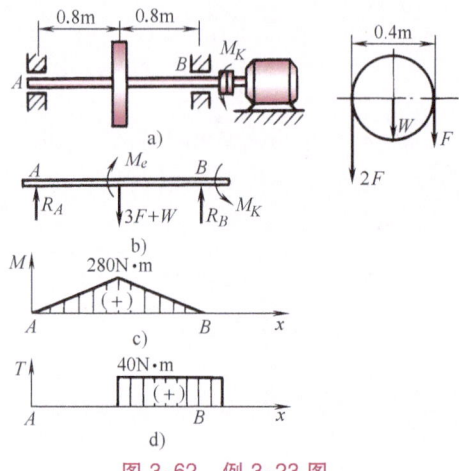

图 3-62 例 3-23 图

习题与作业

3-1 橡胶棒直径 $d = 12\text{mm}$，利用表 3-1 求算：欲将其拉长 1%，需要多大的拉力 F？

3-2 利用表 3-2 估算：1) 45 钢钢棒直径 $d = 10\text{mm}$，拉断它的拉力约值 F_1。

2) 杉木棒 $d = 20\text{mm}$，拉断它的拉力约值 F_2。

3-3 试求图 3-63a、b 所示杆内 1—1、2—2、3—3 截面上的轴力。

3-4 厂房的柱子如图 3-64 所示，屋顶加于柱子的载荷 $F_1 = 120\text{kN}$，吊车加于柱子 B 截面的载荷 $F_2 = 100\text{kN}$，柱子的横截面面积 $A_1 = 400\text{cm}^2$，$A_2 = 600\text{cm}^2$，求上、下段柱子横截面上的应力。

3-5 公共设施由塑料制作，其中一空心立柱受轴向压力 $F = 1200\text{N}$，图 3-65 中所示立柱截面尺寸数据为 $a = 24\text{mm}$，$d = 16\text{mm}$，材料的抗压许用应力 $[\sigma] = 4\text{MPa}$，试校核此柱子的抗压强度。

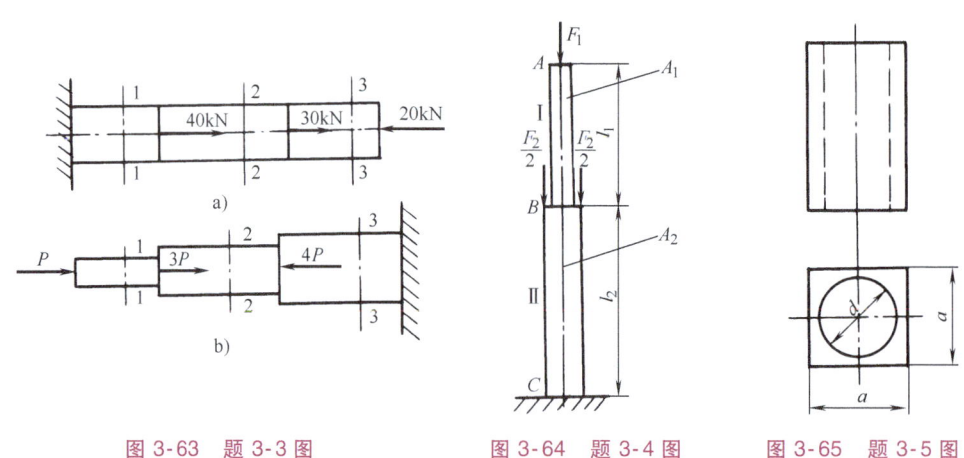

图 3-63 题 3-3 图 图 3-64 题 3-4 图 图 3-65 题 3-5 图

3-6 趣味秋千架如图 3-66a 所示，载人座圈通过两根圆截面斜杆吊挂，斜杆 AB、AC 间夹角 $\alpha = 90°$，铰结于横梁的 A 点，秋千的受力图如图 3-66b 所示。考虑可能有大孩子来使劲逛荡，设吊重为 $G = 1200\text{N}$，非金属杆件材料许用应力 $[\sigma] = 2\text{MPa}$，试设计两杆的直径 d。

3-7 塑料型材支架如图 3-67 所示，B 处载荷 $G = 1600\text{N}$，该牌号塑料的许用拉应力 $[\sigma_l] = 4\text{MPa}$，许用压应力 $[\sigma_y] = 6\text{MPa}$，试计算杆 AB 和 BC 所需要的截面面积 A_{AB} 和 A_{BC}。

3-8 支架如图 3-68 所示，载荷 $G = 4\text{kN}$，正方形截面木质支柱 AB 截面的边长 $a = 50\text{mm}$，该木料的许用压应力 $[\sigma_y] = 8\text{MPa}$，试校核支柱 AB 的强度。

3-9 图 3-69 所示为雨篷结构简图，横梁上受均布载荷 $q = 2\text{kN/m}$，B 端用钢丝绳 CB 拉住，若钢丝的许用应力为 $[\sigma] = 100\text{MPa}$，试计算钢丝绳所需的直径 d。

3-10 销钉联接结构如图 3-70 所示，已知外力 $F = 8\text{kN}$，销钉直径 $d = 8\text{mm}$，材料许用切应力 $[\tau] = 60\text{MPa}$，校核该销钉的抗剪强度。若强度不够，重新选择销钉直径 d_1。

3-11 铆钉联接如图 3-71 所示，$F=5\text{kN}$，$t_1=8\text{mm}$，$t_2=10\text{mm}$，铆钉材料的许用切应力 $[\tau]=60\text{MPa}$，被联接板材的许用挤压应力 $[\sigma_{jy}]=125\text{MPa}$，试设计铆钉直径 d。

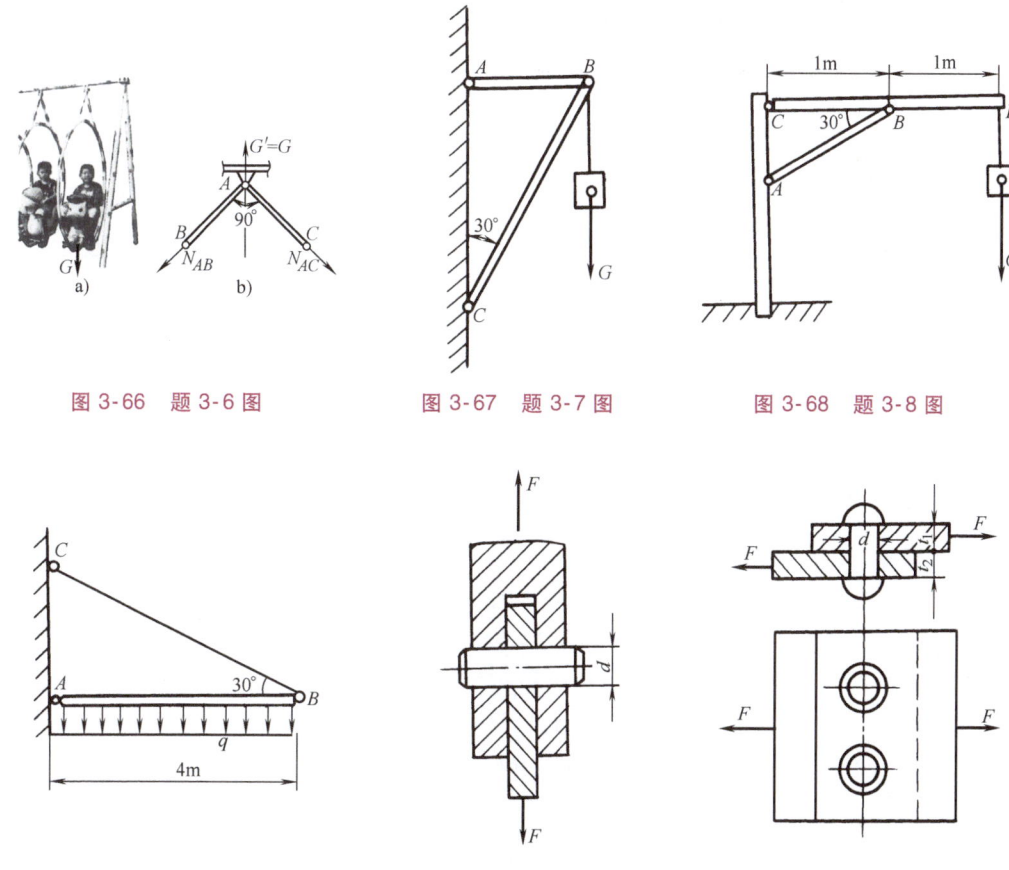

图 3-66　题 3-6 图　　　图 3-67　题 3-7 图　　　图 3-68　题 3-8 图

图 3-69　题 3-9 图　　　图 3-70　题 3-10 图　　　图 3-71　题 3-11 图

3-12 设钢丝的抗剪强度极限为 $\tau_b=100\text{MPa}$。

1）夹钳的结构、尺寸如图 3-72 所示，问：剪断直径 $d=3\text{mm}$ 的钢丝，需要多大的握夹力 F？

2）夹钳在 B 处销钉的直径为 $D=8\text{mm}$，试求剪断钢丝时销钉截面上的切应力 τ。

3-13 机车挂钩的销钉联接如图 3-73 所示。已知挂钩厚度 $t=8\text{mm}$，销钉材料的许用切应力 $[\tau]=60\text{MPa}$，许用挤压应力 $[\sigma_{jy}]=200\text{MPa}$，机车牵引力 $F=15\text{kN}$，试选择销钉直径 d。

3-14 压力机上防过载的压环式保险器如图 3-74 所示。若力 F 过载，则保险器沿图中直径为 D、高度为 $\delta=8\text{mm}$ 的环圈剪断，以免其他部件的损坏。铸铁保护器的抗剪强度 $\tau_b=200\text{MPa}$，限制载荷 $F=120\text{kN}$，试求剪断圈的直径 D。

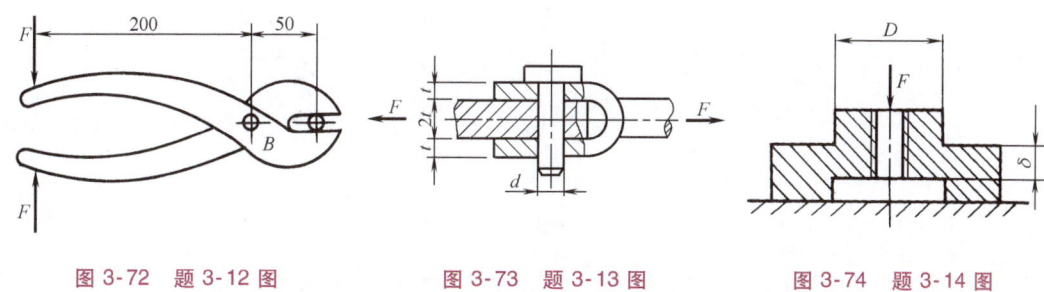

图 3-72　题 3-12 图　　　图 3-73　题 3-13 图　　　图 3-74　题 3-14 图

3-15 求图 3-75a、b 所示受扭圆轴 Ⅰ—Ⅰ、Ⅱ—Ⅱ、Ⅲ—Ⅲ 截面上的扭矩。

3-16 某医疗器械上一传动轴的直径 $d=36\text{mm}$，转速 $n=22\text{r/min}$，设材料的许用切应力 $[\tau]=50\text{MPa}$，试求此轴能传递的最大功率 P。

3-17 如图 3-76 所示的牙嵌联轴器，左端空心轴外径 $d_1=50\text{mm}$，内径 $d_2=30\text{mm}$，右端实心轴直径

$d=40\text{mm}$(即两段轴的横截面积相等),材料的许用切应力$[\tau]=55\text{MPa}$,工作力矩$M=1000\text{N}\cdot\text{m}$,试校核左、右两段轴的扭转强度。

3-18 以外径$D=120\text{mm}$的空心轴来代替直径$d=100\text{mm}$的实心轴,要求扭转强度不变,试求空心轴重量对于实心轴的百分比p。

3-19 实心轴直径$d=50\text{mm}$,材料的许用切应力$[\tau]=55\text{MPa}$,轴的转速$n=300\text{r/min}$。

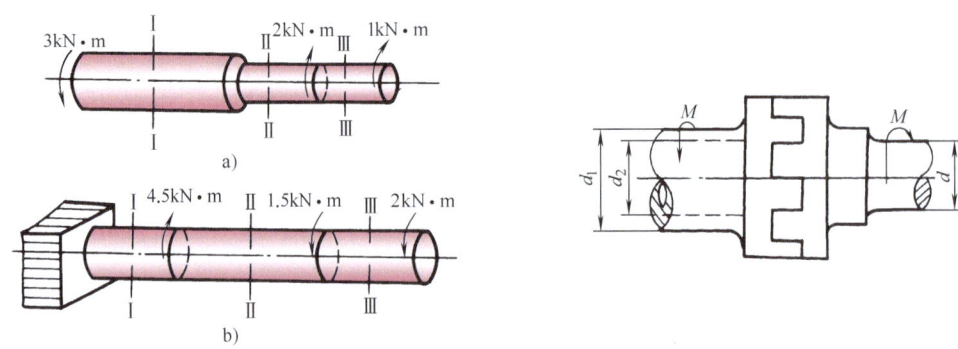

图 3-75 题 3-15 图   图 3-76 题 3-17 图

1) 按扭转强度确定此轴允许传递的功率P。

2) 若转速提高到$n_1=600\text{r/min}$,问:此轴能传递的功率如何变化?

3-20 图3-77中各梁的载荷与支座反力已经在图上给出,试画出各梁的弯矩图。

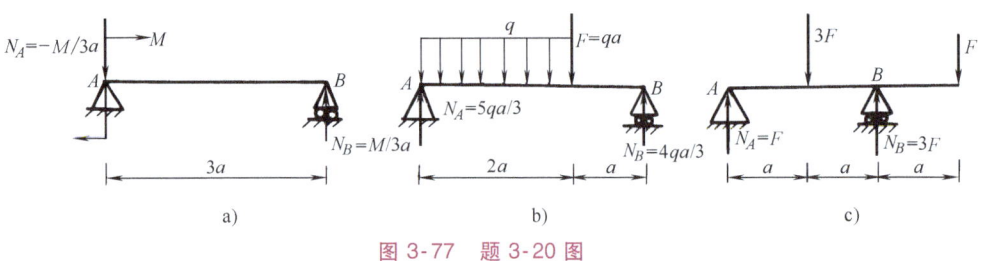

图 3-77 题 3-20 图

3-21 试列出图3-78中各梁的剪力方程和弯矩方程,并画出弯矩图。注意应在图上标出最大弯矩截面位置及弯矩值。

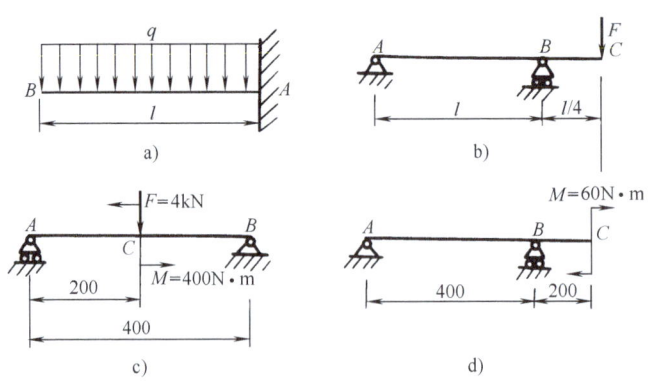

图 3-78 题 3-21 图

3-22 通过本章例3-14、例3-16、例3-17等几个例题,阐明了外载荷与弯矩图的一些对应规律,试应用这些规律画出图3-79中各梁的弯矩图。

3-23 试用本章例3-18所阐明的叠加法画出图3-80中梁的弯矩图。

3-24 利用表3-3,计算图3-81中截面的惯性矩I_z。

3-25 利用表3-3,计算图3-82中截面的抗弯截面模量W_z。

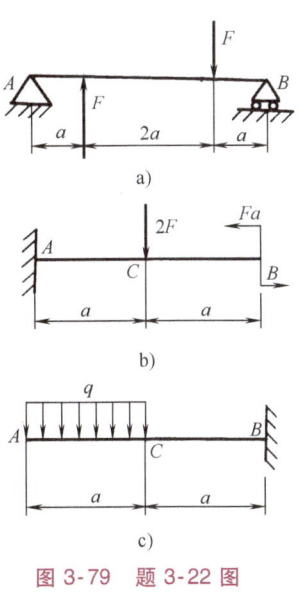

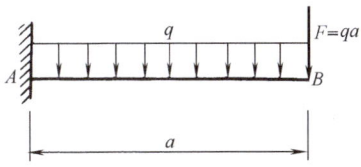

图 3-79 题 3-22 图   图 3-80 题 3-23 图

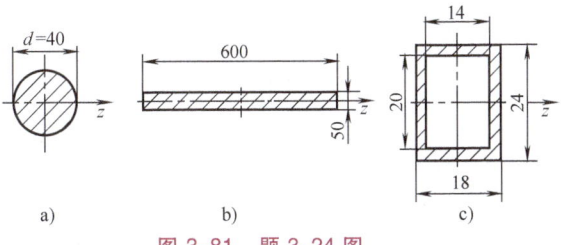

图 3-81 题 3-24 图

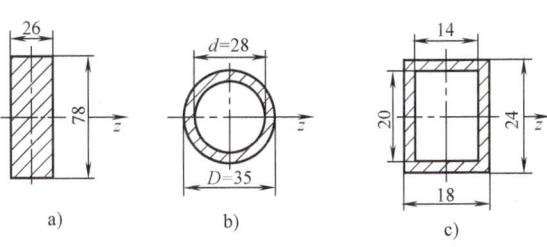

图 3-82 题 3-25 图

3-26 矩形截面梁如图 3-83 所示，已知 $F=200\text{N}$，横截面的高宽比 $h/b=3$，材料为松木，其许用弯曲应力 $[\sigma]=8\text{MPa}$，试确定截面尺寸 h 及 b。

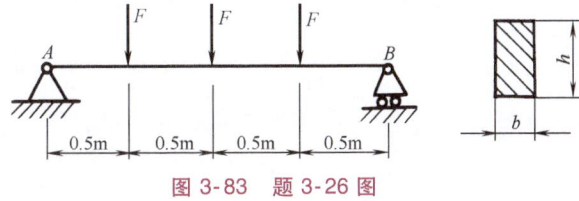

图 3-83 题 3-26 图

3-27 某海上高岩跳水运动中的架空木板宽 $b=600\text{mm}$，厚 $h=50\text{mm}$，架在跨度 $l=2.8\text{m}$ 的岩石上，如图 3-84 所示（可视为简支梁，跨中受集中力作用）。设此木材的许用弯曲应力 $[\sigma]=6\text{MPa}$，按成年男子蹬跳时的动态体重 $G=1500\text{N}$ 计算，问：此木板对运动员是否安全？

3-28 矩形截面的悬臂梁如图 3-85 所示，已知截面尺寸为 $b=30\text{mm}$，$h=50\text{mm}$，$l=400\text{mm}$，梁材料的许用弯曲应力 $[\sigma]=100\text{MPa}$，作用于梁中点 C 和自由端 B 的许可载荷 F_C、F_B 各为多大？

3-29 外伸梁如图 3-86 所示，作用力 $F_1=200\text{N}$，$F_2=400\text{N}$，梁材料的许用弯曲应力为

图 3-84 题 3-27 图

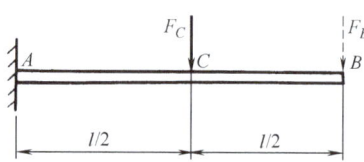
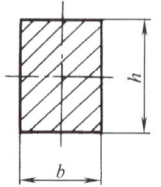

图 3-85　题 3-28 图

$[\sigma]=80\text{MPa}$，$a=1\text{m}$。若此梁为内、外径之比 $\alpha=d/D=0.8$ 的圆管材料，试确定圆管外径。

3-30　简易起吊机如图 3-87 所示，已知 $F=2\text{kN}$，$L=2\text{m}$，工字钢横梁材料的许用弯曲应力 $[\sigma]=120\text{MPa}$，按弯曲正应力强度条件计算工字钢的抗弯截面模量 W_z（有了 W_z 就能从设计手册中查出相应的工字钢型号）。

3-31　图 3-88 所示链环中 $d=4\text{mm}$，$a=12\text{mm}$，材料许用应力 $[\sigma]=150\text{MPa}$，试求许可载荷 F。

3-32　图 3-89 中曲拐的 AB 轴直径 $d=12\text{mm}$，尺寸 $l=80\text{mm}$，$a=60\text{mm}$，材料的许用应力 $[\sigma]=120\text{MPa}$，载荷 $F=200\text{N}$，试校核弯扭组合变形轴 AB 的强度。

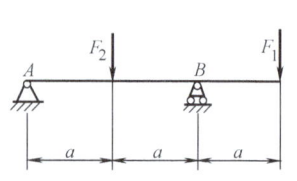
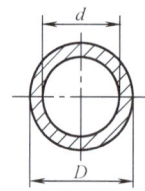

图 3-86　题 3-29 图

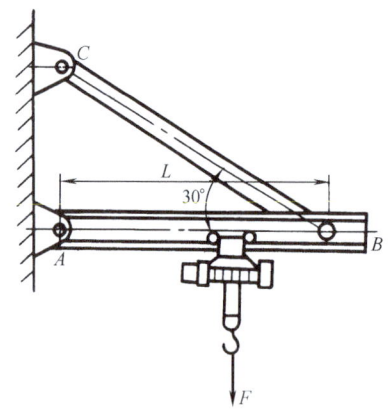
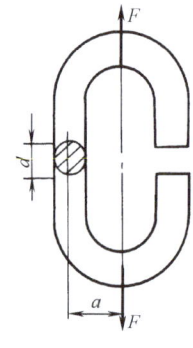
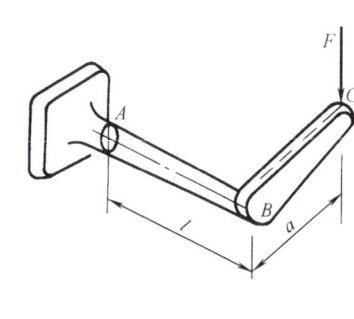

图 3-87　题 3-30 图　　　图 3-88　题 3-31 图　　　图 3-89　题 3-32 图

第四章

构件的刚度、压杆稳定和动载荷问题

第一节 构件的变形与刚度

轴向拉压、圆轴扭转、梁的弯曲三种受力变形与刚度问题中，实用较多的是弯曲变形计算，其内容也较丰富，现分述如下。

一、轴向拉压杆的变形计算

度量杆件轴向拉压变形的参量，是轴长的伸长量或缩短量，用 Δl 表示。由于已经规定拉伸的轴力为正，压缩的轴力为负，相应地规定伸长变形量 Δl 为正，缩短变形量 Δl 为负。

轴向拉压变形的计算式已由第三章式（3-3）给出：$\Delta l = Nl/(EA)$。

这个表达式适用的条件是：长度为 l 的杆件，其横截面面积 A 是常量，且在这一段内的轴力 N 也是常量。这是实际问题中较常见的情况。

倘若轴力沿杆件轴线是个变量 $N=N(x)$，或横截面面积是变量 $A=A(x)$，或此二者均为变量，则变形计算式需写成积分形式（取杆件的轴线为 x 坐标轴）

$$\Delta l = \int_l \frac{N(x)\,\mathrm{d}x}{EA(x)} \tag{4-1}$$

例 4-1 直径 $d=150\mathrm{mm}$ 的木柱承受轴向压力，如图 4-1 所示，已知 $F_1=20\mathrm{kN}$，$F_2=30\mathrm{kN}$，$l=2\mathrm{m}$，现已知木材的弹性模量 $E=10\mathrm{GPa}$，求木柱的总变形量 Δl。

解 木柱上、下两段的轴力不同，应分段用式（3-3）计算。总变形量 Δl 是两段变形量 Δl_1 与 Δl_2 之和。

1）求轴力

上段（AB 段） $N_1 = -F_1 = -20\mathrm{kN} = -20\times 10^3 \mathrm{N}$（压缩）

下段（BC 段） $N_2 = -F_1 - F_2 = -50\mathrm{kN} = -50\times 10^3 \mathrm{N}$（压缩）

2）求变形量 Δl

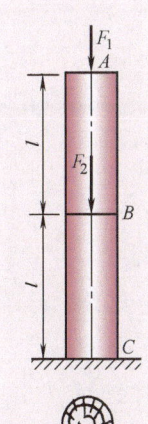

图 4-1 例 4-1 图

木柱的横截面面积
$$A = \frac{\pi d^2}{4} = \frac{3.14\times 0.15^2}{4}\mathrm{m}^2 = 0.01767\mathrm{m}^2$$
$$= 17.67\times 10^{-3}\mathrm{m}^2$$

上段木柱变形量
$$\Delta l_1 = \frac{N_1 l}{EA} = \frac{-20\times 10^3 \times 2}{10\times 10^9 \times 17.67\times 10^{-3}}\mathrm{m}$$
$$= -0.23\times 10^{-3}\mathrm{m} = -0.23\mathrm{mm}$$

下段木柱变形量
$$\Delta l_2 = \frac{N_2 l}{EA} = \frac{-50\times 10^3 \times 2}{10\times 10^9 \times 17.67\times 10^{-3}}\mathrm{m}$$
$$= -0.57\times 10^{-3}\mathrm{m} = -0.57\mathrm{mm}$$

木柱总变形量 $\Delta l = \Delta l_1 + \Delta l_2 = -0.8\mathrm{mm}$。

[一点评论] 本题引用的基本数据（顺纹木材的弹性模量 $E=10$GPa）是符合实际的（参看第三章的表3-1）。本题计算结果是：一根4m长的木柱，受几吨重压着，缩短量还不到1mm。相对压缩量仅为原长的1/5000左右。由此可见，通常轴向拉压引起的伸长、缩短量是很微小的。金属材料的弹性模量比木材大得多（例如钢材的弹性模量约为木材的20倍），因此金属构件在轴向拉压下发生的伸缩变形量更加微小。这也是轴向拉压变形问题在产品设计中通常不很突出的原因。

例4-2 对于第三章中例3-2、图3-6的结构，设 AB、DC 均为长度 $l=1.5$m 的尼龙材质杆，其弹性模量为 $E=1.6$GPa，计算 B、C 两点的高度差 δ。（A、D 两点在同一水平线上）

解 在例3-2中已经求出 AB 杆的轴力和横截面积：$N_1=8.5\times10^3$N，$A_1=707\times10^{-6}$m^2

DC 杆的轴力和横截面积：$N_2=4.5\times10^3$N，$A_2=100\times10^{-6}$m^2

求 AB 杆的伸长量 Δl_1 和 DC 杆的伸长量 Δl_2

$$\Delta l_1 = \frac{N_1 l}{EA_1} = \frac{8.5\times10^3\times1.5}{1.6\times10^9\times707\times10^{-6}}\text{m} = 0.0113\text{m} = 11.3\text{mm}$$

$$\Delta l_2 = \frac{N_2 l}{EA_2} = \frac{4.5\times10^3\times1.5}{1.6\times10^9\times100\times10^{-6}}\text{m} = 0.0422\text{m} = 42.2\text{mm}$$

B、C 两点的高度差为：$\delta=\Delta l_2 - \Delta l_1 = (42.2-11.3)\text{mm} = 30.9\text{mm}$。

[一点评论] 计算结果高度差为30.9mm，约为女生两个手指并拢的宽度，颇为可观。这是因为尼龙的弹性模量很小。变形量与弹性模量成反比例关系。若两杆采用同样粗细的钢杆，其弹性模量 $E=210$GPa，为尼龙的（210/1.6≈）130倍，则引起的高度差也要降低到原来的约1/130，即只有0.24mm左右，这就是个很小的数字了。

二、圆轴扭转的变形问题

1. 圆轴扭转变形的计算

度量圆轴扭转变形的参量，是圆轴横截面之间产生的相对转动角，称为<u>扭转角</u>，用希腊字母"φ"表示（参看图3-29a）。

实验和理论分析证明，扭转角 φ 与扭矩 T 及轴长 L 成正比，而与材料的切变模量 G 及圆轴横截面的极惯性矩 I_ρ 成反比，即

$$\varphi = \frac{TL}{GI_\rho} \tag{4-2}$$

式中，<u>GI_ρ 称为圆轴的抗扭刚度</u>。抗扭刚度 GI_ρ 越大，圆轴抵抗扭转变形的能力越强。GI_ρ 综合了圆轴材料性能和圆轴粗细两个因素对抗扭变形的影响。

式（4-2）适用的条件是：长度为 L 的圆轴，其横截面的极惯性矩 I_ρ 是常量，且这段轴内的扭矩 T 也是常量。这是实际问题中较常见的情况。

用式（4-2）计算所得扭转角 φ 的单位是弧度（rad）。

2. 圆轴扭转变形的影响

机器中的传动轴若产生过大的扭转变形，会影响传动精度；起动、停车、反转的瞬时间，扭转变形过大还会影响产品的正常工作。例如图3-26c 所示搅拌机的工作中，在反转时的扭转变形太大，就可能造成有害后果。但在生活日用品中，突出的扭转变形问题不太多见。

三、梁的弯曲变形计算

1. 梁的弯曲变形实例

杆件轴向拉压变形和圆轴扭转变形的变形量一般是不太显著的。梁的弯曲变形则不同,产品或结构中的构件以至生活用品,有可能产生较大的弯曲变形。钓鱼竿虽细,能产生的拉伸量很有限。但钓着一条鱼往上提的时候,钓鱼竿可简化为悬臂梁在自由端受集中力的作用,弯曲变形就很显著了,如图 4-2 所示。

由于弯曲变形可能较显著,对产品或结构的影响也较多见。齿轮工作中的受力若使齿轮轴产生较大的弯曲变形,就要影响齿轮的正常啮合,加大啮合噪声,加速磨损(图 4-3a)。

如果桥式起重机大梁的刚度不够,工作中会产生过大变形,如图 4-3b 所示,将使吊车行走不能顺畅,影响平稳吊起重物。若摇臂钻床整个框架的弯曲刚度不够,钻孔时的钻削力使它产生如图 4-3c 中粗实线所示的变形形态,影响钻孔顺利进行和钻孔精度。有的室内铝制窗帘杆很长,因窗帘及铝杆的自重使它的中段产生一定的下垂,影响较厚重窗帘的拉动,如图 4-3d 所示。

图 4-2 弯曲变形有时很显著

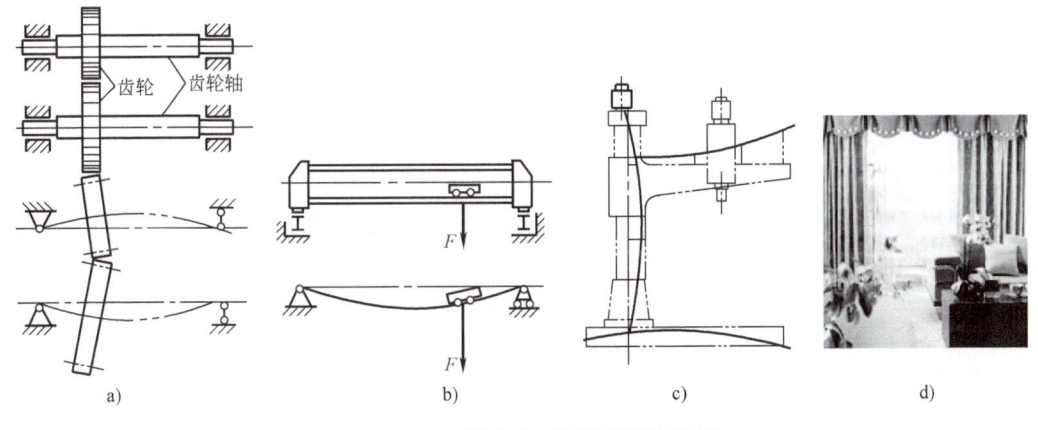

图 4-3 弯曲变形的实例

有弊必有利,弯曲变形有颇多可利用之处。图 4-4a 所示的弹性测力扳手,利用弯曲变形能方便地测出施加的力矩并即时看到其数值。车辆上的钢板弹簧因能产生较大变形,而有效缓解车辆的动荷冲击(图 4-4b)。电磁继电器利用簧片所产生的弯曲变形,实现电流的接通与断开(图 4-4c)等。现代撑竿跳高运动员的成绩比早年高了很多,相当程度上也靠了"弯曲变形的帮忙"。撑竿跳高运动员在插杆、引体动作中使杆子弯曲变形,把"弹性变形能"储存在杆子里面,运动员腾空到横杆附近,杆子复直,释放出能量,帮助推送运动员过杆,如图 4-4d 所示。现代撑竿跳杆子用碳素纤维材料制作,能产生很大弯曲变形,比早年的钢管杆子储存的弹性变形能大为增加,使运动员跳得更高。

2. 度量弯曲变形的参量——挠度和转角

在弯曲变形中,如果梁内的最大应力不超过材料的弹性极限,梁的轴线由原来的直线变成为一条连续而光滑的曲线,称为挠曲线,或弹性曲线。以悬臂梁在自由端受集中力 F 作用的变形为例,变形前梁的轴线为直线 AB,变形后成为挠曲线 AB',如图 4-5 所示。

以梁原来的轴线方向为 x 轴,与它垂直的方向为 y 轴建立直角坐标系,则可以从坐标系里的挠曲线得到度量弯曲变形的两个基本参量:挠度和转角。

(1)挠度 梁某一横截面 C 的形心点,在垂直于 x 轴方向上发生的线位移 y_C,称为

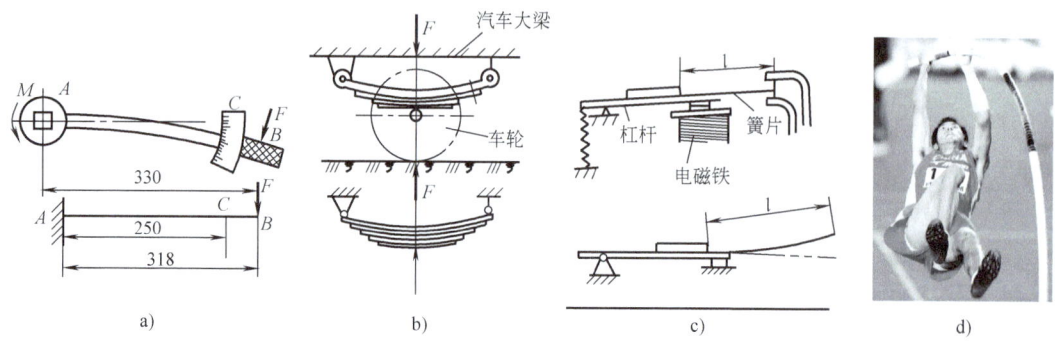

图 4-4 利用弯曲变形的例子

梁在截面 C 处的挠度，如图 4-5 所示。位移与所取坐标系的 y 轴正方向一致，挠度为正；反之为负。

（2）转角 横截面 C 在弯曲变形中绕中性轴转过的角位移 θ_C，称为该截面的转角，如图 4-5 所示。角位移的转向与坐标系中从 x 轴转到 y 轴的转向一致，转角为正；反之为负。

以梁的端点为坐标原点，梁变形前的轴线为 x 轴，则各截面的挠度 y 可用式（4-3）所示的方程来表示，称为 <u>挠曲线方程</u>

$$y = f(x) \tag{4-3}$$

3. 弯曲变形计算的查表法和叠加法

在实用上，计算梁的弯曲变形采用查表法和叠加法较为简便，分述如下。

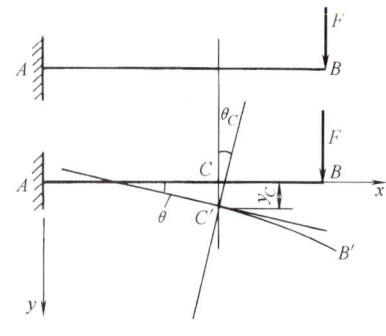

图 4-5 挠曲线、挠度和转角

（1）查表法 对于各种基本形式的梁，在各种典型的载荷单独作用下，梁的变形计算式已经列表载于有关手册中，使用时，只需把具体问题的参数代入表列的计算式，就能算出要求的结果。

在表 4-1 中有三个栏目，现做一简单说明如下：

1）挠曲线方程。根据该方程，可以算出任一截面所产生的挠度值。

2）端截面转角。端截面转角通常是梁弯曲变形中的最大转角，分析计算中常要用到它。

3）最大挠度。不言自明，这是梁的弯曲变形分析所关注的数据。

表 4-1 梁在简单载荷作用下的变形

序号	梁的简图	挠曲线方程	端截面转角	最大挠度
①		$y = -\dfrac{Mx^2}{2EI}$	$\theta_B = -\dfrac{Ml}{EI}$	$y_B = -\dfrac{Ml^2}{2EI}$
②		$y = -\dfrac{Fx^2}{6EI}(3l-x)$	$\theta_B = -\dfrac{Fl^2}{2EI}$	$y_B = -\dfrac{Fl^3}{3EI}$
③		$y = -\dfrac{Fx^2}{6EI}(3a-x)$ $(0 \leqslant x \leqslant a)$ $y = -\dfrac{Fa^2}{6EI}(3x-a)$ $(a \leqslant x \leqslant l)$	$\theta_B = -\dfrac{Fa^2}{2EI}$	$y_B = -\dfrac{Fa^2}{6EI}(3l-a)$

(续)

序号	梁的简图	挠曲线方程	端截面转角	最大挠度
④		$y=-\dfrac{qx^2}{24EI}(x^2-4lx+6l^2)$	$\theta_B=-\dfrac{ql^3}{6EI}$	$y_B=-\dfrac{ql^4}{8EI}$
⑤		$y=-\dfrac{Mx}{6EIl}(l^2-x^2)$	$\theta_A=-\dfrac{Ml}{6EI}$ $\theta_B=\dfrac{Ml}{3EI}$	$x=\dfrac{l}{\sqrt{3}}$ $y_{\max}=-\dfrac{Ml^2}{9\sqrt{3}EI}$ $x=\dfrac{l}{2}$, $y_{\frac{l}{2}}=-\dfrac{Ml^2}{16EI}$
⑥		$y=\dfrac{Mx}{6EIl}(l^2-3b^2-x^2)$ $(0\leq x\leq a)$ $y=\dfrac{M}{6EIl}[-x^3+3l(x-a)^2+(l^2-3b^2)x]$ $(a\leq x\leq l)$	$\theta_A=\dfrac{M}{6EIl}(l^2-3b^2)$ $\theta_B=\dfrac{M}{6EIl}(l^2-3a^2)$	
⑦		$y=-\dfrac{Fx}{48EI}(3l^2-4x^2)$ $\left(0\leq x\leq \dfrac{l}{2}\right)$	$\theta_A=-\theta_B=-\dfrac{Fl^2}{16EI}$	$y_{\max}=-\dfrac{Fl^3}{48EI}$
⑧		$y=-\dfrac{Fbx}{6EIl}(l^2-x^2-b^2)$ $(0\leq x\leq a)$ $y=-\dfrac{Fb}{6EIl}\left[\dfrac{l}{b}(x-a)^3+(l^2-b^2)x-x^3\right]$ $(a\leq x\leq l)$	$\theta_A=-\dfrac{Fab(l+b)}{6EIl}$ $\theta_B=\dfrac{Fab(l+a)}{6EIl}$	设 $a>b$, $x=\sqrt{\dfrac{l^2-b^2}{3}}$ 处 $y_{\max}=-\dfrac{Fb\sqrt{(l^2-b^2)^3}}{9\sqrt{3}EIl}$ 在 $x=\dfrac{l}{2}$ 处, $y_{\frac{l}{2}}=-\dfrac{Fb(3l^2-4b^2)}{48EI}$
⑨		$y=-\dfrac{qx}{24EI}(l^3-2lx^2+x^3)$	$\theta_A=-\theta_B=-\dfrac{ql^3}{24EI}$	$y_{\max}=-\dfrac{5ql^4}{384EI}$
⑩		$y=-\dfrac{Fax}{6EIl}(l^2-x^2)$ $(0\leq x\leq l)$ $y=-\dfrac{F(x-l)}{6EIl}[a(3x-l)-(x-l)^2]$ $(l\leq x\leq (l+a))$	$\theta_A=-\dfrac{1}{2}\theta_B=\dfrac{Fal}{6EI}$ $\theta_C=\dfrac{Fa}{6EI}(2l+3a)$	$y_C=-\dfrac{Fa^2}{3EI}(l+a)$
⑪		$y=-\dfrac{Mx}{6EIl}(x^2-l^2)$ $(0\leq x\leq l)$ $y=-\dfrac{M}{6EI}(3x^2-4xl+l^2)$ $(l\leq x\leq (l+a))$	$\theta_A=-\dfrac{1}{2}\theta_B=\dfrac{Ml}{6EI}$ $\theta_C=-\dfrac{M}{3EI}(l+3a)$	$y_C=-\dfrac{Ma}{6EI}(2l+3a)$

（2）叠加法　实际问题中的载荷未必都是单一的载荷，但所谓的"复杂载荷"，一般是几种简单载荷的同时作用。在梁内的最大应力不超过材料比例极限的条件下，组成该复杂载荷的各个简单载荷所分别引起的变形，仍可用查表法求得；然后简单叠加，其代数和就是复杂载荷作用下的弯曲变形值。

例 4-3　简支梁在跨中 C 点受到集中力 F 的作用，如图 4-6 所示，求两端点 A、B 处的转角 θ_A、θ_B 和 C、D 两截面处的挠度 y_C、y_D。（本例题及例 4-4 的目的在于练习运用查表法及叠加法，因此梁的参量如 l、EI 等具体数据未列出，以省略纯粹的数字运算。）

解　现用查表法解这个例题。

1）A、B 两截面的转角可直接从表 4-1 的序号⑦一栏查出：$\theta_A = -\theta_B = -\dfrac{Fl^2}{16EI}$

2）跨中 C 截面的挠度正是此梁的最大挠度，也可直接查得：$y_C = -\dfrac{Fl^3}{48EI}$

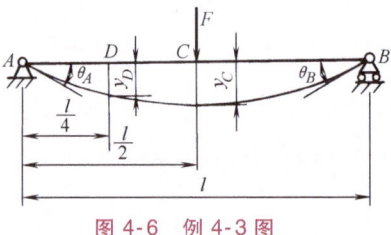

图 4-6　例 4-3 图

3）将 D 点的坐标 $x = l/4$ 代入该栏的挠曲线方程，可得到 D 点的挠度 y_D：

$$y_D = \frac{-F(l/4)}{48EI}[3l^2 - 4(l/4)^2] = \frac{-11Fl^3}{768EI}$$

例 4-4　简支梁的受力情况如图 4-7a 所示。求 A 截面的转角 θ_A 和跨中 C 截面的挠度 y_C。

解　现用叠加法解这个例题。

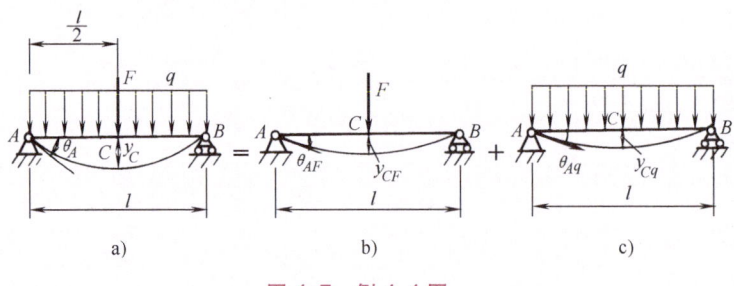

图 4-7　例 4-4 图

图 4-7a 的情况可看成图 4-7b、c 两种情况的相加。两种情况的变形量可从表 4-1 中的第⑦栏和第⑨栏查出

$$\theta_{AF} = -\frac{Fl^2}{16EI} \qquad \theta_{Aq} = -\frac{ql^3}{24EI}$$

$$y_{CF} = -\frac{Fl^3}{48EI} \qquad y_{Cq} = -\frac{5ql^4}{384EI}$$

叠加后得到本题答案（在梁内最大应力不超过材料比例极限的条件下）

$$\theta_A = \theta_{AF} + \theta_{Aq} = -\frac{Fl^2}{16EI} - \frac{ql^3}{24EI}$$

$$y_C = y_{CF} + y_{Cq} = -\frac{Fl^3}{48EI} - \frac{5ql^4}{384EI}$$

例 4-5 某游乐场要为"软着陆游戏"设计一平台跳板，跳板可视为一悬臂梁，采用尼龙材质，弹性模量 $E=1.6\text{GPa}$，悬跨长度 2500mm，跳板宽度 600mm，如图 4-8a 所示。要求游戏者的蹬跳力为 $F=1600\text{N}$ 时，跳板前端产生约 400mm 的下挠变形量（变形量太小，缺乏趣味；变形量过大，有的人会恐惧），试根据这一要求确定跳板的厚度 h。

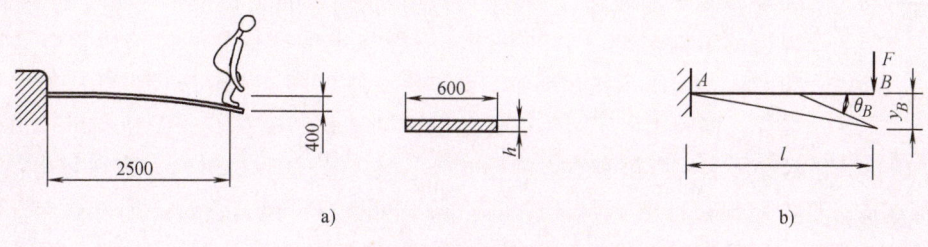

图 4-8 例 4-5 图

解 1) 这是悬臂梁梁端受集中力作用在作用点产生挠度的问题，可用查表法求解，用到表 4-1 的第②栏，将该栏的表图（图 4-8b）与图 4-8a 进行对照，有关参数的数值为：集中力 $F=1600\text{N}$，悬跨长度 $l=2.5\text{m}$，材料弹性模量 $E=1.6\text{GPa}$，梁端的挠度 $y_B=-400\text{mm}$，跳板矩形截面的宽度 $b=0.6\text{m}$，待求高度为 h，由表 3-3 知，此梁的惯性矩为 $I=bh^3/12$。

2) 由表 4-1 的公式可得

$$y_B = -\frac{Fl^3}{3EI} = -\frac{Fl^3}{3E(bh^3/12)} = -\frac{4Fl^3}{Ebh^3}$$

于是有 $\quad h = \sqrt[3]{-\frac{4Fl^3}{Eby_B}} = \sqrt[3]{\frac{-4 \times 1600 \times 2.5^3}{1.6 \times 10^9 \times 0.6 \times (-400) \times 10^{-3}}}\text{m} \approx 6.4 \times 10^{-2}\text{m} = 64\text{mm}$

可见此尼龙跳板约取厚度为 $h=64\text{mm}$ 将可满足设计要求。

第二节 压杆的稳定性

一、压杆稳定的实例和概念

中国老百姓夙有"立柱顶千斤"的说法，意思是：立柱未必需要多粗，就能抗得住很大的压力。学习了前面的知识使我们知道：脆性材料的抗压性能远高于它的抗拉性能，而塑性材料更是即使受压到了屈服极限，也只是变形较大而已，并不破坏。这些知识给"立柱顶千斤"的合理性做了注解，也可加深对它的理解。

但"立柱顶千斤"是有条件的，就是柱子不能过细过长。细而长的柱子是支撑不了很大压力的。因为过于细长的柱子受压时易于弯曲，压力不立即撤消，细长柱子便会折断。

例如横截面积为 20mm×5mm，高 30mm 的小木块，设材料的抗压强度极限为 40MPa，容易计算出来，它将近能"抗住" 4000N（即大约 400kgf）的压力而不破坏。倘若横截面积不变，高度增加到 500mm，即半米，情况又如何呢？试一试，会发现压力加到约 300N（即大约 30kgf），仅及原来的 1/13～1/14，这根木条就会突然在扁窄的方向被压弯了，如图 4-9 所示。如果不立即撤消作用力，木条将被压弯而后折断。

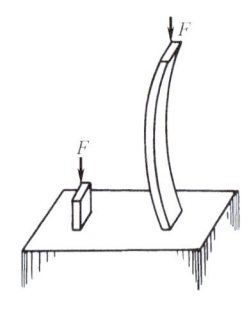

图 4-9 细长杆受压容易"失稳"

关键之点尤其在于：即使把木条调得相当直，压力也小心地沿木条的轴线施加，但突然压弯现象仍然难以避免。可见这种现象与前面所讲的轴向拉压强度问题的力学性质很不相同。细长杆受压突然弯曲，继而破坏的现象，称为压杆失去稳定性，简称压杆失稳。

早年对压杆失稳现象没有足够认识，设计钢桥时，细长受压弦杆按轴向压缩强度进行计算，车辆经过钢桥，弦杆受压突然失稳，导致整座大桥即刻坍塌破坏，数百人丧命。欧洲、北美都发生过这样的惨痛事例。现代的结构与产品中，需进行压杆稳定性计算的构件仍然常会遇到。例如图 4-10a 所示操作平台下的细高立柱，图 4-10b 所示设备托架的细长支撑杆，图 4-10c 所示往返式压缩机的细长活塞杆，以及螺旋千斤顶等。图 4-10d 是我国著名古迹北岳恒山悬空寺的照片，它使具有力学知识的人疑窦顿生："悬空寺下那些支撑杆如此细长，悬空寺靠它们支撑，能行吗？"但凡去过一趟悬空寺，便会疑云消散。到那里一问便知：全靠横插在山崖石壁里的一根根"悬臂梁"，把整个悬空寺支托了上千年。但这些悬臂梁紧贴在建筑的底部，不易看见，远望那寺庙像真是"悬空"的，部分游客便会因此望而却步。那些细长支撑杆虽不起任何支撑作用，却能让游客们因有这个"摆设"而放心了很多。

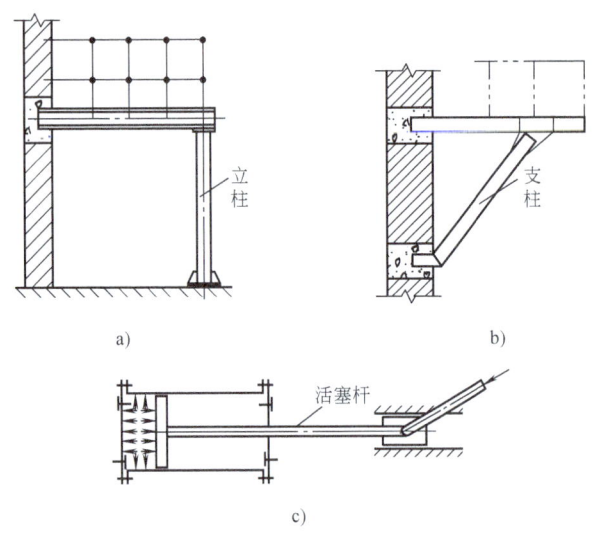

图 4-10 承载的和不承载的细长杆

失稳问题也会发生在薄壳、薄板、薄拱等类构件上。例如图 4-11a 所示的薄壁圆环（或薄壁容器），受均匀的外压较大时，会突然变扁导致破坏。图 4-11b 所示过于窄而高的梁，在只受铅垂向下横向载荷的情况下却突然侧偏而损坏。图 4-11c 所示的薄拱，在均匀受载时会突然扭曲破坏。前面曾说过受扭构件空心圆轴比实心圆轴合理，但若管壁过薄，受扭时会突然发生管壁的皱折破坏，也属于失稳现象。

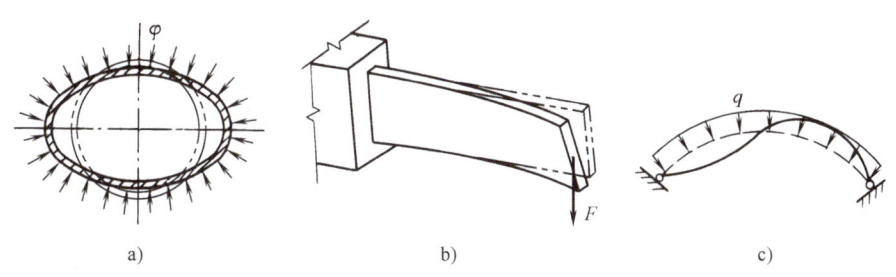

图 4-11 薄壁构件的失稳现象

二、提高压杆稳定性和杆件弯曲刚度的措施

前已述及,压杆稳定性与轴向压缩强度属于不同性质的力学问题。实际上压杆失稳的关键在于直杆的被压弯,其本质是刚度即弯曲变形问题。因此,提高压杆稳定性的措施与提高杆件弯曲刚度的措施基本是一致的。两者的差别在于:一个是"柱",一个是"梁"。柱受的是轴向载荷;梁受的是横向载荷。合理安置横向载荷的位置,能减小梁的弯曲变形;而对柱没有意义。此外对梁和柱在结构上能采取的实际措施,也有所不同。

1. 选择合理的截面形状,提高截面的惯性矩 I

在表 4-1 的所有计算式中,分母里都有参量惯性矩 I。这说明,各种情况下,弯曲变形量都与截面惯性矩 I 成反比。所以,惯性矩 I 大,弯曲变形就小,弯曲刚度就高。对柱子(压杆)来说也同样,惯性矩 I 加大,稳定性就提高。

让材料较多地分布在离截面中性轴距离远些的位置,是提高惯性矩的基本方法。例如图 4-12c、d 所示的空心方管、圆管就优于图 4-12a、b 所示的实心棒材。各种型材,例如工字钢、槽钢等,都具有较高的惯性矩,有利于提高杆件弯曲刚度和压杆稳定性。实际应用中,还应注意一些结构性的差别。例如,把两根槽钢缀接成图 4-12f 所示的形状,对中性轴 z 的惯性矩 I_z 较大,对中性轴 y 的惯性矩 I_y 却较小;而受压的柱子因 I_y 较小仍然容易在相应方向失稳。所以缀接成图 4-12e 所示的形状,使截面的 $I_y \approx I_z$,从防止压杆失稳来说才更为合理。

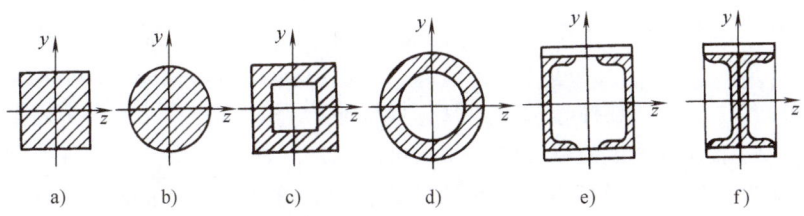

图 4-12 截面惯性矩对弯曲刚度和压杆稳定性的影响

2. 改善支座情况

1)从提高杆件弯曲刚度和压杆稳定性来说,固定端最佳,铰支座次之,自由端最差。但支座形式常由结构其他条件所决定,未必都能按弯曲刚度和压杆稳定性要求来自由选择。

2)如果可能,应增加支座数量,缩短支座间的距离(对梁而言是缩短跨度)。例如,在图 4-13a 所示受均布载荷简支梁的跨中增加一个铰支座,成图 4-13b 所示形式,最大挠度可降至原来的 1/16(读者可利用表 4-1 对此结论进行计算验证),差别很大。对于压杆,情况是类似的:如图 4-13c 所示的顶杆,在杆的中部增加一个中间支座,此顶杆能承受的轴向压力将提高很多倍。

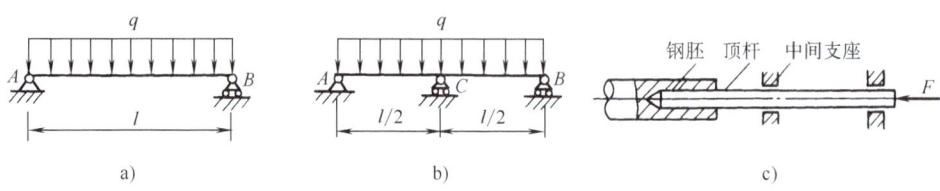

图 4-13 增加支座,提高弯曲刚度和压杆稳定性

3. 材料的合理利用

影响弯曲刚度和压杆稳定性的材料性能参量是弹性模量 E,而与材料的强度参量(屈服强度或抗拉强度)没有直接关系。优质合金钢的强度比普通钢材高很多,但两者的弹性模量却相差无几,所以,为提高构件的弯曲刚度或压杆稳定性而采用价格昂贵的优质合金钢是不合理的。另一方面,拿尼龙与钢材对比,两者的强度相差不过几倍而已,但弹性模量却相差几十以至一百多倍(参看例 4-2),可见用尼龙来制作以强度要求为主的构件,能够有效发挥尼龙重量轻、耐腐蚀等优点;但对以弯曲刚度或压杆稳定性要求为主的构件,尼龙就不合适了。在选材用材中是否善于"扬长避短",是衡量设计水准的重要方面。

4. 合理安置载荷

如果可能,将载荷分散安置和尽量让载荷靠近支座,都有利于减少弯曲变形。这只适用于梁。至于柱子,载荷总是轴向的,让载荷尽量通过横截面形心,减少偏心量,能提高压杆的稳定性。

第三节 动载荷与动应力

一、动载荷的概念与常见类型

1. 动载荷及其对设计的影响

在本书第一章开头,对于图 1-5 所示的钢管椅,曾经讲到人猛然往钢管椅坐下时会产生冲击作用,比人慢慢坐下和静坐在上面时,使钢管椅的受力明显增大,这就是动载荷的实际例子。人静坐着或慢慢坐下来,加在椅子上的是静载荷,在静载荷作用下钢管椅内产生静应力;人猛然坐下去,在动载荷作用下钢管椅内产生动荷应力,简称动应力。

生产活动与生活中的载荷,常或多或少具有动载荷的性质,设计中必须顾及动载因素的影响。同学们来到教室里的座位前,怎么可能总是又慢又轻地坐下去呢?对仓库货架上的物重虽有规定,但设计者必须考虑到,往货架上堆放货物时形成的"动载荷"可能比货物重量标定值超出不少。细心的读者也许曾经对图 3-51(例 3-20)中把人体重量标为 1500N(约 150kgf)感到困惑。是啊,除了日本相扑选手,这么重的人实在是少得很!但是,一方面公共设施应该照顾到各种不同人群的安全,包括高大胖重者;另一方面还要考虑动载荷的影响,人在游乐设施上只要有所晃动,加在外伸梁端的力就将超过其静态体重。把两个因素综合起来,上述问题中的人体重量才比较适当地设定为 1500N。本书前面还有些例题里的数据设定,也包含着类似的考虑,不再一一解释。

2. 动载荷的常见类型

作用于构件的动载荷与相应的动应力,常见的有以下两种类型:

(1) 惯性力 例如用钢丝绳吊升重物,若重物匀速平稳提升,钢丝绳受静载作用。若使重物做加速度提升,则钢丝绳受动载作用,钢丝绳内产生动应力,如图 4-14 所示。显然，动应力大于相应的静应力。高速旋转的构件，离心力导致材料颗粒间产生的应力，也是惯性力引起的动应力。像砂轮、涡轮叶片等构件高速旋转中可能炸裂，就是因为这种动应力达到了材料的强度极限。

（2）**冲击载荷**　冲击载荷较常见，情况也很多样。落锤打桩、提升重物中钢丝绳突然卡住、传动轴突然制动、跳水运动员蹬板一跳、汽车撞上栏杆、重物从高处跌落到梁上、突发阵风吹向广告牌等。人猛然往钢管椅上一坐，也属于冲击载荷。

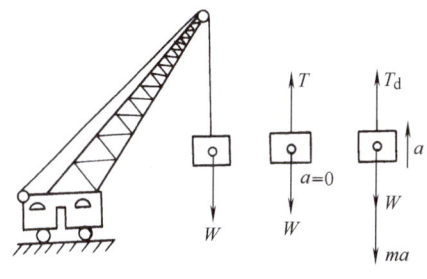

图 4-14　惯性力动载的实例

二、动载荷问题的一般计算方法

1. 动载荷与动应力的一般计算方法

动载荷及其强度问题，通常用与同类静载荷问题比照的方法进行计算。

此方法思路是：将动应力 σ_d 与相应的静载应力 σ 对比，其比值称为**动荷系数**，以符号 K_d 表示，即

$$K_d = \frac{\sigma_d}{\sigma} \tag{4-4}$$

或

$$\sigma_d = K_d \sigma \tag{4-5}$$

由于 $\sigma_d > \sigma$，所以动荷系数 $K_d > 1$。

若能求出动应力 σ_d，强度计算问题即可沿用静载强度计算的方法进行。动载荷作用下构件的强度条件是：最大动应力 σ_d 不超过材料的许用应力 $[\sigma]$，表达式为

$$\sigma_d = K_d \sigma \leqslant [\sigma] \tag{4-6}$$

或

$$\sigma \leqslant \frac{[\sigma]}{K_d} \tag{4-7}$$

这样，动载荷下强度计算问题的关键，便是如何求得或获得该问题下的动荷系数 K_d。

2. 动荷系数 K_d

动载荷的情况千差万别，不少情况下的动荷系数 K_d 需要具体分析或实测才能求得。例如汽车出事故撞到栏杆上了，由于此时的动载荷不仅取决于汽车的冲撞速度，还取决于汽车和栏杆撞击部位的刚度，刚度不同，动荷系数 K_d 也不同，不具体测出有关参数是无法确定的。设计手册中载有典型情况下的动荷系数 K_d 的数据，可供查阅参考。

但是，有几种典型、常见的动载荷，其动荷系数 K_d 是有理论计算公式的，既有实用价值，应用也简便，介绍如下（省略公式的推导）。

（1）等加速运动惯性力的动荷系数　该情况下动荷系数 K_d 的计算式为

$$K_d = 1 + \frac{a}{g} \tag{4-8}$$

式中，a 为构件运动的加速度，单位取 m/s²，方向与重力加速度相反时取正值；g 为重力加速度，$g = 9.8 \text{m/s}^2$。

（2）自由落体冲击力的动荷系数　重量为 W 的重物自由落体所产生的冲击力，其动荷系数的计算式为

$$K_d = 1 + \sqrt{1 + \frac{2h}{\delta_j}} \tag{4-9}$$

式中，h 为重物自由落体的高度；δ_j 为重物 W 以静载荷（在同一作用点以同样方式）加在构件上所引起的变形量。

(3) 突加载荷的动荷系数　突加载荷是自由落体冲击的特例：若重物自由落体的高度 $h=0$，就称为突加载荷。因此，将 $h=0$ 代入式（4-9）就得到了突加载荷的动荷系数

$$K_d = 2 \qquad (4\text{-}10)$$

突加载荷的动荷系数既简单又好记，但在实用上很有价值，因为突加载荷很常见。虽然这种情况下自由落体高度 $h=0$，但其力学效应比慢慢加上去的静载荷增加了一倍。例如起重机向载重汽车上卸物，重物基本放到车板上了，若起重机立即松钩，此时汽车的受力是重物静载作用的两倍。又例如图1-5那样的钢管椅，实际上人从一定高度跳落到椅子上去的情况很少见，所谓人"猛然坐上去"，也应该当作突加载荷来分析处理。因此其力学效应也接近于人静坐在椅子上的两倍。

以上式（4-8）、式（4-9）、式（4-10）的适用条件是：构件内的最大动应力不超过材料的弹性极限。

例 4-6　设图4-14中起重机起吊的是重量 $W=2.5\text{kN}$ 的建筑预制件，起吊提升中有加速度 $a=2\text{m/s}^2$，钢丝绳横截面积 $A=28\text{mm}^2$，钢丝绳材料的许用应力为 $[\sigma]=140\text{MPa}$，校核钢丝绳的强度。

解　本例属于等加速度惯性力动载荷问题，由式（4-9）得到动荷系数为

$$K_d = 1 + \frac{a}{g} = 1 + \frac{2}{9.8} = 1.2$$

由式（4-5）计算动应力

$$\sigma_d = K_d \sigma = K_d \frac{W}{A} = 1.2 \times \frac{2500}{28 \times 10^{-6}} \text{Pa} = 107.1 \times 10^6 \text{Pa} = 107.1\text{MPa}$$

对比结果：$\sigma_d < [\sigma]$，所以钢丝绳满足题述的动载强度要求。

例 4-7　钢制货架如图4-15a所示，两侧横档可视为简支梁，跨度 $l=1.2\text{m}$，横档为矩形钢管（截面尺寸见图4-15a），材料许用应力 $[\sigma]=160\text{MPa}$。考虑到搁放货物时是突加载荷，求在跨中搁放货物所允许的最大重量 G。

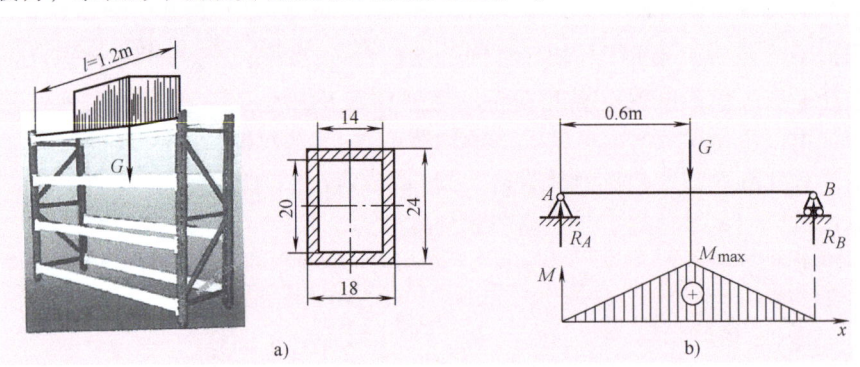

图4-15　例4-7图

解　1）突加载荷的动荷系数 $K_d=2$，本题中加于货架两侧横档的动载荷 $F_双$ 应为

$$F_双 = K_d G = 2G$$

单根横档所受的动载荷 $F_单$ 　　$F_单 = F_双/2 = G$ 　　　　　　　　　　（1）

2）简支梁跨中受动载荷 $F_单$ 时，横档内的最大弯矩（弯矩图见图4-15b，读者自行画出）

$$M_{d\max} = \frac{F_{\text{单}} l}{4} \tag{2}$$

相应的最大动应力及强度条件为 $\sigma_d = \dfrac{M_{d\max}}{W_z} \leq [\sigma]$ (3)

此横档横截面的抗弯截面模量为（参照第三章习题 3-25 图 3-82c 的解答）$W_z = 0.95 \times 10^{-6} \text{m}^3$ (4)

将式（1）、式（2）、式（4）代入式（3）得到 $\dfrac{F_{\text{单}} l/4}{W_z} = \dfrac{Gl}{4W_z} \leq [\sigma]$

因此得到 $G \leq \dfrac{4W_z [\sigma]}{l} = \dfrac{4 \times 0.95 \times 10^{-6} \times 160 \times 10^6}{1.2} \text{N} = 507\text{N}$

> **提示：** 从图 4-15a 看，货物放在货架横档上应该是一段分布载荷。但实际各种不同货物对应的载荷情况千变万化。分析中把它简化为一个作用于跨中的集中载荷进行计算。是偏于安全的合理处理方法。

第四节 应力集中现象和裂纹问题

一、应力集中现象

1. 应力集中现象的实例和概念

塑料拖鞋的开裂损坏，常开始于鞋帮前沿、后沿与鞋底的交接点。如果有锐角或直角的交接点，那么此处的开裂又比钝角或圆弧过渡更容易出现，如图 4-16a 所示。在鞋底，如果后跟与底掌是直角台阶的，在台阶根部也容易出现断裂。某品牌小型摄像机的手带，由一条短带粘接在长底带上形成套圈，如图 4-16b 所示。使用中，短带两端凸台下的底部，很容易开裂损坏。这些产品损坏的例子，都与应力集中有关。稍加注意就会发现，塑料用品的开裂损坏，也总出现于材料厚薄突变的交界处，以及结构转折、尖角等部位。可见应力集中问题在各种产品中很常见，应该关注。

前面讲过，等直杆受轴向拉压时，横截面上的应力是均匀分布的。但实际产品上的杆件，并不总是"等截面"的，在杆件上常会有孔（销孔、螺孔等），有沟槽、螺纹等，台阶形的杆件也很常见。这类杆件的某些部位，截面的形状和尺寸有急剧的改变。研究表明，在构件截面的形状、尺寸突变处的小范围内，应力值急剧增加，而离此稍远处，应力值就大为降低，并趋于均匀分布，这种现象称为应力集中。

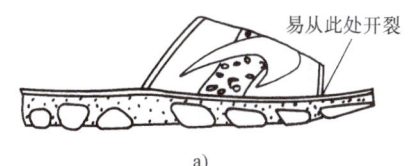

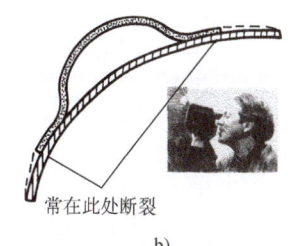

图 4-16 应力集中引起损坏的实例

例如，一块不太宽的板受轴向拉伸，板上有一个小孔，如图 4-17a 所示。那么在离小孔一定距离的 2—2 截面上，应力基本是均匀分布的，如图 4-17b 所示。而小孔所在位置的 1—1 截面上（即截面形状、尺寸突变区域），小孔边缘及其附近小范围内，应力大大高于平均值。离小孔稍远，应力便逐渐趋于平缓，如图 4-17c 所示，这就是应力集中现象。一根切有一圈浅槽的圆轴，在轴向拉伸中，槽圈所在的截面上也发生应力集中现象，如图 4-17d 所示。

2. 理论应力集中系数

应力集中的严重程度用理论应力集中系数来表示。应力集中的局部最大应力 $\sigma_{\max}$ 与该

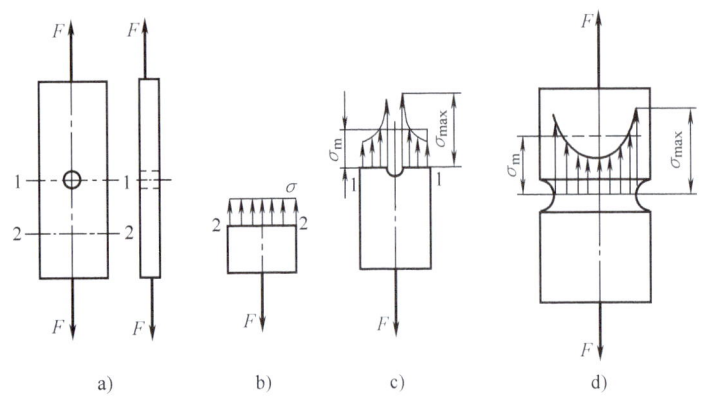

图 4-17 应力集中的概念

处的平均应力 σ_m 之比，称为理论应力集中系数，用希腊字母 α 表示，参看图 4-17c、d。

$$\alpha = \frac{\sigma_{max}}{\sigma_m} \quad (4\text{-}11)$$

引起应力集中的一些典型结构要素，诸如小孔、浅槽、螺纹、台阶等，其理论应力集中系数值，在有关设计手册中都可以查到。像图 4-17a、c 所示平板上有个小孔的情况，理论应力集中系数为 $\alpha \approx 3$。实际结构中的应力集中程度，不同程度地比理论应力集中系数小一些，但对于实用中分析问题，理论应力集中系数有重要的参考价值。

3. 应力集中的危害和消除方法

应力集中对于构件疲劳强度的影响是比较大的，在下一节中将做介绍。

静载下应力集中对于构件强度的影响，分塑性材料和脆性材料两种情况，有所不同。

对于塑性材料，一旦材料内局部最大应力达到该材料的屈服强度 σ_s，局部应力就不再继续攀升，应力集中现象也不再发展。因为对于塑性材料构件，局部应力达到屈服强度 σ_s 以后，随着外载的继续加大，只引起材料屈服的面积扩展，直至外载使整个截面上的应力都达到屈服强度 σ_s 时为止，这个过程如图 4-18a、b、c 所示。所以，理论上说，静载下，应力集中对塑性材料构件的强度并没有明显的影响。脆性材料因不产生材料屈服和塑性变形，应力集中的局部应力会持续上升，因此对强度的影响是明显的：构件在局部高应力区首先出现开裂破坏，继而裂痕扩展，有效截面面积缩小，从而导致整个构件的破坏（注：铸铁虽是脆性材料，但其材料内部的不均匀性，以及存在片状石墨等缺陷，引起应力集中的因素已存在于材料本身，铸铁的性能数据已经是包含应力集中因素的数据。因此，构件外形因素对其强度的影响也不明显。这是例外情况）。

工业及生活日用品的受力情况常常不是"静载"。例如图 4-16a 中的拖鞋，每走一步，鞋底鞋帮交接处都受力作用一次。图 4-16b 中的摄像机手带，也在使用中反复多次受力。所以，不能简单地认为它们是"受静载"作用的塑性材料制品，因而忽视其应力集中问题。相反，在设计中注意消除或缓解应力集中，具有普遍的意义。

<u>减轻应力集中的基本方法，是设计构件时，使截面尺寸的变化尽可能地平缓。</u>例如需要在构件上开槽时，尽量避免槽底有尖锐的尖角；有台阶的轴，尽可能加大凸肩处的过渡圆角半径，如图 4-19a 所示。如果不能避免小孔、凸肩处的尖角、尖槽底等构形因素，则可在有孔构件上孔的两侧各加钻一个小孔（称为"卸载孔"），如图 4-19b 所示。在凸肩、尖槽附近增开一个光滑的圆底槽（称为"卸载槽"），如图 4-19d 所示。这些方法都能减轻应力集中的程度。第三章的图 3-1a 也表示这个内容。

减小相邻两构件的刚度差别，也可减轻应力集中程度。例如图 4-19 上部小图 e 中的一根等粗的轴与轮毂压紧配合，由于轮毂尺寸大、刚度大，轴在与轮毂两侧面交接处应力集中就很严重。当此轴受图中所标弯曲力矩 M 的反复作用后，很容易在此处引起破坏。若适当加粗与轮毂配合那一段轴的直径，并在轮毂两侧也各开一圈卸载槽，如图 4-19 下部小图 c 所示，降低轮毂两侧面的局部刚度，使轮毂能顺应轴的变形而产生一定变形，即可有效缓和轴的应力集中程度。

再回到图 4-16 中拖鞋和摄像机手带容易损坏的问题，该怎样改进设计，减轻应力集中呢？对塑料拖鞋：一是从鞋底到鞋帮厚度变化要平缓，避免突然从很厚变得很薄；二是避免锐角、直角等尖角过渡，尽量采用大圆弧过渡。至于摄像机手带的问题，只要把短附带的端部延长一小段，且让这一小段逐渐减薄，如图 4-16b 中的虚线所示，这样，粘接到底带上以后，整个手带上没有凸台，手带从厚平滑过渡到薄，就能基本消除应力集中，不易断裂了。

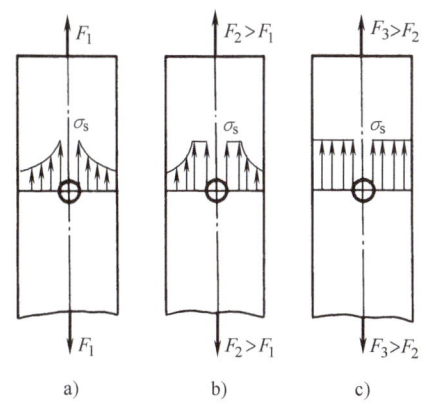

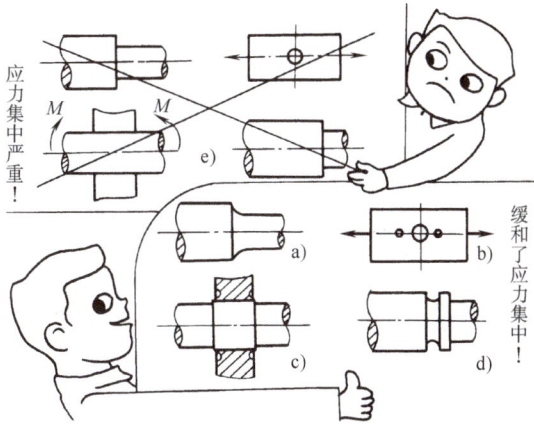

图 4-18 静载下，材料塑性对应力集中的缓解

图 4-19 减轻应力集中的方法

二、裂纹的危害和利用

1. 裂纹的危害和防范

材料中有缝隙，且其底部是锐利的尖角，称为裂纹。裂纹是引起截面形状尺寸急剧变化的极端形式，会造成很高的应力集中。存在裂纹的构件，在外载不大、构件整体应力比较低的情况下，在裂纹尖端出现很高的应力值，可能导致严重的断裂破坏。

裂纹引起的破坏有两个特点：第一个特点是"低应力"，即外载不大，构件中整体应力值不高，似乎还不该破坏的情况下发生了破坏；第二个特点是"突发性"。因为在裂纹尖端的缓慢扩展之时，构件整体并无明显变形，不易察觉；而裂纹一旦"失稳扩展"，便瞬时间突然造成破坏，常发生在人们毫无戒备之时。20 世纪中叶，由于裂纹引起的灾难性破坏，在人类工程史上留下了惊心动魄的黑色记录。1943 年冬，比利时刚建成的哈塞尔特大桥，突然爆发巨响，大桥顿时断成三截。在 1938~1943 年间，约有 40 座焊接钢桥发生了类似的事故。第二次世界大战期间，美国约有 700 艘焊接自由轮出现过各种断裂事故，有的是在平静的海面上突发轰隆巨声，巨舰即刻断成两截，场面令人惊恐不已。1948~1965 年间，仅英、美两国就连续发生 20 余起疲劳裂纹扩展引起的飞机失事事故，包括机尾脱落、机翼根部折断等。其中最著名的是 1954 年英国两架"彗星—Ⅰ"号喷气式客机在航行中的炸毁，机内乘客与机组人员全部丧生。除了这些记录在案的大事故以外，小事故更加不胜枚举。即使在当今，社会设施、工业机械、生活用品中可能隐藏的裂纹，仍是潜在的祸端，必须给予重视。例如游乐场内游乐器械的焊接支架、缆车挂钩、机座底架、机器与车辆中的曲轴等构件，它们的焊缝、弯边的尖角和内角、孔的边缘、方孔的尖角等都是应重点注意的部位。

裂纹事故促使一门力学分支——断裂力学从 20 世纪五六十年代开始了蓬勃的发展。防范裂纹事故的方法，从材料方面，是提高材料的韧性，采用具有止裂特性的材料，例如多层板、带有多方向增强纤维的复合材料等。从设计和工艺方面，则是正确确定构件形状，严格控制焊接、浇注、锻造、冲压、弯边弯角等加工工艺，避免出现裂纹。还可以在容易出现裂纹的部位采取补充增强措施。有关的详细论述，超出了本教材的范围。这里举出一两个有意思的止裂方法实例，也许具有一定的启发性。裂纹要防范，而一旦发现了裂纹，却未必一定要报废掉这个构件。例如一根大型汽轮机主轴，造价很高，检查出了小裂纹，不加处理继续使用，是非常危险的。但是若将小裂纹磨去，然后再将表面打光，就有可能大大延长它的使用寿命（要经过分析计算的论证）。这就像日常生活中一块塑料布出现了小裂口,很容易从裂口扩展开去,但只要以一个圆弧线把小裂口剪去,塑料布就能继续使用一样。中国乡间鼓乐队里少不了有铜锣,如果铜锣有了细小的裂纹,敲起来裂纹尖端的扩展是很快的,要不了多久,铜锣就没用了。对此中国老百姓自有"高招":一旦发现细小裂纹,马上在裂纹尖端钻一个小圆孔。……多么精妙的止裂创意和实践啊!

2. 裂纹的利用

创造性思维中有一条叫"逆向思维"。构件中的裂纹那么可怕,是否能"反其道而用之"呢?越是可怕的事物,也许越有神奇的功能。事实正如此,裂纹确实能作为人们的好帮手,为人们提供某种"优质服务"。

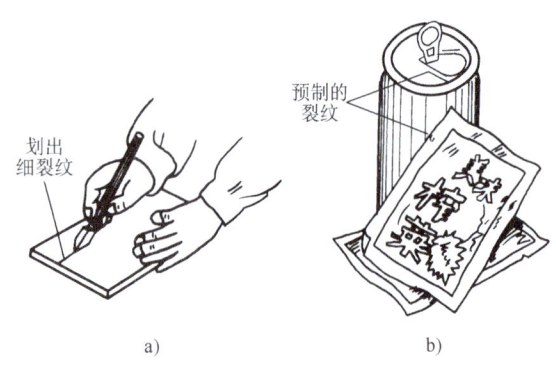

图 4-20 裂纹利用举例

玻璃、瓷砖又硬又脆,可是只要用玻璃刀、瓷砖刀比着尺子在上面一划(图4-20a),轻轻一磕,就整齐地按要求裁下来了。靠什么?靠的就是裂纹。不然裁切玻璃、瓷砖这类又硬又脆的东西还真不容易。玻璃刀、瓷砖刀头上嵌着一粒比米粒还小的金刚石,金刚石极硬,其尖棱在玻璃或瓷砖表面一划就划出了一道沟纹,虽浅,肉眼甚至看不太清,但细而尖锐,基本符合力学中所说"裂纹"的特征。划完后这"一磕",力学上就叫施加了"外载",于是玻璃、瓷砖里的裂纹"失稳扩展",理论上的扩展速度是声速量级的,每秒几百米,怪道"啪"的一声,玻璃、瓷砖就裁开了,声响那么脆。日用品中,像饮料易拉罐、食油罐、装方便面、榨菜等酱菜的塑料食品袋中,也用到了"裂纹技术":易拉罐的柳叶形孔口因为有预制的沟纹,所以用指环一拉就开。塑料食品袋一侧有个尖锐的小缺口,在此一撕就开(图4-20b)……在工业生产中,还有石料的开采切割、高效的"应力断料机"、爆破与裂纹的结合等,难以细说。这里只举一个简单易懂的例子:当钢板太厚,冲压机的功率不够时,只要预先切割出一条尖底的槽(这是比较容易做到的),就能用小机器冲断厚钢板,使问题迎刃而解了。日常生活里,有的人买了猪棒骨回家,下锅时嫌长,想把它敲断。但是猪棒骨又硬又结实,敲得实在费劲。如果这时想到了"请裂纹帮忙",用薄锯条在棒骨一侧轻松地锯出一条口子,然后只一敲,"叭"一声就解决了问题。

第五节　交变应力与疲劳强度简介

一、交变应力的实例与概念

要弄断一根钢丝或铝丝,不用工具只用手,通常只能一正一反进行多次反复的弯折才行。当钢丝往上凸弯时,钢丝上边缘的材料受拉、下边缘的材料受压;反过来,钢丝向下凸弯时,钢丝上边缘的材料变成受压、下边缘的材料变成受拉,如图 4-21a 所示。因此,在钢丝反复弯折的过程中,钢丝上一点(例如上边缘的点、下边缘的点等)的材料,经历受拉→受压→受拉→受压→……的变化,即该点所受的弯曲应力经历正→负→正→负→……的变化过程。由于应力值是连续渐渐变化的,以时间 t 为横坐标,弯曲正应力 σ 为纵坐标,可画出钢丝上一点的应力随时间变化的"σ-t"

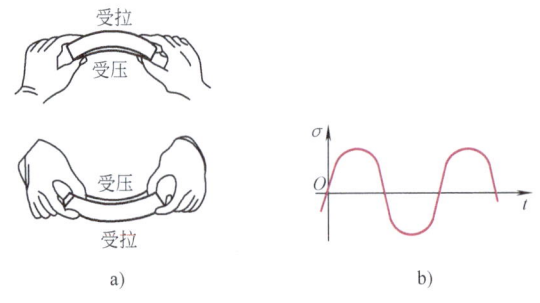

图 4-21 交变应力与 σ-t 曲线

曲线，如图 4-21b 所示。

材料承受随时间多次反复变化的应力，称为交变应力。

再看图 4-22 中的齿轮。齿轮在传动中每旋转一圈，它上面的轮齿就像悬臂梁那样在啮合中受力一次。图 4-22a 所示齿根部位某点 A 处的应力，经历从零开始逐渐从小到大、又从大到小到零这样一个变化过程。齿轮连续地工作，A 点承受的应力就不断重复上述过程，其 σ-t 曲线如图 4-22b 所示。

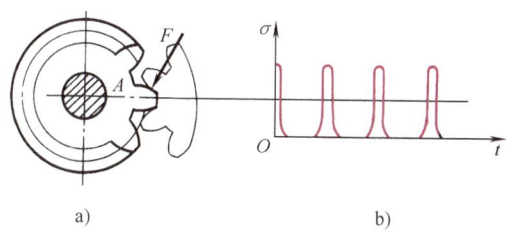

图 4-22 轮齿工作中的交变应力及 σ-t 曲线

机电产品、社会设施、生活用品中，构件材料承受交变应力的情况很多见、很普通。例如图 4-16a 所示的塑料拖鞋，穿着它每走一步，鞋帮鞋底的交接点就受力一次，鞋底经历一次弯曲变形的过程，长时期内其材料受着交变应力的作用。人往钢管椅上每坐下一次、键盘上的按键每被敲击一次、桥梁上每过一次车、汽车下的大梁每承受一次颠簸、搅拌机每调换一次旋转方向、发动机气缸里每一次燃气点火引爆、……，都使相应的构件承受一次应力的增减变化，从长期看，这些构件承受的都是交变应力。

二、疲劳破坏问题简介

1. 疲劳破坏的特点

构件在交变应力作用下发生的破坏，称为疲劳破坏。还以塑料拖鞋为例，有的新拖鞋穿了三两个月没有开裂，继续照老样穿着走路，并未加大它的受力，但也许半年一年以后就开裂损坏了。这说明除了作用力大小以外，外力作用的次数多了也会对材料破坏起作用。可见疲劳破坏与静载引起的破坏有明显的不同。概括起来，疲劳破坏有以下三个主要特征：

1）在最大应力低于材料的抗拉强度，甚至低得多时，就发生断裂破坏。应力集中现象在疲劳破坏中影响显著。

2）塑性材料构件和脆性材料构件一样，在无明显塑性变形的情况下，就突然地发生脆性断裂。因为断裂前不易察觉其征兆，具有突发性，所以疲劳破坏的危险性大。

3）疲劳破坏的断口有独特的形态：具有光滑区和颗粒状粗糙区两个明显不同的区域。在光滑区内，有时可以看到与贝壳上的纹线相似的弧形曲线，称为"贝壳纹"。这些弧形曲线的中心处，就是裂纹的起源点，称为"裂纹源"。典型疲劳破坏断口的形态如图 4-23 所示。

2. 疲劳破坏发生的过程

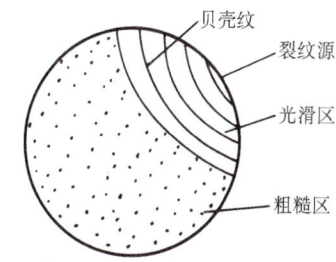

图 4-23 典型疲劳破坏断口的形态

疲劳破坏在最大应力低于（甚至远低于）材料强度极限的条件下发生，历史上曾有人认为是材料经外力长期反复作用而"疲劳""变质""变脆"的结果。后来的研究否定了这种说法，但"疲劳破坏"这个名词却沿用至今。疲劳破坏形成的过程大体是这样的：由于构件外形有突变，或材质不均匀、表层有刀纹、划伤等缺陷，受力中会存在应力集中或应力值较高的局部。在交变应力作用下，高应力点会出现微细的裂纹，这就是裂纹源。裂纹源形成后，因裂纹尖端的应力集中严重，在交变应力作用下，裂纹逐渐扩展。裂纹扩展使有效截面不断削弱，到一定程度，就突然发生脆性断裂。裂纹逐渐扩展阶段，裂纹的两侧面在交变应力作用下，时而互相压紧，时而互相分开；或反复正反向错动研磨，形成了断口的光滑区。交变应力连续作用一段时间，又停止一段时间（通常如此），便是贝壳纹的成因。而断口的颗粒状粗糙区，则是突然脆断时形成的。

3. 提高疲劳强度的方法

构件的疲劳强度指构件抵抗疲劳破坏的能力。总括疲劳破坏的起因，是构件中存在局部的高应力区，尤其是应力集中导致的局部高应力。因此提高构件疲劳强度的主要方法是：在构件外形设计中消减引起应力集中的因素。

习题与作业

4-1　阶梯形杆件受轴向力作用如图 4-24 所示，$F_1 = 42\text{kN}$，$F_2 = 18\text{kN}$，$L = 800\text{mm}$，横截面面积 $A_1 = 100\text{mm}^2$，$A_2 = 50\text{mm}^2$，材料的弹性模量 $E = 200\text{GPa}$，求杆的总伸长量 Δl。

4-2　气缸盖螺栓的尺寸如图 4-25 所示，已知螺栓承受预紧力 $F = 28\text{kN}$，材料的弹性模量 $E = 210\text{GPa}$，求螺栓的伸长量 Δl（两端的螺纹部分不考虑）。

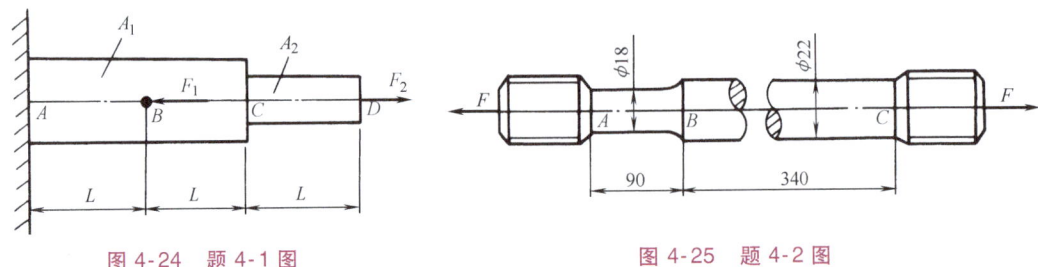

图 4-24　题 4-1 图　　　　　　　图 4-25　题 4-2 图

4-3　拉伸试验钢试件的直径 $d = 10\text{mm}$，在标距 $l = 120\text{mm}$ 内的伸长量为 $\Delta l = 0.06\text{mm}$（参看第三章图 3-8），钢的弹性模量 $E = 200\text{GPa}$，问：此时试件截面上的应力 σ 是多大？试件所受的拉力 F 是多大？

4-4　钢制输入轴如图 4-26 所示，由带轮输入的功率为 $P = 4\text{kW}$，轴的转速 $n = 150\text{r/min}$，轴的直径 $d = 30\text{mm}$，轴长 $l = 600\text{mm}$，材料的切变模量 $G = 80\text{GPa}$，求满功率工作时该轴的扭转角 φ。

4-5　题 3-32 图 3-89 中曲拐 AB 轴的切变模量 $G = 80\text{GPa}$，求在力 $F = 2\text{kN}$ 的作用下 AB 轴的扭转角 φ，并计算由 AB 轴扭转变形所引起曲拐外端 C 点的下降位移 y。

4-6　简支梁受均布载荷如图 4-27 所示，实心圆截面梁的直径 $D = 40\text{mm}$，材料的弹性模量 $E = 200\text{GPa}$，求梁的最大挠度 $y_{\max}$ 和梁的端截面转角 θ_A、θ_B。

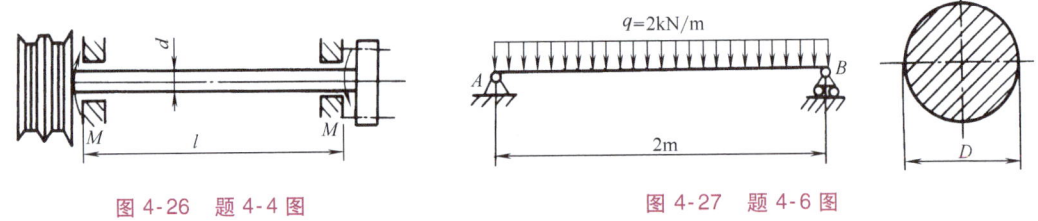

图 4-26　题 4-4 图　　　　　　　图 4-27　题 4-6 图

4-7　跳水台的跳板可视为悬臂梁，材料的弹性模量 $E = 6\text{GPa}$，尺寸如图 4-28 所示，女跳水运动员体重 $G = 460\text{N}$，求运动员站在跳板外端时在该点引起的挠度 y。

4-8　用叠加法求图 4-29 所示 AB 梁的最大挠度 $y_{\max}$ 和最大转角 $\theta_{\max}$。

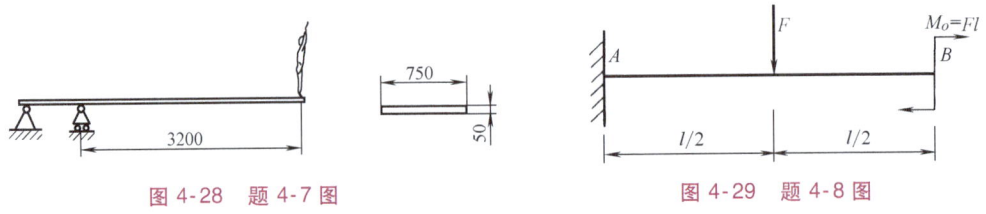

图 4-28　题 4-7 图　　　　　　　图 4-29　题 4-8 图

4-9　简支梁结构尺寸、截面尺寸及受载位置如图 4-30 所示，已知载荷 $F = 15\text{kN}$，材料的弹性模量 $E = 200\text{GPa}$，用叠加法求此梁的最大挠度 $y_{\max}$ 和 A 截面的转角 θ_A。

4-10　悬臂梁的长度 $l = 3\text{m}$，受载荷作用如图 4-31 所示，材料弹性模量 $E = 200\text{GPa}$，限定的最大挠度 $y_{\max} = 10\text{mm}$，求梁应具有的最小惯性矩 I。

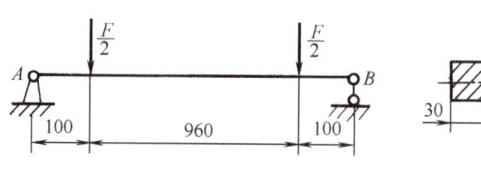
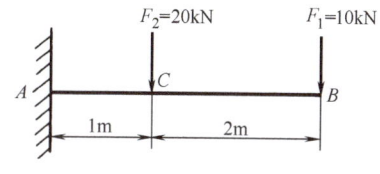

图 4-30 题 4-9 图

图 4-31 题 4-10 图

4-11 凸轮轴的尺寸如图 4-32 所示，凸轮轴的许可挠度为 $[y]=0.05$mm，已知轴的弹性模量 $E=200$GPa，外载荷 $F=1.6$kN，轴的直径 $d=32$mm，校核此轴的弯曲刚度。

4-12 电梯钢丝绳以加速度 $a=5$m/s^2 提升载人厢屉，每根钢丝绳的承重为 $G=2.5$kN，钢丝绳的横截面积 $A=60$mm^2，考虑存在其他不安全因素，钢丝绳取低值许用应力 $[\sigma]=80$MPa，试校核钢丝绳的强度。

4-13 在题 4-7 的图 4-28 中，若女跳水运动员从高度 $h=600$mm 落到跳板上，试求：

1) 运动员自由落体引起的动荷系数 K_d。

2) 运动员跳水时在跳板外端引起的最大挠度 y_d。（假设最大动应力不超过材料的弹性极限。题 4-7 的答案为 $y=107.2$mm。）

4-14 桥式起重机的梁 AB 跨度 4m，设在距右端 B 点 1.5m 处钩住重 $G=6$kN 的重物后，对重物的支托突然撤去，使梁承受突加载荷性质的动载作用，如图 4-33 所示。此梁由 14 工字钢制成，抗弯截面模量为 $W_z=102$cm^3，求梁内的最大动应力 σ_{dmax}。

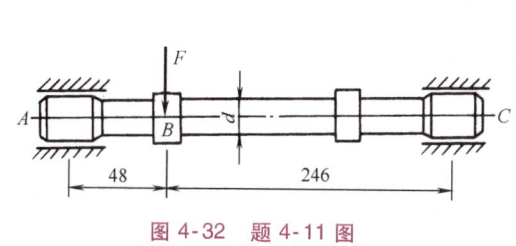
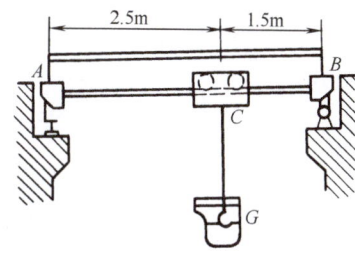

图 4-32 题 4-11 图

图 4-33 题 4-14 图

第一篇 《工程力学基础》篇后语

设计专业的学生怎样解读力学公式——从张飞的虎须谈起

《三国演义》描写张飞是"豹头环眼，燕颔虎须"（图 H-1），但这跟工程力学有什么关联吗？胡须头发从皮肤里伸出来，从力学来看，就是一根根的悬臂梁。张飞的胡须像虎须那样挺挺地翘着，表明张飞脸上那些悬臂梁的刚度特别高。那么原因何在呢？影响梁弯曲刚度的因素咱们已经学过，无非材质和尺寸两个方面。材料方面是它的弹性模量，张飞胡须的"材质"和常人不会有太大差别；即使有一些，对胡须刚度的影响也有限。于是合理的推断只能是：作为圆截面的悬臂梁，张飞胡子的直径可能比常人粗。若进一步来考究一下胡子粗细对刚度影响有多大，那么查看一下表 4-1 中计算弯曲变形量的公式便可了然。表 4-1 中所有计算式（包括第①栏悬臂梁的变形计算式）的分母中都包含了一个参量——梁横截面的惯性矩 I。这说明各种情况下的弯曲变形量，都和其惯性矩 I 成反比。而圆截面的惯性矩，在表 3-3 中也已经给出：$I \propto 0.05d^4$。可见圆截面梁的变形量与梁直径的 4 次方成反比。这就是说，倘若张飞胡子的直径为常人的 2 倍，同样受力情况下产生的变形量将降到常人的 1/16（$2^4 = 16$）；按习惯的说法，就是张飞胡子的刚度是常人的 16 倍！即使张飞胡子直径只是常人的 1.5 倍，其刚度也可达常人的约 5 倍（$1.5^4 = 5.0625$）。——这样，关于张飞的"虎须挺挺的"，就从材料力学公式里得到了较为合理的解释。

图 H-1　燕颔虎须的张飞

张飞惯使一条丈八蛇矛，矛尖直取魏、吴大将的咽喉，受的是轴向载荷，属细长杆，可能发生的问题是失稳侧弯。为避免压杆在某一方向更易发生侧弯，横截面在各个方向上应该具有相同的惯性矩，当然首选圆截面。作为对比，刘备擎双锋剑，以劈为主，剑的受力形式为弯曲，外力主要沿剑面的方向，所以连手柄也是椭圆截面的；椭圆的长轴与剑面平行，有利于承受该方向的横向力。现代出土的矛和剑，其形制与上述无异，因此大哥、三弟的兵器可放下不表。唯老二关羽的青龙偃月刀略存疑问：刀也以劈砍为主，受弯曲载荷，那青龙偃月刀的长柄也应该做成椭圆截面才好。但关帝庙里、戏剧舞台上关爷刀的长柄却全是圆截面的，这就不免使人产生力学和历史两方面的疑惑：因为早在关帝爷降生之前几百年，距今 2400 多年前的战国初期，我国最早的科技汇编名著《考工记》中已经提出，用来刺杀的兵器，握柄的截面宜为圆形；用来劈砍钩杀的兵器，握柄截面应呈椭圆。关老爷宝刀的握柄形状，还涉及设计专业学生更应关注的其他问题：用来劈砍钩杀的刀斧剑戟等兵器，在使用中是有方向性的，采用椭圆握柄，不但受力合理、不易转动，尤其能让将士凭手感便知刀刃钩头的方向，非常有利于避免搏杀中精力的分散，这不是优秀人机工程设计的典范么？

在本书第一篇的有限篇幅里，提供给学生的工程力学基础知识可以说是"最低限度"而已。但如果学生把这些基础知识学好了、融会掌握了，定会受益匪浅。因为你举目所及，将会处处发现力学问题，其中不乏趣味也不乏启发性。伸出自己的手，你看到指甲呈弧盖形（图 H-2a），应该会问：为什么指甲长成弧盖形而不是平板形呢？力学已经告诉过你：弧盖形横截面的惯性矩 I 大、抗弯截面模量 W 也大。如果是平板形，别说用指甲干点什么活会成问题，说不定在洗头、挠痒之际指甲就会产生很大的弯曲变形甚至弯断了。兽爪、鹰爪、鸡爪都比人的指甲弧度大（图 H-2b），这是生存在自然环境下的需要。原始人类的指甲肯定比现代人的弧度更大。这些思考对器物设计不是有所启发、提供了借鉴吗？动物的骨骼，都是中空结构，为什么？已经讲过，同等重量的中空结构抗弯性能比实心结构好。从昆虫的翅膀、飞禽的羽毛、蜘蛛的结网到植物中的树干、树枝、叶脉、藤蔓、稻杆、麦秸、竹节……生物形态中蕴涵的力学内容极为丰富。虽然透彻掌握其中奥妙并非易事，但有了本书的力学知识，便为从初步了解到进一步学习、钻研"仿生设计"打下了基础。当你将本篇内容融会于心，注意用工程力学的目光去巡察、考量我们日常生活中穿的鞋、骑的自行车、茶缸水壶、床桌椅凳、天桥地道、健身游乐器具、广告展示牌架等所有产品的时候，就既能获得各种感悟，也将留下很多质疑，而这正是一个优秀设计师最宝贵也不可跨越的成长历程。

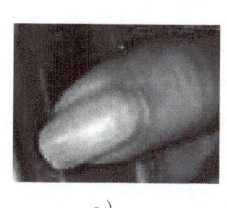 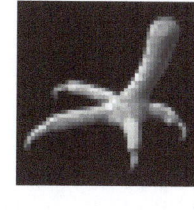 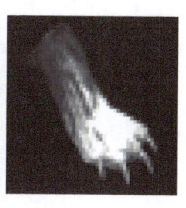

a)　　　　　　　　　　b)

图 H-2　人的指甲与鹰爪兽爪

学习力学当然离不开计算公式，但是从设计工作说，对于公式内涵的"领悟"有时比用于计算更值得强调。还举一个与弯曲刚度有关的例子：例如有一款板材弹性椅（图 H-3），现在要通过调整板材的厚度来改善其弹性，让人坐着更舒适，你能轻松有效地进行处理吗？显然，调整板材厚度来改变人体坐上椅子时的变形量，仍是个弯曲刚度问题。表4-1中的公式表明，所有弯曲变形都与构件横截面的惯性矩 I 成反比，而板形构件是矩形截面的，其惯性矩 $I=bh^3/12$（见表3-3，式中的 h 指板材的厚度）。由此我们知道：这款椅子承重时产生的变形量与板材厚度 h 的 3 次方成反比。当你对所论的问题能够如此"心中有数"，处理解决起来还不能得心应手吗？这就是我们对计算公式的内涵有了"领悟"的结果。

什么叫"领悟"？——计算公式由一些符号和数字组成。符号反映的除了"工况"（指外载荷等工作条件）以外，就是尺寸和形状，也就是设计专业学生说得最多的那个词汇：形态。看到力学公式中的符号，你就联想到产品的形态，考虑应如何把握产品的形态，这就是领悟。本书编者认为，对设计专业的学生，尤应强调这种对科技知识的领悟。

听说学生们反映"力学公式多，头疼，记不住"。但设计专业的学生应该独具慧眼，能够发现和感受到"力学美"，或力学的"公式美"。

美，蕴于单纯与丰富之间。静力学的全部出发点，就是第一章第四节中的四个静力学公理，多么单纯简洁！但是经过推导演绎，却形成一个完整严谨的静力学体系，内涵又是如此丰富！难道不充分展示着"丰富蕴于单纯"之美吗？

形式美学法则之一，是统一性与差异性的和谐共存：统一之中包含多彩的变化，差异中蕴涵高度的协调与一致。我们以这一美学法则来考察一下材料力学中的公式吧！

先看各种基本变形问题中的最大应力（对轴向拉压，平均应力就是最大应力）计算式：

轴向拉压：$\sigma = \dfrac{N}{A}$　　　圆轴扭转：$\tau_{max} = \dfrac{T}{W_\rho}$　　　梁的弯曲：$\sigma_{max} = \dfrac{M}{W_z}$

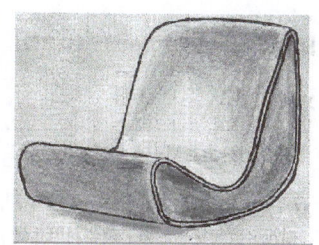

图 H-3　板材弹性椅

三个式子一种形式，可以用统一的表达式来概括，即

$$（最大）应力 = \frac{（该类变形的）内力}{（相应的）截面几何参量}$$

再看三种基本变形问题中的变形量计算式：

$$轴向拉压：\Delta l = \frac{Nl}{EA} \qquad 圆轴扭转：\varphi = \frac{Tl}{GI_\rho} \qquad 梁的弯曲：\theta = \frac{Ml}{EI_z}$$

也是三个式子一种形式，也可以用统一的表达式来概括：

$$变形量 = \frac{（内力）\times（杆长）}{（相应的弹性模量）\times（截面几何参量）}$$

黑格尔（图 H-4）在《美学》中说：美，体现为"外表的一致性"。上面两类材料力学中最基本的公式充分地显示了这种一致性。同时，又蕴涵着鲜明的差异性：不同的变形形式有各自不同的内力、应力、截面几何参量、材料性能参量（如弹性模量 E 或切变模量 G）。——真正地符合形式美学法则啊！（上面，引用了表 4-1 第①栏中的转角计算式"$\theta = Ml/EI$"来代表一般的弯曲变形计算式。这是因为弯曲变形中梁横截面上的弯矩沿轴线通常不是常量，若采用一般表达式，向读者介绍起来很要绕一些弯子。这里以说明问题为目的，回避涉及过深、过细的内容。）这种"一致性"，何尝只是美而已，它还是一剂良药，能治"公式多，头疼，记不住"的疾患。因为你也许可以由此发现：原来那么多看似繁复的公式，归纳起来就是一个样子啊，好记！

图 H-4　黑格尔

韵律，是造型美的另一条法则。如果把第三章中每一种变形形式的讲述过程都比作一个乐章，那么每个"乐章"都由结构类似的几个"乐段"组成，分别是：实例与概念，内力，应力，强度计算……它们正像每个乐章都回荡着相同的韵律，既美，也易于理解和记忆。另外，像对比、过渡、呼应、重点这类美学法则，在科技著作（包括教材）里面，也都是无需刻意安排，总是很自然地存在着。

科技是美的，力学是美的，力学公式也是美的。它们都很有用，它们也都蕴涵着美。知道它们有用，能促使你努力学习；懂得其中的美，能激发你的学习兴趣。拍扇起科技与艺术两只翅膀，新世纪的设计师才能翱翔得更高、更远。

第二篇

机械设计基础

第五章　机械设计概述
第六章　机械零件基础
第七章　常用机构
第八章　机械传动基础
附录

第五章

机械设计概述

第一节　机械结构在设计中的地位

一、设计工作中的机械与结构

1. 设计对象中的机械与结构示例

桌子、椅子等各种家具是设计工作的传统对象。图 5-1 是几款计算机桌，进行计算机桌和座椅的设计，除了造型美观和人机学要求以外，不可避免要涉及的问题还有：

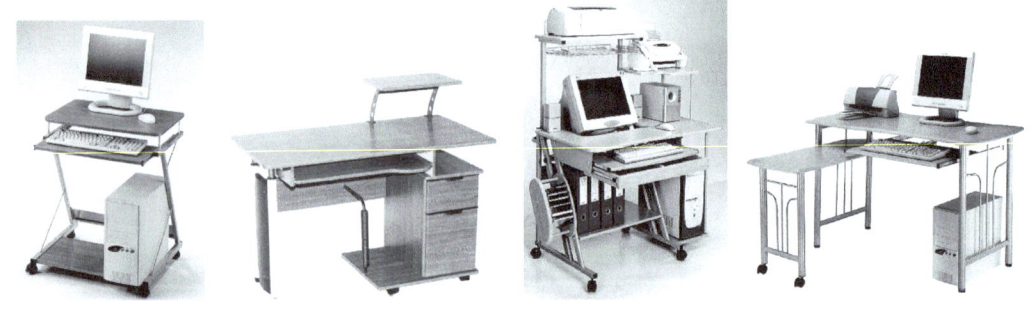

图 5-1　计算机桌示例

（1）选材　计算机桌椅的支架常采用金属材料型钢（钢型材）、型铝（铝型材）、木料制作，面板则采用非金属板材。无论型材或板材，品种、规格、型号都非常多，性能和价格的差异悬殊，要合理处理选材问题，需要具有材料方面的必要知识。

（2）连接　各种原材料通常以较长的棒材、较大的板材等形式提供给市场，生产中按设计图样对它们进行切割、冲压、加工、表面涂饰，加工成一个个的零件，然后连接成为产品。加工工艺课程讲解各种各样的零件如何加工，本课程讲授连接。连接的方法很多，有粘接、焊接、铆接等不可拆连接，又有螺纹、销钉、键等可拆联接。可拆联接所用标准件的品种、规格、型号又很多，各种连接方法的适用条件、性能、成本差异也很大。设计者必须了解：怎样采用合理的方法将零件连接成产品。

（3）可调、可动的简单机构　计算机桌椅虽然是简单的产品，但也需要有一些简单的可调、可动机构，例如座椅的高度、座面倾角需要可调，键盘和鼠标的托板需要可以推进拉出等。设计者应该能以正确的方法实现这些构件的运动、调节、固定。

（4）结构稳定和牢固　任何产品都应该在使用中保证牢靠，在预定的使用寿命中不破裂损坏，但又不能为了结实而让产品粗大笨重，因此设计中需要正确处理牢固和轻巧这对矛盾的要求。通过第一篇工程力学基础的学习，已经为此打下了初步的基础。

上述几方面的问题，在并不复杂的设计工作中都会遇到，若设计对象复杂，问题的深广度将随之增加。如果对机械结构的技术问题茫然无知，很多设计工作显然无从谈起。

对图 5-1 的分析同样适用于各种社会设施，例如图 5-2a 所示的社区健身设施，图 5-2b 所示公交车站亭，图 5-2c 所示的太阳能路灯支架等。读者认真看过图 5-2 中的产品以后容易理解到：没有上述几方面的机械结构知识，不可能着手这些产品的设计。

图 5-2　几种常见的社会设施

可折叠器物能减小收藏存储空间，便于携带和运输，成为设计的一个热点方向，折叠伞、可折叠台灯（图 5-3a）、折叠便携旅游小车、折叠家用小梯子（图5-3b）、竹椅床等可折叠家具（图 5-3c）、可折叠婴儿车（图 5-3d）以及可穿插叠摞、节省排放空间的超市购物车（图 5-3e）等，均广泛进入了人们的生活，它们的设计当然离不开机械结构的知识。

图 5-3　几种可折叠器物

日用家电、信息等类产品与人们日常生活密切相关，其中大多由电力驱动，但完成最终功能的仍然是机械结构，例如洗衣机、吸尘器、电扇、抽油烟机、电动缝纫机等；另一部分的最终功能由电能转换为热、光、声等形式而实现，但任何功能依然必须依靠一定的结构才能完成，例如视听器材、电冰箱、微波炉、电熨斗、电烤炉等。图 5-4a、b 是电饭锅和家用豆浆机的结构分解图，它们都是小型家电产品，图 5-4c 是家用榨汁机，图 5-4d 是手机，图 5-4e 是计算机显示器，图 5-4f 是艺术吊灯。这些产品图清楚地表明：机械结构在它们的设计中都是重要的工作内容。

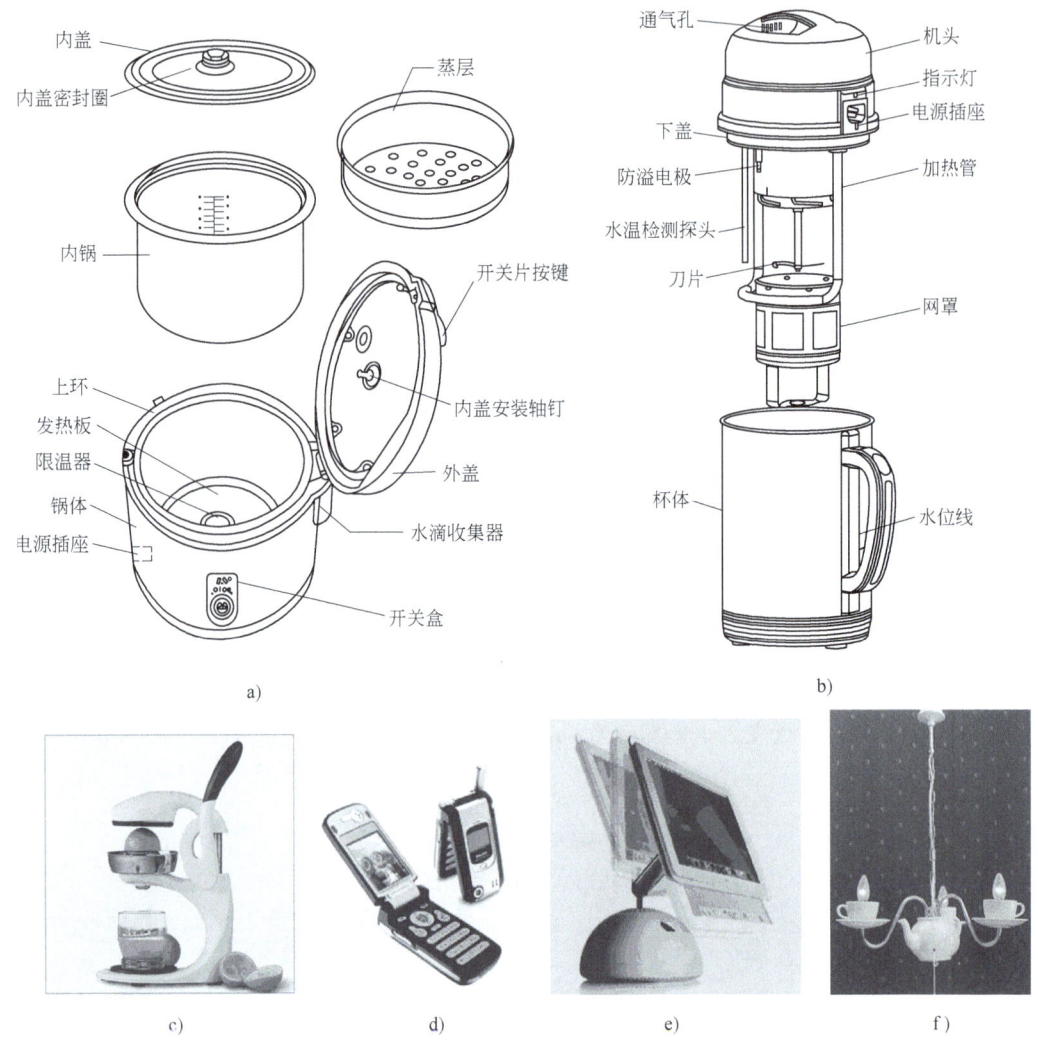

图 5-4 家电、信息等类产品中机械结构很重要

2. 设计人员面对的结构设计工作

设计中涉及的机械结构问题有的简单，有的复杂，对于工业造型设计人员而言，随情况不同而有不同的工作要求。

若设计对象只涉及简单的机械结构，例如桌椅床柜之类的家具，可折叠小梯子、带拧干机构的墩布（拖把）之类的日用品，公告栏、读报栏、广告牌、公交站牌、展示橱窗、路灯支柱、公共垃圾箱之类的小型公共设施等，设计人员应该承担其全部设计任务，包括其中的结构设计，否则怎么谈得上一个设计人员的"独立工作能力"呢？

若设计对象涉及的机械结构复杂或较复杂，例如洗衣机、台式电扇、吸尘器、折叠自行车（图 5-5a）、可折叠的微型摩托车（图 5-5b）、牙科椅（图 5-5c）、电动童车（图 5-5d）之类的产品或社会设施等，则设计任务常需由技术工程师和造型设计师组成的团队来协作完成，并不要求造型设计师独立承担其中机械结构的设计任务。在设计团队中虽有工作上的分工和侧重，但无论对造型设计的工作本身来说，还是从顺利与技术工程师沟通协作来说，必要的机械结构知识都是造型设计者所不可缺少的。

通过前面的分析，我们可以得出以下结论：

<u>设计工作与机械结构密不可分，设计人员必须具备一定的机械结构设计能力，这是设计人员业务素质高低的基本衡量指标之一。</u>

 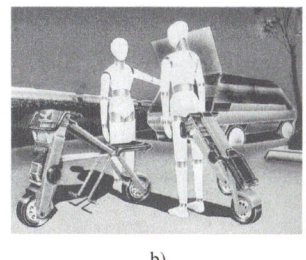 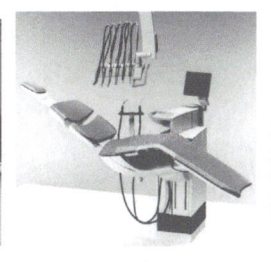 

a) b) c) d)

图 5-5 机械结构较复杂的产品示例

二、机械设计基础的教学要求与学习方法

本书适用于设计类及其他非机类专业，应注意的教学要求和学习方法如下。

1. 了解机械与结构设计的基本概况，掌握初步设计技能

由于设计类等非机类专业一般不可能开设配套的前修课，本课程的课时也有限，因此教学要求可简要概括如下：

1）重在对机械结构设计宽泛的、概貌的"面"上了解，而不求"点"上的深透。例如选材、通用类型零件、连接、机构、传动，及标准件、标准化等各个大方面基本的概略了解，而非脱离实际地追求深入。

2）重在了解机械机构"可以实现什么样的应用目标？"，而不深究其技术和设计细节。例如各种机构，重在了解它们各能完成怎样的运动动作，各有什么优缺点；各种传动形式，重在了解互相间不同的特点和适用条件等。而深入掌握和进一步设计应用，则留待学生日后的努力提高。

3）为学生掌握简单机械结构设计技能打下基础。

以上几条教学要求，主要依赖教材和任课教师在教学中的体现；但学生们了解并且认同教学要求，对提高学习积极性和树立学习信心，也是有益和必要的。

2. 加强实践性教学环节

本课程应重视教学中的实践性、直观性、应用性，淡化知识的系统性、严密性。为此，要加强实践性教学环节，避免学习过程局限在书本纸面上；学生应多接触实物，通过实际产品了解机械结构。

1）本书尽量以日常生活中的消费产品为实例展开阐述，这类产品贴近设计专业的工作实际，其直观性也有利于提高学习机械结构的兴趣。

2）各章的思考题和练习题注意引导学生做实践性的练习，练习涉及的产品实物在日常生活都较为常见，要求学生努力去接触产品的实物。走出去寻找实物来观察分析，是对提高活动能力的有益锻炼。

3）多数作业是结合实际的，需要独立思考、灵活运用书本知识才能完成。学生认真努力做好作业，是学好课程的关键环节。

第二节 机械设计的基本要求和一般程序

一、机械与结构

1. 零件、构件、部件

零件是机械或结构中不能再拆分的个体，是加工制造的单元体。

机械基础

构件是机械中结合在一起运动的整体，是运动的单元体。

构件可能是一个零件，也可能由多个零件组合而成。例如图 5-6a 所示内燃机是由多个构件所组成，其中曲轴是一个构件，也是一个零件，如图 5-6b 所示。而连杆这个构件则由多个零件连接而成，如图 5-6c 所示。自行车的轮子、住宅里的防盗门，在机械或结构中均作为一个整体工作运动，所以也都是多个零件连接成的构件。

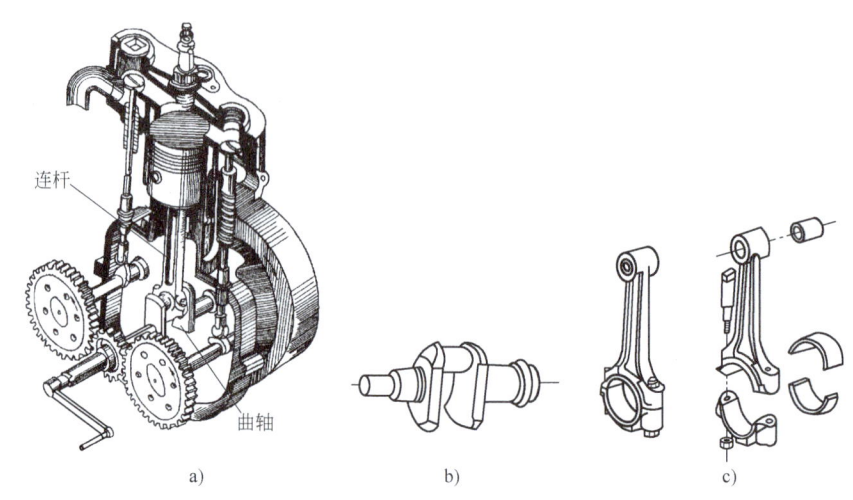

图 5-6　零件与构件的示例

a）内燃机　b）曲轴　c）连杆

部件是机械或结构中在构造和作用上自成整体、可以单独分离出来的部分；也常把机械与结构在装配中的局部单元体称为部件。因此部件的概念比较宽泛、灵活，可大可小。自行车轮子、防盗门既是构件，也可看作部件。汽车里的一个变速箱比较复杂，由很多个零件、构件组成，但因为是汽车总装配前业已组装完成的一个局部单位，可以看成是一个部件。

2. 机构、机器、机械

机构是能实现运动变换和动力传递的零件、构件的组合。

机器是能代替或减轻人的劳动、能完成有用机械功的机构与构件的组合。

例如一根链条套装在两个可转动的链轮上，就可以用来传递动力了，因此是一个机构——链传动机构，但单独的链传动机构还不是机器。包含链传动等机构及一些其他构件的自行车，可以减轻人的劳动、完成有用机械功了，这才是一个机器。又如相配合的一对螺杆和螺母，可以实现运动变换（旋转运动变为直线运动，或者反过来），因此是一个机构——螺旋机构，但单独的螺旋机构还不是机器。而由螺旋等机构和其他构件组成的螺旋千斤顶（图 5-7a），可以减轻人的劳动、完成有用机械功了，才算是一个机器。与千斤顶类似的台虎钳（图 5-7b）也是一台简单的机器。

上面列举的是人力驱动操作的简单机器，现代机器则多带有动力驱动装置，种类繁多，形式多样，用途各异。现代机器常由以下几部分组成：

（1）原动机部分　电动机、内燃机、液压泵、气泵等。

（2）传动部分　带传动、齿轮传动、液压传动等机构及其组合。

（3）执行部分　机器完成工作任务的部分，连接在传动部分的终端。

（4）控制部分　由机械、光电、电子等控制元器件组成。

机械则是机构和机器的总称，因此机械的含义比较宽泛。

3. 机械设计、结构设计

一般把建筑物、设施及产品中起支承作用的支架、框架称为结构。结构也是由一些零

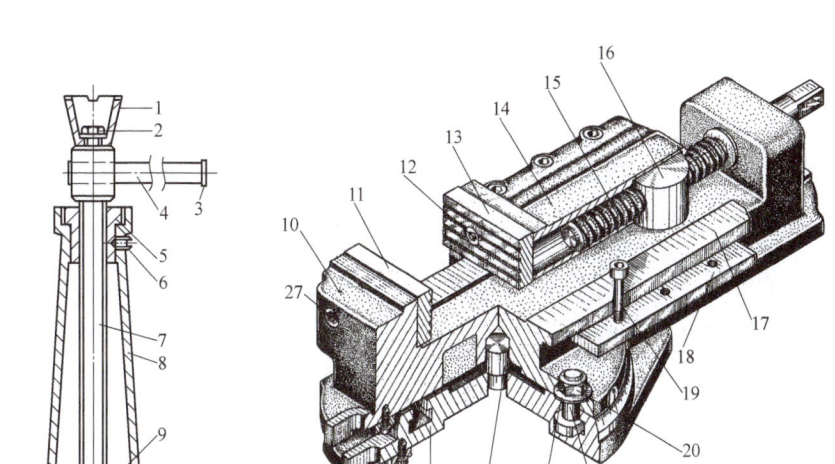

图 5-7 螺旋千斤顶与台虎钳
a) 螺旋千斤顶　b) 台虎钳
1—托杯　2、12、19、25、27—螺钉　3、9—挡环　4—手柄　5、16、20—螺母　6—紧定螺钉
7—螺杆　8、24—底座　10—固定钳身　11—固定钳口垫　13—活动钳口垫　14—活动钳身
15—丝杠　17—平导轨　18—滑板　21—螺栓　22—垫圈　23—心轴　26—定位键

件、构件组合而成的。

在产品中,像桌椅橱柜之类的家具、旅游便携小车、自行车宝宝座位等,其构成主体就是结构。一般社会设施的主体也是结构,例如图 5-8 所示的翻转式不锈钢垃圾箱,图 5-9 所示的社会公告栏、宣传栏、公共电话亭等。可见结构是产品和社会设施设计的常见对象。

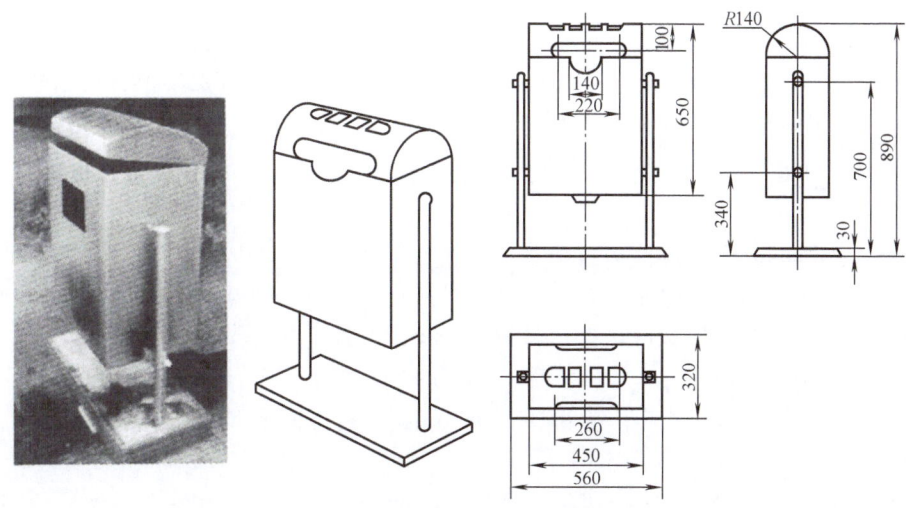

图 5-8 翻转式不锈钢垃圾箱

通过对前述机械与结构这两个概念的对比,我们可以认为机械是由两个部分组成的:第一部分——原动、传动等运动部分;第二部分——不运动的结构部分。

严格地说,机械设计与结构设计的内涵并不完全等同。但是产品中原动、传动等运动系统的设计任务一般不由造型设计师承担,而造型设计的对象骨架、框架、外壳等部分,正是产品中不运动的结构。例如洗衣机、吸尘器等产品的设计中,造型设计师的分工任务就是如此。就造型设计师的工作而言,对机械设计和结构设计往往不做严格区分。

a)   b)

图5-9 社会设施示例

a）公告栏、宣传栏 b）公共电话亭

二、机械设计的基本要求

产品、设施及其中的机械结构部分，设计的基本要求主要有：

（1）实现预定功能　预定功能是已经先期确定的目标，是设计的出发点和归宿。在预定环境条件和工作寿命内实现该功能，是设计工作的基本要求。

（2）经济性要求　产品的性能和成本总是密切相关的，较高的性价比，才符合市场需求。但产品经济性不仅指产品的生产制造成本，还涉及产品的工作效率、使用中的能耗材耗与对环境的影响、维护管理费用、报废处理费用等。

（3）安全与可靠　以人为本，让产品更加安全可靠、便于操作使用，这些"宜人性"要求越来越成为产品市场竞争的关键要素。

（4）加工制造工艺性　指零部件和产品便于加工制造、装配、运输。工艺性是一个动态的概念，不但随技术进步不断变化，也与生产规模、企业现代化程度等条件有关，需要因时因地具体把握。

（5）标准化、系列化、通用化"三化"要求　这一要求将在稍后另加阐述。

（6）其他特殊要求　某些产品会因特定使用条件而有某些特殊要求，例如耐腐蚀、耐高温低噪声或静音、快速拆装与便携、特定族群的文化习俗等。

三、机械设计的一般程序

产品、设施及其中的机械结构部分，设计一般程序的大方向是：从总体到局部，从方案到细节。应该在工作的起始就针对主要的设计要求进行调研、收集资料、精心制订若干总体方案，然后经过对比做出抉择，最后再一步步向各个局部做细节推进。

初学者往往走弯路：在总体方案还没有精心确定下来，就陷入局部细节的"钻研"里去。这样做的结果是，局部与总体、各局部之间不能很好地协调，工作事倍功半。

"从总体到局部、从方案到细节"的大方向是肯定的，却不是绝对的。进行到局部细节设计阶段，如果发现新问题，获得新启发，从而反过去修改原定的总体方案，是设计深化中常见的现象。但这种反复并不意味改变了设计程序的大方向，因为每一次反复以后，设计仍要遵循"从总体到局部，从方案到细节"的原则。

机械设计的一般程序可以用图5-10所示的流程图表示。

需要强调指出，设计是一项探索性、创造性的工作，从开始到最终都是在"边设计边修改"中行进的。初级设计人员如此，经验丰富的设计师同样如此，设计过程就是构思加修改的过程。用一句流行语来说，设计永远是"没有最好，只有更好"。

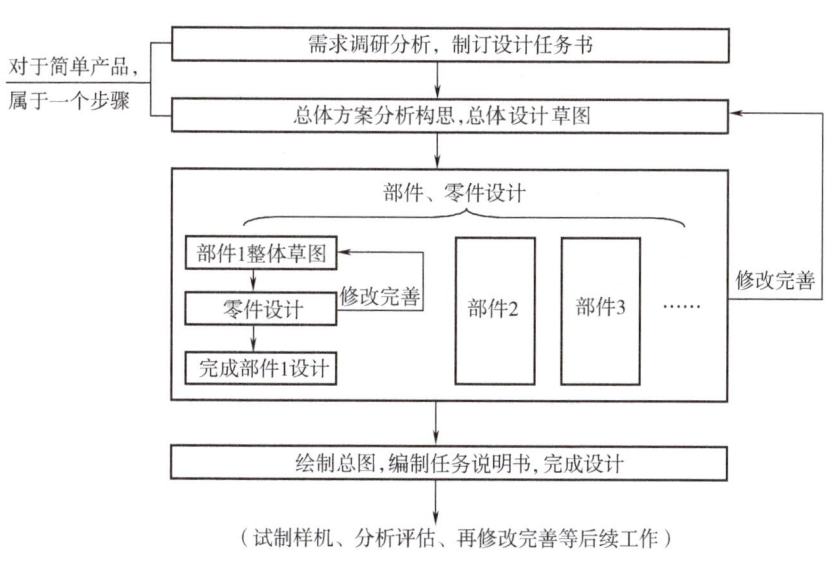

图 5-10 机械设计的一般程序

四、标准化、系列化和通用化

1. 标准化与标准零部件

电灯泡坏了，到任何商店买一个新的来，不管哪家企业生产的，只要是同一型号，螺纹口都能配上；遥控器上电池要换了，不管在天南海北甚至欧洲、亚洲、美洲，买到新的同号电池，装上就能用。为什么？这些都是标准化的产品。大工业生产中的标准化，对提高效率、技术进步和现代人生活方便的贡献之大，可谓难以估量。

机械的类型和功用千千万万，但各种机械的构成中都包含很多功能相同的通用零部件，将机械中通用零部件的结构、尺寸、材料、参数和性能等指标加以统一规定，称为零部件的标准化。

常见的标准化零件有螺钉、螺母、垫圈、销、键、滑动轴承、V带、液气管道接头、密封圈等；常见的标准化构件有滚动轴承、链条、联轴器、门窗合页、油气阀门等；常见的标准化部件有电动机、变速机、离合器、气泵液泵等。在机械设计中，凡通用零部件，都不必自己设计，而是查手册选购标准件。

2. 系列化与通用化

每一种标准零部件，其尺寸均按一定规律从小到大、性能指标按一定要求从低到高组成多种的型号和规格，这就是标准零部件的系列化。产品、机械也应该按系列化的要求进行设计生产，例如计算机显示器屏幕尺寸的英寸数形成…、9、12、14、17、19、21、…这样的系列，自行车按车轮直径，轴承按内外径和宽度，电动机按功率形成系列等，这些是产品系列化的例子。

在一件产品内或系列产品之间尽量采用同一规格、同一尺寸型号的零部件，减少零部件的种类，以便于制造、管理、使用、更换、维修，称为通用化。以家庭厨房用的油烟机为例，它上面各个部位有很多螺钉，如果尽量采用同一规格尺寸的螺钉，那么需要维修和装卸拆洗时，只要使用同一把螺钉旋具而不必费心更换工具；卸下的螺钉也可以随手搁放，以后任意拿起一个来拧在任意一个螺钉孔内都没问题，不必费心逐一寻找配对了，可以方便许多。这种方便对生产厂家同样能起到提高工效、降低成本的作用。

3. 机械设计中贯彻"三化"原则的意义

标准化、系列化、通用化合起来简称"三化"，实施三化的意义如下：

1）减轻设计工作量。标准零部件只需查手册选购，不必自己设计，可大大减轻设计工作量，有利于集中精力做好所开发产品上独特的、关键的零部件设计。

2）标准零部件是由专业化工厂大规模生产的，效率高、成本低、质量可靠。设计新产品采用标准零部件，就是有效地共享了标准零部件高效率、高质量、低成本的好处。

3）便于维护使用，便于更换维修。

"三化"是设计应贯彻的原则，也是国家的一项技术政策。与机械结构设计相关，我国现有的标准分国家标准（GB）、行业标准（如机械行业标准JB、建筑行业标准JG等）、地方标准和企业标准。

第三节　机械结构的常用材料及其选用原则

一、机械结构的常用材料

机械结构所用材料的种类如图5-11所示。

1. 机械结构常用金属材料

钢和铝合金的综合性能适合一般机械结构的要求，且价格合适，是机械结构的常用材料。铜合金价格较高，但以优良的耐磨性、减摩性和导电性而适用于特定零构件。

机械结构中常用金属材料及其应用举例见表5-1。

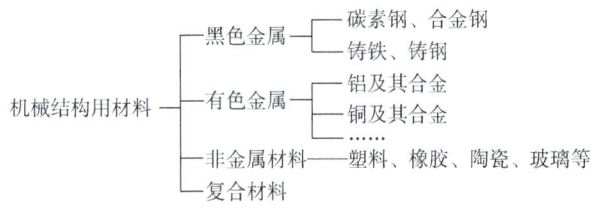

图5-11　机械结构所用的材料种类

表5-1　机械结构中常用金属材料及应用举例

材料分类			应用举例或说明
钢	碳素钢	低碳钢（$w_C \leq 0.25\%$）	铆钉、螺钉、螺母、连杆、渗碳零件等
		中碳钢（$0.25\% < w_C \leq 0.60\%$）	齿轮、轴、丝杠、连接件等
		高碳钢（$w_C > 0.60\%$）	凸轮、弹簧、工具等
	合金钢	低合金钢	较重要的零件，如齿轮、轴、连杆、压力容器、渗碳件等
		中合金钢	模具、冲头、飞机构件等
		高合金钢	弹簧、火箭壳体等
	铸钢	一般工程用铸钢	机座、箱体、曲轴、大齿轮等
		合金铸钢	水轮机叶片、高压容器、曲轴等
铸铁	灰铸铁	低牌号（HT100、HT150）	底座、端盖、手轮等
		高牌号（HT200、HT300）	泵壳、法兰、齿轮、带轮等
	球墨铸铁	铁素体型	差速器壳、扳手、犁刀、支座、弯头等
		珠光体型	曲轴、凸轮轴、齿轮、活塞环、轴套等
铝合金	变形铝合金（可冲压）	防锈铝	焊接油箱、油管、铆钉、中轻载零件
		硬铝	螺栓、铆钉、螺旋桨叶片等中等强度零件
		超硬铝	要求重量轻、强度高的零件，如飞机大梁、起落架、桁架
	铸造铝合金	铝硅合金	仪表、抽水机壳体等工作温度不高、形状复杂的轻型零件
		铝铜合金	内燃机气缸头、活塞、挂架梁、支臂等
		铝镁合金	轮船配件、泵体、壳体等耐蚀、耐振动的零件
		铝锌合金	形状复杂的飞机、汽车、仪器零件和日用品

(续)

材料分类			应用举例或说明
铜合金	铸造铜合金	铸造黄铜	轴瓦、衬套、阀体、管接头、耐蚀零件
		铸造青铜	蜗轮、轴瓦、丝杠螺母、叶轮、管配件、耐磨零件
	加工铜合金	黄铜	管、销、铆钉、垫圈、螺母、小弹簧、电气零件、耐蚀零件
		青铜	弹簧、轴瓦、蜗轮、螺母、耐磨减摩零件
	轴承合金	锡基轴承合金	轴承衬(减摩性、磨合性、耐蚀性、韧性俱佳)
		铅基轴承合金	轴承衬(强度、韧性、耐蚀性不及锡基轴承合金,但价格较低)

注:w_C 表示碳的质量分数。

2. 机械结构常用非金属材料

(1) 塑料 现今塑料是机械结构中应用最广泛的非金属材料。

塑料是以合成树脂(合成高分子化合物)为主要成分,加入某些添加剂而制成的。树脂的种类决定了塑料的基本性能,添加剂可以起到耐光、耐热、防止老化、提高坚硬度、增加润滑性、阻燃、着色及其他一些特殊作用。

从应用的角度可以将塑料分为通用塑料和工程塑料两大类,它们的性能特征、典型品种、代号和应用举例见表5-2。

表5-2 常用塑料的性能特征、典型品种、代号和应用举例

类别	特 征	典型品种	代号	应用举例
通用塑料	原料来源丰富,产量大,应用广,价格便宜,容易加工成型,性能一般,可作为日常生活用品、包装材料	聚氯乙烯	PVC	塑料管、板、棒、容器、薄膜与日常用品
		聚乙烯	PE	可包装食物的塑料瓶、塑料袋与软管等
		聚丙烯	PP	电视机外壳、电风扇与管道等
		聚苯乙烯	PS	透明窗、眼镜、灯罩与光学零件
		酚醛塑料	PF	电器绝缘板、制动片等电木制品
		氨基塑料	UF	玩具、餐具、开关、纽扣等
工程塑料	有优异的电性能、力学性能、耐冷和耐热性能、耐磨性能以及耐蚀性能等,可代替金属材料制造机械零件及工程构件	聚酰胺	PA	齿轮、凸轮、轴等尼龙制品
		ABS塑料	ABS	泵叶轮、轴承、把手、冰箱外壳等
		聚碳酸酯	PC	汽车外壳、医疗器械、防弹玻璃等
		缩醛塑料	POM	轴承、齿轮、仪表外壳等
		有机玻璃	PMMA	飞机、汽车窗、窥镜等
		聚四氟乙烯	PTTA	轴承、活塞环、阀门、容器与不粘涂层

按塑料的加工性能,可分为热塑性塑料和热固性塑料。热塑性塑料加工成型后,再次加热仍然具有流动性,可以再次进行加工成型,因此可回收利用。PVC、PE、PP、ABS等属于热塑性塑料。热塑性塑料制品不耐高温,制作的容器甚至不能盛放滚烫的水。热固性塑料经过一次加热成型固化后,再次加热不能重新恢复其流动态,无法再次加工成型,不具有回收利用的性能。环氧树脂、橡胶等属于热固性塑料。选用塑料时必须注意区别分辨。

有些塑料有毒性,有些无毒,制作食品容器和儿童玩具,严禁选用有毒塑料。

(2) 橡胶 橡胶的特性是弹性高,制作抗振减振、存储机械能的零构件具有独特的优势。橡胶还有优良的耐磨性、密封性、隔声性和独特的阻尼特性,广泛用作车辆轮胎、油气管道接头密封、产品中抗振和减振、隔声消声衬垫等零构件。

(3) 木竹、玻璃、陶瓷 一般机械中这几种材料用得很少,但在家具、社会设施等结构物中,木竹因与人的亲和力而备受青睐。玻璃、特种玻璃在车辆和建筑中的地位还难以

替代。各种新型特种陶瓷可在机械、电子、光电设备中用于制作多种特殊的零件。

3. 复合材料

复合材料由两种或两种以上材料组合而成，能够获得比单一材料更加优越的性能，发展前途广阔，是现代材料科学的重点领域。

按材料的增强结构形式不同，复合材料分为纤维增强复合材料、层叠复合材料和颗粒复合材料三类。其中纤维增强复合材料发展最快、应用最广。例如碳纤维-树脂复合材料，强度、韧性可与高强度钢媲美，但重量比玻璃钢还轻，且具有优良的耐磨、减摩及自润滑性、耐蚀性、耐热性等，在工业和军工中可用于制造高级机架、连杆、齿轮及人造卫星天线构架等；在生活日用品中，则用来制造高级钓鱼竿、手杖、高尔夫球杆等。玻璃钢也是一种纤维增强复合材料。

二、材料选用的原则

材料选择要考虑以下三个方面的因素，综合权衡加以把握，不应顾此失彼。片面追求高档材料是不可取的。

1. 使用性能要求

材料的性能指标很多，不同产品、不同使用条件和环境下各有不同的侧重。材料使用性能分以下几个方面：

（1）力学性能　主要有强度、刚度、弹性、韧性（耐冲击）、对应力集中的敏感性等。

（2）表面性能　硬度、耐磨性、减摩性，也包括表面是否易于涂饰的性能。

（3）物理性能　密度、耐热性、热膨胀性、导热性、导电性、磁性等。

（4）化学性能　主要指耐蚀性，如耐酸、耐碱、抗氧化等。

2. 加工工艺性能

材料要经过加工制作为零件才能装配成产品，现代制造业有很多加工方法、加工设备。材料适用何种加工工艺，与该材料能否制成某种形状的零件、加工制造的成本高低都有很大的关系。例如塑料注射成型中一个模子可以注射多达几十万个零件，效率高，单件加工成本低，又能做成复杂的形状，所以现今人们生活中塑料外壳的产品随处可见。不锈钢虽有多种无可置疑的优越性能，但它不易制成复杂形状、焊接也较困难，限制了它更广泛的应用。

现代制造业的常见加工工艺手段有：注射、冲压、铸造、锻造、切割与切削加工、焊接、热处理、表面处理和涂饰等。现代制造方法与机械设计密切相关，是一个内容丰富的专门技术领域。

3. 经济性要求

与选材有关的经济性，应该包括三个方面：

1）材料价格、加工成本等生产厂家方面的经济性因素。

2）使用寿命、使用效率等用户方面的经济性因素。

3）产品废弃以后对环境污染的影响、回收利用的可能性等社会环保方面的经济性因素。

三、板材、管材、型材

前面插图中所列举的产品或设施中，有不少需要用板材、管材和型材，例如各种桌椅、社区健身器材、各种可折叠小车和梯子、室内送物车、公共汽车站棚架、社会公告栏等。下面简介有关板材、管材、型材品种规格等方面的知识。

1. 板材

钢、铜合金、铝合金、塑料、木料和复合木料均有多种品种规格的板材。

（1）钢板　分热轧钢板和冷轧钢板两大品种。

热轧钢板的厚度从 0.35mm 直到 40mm，有 50 多个规格，因表面光洁程度不高，多用于大中型建筑结构，而较少用于家庭日用等小型产品。

冷轧钢板表面光洁，家庭日用等小型产品中多采用它。由国家标准 GB/T 708—2006 可知，冷轧钢板的厚度从 0.20mm 到 5.0mm，共有近 40 种不同的厚度。

（2）其他板材　冷轧铜合金板（带）的厚度为 0.05~4.0mm，热轧铜合金板的厚度为 5.0~30mm。铝合金板的厚度为 0.3~9.0mm（GB/T 3194—1998）。

非金属板材的品种更多，有硫化橡胶板，硬、软聚氯乙烯板等塑料板材，实木，复合木等木质木基板材等，性能规格各异，新品种不断问世。在桌椅床柜、货橱展台等器物的设计中，为了选得理想的新型板材，需要花精力通过多渠道来获取相关的资料。

图 5-12 中的机箱和工作台的面板，均主要采用金属板材折弯而成。

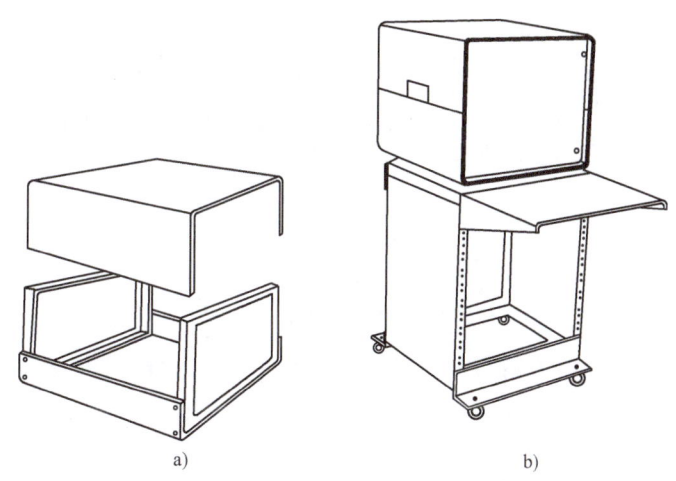

图 5-12　主要以金属板材为面板的机箱和工作台

a）小型机箱　b）工作台

2. 管材

实心棒材有正圆、正方、正六边形等截面规格，但在同等重量下，实心棒材的强度和刚度均低于或远低于空心管材，所以产品中较少采用实心棒材。

（1）钢管　分焊接钢管、热轧无缝钢管、冷拔无缝钢管三个主要品种。

焊接钢管沿钢管纵向有一条焊缝，影响美观和使用性能，适合用于要求价格低廉的产品上，常用的外径范围为 10~51mm。

热轧无缝钢管最小的外径为 32mm、壁厚 2.5mm，最大的外径达 630mm、壁厚 40mm。小规格的热轧无缝钢管在游乐场设施、过街天桥栏杆、社区健身器材等产品设施上常会见到，一般要经过表面涂饰，避免生锈，增加美观。

冷轧（冷拔）无缝钢管轻巧美观、强度刚度俱佳，是生活和精细工业产品的常用选材。GB/T 8162—1999 中列出冷轧（冷拔）无缝钢管的最小外径仅 6mm、壁厚 0.25mm，最大外径 200mm、壁厚 12mm，尺寸规格近 70 种，可满足各种性能组合的要求。

例如自行车上的车架、车把、前叉、后叉和固定前后轴的横叉都由钢管制造，如图 5-13a 所示。由于自行车上不同部位尺寸、强度和刚度有不同要求，一辆自行车上所用钢管的规格、外径和壁厚也有好几种。图 5-13b 所示为以钢管为支架结构的几种家具。

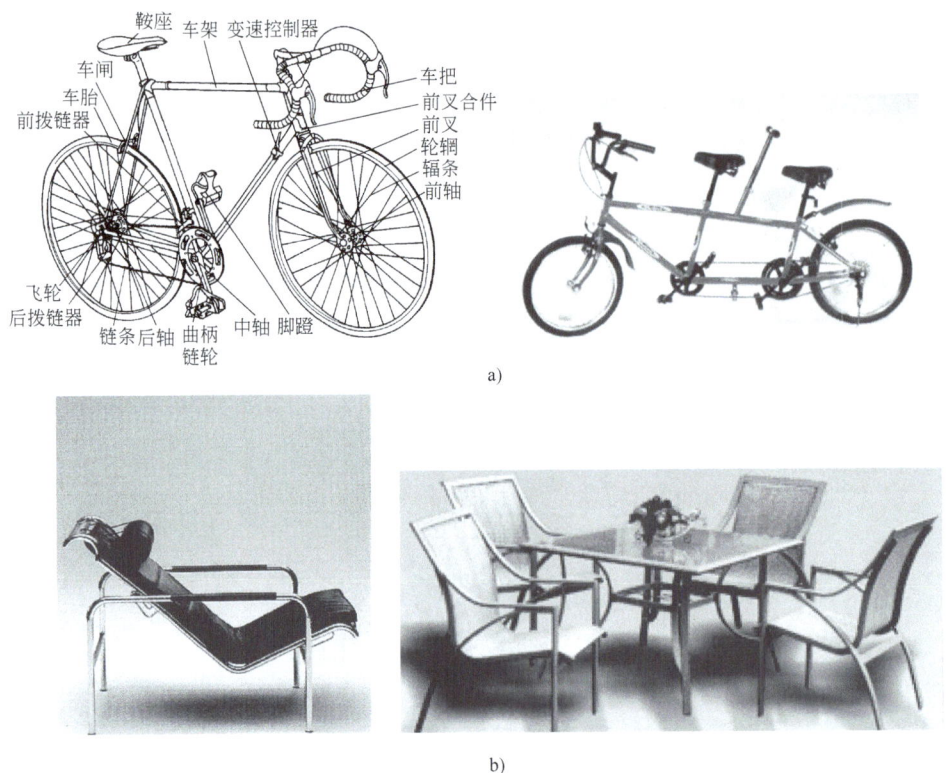

图 5-13 管材在产品中的应用
a)自行车 b)钢管支架的家具

还有冷拔无缝等壁厚方形钢管和冷拔无缝等壁厚矩形钢管等非圆形管材,如图 5-14a、b 所示,其尺寸规格可查阅 GB/T 3094—2000。冷拔方形、矩形管材因扩展了产品造型风格而受到青睐,图 5-14c 是用这类钢管为主造型的社会设施。

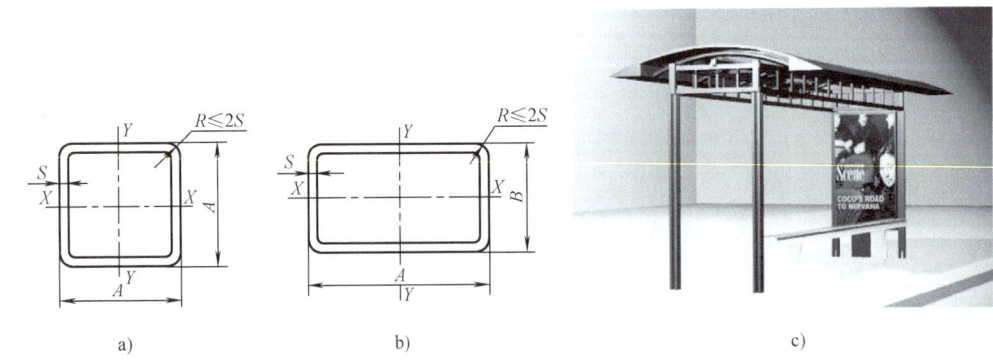

图 5-14 冷拔非圆形钢管
a)冷拔无缝等壁厚方形钢管 b)冷拔无缝等壁厚矩形钢管
c)用冷拔方钢管造型的社会设施

不锈钢冷轧(冷拔)无缝钢管尤适用于外观需要精致美观,以及与医疗、饮食等有关的产品上,尺寸规格同样很丰富,但外径一般在 100mm 以内。

(2)其他管材 铜的价格较高,铜合金管材多用于电工产品及加工轴承。

铝合金的优点是重量轻,虽然高强度合金铝的价格仍比较高,但凡是追求轻巧的产品,常以铝材为首选。常用冷拉铝合金管的外径范围为 6~120mm(GB/T 4436—2012),常用热挤压铝合金管的最小外径为 32mm(GB/T 4436—2012)。手杖、野营帐篷中的拉杆、便携旅游小车的构架、卫具洁具的手柄都常用铝合金管制作。

塑料管、橡胶管普遍地用来作水暖管道、油气管道，不同的材质可分别满足耐酸、耐碱、耐油等特殊要求。塑料管现今也用来制作轻型结构，除重量轻以外，还有色彩丰富鲜艳、不会氧化腐蚀的优点。现在也有了强度高不易破断、不易老化的塑料，但塑料的刚度低，受力后变形大，限制了它们在重型结构中的应用。

3. 型材

（1）型钢　热轧型钢在桥梁、建筑、棚架等结构中广泛采用，常见的截面形状有等边角钢、不等边角钢、槽钢、工字钢等，如图5-15所示。最小、次小型号的热轧等边角钢的边长（图5-15中的b）是20mm和25mm，最小型号热轧不等边角钢的边长（图5-15中的$B×b$）是25mm×18mm，在某些比较大的柜架、机柜里有时用它们来作立柱、横梁；型号更大的热轧型钢则用于大中型结构中，在小型消费产品中很少采用。

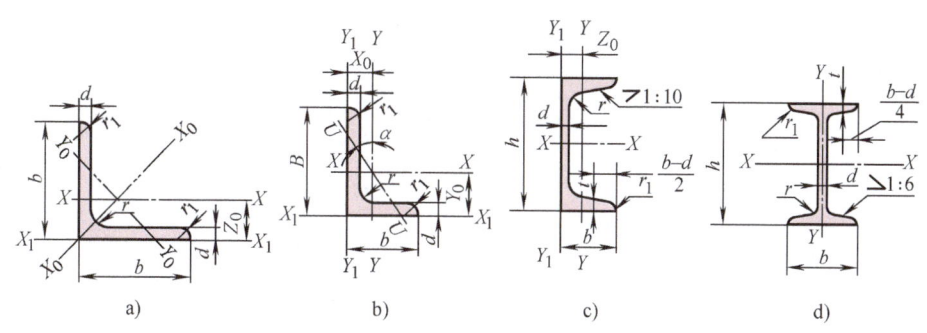

图5-15　几种常见的热轧型钢截面

a）等边角钢（GB/T 9787—1988）　b）不等边角钢（GB/T 9788—1988）
c）槽钢（GB/T 707—1988）　d）工字钢（GB/T 706—2008）

冷弯型钢的壁厚比热轧型钢薄、重量轻、表面光洁，在中小型产品中常被采用。常见的冷弯型钢的截面品种有等边角钢、不等边角钢、等边槽钢、不等边槽钢、内卷边槽钢、外卷边槽钢、卷边Z型钢等，如图5-16所示。购置有折弯机或数控折弯机的企业，还可以根据本厂的需要，折制特殊截面形状的型钢。

对于较大尺寸机柜，与采用热轧型钢比较，改用冷弯型钢作立柱和横梁，更显轻巧美观。图5-17a是较大机柜的结构分解图，图5-17b是一款搁板可抽动的实际货架。

（2）型铝　型铝在日用及其他中小型产品中的应用越来越广泛，型铝不仅轻巧美观、不易锈蚀，其尺寸规格也很丰富，能适应日用及小型产品的需要。铝材冷轧（冷拔）加工比钢材容易，因此其最小尺寸明显小于热轧型钢。图5-18是五种常见型铝的截面形状，在每种截面图的下面标注了该型号型铝的最小截面尺寸。

型材生产规模大、成本低，质量稳定可靠。铝材又有易于冷轧（冷拔）成形的优点，随着冷轧（冷拔）技术、设备的进步，各种复杂截面形状的型铝近年纷纷问世。现今各种展览会层出不穷，构成了"会展经济"这一新的经济门类。要求展架制作配件有良好的通用性，能组合装配成大小、形式不同的展架，又要轻巧美观、易装易拆、易收藏易运输，于是展架用型铝应运而生。某些展架型铝的截面形状是相当复杂的，如图5-19a所示。图5-19b所示机箱的横梁型铝，其截面形状也较复杂，型钢难以做成这样复杂的截面。

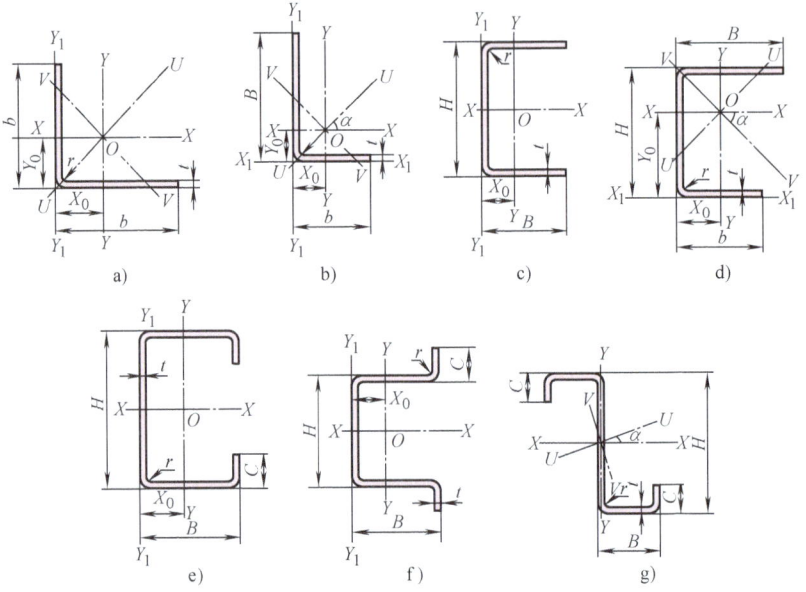

图 5-16 几种常见的冷弯型钢截面（GB/T 6723—1986）

a）等边角钢 b）不等边角钢 c）等边槽钢 d）不等边槽钢
e）内卷边槽钢 f）外卷边槽钢 g）卷边 Z 型钢

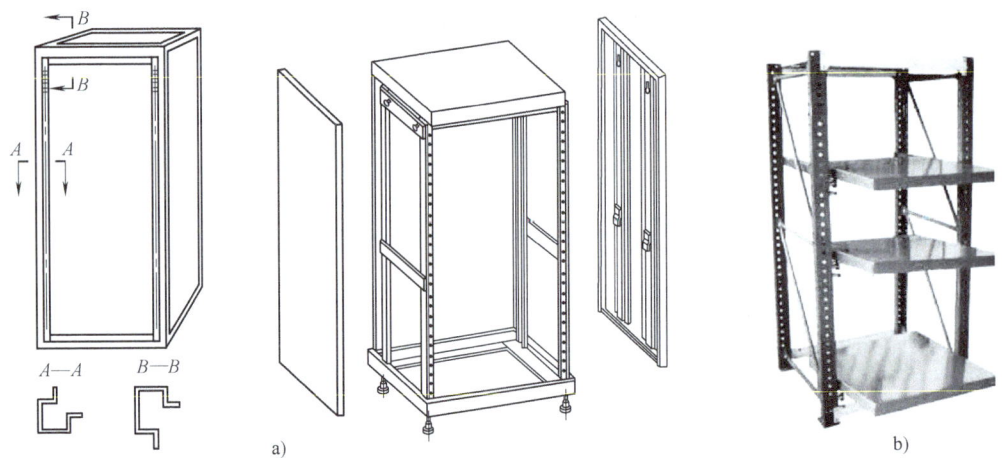

图 5-17 采用型钢作立柱、横梁的较大尺寸的机柜和货架

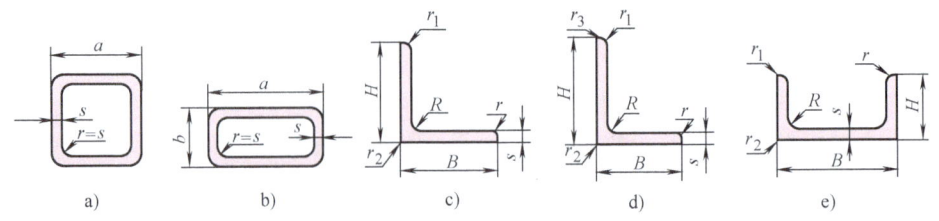

图 5-18 几种常见的型铝截面及其最小截面尺寸（mm）

a）正方形铝管（GB/T 4436—2012）（$a=10$） b）矩形铝管（GB/T 4436—2012）（$a \times b = 14 \times 10$）
c）等边角铝型材（$H=B=10$） d）不等边角铝型材（$H=15$，$B=7$）
e）槽铝型材（$B=13$，$H=13$）

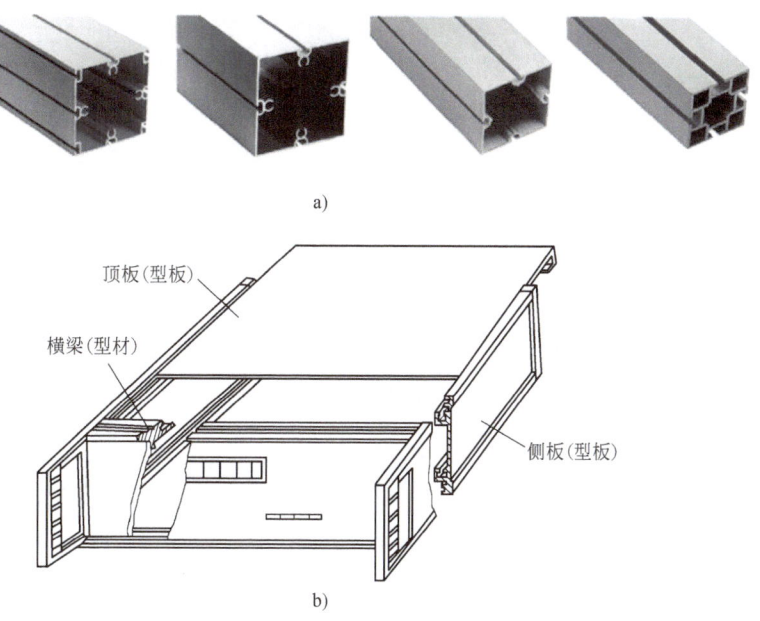

图 5-19 截面形状复杂的型铝

a）会展型铝——八槽方柱和四槽方柱 b）某机箱横梁用型铝

第四节 零件的结构工艺性和造型因素

一、零件的结构工艺性

现在机械加工的方法很多，但有些形状仍然是难以加工出来的；有些形状虽能用特殊办法加工出来，但成本会大幅攀升。设计师必须掌握这方面的必要知识。

机械零件的结构工艺性是指零件加工成形和装配的难易程度。

零件的材料种类很多，零件的加工状态很多（毛坯加工、精加工、装配等），机械加工的方法又非常多（锻、铸、焊、热轧等热加工方法，切削、冲压、冷拉等冷加工方法，以及特种加工方法等），零件的结构工艺性不但直接取决于上述种种因素，还与企业的生产规模和设备条件密切相关。因此通晓加工工艺的技术知识，需要通过专门课程的深入学习和积累。下面仅分列几类加工成形方法，各举其中较典型的结构工艺问题为例，通过正误对比的简介，使读者对此有初步的了解。

1. 铸造成形

铸造是将熔炼的金属液体浇注入铸型内，经冷凝后获得所需零件形状的成形方法，如图 5-20 所示。为了方便铸造，获得品质良好的铸件，设计铸件应注意以下工艺结构。

（1）起模斜度 为了浇注后能将模样从砂型中顺利取出，造砂型时应将铸件内外壁沿起模方向设计出约为 1∶20 的起模斜度，如图 5-21 所示。

（2）铸造圆角 为防止浇注时金属液体将砂型转角处冲坏，避免铸件在冷却中产生裂纹或缩孔，应将铸件毛坯上的各种棱角制成圆角，称为铸造圆角，如图 5-22 所示。

（3）均匀壁厚 若铸件不同部位的壁厚相差过于悬殊，浇注后薄壁部位的液态金属过快冷却凝固，易导致后冷却凝固的厚壁部位中产生缩孔、

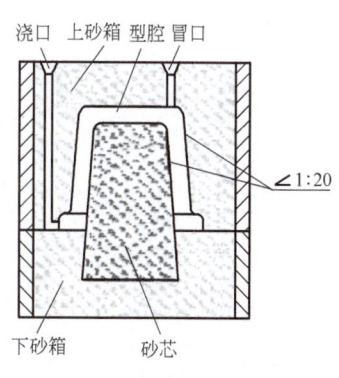

图 5-20 铸造过程示意图

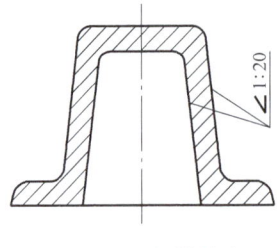
图 5-21 起模斜度

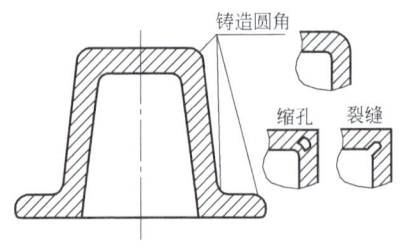
图 5-22 铸造圆角

裂纹等铸造缺陷。因此，铸件壁厚应尽量均匀或平缓过渡变化，如图 5-23 所示。

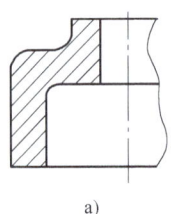
a)

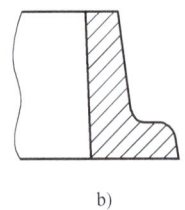
b)

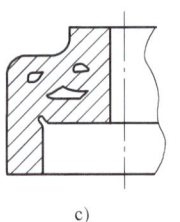
c)

图 5-23 铸件壁厚
a) 壁厚均匀 b) 壁厚平缓过渡 c) 壁厚不均产生缩孔、裂纹

2. 焊接加工

电焊或气焊过程中，焊缝局部温度很高，焊毕即快速冷却，使焊缝局部存在较高的内应力。为减小高内应力引起过大变形，避免开裂等缺陷，焊缝不可密集、交叉（图 5-24a），应采用错开焊缝、切除交叉处肋板角等方法适当处理，如图 5-24b 所示。

3. 切削加工

切削加工主要在机床上进行，加工方法主要有：车削、铣削、刨削、磨削、镗削、钻削、拉削、插削等。与切削加工相关的零件结构工艺问题很多，举例如下。

（1）零件上钻孔 麻花钻前端两个切削刃通常磨成 120°左右，如图 5-25a、c 所示。麻花钻加工的孔，底部自然有 120°左右的角度，如图 5-25b、d 所示。因此"不通孔（盲孔）

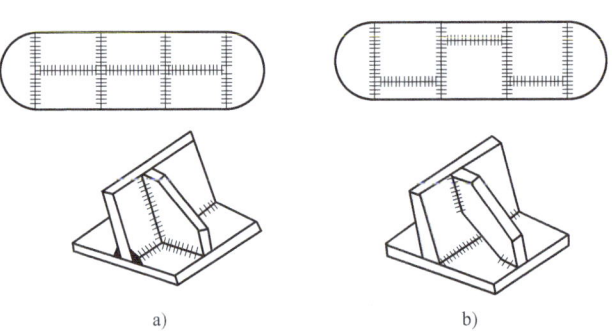
图 5-24 合理排布焊缝，降低内应力

底部应画成 120°；反之，把不通孔的底面"设计"为与孔轴线垂直的平面，加工要困难得多，一般来说是不合理的。

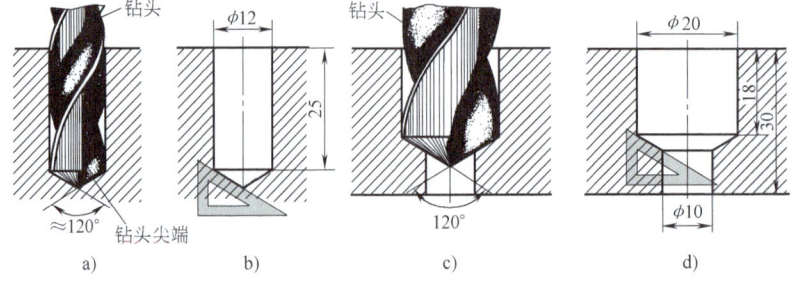
图 5-25 不通孔底部形状的工艺性要求

读者或问：如果零件功能需要平底不通孔，怎么办呢？那好办，设计成通孔，从通孔

另一端加一个平头堵堵上即可。

麻花钻钻孔的起始平面如果与孔的轴线不垂直，如图 5-26a 所示，钻孔时麻花钻会受力向一侧偏斜而钻不进去，是不合理的工艺结构。应该把钻孔的端面设计为与孔垂直，如图 5-26b、c 所示。麻花钻钻孔出口处如果有明显的台阶，如图 5-26d 所示，则钻透之时麻花钻处于单侧受力的状态，受力不平衡，麻花钻容易折断，钻床和夹紧装置也会摇晃摆动，不安全。应改为图 5-26e 所示的形状，消除掉出口处的台阶。

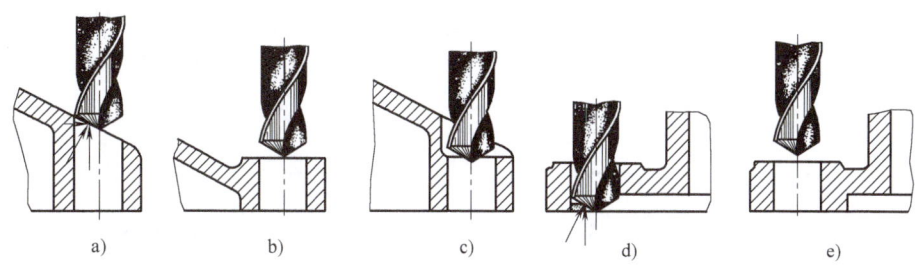

图 5-26 要钻孔的上端面和出口面

（2）倒角　轴、孔的端头，都应有倒角（多为 45°，也可为 30°、60° 等），如图 5-27a、b 所示。倒角主要是零件装配工艺的要求。零件难免磕碰，磕碰的伤痕最易发生在边角部位。有了伤痕，轴就装不进孔里去了。倒角也有利于人身安全，为减少锐利边角对人体的可能伤害，机械产品上外轮廓的棱边也常需要倒角或倒圆角，如图 5-27c 所示。

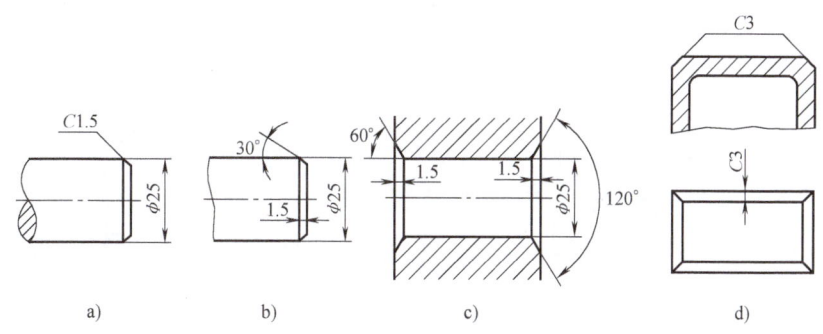

图 5-27 轴端、孔端和棱边上的倒角

（3）螺纹退刀槽和砂轮越程槽　零件上的螺纹多为车削加工而成。无论外螺纹、内螺纹，在螺纹段终端台阶处，必有一小段车不出螺纹牙来。车螺纹前，在台阶处应切制一圈"退刀槽"，如图 5-28 所示。退刀槽的作用是：第一，便于车削时退出螺纹刀；第二，确保与之配合的螺纹零件能旋拧紧贴到台阶面位置。

外圆和内孔磨削加工前，也应在台阶处切制一圈槽，称为"越程槽"，如图 5-29 所示。磨削砂轮的棱边均有小圆弧，直接磨出的内、外圆柱面的台阶"根"处，必有小圆弧的残留。越程槽的作用是：第一，消除小圆弧残留（工人师傅称为"清根"），使相配合

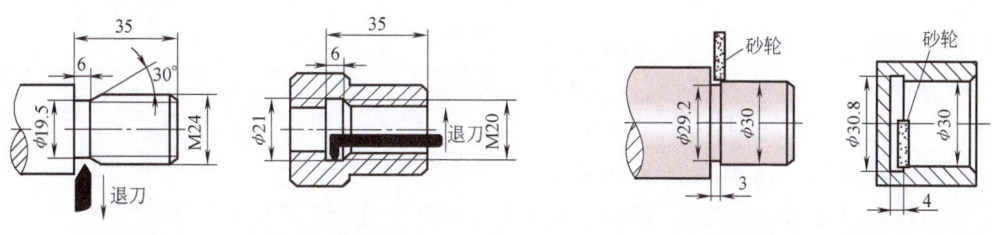

图 5-28 螺纹退刀槽　　　　图 5-29 砂轮越程槽

的零件能装配紧贴到台阶面位置；第二，避免砂轮磨削（内、外）圆柱面的同时与工件台阶端面发生蹭刷。

（4）减少精细加工面积 为使产品中的一根轴和孔配合良好，相配合的两圆柱面都必须做一定精细度的加工。如果轴很长、孔很深，对轴的全长和孔的全深都进行较精细的加工是否合理呢？回答是否定的：第一，加工成本高；第二，两者反而不容易配合好。用成本低的粗加工方法把孔的中段做大，留下两端各一小段进行精细加工，成本降低了，产品质量更优，如图 5-30a 所示。产品中两个零件有较大接触面积时，情况类似，应该设计出凸台或凹坑等结构，以减少加工面积，降低制造成本，如图 5-30b 所示。

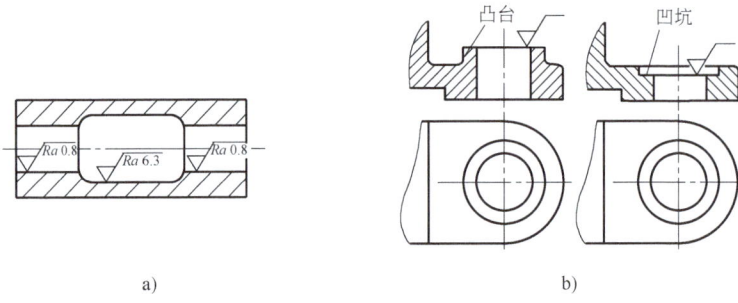

图 5-30 凸台和凹坑

4. 冲压成形

冲压是利用冲模在压力机上对板材进行的加工，可使板材分离或塑性变形，得到所需形状、尺寸和性能的零件。日常生活中的锅、盆、壶，盛装饮料的易拉罐，五金拉手、合页等，均由冲压工艺制作成形，如图 5-31 所示。

图 5-31 冲压成形的产品示例

冲压加工应用很广，加工方法按变形方式可分为冲裁、弯曲、拉深、成形等。

不同的冲压加工方法，有不同的零件结构工艺要求。例如：冲裁件的结构形状应尽可能简单、对称，以利于材料的合理利用，如图 5-32 所示。冲裁件的外角和内角，宜有适当的圆弧度，避免尖角。这便于模具加工，并可减少冲裁时尖角处崩刃和过快磨损，如图 5-33 所示。拉深件的凸缘宽度应尽可能保持一致，并与拉深部分的轮廓形状相似，如图 5-34 所示。更详细的冲压件结构工艺要求，可参阅相关资料。

5. 塑料制品的结构

注射成型是热塑性塑料制品成型的主要方法，所用的设备是注射机。

注射成型过程是：将颗粒原料装入注射机料筒内，加热熔融塑化，在螺杆推压下，压缩熔融塑化的物料向前移动，通过料筒前端喷嘴以很高的速度注射到闭合的模具内，冷却定型后，打开模具，即得到所要求的塑料制品。

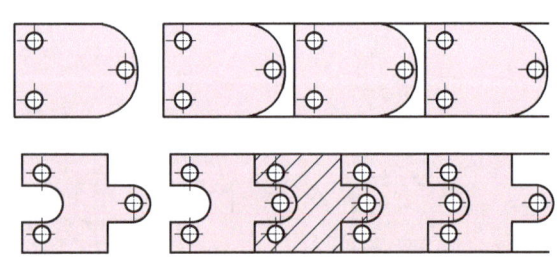

图 5-32 冲裁件形状合理，提高材料利用率

塑料制品的结构，不仅关系其成形工艺的难易程度，而且直接影响塑料制品的质量。对塑料制品几何形状的设计要求简介如下。

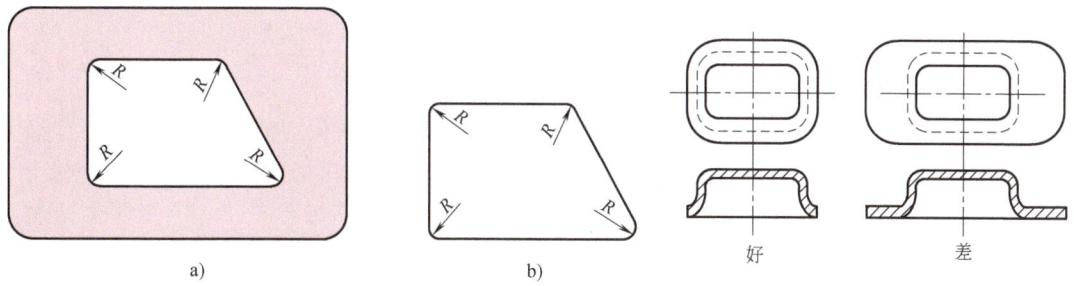

图 5-33 冲裁件内外角，应做成圆角
a）冲裁件 b）落料

图 5-34 拉深件凸缘宽度尽可能保持一致

塑料制品的形状结构主要包括：脱模斜度、壁厚、圆角、加强肋等。塑料制品应具有一定的脱模斜度，以便于成型后顺利脱模取出、防止划伤，如图 5-35 所示。塑料制品的壁厚应力求均匀，厚薄适当。壁太薄注射时流动阻力大，会出现注射不满发生缺料现象；壁太厚会导致内部产生气泡，冷却后外部出现凹陷。壁厚不均匀会造成收缩不一致，使塑料制品变形翘曲，如图 5-36 所示。在塑料制品的拐角处设置圆角，可改善材料的流动性，利于制品脱模，如图 5-37 所示。塑料制品的形状结构要求还很多，例如应适当设置加强肋，以提高塑料制品的强度和刚度，避免发生变形翘曲缺陷等。详尽的阐述，超出了本教材的范围。

图 5-35 注射成型塑料制品的脱模斜度

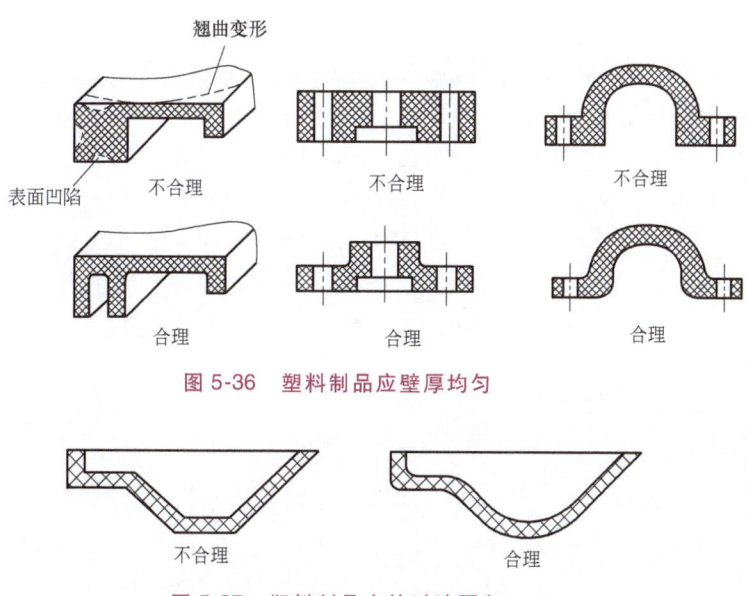

图 5-36 塑料制品应壁厚均匀

图 5-37 塑料制品中的过渡圆角

二、产品的结构与造型因素

产品的外观造型与它的结构是密切相关的。产品的整体形态要通过结构来进行塑造，局部外观也可通过结构来进行改善，现以几个示例说明如下。

例 5-1 咖啡制作器的不同形态与尺度比例。

相同的产品功能可以采用不同的结构方式来实现，而结构方式往往直接影响产品的整体造型，包括尺度与比例、风格与趣向等。例如一件咖啡制作器，采用相同的工作原理，通过改变部件的相对排列形式和尺度对比，就可以获得多种意趣不同的造型风格，如图 5-38 所示。

图 5-38 咖啡制作器的不同结构方式与造型风格

换个视角说，凡由若干部件构成的产品，其整体形态的塑造均需结构设计来落实。

例 5-2 改善箱体箱盖接口接缝的视觉感受。

图 5-39a、b 都是机械产品上箱体箱盖连接处的剖视图。设计时让箱体和箱盖具有相同的（顶视）外轮廓尺寸，如图 5-39a 所画的那样，在直觉上似乎是"当然如此"很自然的事情。但若箱体箱盖是铸造件，有经验的设计师却不这样处理，他们会"不循常规"地把箱盖的外轮廓尺寸设计成比箱体略大一圈，如图 5-39b 所画的那样。为什么呢？由于箱体箱盖不需要精确的尺寸，因而外露表面均保留原铸造表面，直接作喷漆之类的表面涂饰，不再进行精细加工。而铸造的尺寸是不准确的，设计尺寸相同的箱体箱盖合在一起，四周轮廓不可能对齐，会出现不规则的互相错位；尽管这对产品的功能并无损害，却给人"粗糙""不规整""质量差"的视觉观感。让箱盖轮廓比箱体略大一圈，四周均凸出一些，观察者将感觉不出两者轮廓间的错位，因而有效地改善了产品的视觉形象。图 5-39c 是将整个箱体箱盖画出后的情况。粗加工方法成本低，但不准确。两个粗加工零件的互相对接，会出现"齐即不齐，不齐即齐"的效果这是颇有哲学意味的。

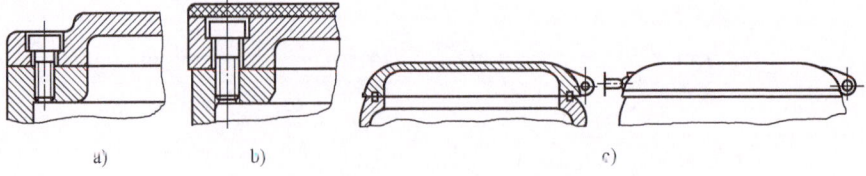

图 5-39 箱体箱盖接口的不同结构与不同的视觉感受

图 5-39a 所示箱盖上有一个凸台,埋头螺钉也露着招眼。若把凸台去掉,改为平整的顶平面,再铺一层非金属的装饰面,如图 5-39b 所示,产品外观即可规整美观。

本例介绍的设计手法,可称为采用结构设计来"藏拙掩怯"。

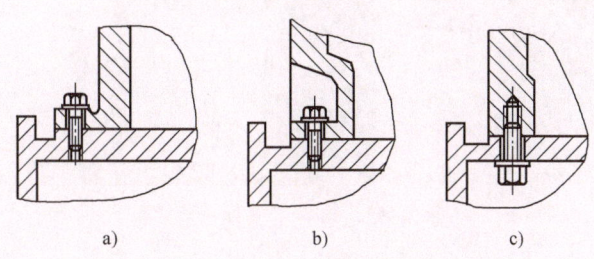

图 5-40 收拾清除凌乱的产品外表

例 5-3 收拾清除凌乱的产品外表。

有的产品外表存在着很多局部的、细碎的凹凸,还有星星点点分布着的螺钉螺栓头、螺母垫圈、开口销等外露小零件。这些结构上的需要,从机械技术看"无可非议",但造型设计则要对此加以挑剔:这些不仅造成视觉上琐碎凌乱,而且有碍人身安全。应该改进设计,收拾清除凌乱的外表。图 5-40a 上有外露的螺钉头和垫圈,在螺钉连接处还有凸缘或凸台,外观不佳,存在安全隐患。若改成图 5-40b 所示的样子,可减小安全隐患,但外观仍然不佳。进一步可以把螺钉安置到里面去,去掉外部的凸缘或凸台,而加大安装螺钉处的局部壁厚,如图 5-40c 所示,使产品外观变得简洁完整,安全隐患也可消除。当然,在里面安置螺钉,可能会带来其他不利因素,如螺钉的压紧面不易加工,安装拆卸不方便等。利弊之间如何取舍需要综合权衡。而所谓"设计",正是对各种因素进行综合权衡做出取舍的过程。

例 5-2 和例 5-3 都属于通过结构设计来改善产品局部外观的示例。

习 题 与 作 业

(本章四个作业题,分别对应本章的四节,因此四个作业题学生都需要完成。)

5-1 产品结构的观察分析与书面报告。

在下列产品或设施中任选一种,完成以下实践性练习:

1) 找到产品或设施的一件实物,里里外外进行仔细观察分析,做到对其整体及各零部件了然于心。

2) 完成《产品结构的观察分析与书面报告》(参考字数 400~600),内容为:

① 该产品设计中存在哪些选材方面的问题?

② 该产品设计中存在哪些连接、装配方面的问题?

③ 该产品中存在哪些可调可动机构?它们能完成怎样的运动动作?

3) 结合文字说明,作业中应有 2~4 幅认真手绘的示意图。可以是整个产品或设施的示意说明,或几个相关的零部件、零部件连接方式,或可调可动机构的示意草图等。

供选择的产品或设施参考图如下(注意:下列插图只作辅助参考,学生必须寻找实物进行观察分析才能完成作业。实际产品或设施的结构千差万别,未必与书中的图样相同。)。

A. 可调节或可折叠的椅子(图 5-41) B. 室内置物架(可或不可折叠,图 5-42)

C. 室内送物车(图 5-43) D. 旅行箱包(图 5-44)

E. 宝宝摇篮、推车或自行车宝宝座位(图 5-45)

5-2 在下列产品(设施)中任意选择一种,写出其设计程序,把设计中应该考虑的问题详细地写进去。

图 5-41　可调节或可折叠的椅子

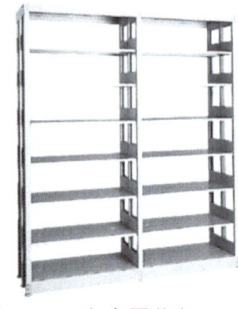

图 5-42　室内置物架

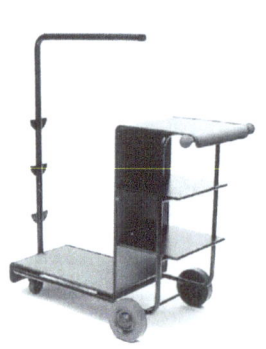

图 5-43　室内送物车

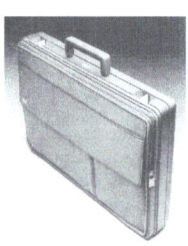

图 5-44　旅行箱包

A. 电脑桌（图 5-1）　　　　　B. 室内置物架（图 5-42）

C. 室内送物车（图 5-43）　　D. 翻转式不锈钢垃圾箱（图 5-8）

E. 公告栏、宣传栏（图 5-9a）　F. 公共电话亭（图 5-9b）

5-3　在下列产品（设施）中任选一种，写出以下内容的观察分析报告：

1）列出产品里所有不同的材料种类，在每一材料种类下指出有哪些零件。

2）选择 2~3 个较大的零件（①不包括螺钉螺母等标准件；②尽量选材料种类不同的零件），简要说明以下问题：

  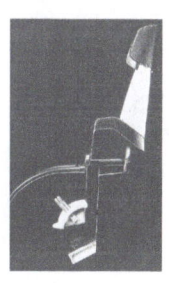

图 5-45　宝宝摇篮、推车或自行车宝宝座位

① 该零件的用材符合哪些选材原则？

② 是否有可能换为另一种材料？无论肯定或否定，均简要说明理由。

3）数一数，构成该产品的零件总数为＿＿＿＿个，其中标准件有＿＿＿＿个，标准件个数占零件总数的百分比为＿＿＿＿％。

A. 家用可折叠小梯子（图 5-3b）　　B. 宝宝摇篮、推车或自行车宝宝座位（图 5-45）

C. 壁灯、射灯及其支架（图 5-46）　　D. 健身器具或设施（图 5-47）

E. 电脑桌（图 5-1）　　F. 公共电话亭（图 5-9b）

 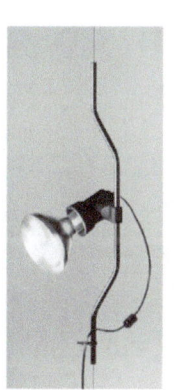 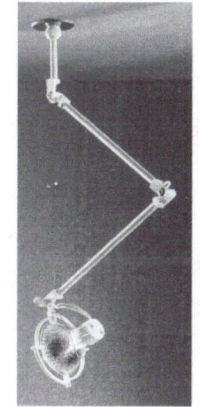 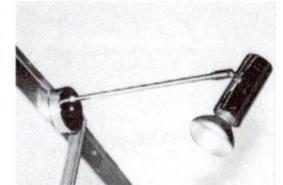

图 5-46　壁灯、射灯及其支架

图 5-47　健身器具或设施

5-4　复习本章第三节，分析你在习题 5-2 或习题 5-3 所选择的产品（设施），试指出：

1）某些零件结构工艺性问题。

2）某些与造型相关的结构工艺因素。

第六章

机械零件基础

第一节 连 接

各种产品和机械结构都是由多个零件连接组装而成的。如：自行车、电动车，以零部件形式从生产厂发货到各地销售点，在销售现场采用连接件连接组装后卖给消费者；家具、电脑桌等，多在用户室内连接组装；体育运动器材双杠，它的底座、立柱、横杠等零件都是分别制作，然后采用连接件加以连接而成；大型机器需要拆开才方便运输；计算机坏了，可以打开由连接件连接的机箱盖板检查维修；电视遥控器电池没电了，可以很方便地打开弹性卡连接的电池盒盖子更换电池。连接和连接件的应用，是设计人员必须了解和掌握的。

一、连接的种类及适用条件

1. 连接的种类

连接可分为可拆连接和不可拆连接两大类。

可拆连接是可以多次拆装而不损坏相关零件的连接方式，主要有螺纹连接、键连接、销连接、弹性卡连接、型面连接等。

不可拆连接是拆卸会造成相关部分损坏的连接方式，如铆钉连接、焊接、粘接等。

2. 常用连接方式的特点与适用条件

表 6-1 为常用连接方式的主要用途、特点与适用条件。

表 6-1 常用连接方式的特点与适用条件

种　类	主要用途	特　点
螺纹连接	主要用于两板件和各类零件的连接。例如，减速机上、下箱体的连接	构造简单,装拆方便,生产率高,成本低廉
键连接	键主要用于轴和轴上零件之间的周向固定,以传递转矩	构造比较简单,装拆方便
销连接	销可用于轴和轮毂的连接,也可用于其他零件间的连接	承受载荷不大
粘接	可连接金属和非金属,包括某些脆性材料	不引起应力集中和局部翘曲,粘接的表面平整,绝缘、耐腐蚀
弹性卡连接	可用于包装、容器盖等	使用方便
型面连接	非圆截面轴与毂孔配合形成连接,用于轴与轴上零件的连接	轴和孔均可直接成形,不需要加工键槽,简单方便
铆钉连接	用于桥梁、建筑等。日用品中如炊具手把等处	工艺设备简单,连接牢固,防振、抗冲击,不会自行松脱
焊接	应用于汽车、船舰、桥梁、结构架等	结构简单,生产效率高,成本低,便于现场施工

二、螺纹连接

1. 螺纹连接的基本形式

螺纹连接分为螺栓连接、双头螺柱连接和螺钉连接三类。

（1）螺栓连接　由螺栓1、垫圈2和螺母3三个零件构成，如图6-1a所示。采用螺栓连接的两个被连接零件上，只要钻出通孔，穿过螺栓，拧紧螺母即可，如图6-1b所示。螺栓连接加工简单，装拆方便，因此应用广泛。

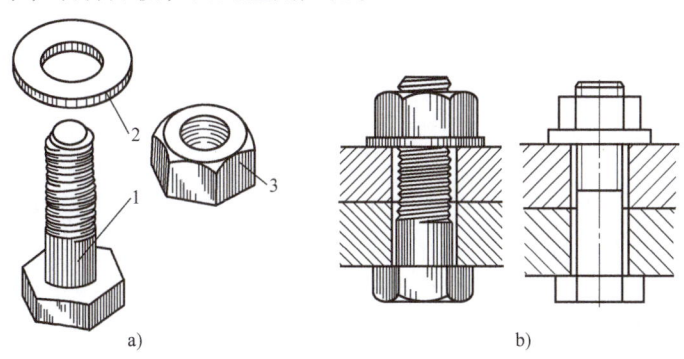

图6-1　螺栓连接

1—螺栓　2—垫圈　3—螺母

（2）双头螺柱连接　当要连接的零件中有一个很厚、较难把孔钻通的情况下，适于采用双头螺柱连接。双头螺柱连接由双头螺柱1、垫圈2和螺母3三个零件构成，如图6-2a所示。双头螺柱的两端都有螺纹，不同于螺栓的一端是螺栓头。连接方法是在较厚的零件上做出螺孔（螺纹孔简称螺孔），较薄的零件上钻通孔，将螺柱的一端拧入厚零件的螺孔，另一端穿过薄零件的通孔，放上垫圈，用螺母拧紧，如图6-2b所示。这种连接方式用在被连接件需要经常拆卸的场合，如轴承座、发动机气缸盖等。

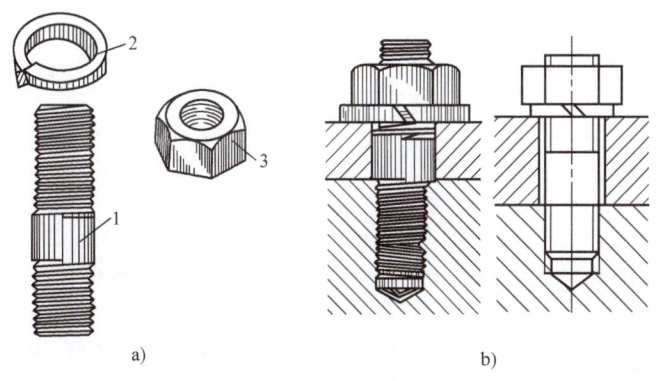

图6-2　双头螺柱连接

1—双头螺柱　2—垫圈　3—螺母

（3）螺钉连接　不用螺母的螺纹连接称为螺钉连接，分普通螺钉连接和紧定螺钉连接两种。图6-3为普通螺钉连接的情况，一个零件上有螺孔，另一个零件是通孔，拧紧后靠螺钉头起压紧作用。图6-3中的4个小图分别表示了4种常见的不同螺钉头形状。

图6-4所示为紧定螺钉连接的情况。紧定螺钉的特点是：其前端做成圆锥、圆柱、凹坑等类标准的形状，与被连接零件的对应部位相协配。图6-4b所示为圆锥端头的紧定螺钉，在被连接的轴上加工出协配的圆锥坑，如图6-4a所示。紧定螺钉拧进轮子上的螺孔后，螺钉的圆锥端头嵌入轴上的圆锥抗里，从而实现紧定连接。

除以上三种螺纹连接方式外，还有自攻螺纹连接。铝材、塑料、木材等材料较软，在

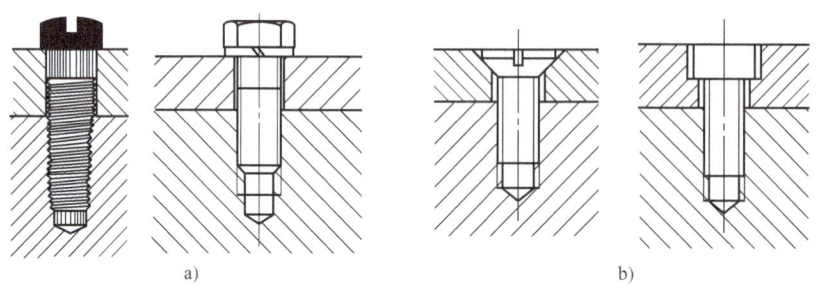

图 6-3 普通螺钉连接

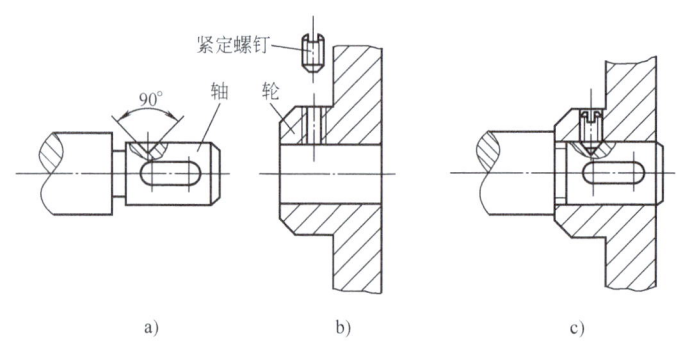

图 6-4 紧定螺钉连接

它们的零件基体上只要打一个浅浅的"定位"小孔，而不必预制螺纹孔，坚硬的钢制自攻螺纹尖端插入后，即可用力拧进去形成连接。自攻螺纹多用于铝型材和薄板的连接中。

2. 螺纹连接件

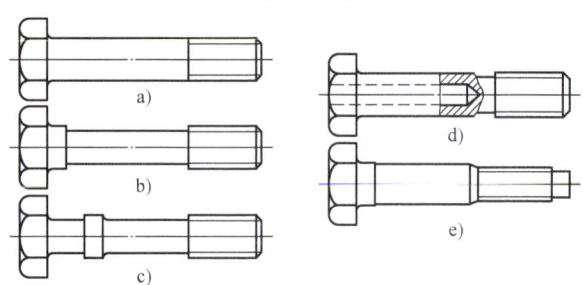

图 6-5 螺栓的结构形式

（1）螺纹连接件的常用结构形式　螺纹连接件是最常用的标准件之一，其结构形式和尺寸均已标准化，还分为精制和粗制等类别，设计时查阅相关的标准手册进行选用。

螺栓和螺母以六角头的为最常用。常见的螺栓结构形式、螺栓和螺钉的头部形状、紧定螺钉的端头形状、螺母、垫圈的形状分别如图 6-5~图 6-9 所示。

（2）螺纹连接件的标记示例　标准件是由专门工厂按国家标准大规模生产的，一种标准件就有很多（几十，甚至几百）种尺寸规格，每一种尺寸规格都有其标准代号。查阅国家标准手册

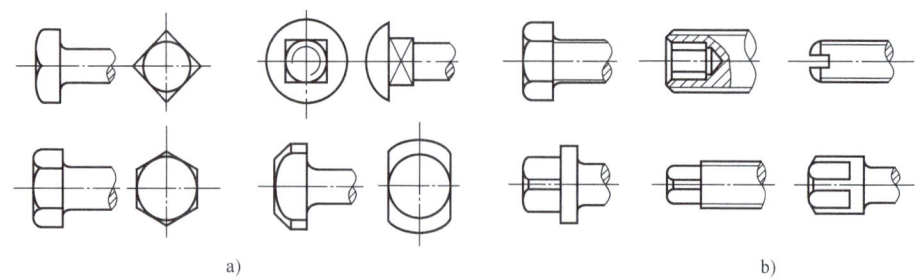

图 6-6 螺栓和螺钉的头部形状

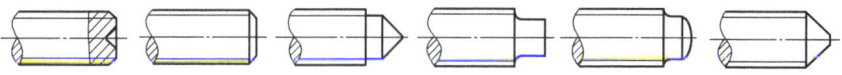

图 6-7 紧定螺钉的端头形状

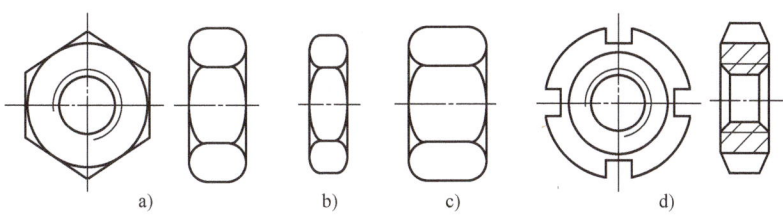

图 6-8 螺母的类型

a) 六角螺母 b) 六角扁螺母 c) 六角厚螺母 d) 圆螺母

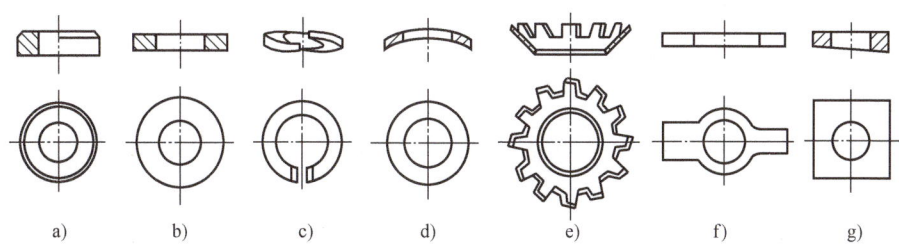

图 6-9 垫圈的类型

a) 光垫圈 b) 粗垫圈 c) 弹簧垫圈 d) 鞍形垫圈 e) 弹性垫圈 f) 止动垫圈 g) 方斜垫圈

"选用"标准件时，须在设计图上指明其代号（也称为标准件的标记），才便于去市场采购。

标准件的代号通常由国家标准代号和规格尺寸代号两部分组成，设计时均应标注清楚。

表 6-2 是螺纹标准件的几个标记示例，阅读表 6-2 时请注意将表中"结构形式和规格尺寸""标记示例""说明"三栏互相对照。

表 6-2 螺纹标准件的标记示例

种 类	轴 测 图	结构形式和规格尺寸	标记示例	说 明
六角头螺栓			螺栓 GB/T 5782 M12×80	螺纹规格 $d=M12$，$l=80mm$（当螺杆上为全螺纹时，应选取国标代号为 GB/T 5783—2000）
双头螺柱			螺柱 GB/T 897 AM10×50	两端螺纹规格均为 $d=M10$，$l=50mm$，按 A 型制造（若为 B 型，则省去标记"B"）
开槽圆柱头螺钉			螺钉 GB/T 67 M5×45	螺纹规格 $d=M5$，$l=45mm$（l 值在 40mm 以内时为全螺纹）
开槽盘头螺钉			螺钉 GB/T 65 M5×45	螺纹规格 $d=M5$，$l=45mm$（l 值在 40mm 以内时为全螺纹）
开槽沉头螺钉			螺钉 GB/T 68 M5×45	螺纹规格 $d=M5$，$l=45mm$（l 值在 45mm 以内时为全螺纹）

(续)

种　类	轴测图	结构形式和规格尺寸	标记示例	说　明
开槽锥端紧定螺钉	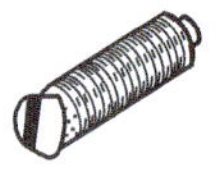	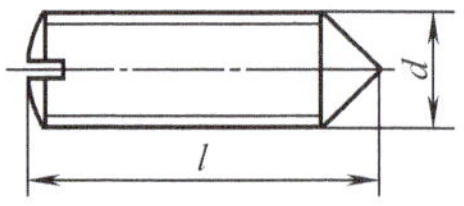	螺钉　GB/T 71　M5×20	螺纹规格 d = M5，l = 20mm
Ⅰ型六角螺母	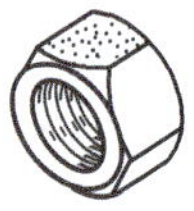	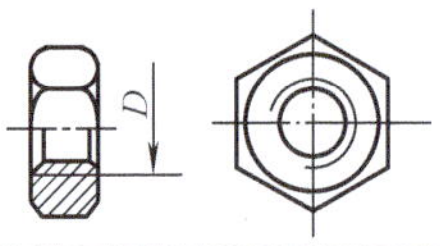	螺母　GB/T 6170　M8	螺纹规格 D = M8 的Ⅰ型六角螺母
垫圈		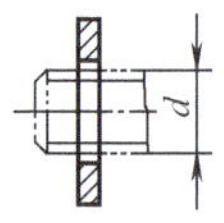	垫圈　GB/T 97.1　8	与螺纹规格 M8 配用的平垫圈，产品等级为 A 级
弹簧垫圈	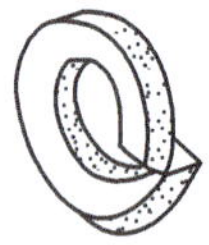	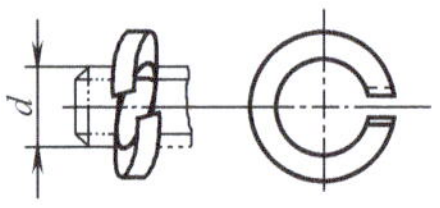	垫圈　GB/T 93　16	规格 16mm、材料为 65Mn、表面氧化的标准型弹簧垫圈

3. 螺纹连接的防松

螺纹连接一般具有自锁性能，拧紧以后一般不会自动松开。螺纹连接件中螺纹升角较小的"细牙螺纹"比普通粗牙螺纹的自锁性更可靠。但是在振动、冲击、变载荷和温度起伏大的环境下，螺纹副之间的摩擦力会瞬时减小或消失，使连接松动，形成安全隐患。因此设计时应酌情采用螺纹连接的防松措施。常用的防松措施分摩擦防松、机械防松和永久止动三类，见表 6-3。

表 6-3　螺纹连接常用的防松方法

摩擦防松	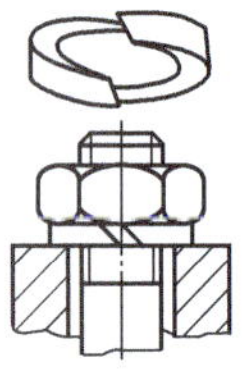 弹簧垫圈	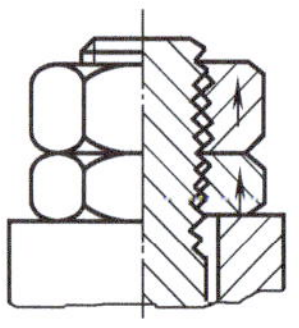 对顶螺母	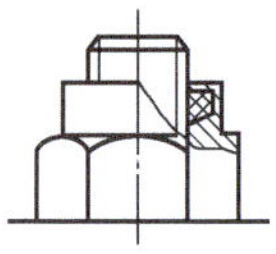 尼龙圈锁紧螺母
	弹簧垫圈材料为弹簧钢，装配后垫圈被压平，其反弹力能使螺纹间保持压紧力和摩擦力	利用两螺母的对顶作用使螺栓始终受到附加的拉力和附加的摩擦力。结构简单，可用于低速重载场合	螺母中嵌有尼龙圈，拧上后尼龙圈内孔被胀大，箍紧螺栓
机械防松	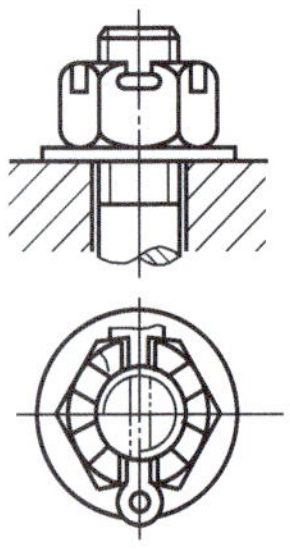 开口销与六角开槽螺母	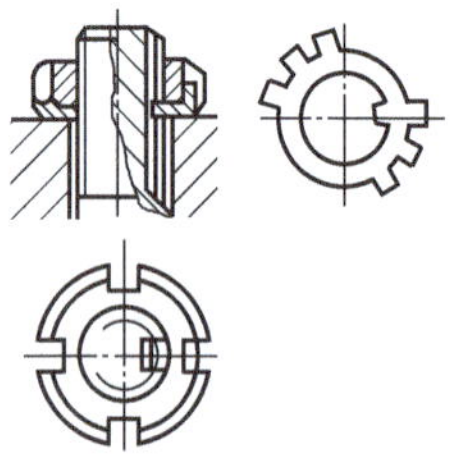 圆螺母与其止动垫圈	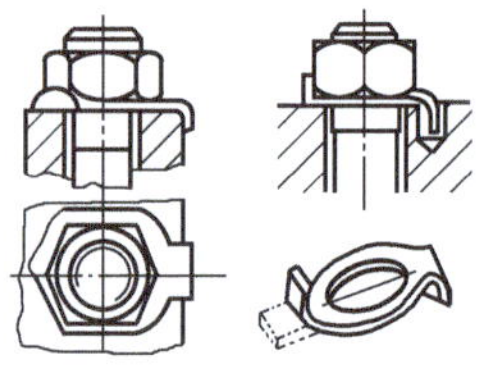 止动垫片
	槽型螺母拧紧后，用开口销穿过螺栓尾部小孔和螺母的槽，也可以用普通螺母拧紧后再配钻开口销孔	使垫片内翅嵌入螺栓（轴）的槽内，拧紧螺母后将垫片外翅之一折嵌于螺母的一个槽内	将垫片折边以固定螺母和被联接件的相对位置

(续)

永久止动	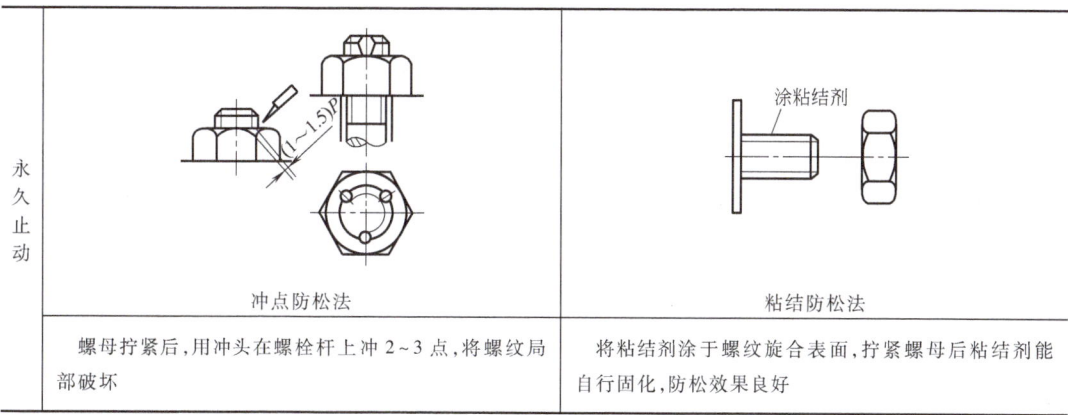	
	冲点防松法	粘结防松法
	螺母拧紧后,用冲头在螺栓杆上冲2~3点,将螺纹局部破坏	将粘结剂涂于螺纹旋合表面,拧紧螺母后粘结剂能自行固化,防松效果良好

三、键连接与销连接

1. 键连接

键是标准件。键连接常见于轴和轮子（齿轮、带轮、链轮等）之间，在两者间传递旋转运动。连接形式是：在轴上和轮子内孔开出键槽（图6-10a、b），将键嵌入轴上的键槽（图6-10c），对准位置推入轮孔内即可（图6-10d）。

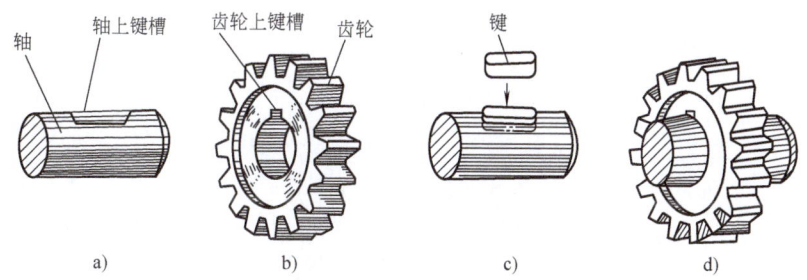

图 6-10 键连接

a) 轴上开出键槽　b) 轮子内孔开出键槽　c) 将键嵌入轴上的键槽　d) 对准位置推入轮孔

键连接的结构简单，成本较低，装拆方便，应用广泛。

键连接有多种形式，各有不同的功能特点，下面简介其中较常见的三种。

（1）平键连接　按用途不同又分为普通平键、导向平键和滑键等。

在轮子与轴之间不需要做轴向相对移动的情况下，普通平键连接应用最广泛，连接形式如图6-11a所示。普通平键端部的形状有A型（圆头）、B型（平头）和C型（单侧圆头）等类型，如图6-11b所示。普通平键的两侧面是工作面，配合比较紧；键的顶面与轮孔键槽顶面有间隙，顶面不是工作面。

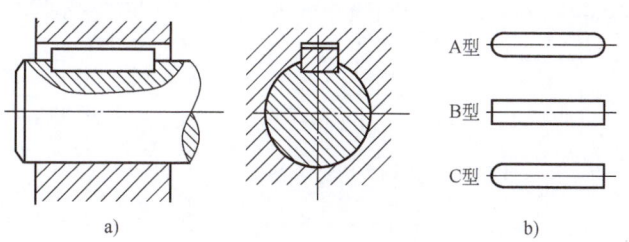

图 6-11 普通平键连接

导向平键连接中，键在轴上固定，键的两侧面与轮子键槽之间是间隙配合，轮子可以在轴上沿键滑动，以改变轴上零件的工作位置。

滑键连接中，滑键固定在轮子上，键的两侧面与轴上键槽之间是间隙配合，轮子和键一起可以在轴上沿键槽滑动，以改变轴上零件的工作位置。

（2）半圆键连接　图 6-12 所示为半圆键连接，工作时靠键的侧面传递旋转运动。半圆键的优点是它能在轴槽中摆动，能自动适应锥孔的倾斜度，且加工方便，容易装拆，因此特别适用于锥形轴与孔的连接。但半圆键的键槽较深，对轴的强度削弱较大，在传递动力较大的情况下不宜采用。

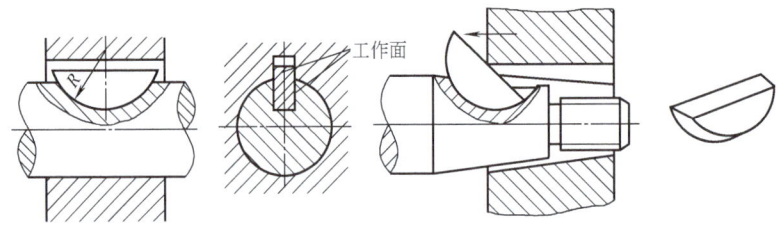

图 6-12　半圆键连接

（3）花键连接　花键连接由具有多键齿的花键轴和孔内有相应键槽的轮子构成，如图 6-13 所示。与平键连接相比，由于花键齿与轴是一个整体，对轴的强度削弱较小，能传递的力量大，因此适用于功率大、要求高、大批量生产的产品中，例如飞机、汽车、机床、工程机械、拖拉机等上的变速器中。但花键加工需要专用设备和刀具，生产成本高，不适用于小批量生产的一般产品。

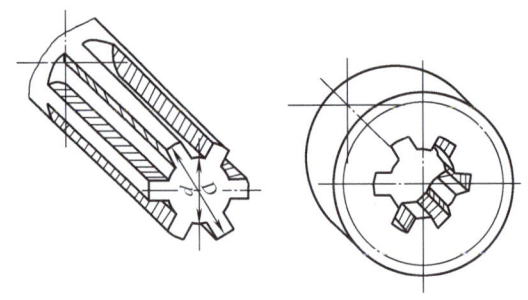

图 6-13　花键连接

2. 销连接

按销的用途来分类，主要用于固定零件之间相对位置的称为**定位销**（图 6-14a）；用于轴与轮子之间连接的称为**连接销**（图 6-14b）；在正常工作中能起连接销的作用、过载时能被剪断，从而保护机械其余部分不遭破坏的称为**安全销**（图 6-14c）。

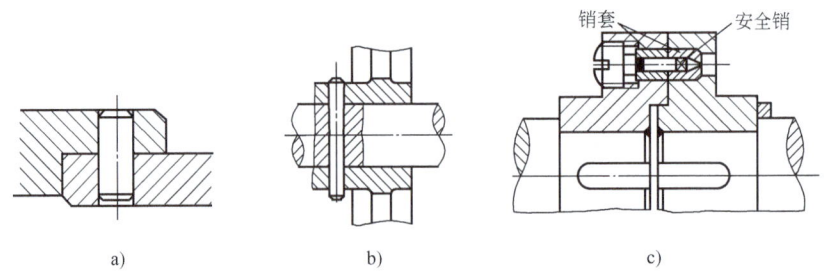

图 6-14　不同用途的销
a）定位销　b）连接销　c）安全销

按销的形状与结构来分，有圆柱销、圆锥销、带内螺纹的圆柱销和圆锥销、弹性圆锥销、螺尾圆锥销和开口销等。它们各有不同的性能特点和适用条件。

销是标准件，表 6-4 是部分常用销的类型、标准代号、特点和适用条件。

表 6-4 常用销的类型、标准代号、特点和适用条件

类 型		图 形	标 准	特点和应用
圆柱销	圆柱销	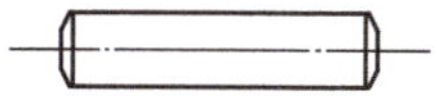	GB/T 119.2—2000	多次装拆后会降低定位精度和连接的紧固。只能传递不大的载荷。内螺纹圆柱销多用于不通孔，螺纹供拆卸用，弹性圆柱销用于冲击、振动的场合
	内螺纹圆柱销	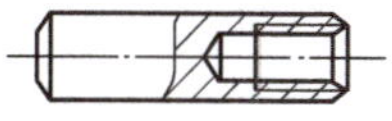	GB/T 120.2—2000	
	弹性圆柱销	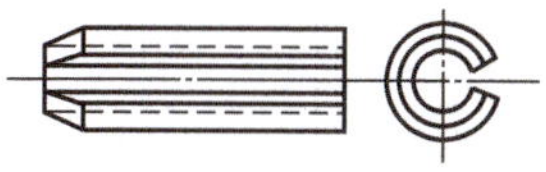	GB/T 879.1—2000	
圆锥销	圆锥销	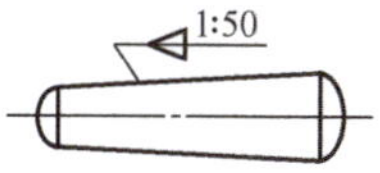	GB/T 117—2000	有 1∶50 的锥度，便于安装。定位精度比圆柱销高。在连接件受横向力时能自锁。螺纹供拆卸用
	内螺纹圆锥销	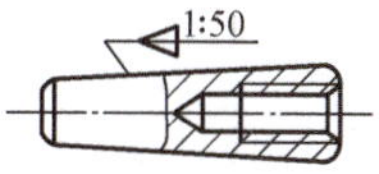	GB/T 118—2000	
	螺尾圆锥销	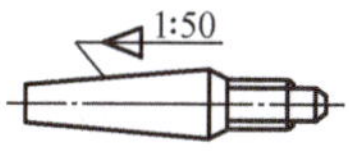	GB/T 881—2000	
开口销		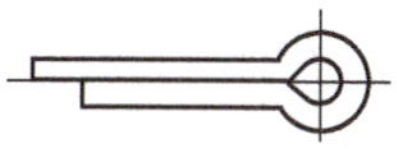	GB/T 91—2000	工作可靠，拆卸方便，用于锁定其他紧固件

四、弹性卡连接

把零件的某部分设计成一定形状且具有适当的弹性，让它在变形中嵌入另一零件的相应部位，依靠回弹的力量在该处卡住，实现两个零件的固定连接，称为**弹性卡连接**。弹性卡连接是易装易拆、快速简便的连接形式，如今，家用电器、通信产品、仪器仪表、各种日用品都广泛采用塑料制作，由于塑料注射成型容易，具有足够的弹性，所以在塑料制作的产品中弹性卡连接应用非常普遍。例如遥控器的电池盒盖、洗衣机的脚轮等，都是一摁之后一推一拔，就能安上去或取下来，结构简单，使用方便，所以弹性卡连接受到当今设计者的充分重视。

下面是几个弹性卡连接结构的示例，读者可以从中获得举一反三的启发。

例 6-1 用板片弹簧连接杆形零件。

如图 6-15 所示，将板片弹簧 1 捏紧，使它上面的两个孔与固定板 3 上面的孔对准，将杆形零件 2 插入孔内，松开板片弹簧 1，杆形零件 2 便被弹簧力卡住，与固定板 3 连接起来。若要调整杆形零件与固定板之间的相对位置，只要捏紧板片弹簧，就可沿轴向移动杆形零件的位置。

例 6-2 用压痕嵌卡搭接薄管。

两管对接常采用螺纹连接，两管壁上需要加工出内外螺纹，若管壁非常薄，则螺纹难以加工。图 6-16 所示的压痕嵌卡搭接是良好的改进形式：在内管 1 和外管 2 上压出浅浅的压痕，可以是图 6-16 中所画的微凹的环形槽，也可以是在一圈上均匀分布的

3~4个浅浅的小凹坑。只要凹槽或凹坑的深度合适，内管插入外管后使劲一推，让内管和外管的压痕契合，就实现了弹性嵌卡搭接，这种搭接方法加工和装配都简便。

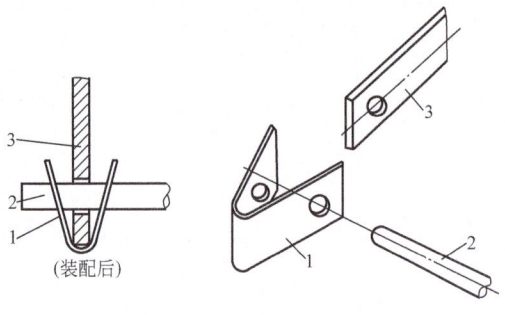

图 6-15 用板弹簧连接杆形零件
1—板片弹簧 2—需要连接和调整位置的杆形零件 3—固定板

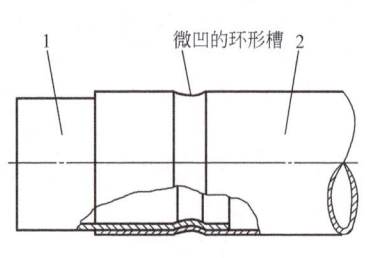

图 6-16 用压痕嵌卡搭接薄管
1—内管 2—外管

例 6-3 用弹性翼形爪卡接零件。

在底板上用螺钉固定零件的常见方法之一如图 6-17a 所示，由于要在零件底部加工螺纹孔，零件底部须有足够厚度，而且要从板的背面进行安装，也不方便。可改用图 6-17b 所示略似希腊字母"π"的弹性翼形爪来进行连接：两个翼形爪具有弹性，从上面推爪入孔时，两个爪靠拢收缩，一旦翼形爪的"爪脚"推出到孔外，两爪立即回弹张开，爪脚的上表面与底板的下表面贴住，使零件卡住固定在底板上。

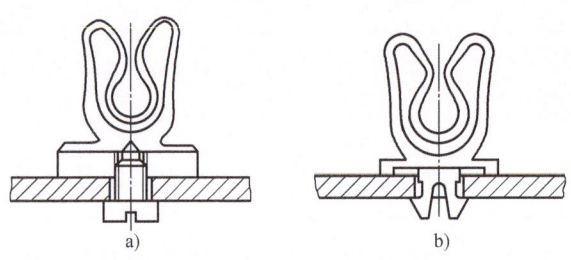

图 6-17 用弹性翼形爪卡接零件

例 6-4 盒盖的弹性卡。

图 6-18 为滑推式盒盖的嵌卡连接，盒盖前沿的弹性钩爪带有斜面，向前推时钩爪被压向下弯曲变形，当盖子前沿与盒体边沿合缝时，钩爪回弹复位，钩住盒体边沿上的小台阶，实现了盒盖闭合。需要打开盒盖时，向下摁压盒盖的前沿，使原来钩着的地方"脱钩"，盒盖即可拉出。

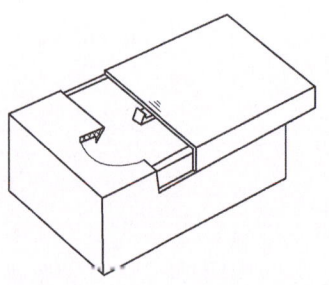

图 6-18 盒盖的弹性嵌卡连接

例 6-5 几种矛式弹性卡。

矛式弹性卡可以从薄板的一侧插入孔中,然后自动张开。利用弹簧钢板的弹性将薄板夹住,如图 6-19a 所示。图 6-19b 所示的矛式弹性卡,用于轻载或工件表面不允许有划伤的场合,可用手推入被连接件中。重载时应选用图 6-19c 所示的由较厚钢板制作的弹性卡,需使用工具装拆。图 6-19d 所示弹性卡连接后平面上有凸起部分,便于用工具夹住取出。

矛式弹性卡用钢板冲制而成,成本低,形式很多,有大有小,在家用电器、汽车、IT 产品、农机具及大型产品中均有广泛应用。

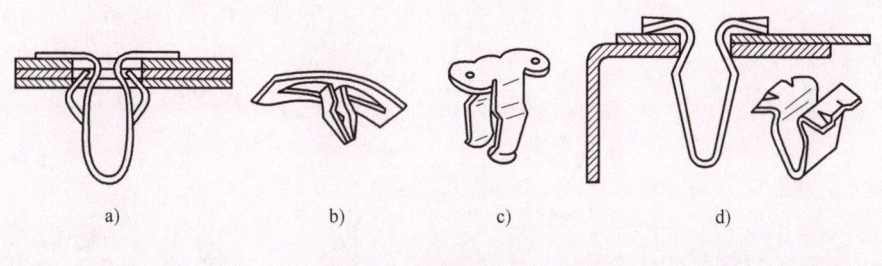

图 6-19 几种矛式弹性卡

五、粘接和焊接

在机械与结构里面,粘接与焊接两种不可拆连接应用是很广泛的。它们有结构简单、生产效率高、成本低、便于现场施工等优点;主要的缺点是产品使用寿命结束后不易拆卸处置,施工质量的检测控制方法也还不够完善。在桥梁、船舰、大型建筑结构中的焊接,在汽车、电器元器件生产中的点焊,目前都还难用其他方法替代。由于化学工业的发展,近年出现了各种性能的粘结剂,适用于金属、皮革、塑料、橡胶、木材、陶瓷、水泥、石材、织物等各种物类的粘接,在生产生活中日益显现其作用。粘结剂品种牌号很多,各有其适用的材料和环境条件,需根据相关资料的说明进行选用。

六、铆钉连接

铆钉连接是将铆钉穿过被连接件的孔,经铆合而成的连接方式,简称铆接,如图 6-20 所示。

铆接是不可拆连接,工艺设备简单,连接牢固,防振、抗冲击,不会自行松脱。

铆钉类型多种多样,并已标准化,可直接参照标准选用。

这里只对装修装饰、广告牌、展架制作中应用较多的抽芯铆钉连接进行简介。抽芯铆钉由芯杆和铆钉套组成,芯杆一端为比芯杆直径大的球头或圆柱头,如图 6-21 所示。抽

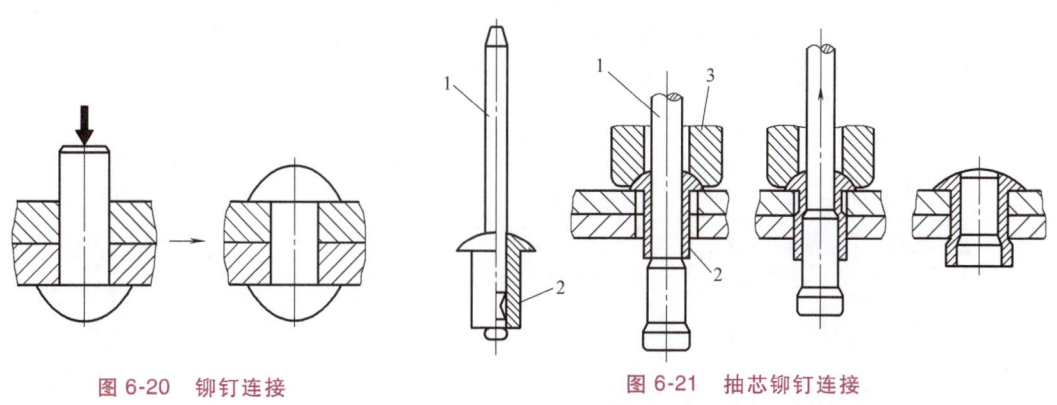

图 6-20 铆钉连接　　图 6-21 抽芯铆钉连接
1—芯杆　2—铆钉套　3—拉铆枪嘴

芯铆钉连接可在单面进行铆接操作，用拉钉枪拉紧时，球头或圆柱头迫使铆钉套胀开，将被连接件铆在一起，继续用力拉，芯杆被拉断取出，即完成铆接。

七、型面连接

型面连接是用非圆截面的柱面体或锥面体的轴，与同形的毂孔配合所组成。型面连接是可以传递运动和转矩的一种可拆连接。常用型面有带切口的圆形、方形、正六边形等，如图 6-22 所示。型面连接拆装方便，对中性好。

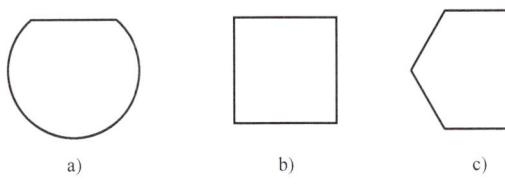

图 6-22　型面连接常用型面

a）带切口的圆形　b）方形　c）正六边形

在家用机械、办公机械、儿童玩具等产品中，采用了大量的压铸、注塑零件，可以注射出各种各样的非圆形孔，方便了型面连接的应用。如自行车中轴和拐之间的连接，使用了四棱锥体，如图 6-23 所示。

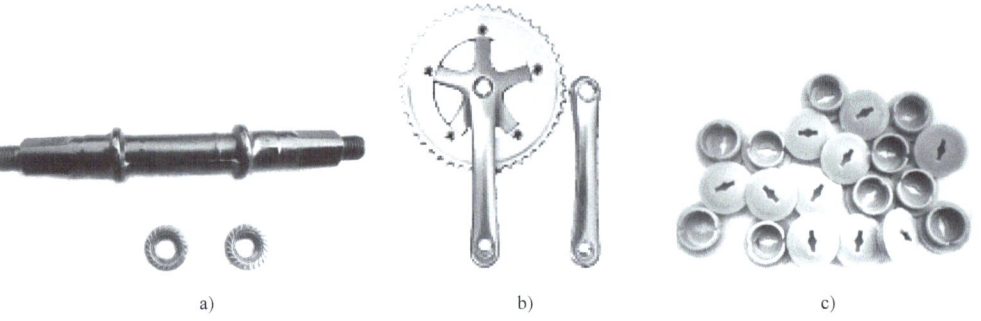

图 6-23　自行车中使用的型面连接

a）中轴和螺母　b）轮盘和拐　c）防护盖

第二节　轴与联轴器

一、轴

1. 轴的功用与分类

轴在机械上按其功用的不同，可以分为以下三类。

（1）传动轴　只用来传递旋转运动（转矩）而基本不支承重量、不承受横向力的轴称为传动轴。

例如图 6-24a 所示汽轮机与发电机之间的 AB 轴，其作用是把汽轮机输出的转动传递给发电机，但 AB 轴不支承重物，也没有其他横向力加在这根轴上，因此它属于传动轴。汽车上连接变速箱与后桥之间的传动轴（图 6-20b）、汽车转向盘下的斜向立轴（图6-20c）

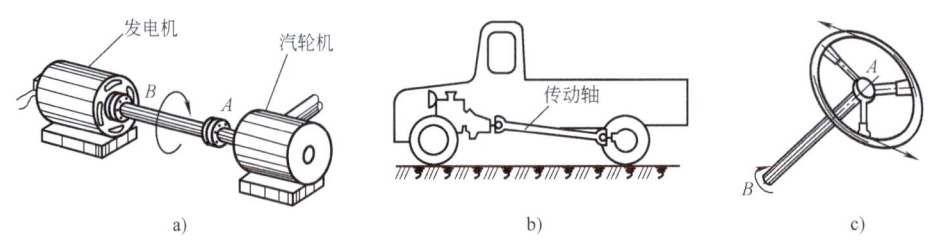

图 6-24　传动轴示例

a）连接汽轮机与发电机的轴　b）汽车上连接变速箱与后桥的轴　c）汽车转向盘下的立轴

等也是只传递旋转运动、不承受横向力的传动轴。

（2）心轴　只用来支承重物与横向作用力而不传递旋转运动的轴称为心轴。

例如图6-25a所示火车的轮轴，它支承着车厢的重量（属于横向力，图上以左右对称的一对向下的箭头表示，同时地面对它有一对向上的反力），这个轴与车轮连接成一体转动，但转动是由一套曲柄连杆驱动的，火车轮轴并不起传递旋转运动的作用，因此属于心轴。图6-25b为自行车前轴结构的剖视图，此轴不转动，只承受通过前叉压下来的横向力和地面通过轮胎轮毂顶上来的反力，因此也属于心轴。转动的火车轮轴称为转动心轴，不转动的自行车前轴称为固定心轴。

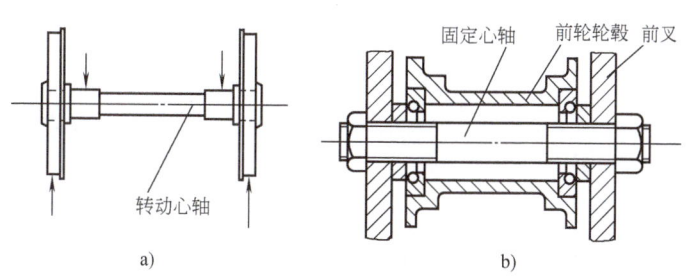

图6-25　心轴示例
a）火车轮轴　b）自行车前轴

（3）转轴　既传递旋转运动又承受横向力作用的轴称为转轴。

图6-26a所示为古老的脚踏式水车，在20世纪中叶中国的农村里还能见着。水车中安置脚踏板的那根轴，既传递旋转运动又承受人体体重和提上来的水的重量等横向力，因此属于转轴。图6-26b所示的齿轮轴也由外力推拨轮齿才转动，可见齿轮轴既传递旋转运动又受到横向力作用，也是转轴。机器中的带轮轴、凸轮轴、曲轴等的工作与齿轮轴相似。图6-26c中起重机卷筒轴也是转轴。

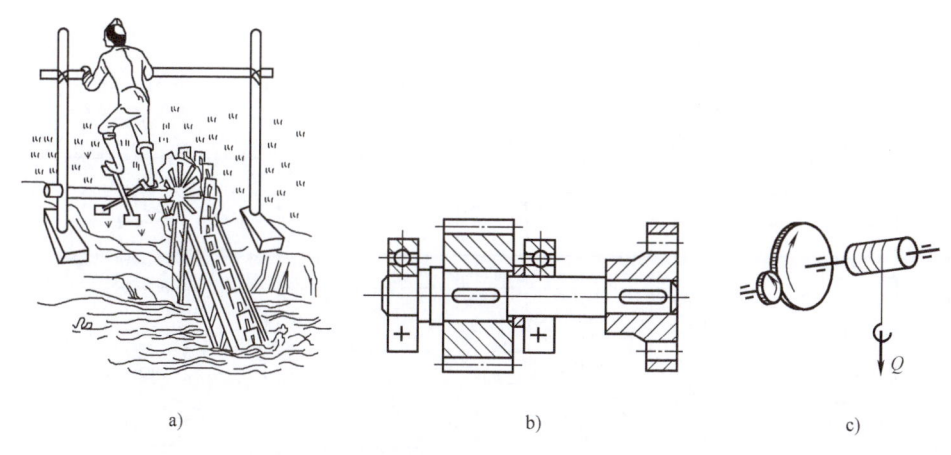

图6-26　转轴示例
a）古老的脚踏水车　b）齿轮轴一例　c）起重机卷筒轴

还可从其他角度对轴进行分类（图6-27），例如可分为直轴和曲轴、光轴和阶梯轴、实心轴和空心轴，还有钢丝软轴等。当需要从轴心穿过其他零件（包括通过流体、穿过电线）或为了减轻重量时，常做成空心轴。钢丝软轴可以将运动灵活地传递到其他地方。

2. 轴的材料

轴的材料应具有较好的强度和韧性。轴的常用材料为碳素结构钢、合金结构钢和球墨铸铁。

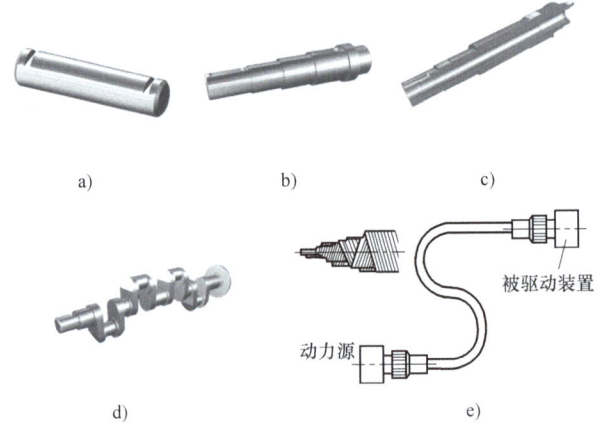

图 6-27　各类轴示例

a）光轴　b）阶梯轴　c）空心轴　d）曲轴　e）钢丝软轴

（1）碳素结构钢　35、40、45、50 等优质碳素结构钢具有较好的综合力学性能，对应力集中的敏感性小，价格比合金钢低廉，因此应用广泛。最常用的是 45 钢。一般用途的轴，多进行调质、正火热处理；有耐磨要求的轴段，可进行表面淬火及低温回火处理。轻载或不重要的轴可使用 Q235、Q275 等普通碳素钢。

（2）合金结构钢　合金钢品种型号很多，其强度及某些力学性能比碳素结构钢有较大幅度的提高。不同的合金钢有各自不同的性能特长，可适应不同的要求。但合金钢价格昂贵，热处理要求较高，所以只用于重要的或有特殊要求的场合。另外合金钢对应力集中较敏感，应在结构设计中采取措施降低应力集中的影响。

（3）球墨铸铁　优点是吸振性好，对应力集中不敏感，价格低廉，其毛坯容易铸造成复杂的形状；缺点是铸造品质不易控制，质量不够稳定。球墨铸铁常用来制造曲轴、凸轮轴等外形复杂的零件。

轴的常用材料及应用说明见表 6-5。

表 6-5　轴的常用材料及应用说明

材料	牌号	热处理	毛坯直径/mm	抗拉强度/MPa	屈服强度/MPa	应用说明
普通碳素钢	Q235			430	235	用于载荷不大或不是很重要的轴
	Q275			570	275	
优质碳素钢	35	正火	≤100	520	270	用于一般的轴
			>100~300	500	260	
		调质	≤100	560	300	
			>100~300	540	280	
	45	正火	≤100	600	300	用于要求较高强度、中等韧性的较重要的轴
			>100~300	580	290	
		调质	≤200	650	360	
合金钢	40Cr	调质	25	1000	800	用于要求强度高、需要耐磨，但无强烈冲击的重要的轴
			≤100	750	550	
			>100~300	700	500	
	35SiMn	调质	25	900	750	可代替 40Cr 用于较小尺寸的轴
			≤100	800	520	
			>100~300	750	450	
	35CrMo	调质	25	1000	800	用于重载荷的轴
			≤100	750	550	
			>100~300	700	500	
球墨铸铁	QT400-15			400	300	用于结构形状复杂的轴
	QT600-3			600	420	

3. 轴的直径

（1）基本轴径的估算　轴的功用分三类，轴径的强度计算也据此分为以下三种。

1）传动轴只传递旋转运动，轴的直径由圆轴扭转强度确定，即基本轴径取决于传递的功率及转速。

2）心轴只承受横向力，轴的直径由抗弯强度确定，即基本轴径取决于横向力的大小及作用位置、轴的跨度等因素。

3）转轴既传递旋转运动又承受横向力，轴的直径由弯扭组合强度确定，即基本轴径与功率、转速、横向力、轴的跨度等因素均有关系。

在家用电器等消费类产品中，较常见的是传动轴；有的轴同时受不大的横向力作用，两者均可按第三章圆轴扭转强度式（3-23）、式（3-24）来初步确定基本轴径。

在机械设计中，把由功率、转速确定转矩 M（通常即等于传动轴承受的扭矩 T）的关系式（2-37），及材料的许用切应力 $[\tau]$ 与上述两个公式综合起来，得到由功率、转速直接确定传动轴轴径的公式，应用很简便。

实心传动轴的基本轴径为

$$d \geqslant A \sqrt[3]{\frac{P}{n}} \tag{6-1}$$

式中，d 为轴的基本直径（mm）；P 为轴所传递的额定功率（kW）；n 为轴的转速（r/min）；A 为（轴的）材料系数（取决于材料的力学性能），见表6-6。

空心传动轴的基本轴径为

$$D \geqslant A \sqrt[3]{\frac{P}{(1-\alpha^4)n}} \tag{6-2}$$

式中，D 为空心传动轴的外径；α 为空心轴内径 d 与外径 D 的比值，即

$$\alpha = \frac{d}{D} \tag{6-3}$$

表 6-6　几种常用材料的 A 值

轴的材料	Q235	Q275、35	45	40Cr、35SiMn
A	158~134	134~117	117~106	106~97

表6-6中的系数 A 有一个变动范围，应用时应注意：

1）该轴受横向力较小则取较小的 A 值，受横向力较大应取较大的 A 值。

2）工作条件较好，轴的损伤不引起严重后果时，取较小的 A 值；反之，取较大的 A 值。

（2）轴径的选取　以由式（6-1）或式（6-2）得到的轴径为估算结果，即轴径参考值，应该进一步考虑以下因素才能最终确定轴的直径：

1）如果轴上要切制环形槽（例如螺纹退刀槽、磨削越程槽等）、纵向键槽、车螺纹等，为弥补因此引起的强度削弱，要适当加大轴的直径。

2）取"标准值""圆整值"。按公式计算出来的轴径往往不是整数，例如会得到43.27mm、81.66mm这样的数值。直接用这样的数字作为轴径会造成种种不便，因此应换取为一个略大于它的整数，叫作"取圆整值"。

实际上仅仅取圆整值可能还不行，不少情况下还必须取相应的标准值。例如，轴上某一段要装滚动轴承，那么这一段的直径必须与滚动轴承的标准直径一致。又如轴上某一段要有螺纹，那么这一段的直径必须符合螺纹的标准直径，等等。

另外，国家标准GB/T 2822—2005《标准尺寸》中给出了产品和零件中长度、高度、

直径等尺寸的推荐值，建议在一般情况下优先选用。该标准中的"R′20"系列标准尺寸见表 6-7。

表 6-7　GB/T 2822—2005《标准尺寸》（摘录：R′20系列，10~1000）

（单位：mm）

10	11	12	14	16	18	20	22	25	28	32	36	40
45	50	56	63	71	80	100	110	125	140	160	200	220
250	280	320	360	400	450	500	560	630	710	800	900	1000

例 6-6　某型号摩托车的额定功率 $P=650\text{W}$，传动系统中一传动轴采用合金钢 35SiMn 制作，其转速 $n=200\text{r/min}$，试确定该轴的基本直径：1) 用实心钢棒制作；2) 用内外径比为 $\alpha=(d/D)=0.8$ 的钢管制作。

解　1) 实心传动轴的直径 d。

现已知　　　　$P=650\text{W}=0.650\text{kW}$，　　　$n=200\text{r/min}$

由表 6-6 选取合金钢 35SiMn 的系数 A 时，考虑该轴损坏可能关系到人身安全，因此在 106~97 范围中选取较大的数值，现取 $A=105$。

将上述数值代入式（6-1），得到

$$d \geqslant A\sqrt[3]{\frac{P}{n}} = 105 \times \sqrt[3]{\frac{0.650}{200}}\text{mm} = 15.55\text{mm}$$

取圆整值，确定该实心传动轴外径为 $d=16\text{mm}$。

2) 圆管传动轴的外径 D。

除已知 P、n、A 的数值以外，还已知 $\alpha=(d/D)=0.8$

将上述数值代入式（6-2），得到

$$D \geqslant A\sqrt[3]{\frac{P}{(1-\alpha^4)n}} = 105 \times \sqrt[3]{\frac{0.650}{(1-0.8^4)\times 200}}\text{mm} = 18.54\text{mm}$$

取圆整值，确定该圆管传动轴外径为 $D=20\text{mm}$。

4. 轴的结构设计

轴的结构设计中需要处理的问题有：轴在机箱机架上的固定、相关零件在轴上的轴向固定和周向固定、轴的加工和装拆工艺要求、降低应力集中提高疲劳强度等。

先简介几个术语。图 6-28 所示为圆柱齿轮减速器里的一根轴：轴上与轴承配合的轴段称为**轴颈**，与其他零件（如齿轮、带轮等）配合的轴段称为**轴头**，连接轴颈与轴头的非配合部分通称为**轴身**，轴段直径突变的台阶称为**轴肩**，全轴直径最大的那一窄段称为**轴环**。

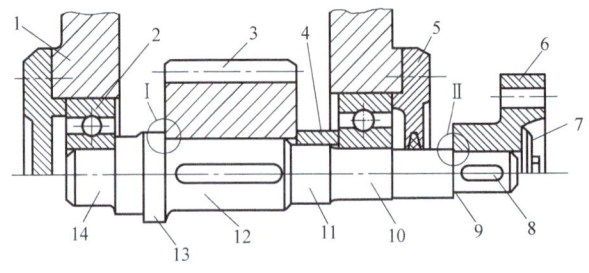

图 6-28　齿轮轴及其结构

1—箱体　2—滚动轴承　3—齿轮　4—套筒　5—轴承盖　6—联轴器　7—轴端挡圈
8、12—轴头　9—轴肩　10、14—轴颈　11—轴身　13—轴环

（1）轴在机箱机架上的固定　图 6-28 上左右各有一个轴承盖，两个轴承盖均用螺钉固定在机箱箱体上。此轴最左边的轴肩通过滚动轴承紧靠着左轴承盖，使这根轴不能向左

移动；此轴轴环的右轴肩又通过齿轮、套筒和滚动轴承紧靠着左轴承盖，使这根轴也不能向右移动。这样就实现了轴在机箱机架上的轴向固定。

(2) 零件在轴上的轴向和周向固定　在图 6-28 上，有齿轮和联轴器两个零件需要在轴上固定。它们都用键连接实现了周向固定。齿轮被轴环的右轴肩和套筒"卡住"而实现轴向固定；联轴器由轴上标注"Ⅱ"的轴肩和轴端挡圈左右"卡住"而实现轴向固定。

使零件在轴上固定的方法很多，例如用弹性挡圈（图 6-29a）、用圆螺母配合止动垫圈（图 6-29b）、用紧定螺钉（图 6-29c）等；周向固定的方法还有用花键（图6-30a）、用销（图 6-30b）、用紧定螺钉（图 6-30c）等。这些方法的优缺点和使用条件，应用时可参阅相关资料。

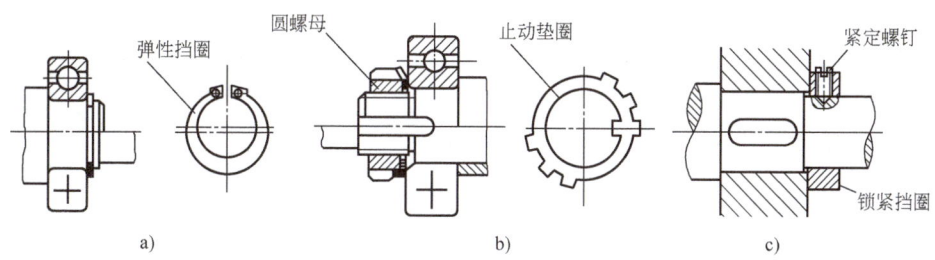

图 6-29　零件在轴上轴向固定的方法举例
a）用弹性挡圈固定　b）用圆螺母固定　c）用紧定螺钉固定

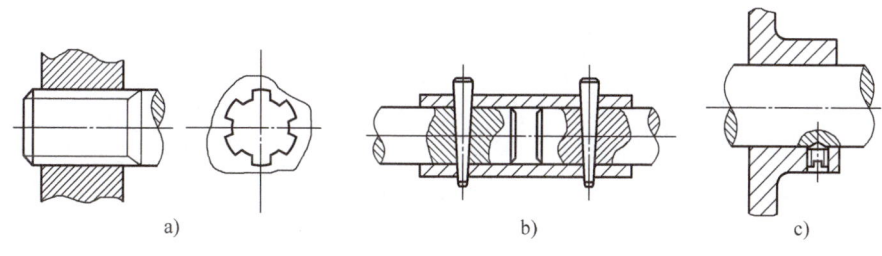

图 6-30　零件在轴上周向固定的方法举例
a）用花键固定　b）用销固定　c）用紧定螺钉固定

(3) 轴的加工工艺要求举例　如果轴上有两个或两个以上轴头有键槽，应该把所有键槽设计在同一侧位置（在同一条直线上），这样可以在一次安装中加工出所有键槽，避免多次安装，提高生产效率。凡需要磨削加工的轴段，应该在轴肩处加工出"越程槽"，如图 6-31a 所示。国家标准对越程槽的宽度 b 和深度 a 做了规定。凡需要加工螺纹的轴段，应该在轴肩处有个"退刀槽"，如图 6-31b 所示。国家标准对退刀槽的宽度 b、槽底直径 d_2 和槽底圆角半径 R 做了规定。关于轴的加工工艺要求还很多，需进一步了解可参阅相关资料。

(4) 减缓应力集中、过渡圆角与倒角　轴在工作中可能的失效形式多为疲劳破坏。如前所述，防止疲劳破坏的主要方法是减缓应力集中现象。下面再举一个实例说明。

两根轴材料相同，均由粗细两段构成，其中一根的轴肩根部是 90°的尖角，如图 6-32a 所示，另一根的轴肩处为圆角过渡，如图 6-32b 所示。若将轴的粗段固定，在伸出的细段端头逐渐加大横向力下压，必是图 6-32a 这根轴先在轴肩根部出现裂缝，进而断掉，而图 6-32b 这根轴如果过渡圆角半径较大，在受力两三倍时还可安然无恙。这就源于圆角过渡能减缓轴肩根部的应力集中现象。

因此，轴的结构设计应该采用圆角过渡的轴肩。但必须注意，过渡圆角的半径 R 必须小于轴孔倒角的边长 C_1，如图 6-33a 所示；否则轴上零件将安装不到紧贴轴环端面的正确

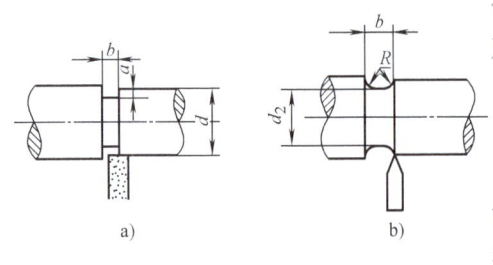

图 6-31 轴的加工工艺要求举例
a) 砂轮磨削加工的越程槽 b) 车螺纹的退刀槽

位置，如图 6-33b 所示。这些机械设计中的"细节"，常关系到产品功能的实现，必须注意认真学习。

二、联轴器与离合器

联轴器与离合器的功用都是将两根轴连接起来，使一根轴能带动另一根轴一起运动。两者的区别是：联轴器是使两根轴实现常态的连接，只能在机器停止运动时才能接合与分离；而离合器则可在机器运动中随时实现两轴的接合与分离。

1. 联轴器

联轴器分为两大类：刚性联轴器和挠性联轴器。

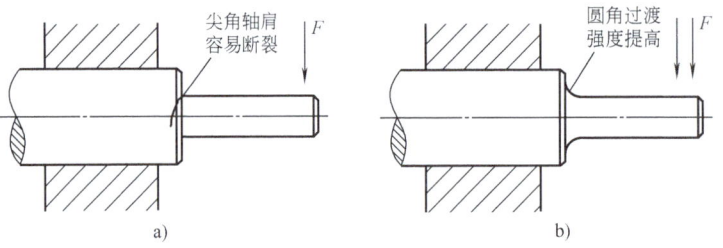

图 6-32 轴肩根部的过渡与应力集中
a) 尖角的轴肩，应力集中严重 b) 圆角过渡的轴肩，能减缓应力集中

刚性联轴器的结构简单，能使被连接的两轴实现严格的同步运动。但刚性联轴器对两轴的安装同心度误差敏感。当两轴的轴心线存在错位、偏角时，刚性联轴器会给机器造成附加的动载荷，引起机器振动等不良后果。转速越高，后果越严重。挠性联轴器对两轴心线的位移和偏斜有一定的补偿能力，还有缓冲减振的作用，但两轴的运动不能保持严格的同步。两类联轴器性能特点不同，各有不同的适用条件。

已有多种类型的联轴器有了国家标准，作为标准部件，由专门厂家生产。设计时按国家标准选择其型号，可在市场订货，或联系专门厂家定制。

下面介绍几种常见联轴器的结构和性能特点。

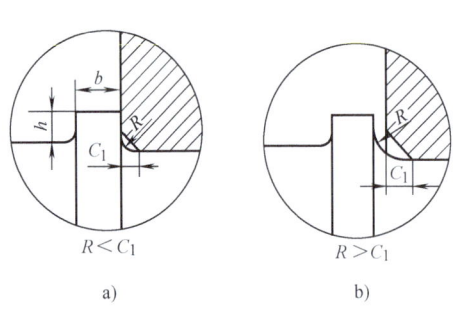

图 6-33 轴肩过渡圆角与孔端倒角的尺寸关系
a) 正确：圆角半径小于倒角边长
b) 错误：圆角半径大于倒角边长

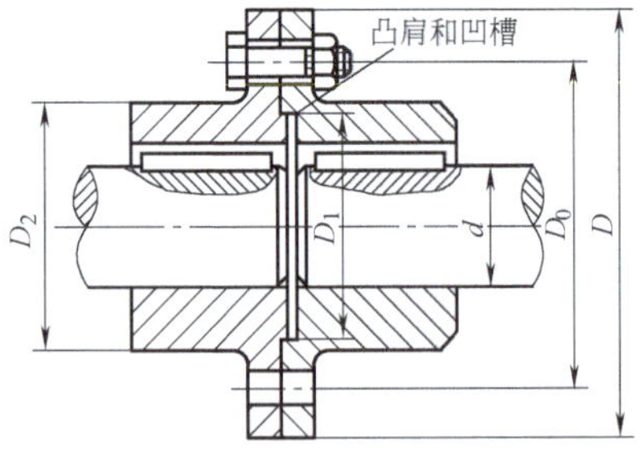

图 6-34 用凸肩和凹槽对中的凸缘联轴器

（1）凸缘联轴器　凸缘联轴器是一种刚性联轴器，形式之一如图 6-34 所示，由两个凸缘盘式半联轴器组成，用螺栓将两凸缘盘连接，两凸缘盘与两轴之间则用键连接。左凸缘盘上有一个凸肩，右凸缘盘上有一个与之协配的凹槽，两者嵌配使左右凸缘盘实现严格的对中。

（2）套筒联轴器　由一个套筒，通过键或销将两根轴相连接，也是刚性联轴器的一种，如图6-35所示。套筒联轴器结构简单,径向尺寸小,适合尺寸紧凑的要求。但套筒联轴器传递的转矩较小,不能缓冲吸振,对两轴的安装对中性要求严,且装拆时必须让被连接的轴移动轴向位置。它适用于工作平稳、低速、轻载的小尺寸轴的连接。若将图6-35b中的连接销换成剪切安全销,则成为安全联轴器,在过载时安全销被剪断,从而保护机械的整体安全。

（3）弹性套柱销联轴器　弹性套柱销联轴器是挠性联轴器的一种,其构造与凸缘联轴器相似,不同的是用弹性套柱销代替螺栓进行连接,如图6-36所示。橡胶弹性套有较高的弹性,能起缓冲吸振作用,减轻两轴对心误差造成的附加动力。图6-36中的尺寸A为联轴器需要的安装距离,以便弹性套损坏时能单独拆下来更换;尺寸c是补偿工作中轴向位移的间隙。这种联轴器容易制造,成本低,拆装方便,但弹性套容易磨损,寿命较短,适用于中小载荷场合。

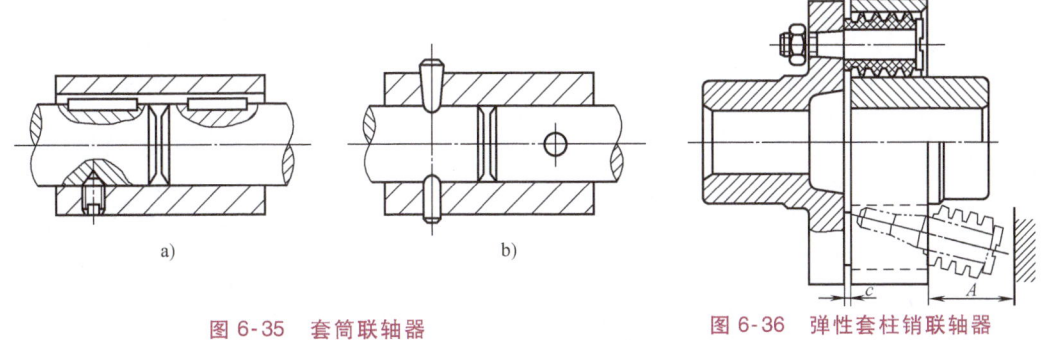

图6-35　套筒联轴器
a）用键和紧定螺钉联接套筒与轴　b）用销联接套筒与轴

图6-36　弹性套柱销联轴器

（4）万向联轴器　挠性联轴器虽能联接轴心线有偏差的两根轴,但允许的轴心线夹角α很小,不能超过$\alpha=2°$。但万向联轴器联接时两轴心线的夹角可以很大,达$\alpha=35°\sim45°$,实用上很有价值。被冠以"万向联轴器"的名称。万向联轴器由两边的万向接头1、3和中间的十字销2构成,如图6-37a所示。万向联轴器的主动轴匀速转动时,从动轴在每转一圈中都有周期的转速波动,会引起附加动载荷。两轴的夹角α越大,从动轴的转速波动也越严重。因此,万向联轴器不适用于高速转动。

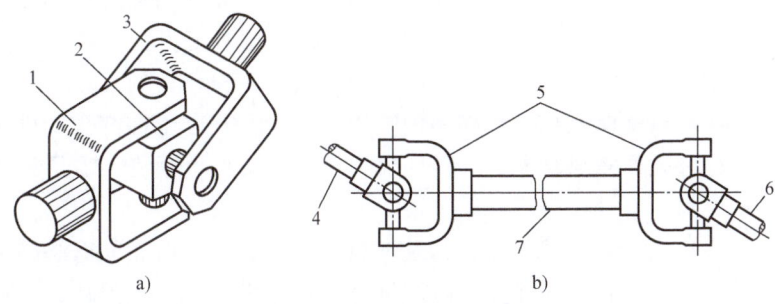

图6-37　万向联轴器及其应用
a）万向联轴器　b）双万向联轴器的应用形式
1、3—万向接头　2—十字销　4—主动轴　5—万向联轴器　6—从动轴　7—中间轴

万向联轴器常被成对地使用。在图6-37b所示的"主动轴4—万向联轴器5—中间轴7—万向联轴器5—从动轴6"传动组合,称为双万向联轴器。主动轴4匀速转动时,中间轴7虽有转速波动,但从动轴6却能维持匀速转动。图6-24b所示汽车上变速箱与后桥之间的连接,就采用了这种双万向联轴器。

2. 离合器

离合器的基本要求是：接合平稳、分离迅速、工作可靠、操作维护方便、尺寸小、重量轻、耐磨以及散热性好。离合器的种类很多，下面介绍三种常见离合器的构造、性能特点和适用条件。

（1）**牙嵌离合器**　由两个端面有牙的半离合器组成，如图 6-38 所示。左半离合器 1 用键 6 与主动轴连接，轴向需固定（图上未画出）；右半离合器 2 用导向平键 3（或花键）与从动轴连接。通过操纵机构移动滑环 4，可使右半离合器在从动轴上做轴向移动，从而实现离合器的接合或分离。左半离合器 1 里面装有对中环 5，以保证左右两半离合器轴心线的对准。从动轴可以在对中环 5 中自由转动。

牙嵌离合器的牙形有三角形、梯形、锯齿形等形式，如图 6-39 所示。三角形牙用于传递较小的转矩。梯形、锯齿形牙可传递较大转矩。梯形牙的牙面磨损能通过离合器的轴向位移自行补偿。锯齿形牙承载能力强，但只能传递单方向的转动。

牙嵌离合器结构简单，尺寸小，能传递较大转矩，应用甚广。其缺陷是：只适宜在两轴转速很低时进行接合，否则牙齿会因撞击而损坏。

（2）**摩擦离合器**　摩擦离合器通过主、从动摩擦元件压紧的摩擦力来传递运动，优点是能在运动中较平稳地实施接合或分离，冲击小，且在过载时打滑而保护整机安全。

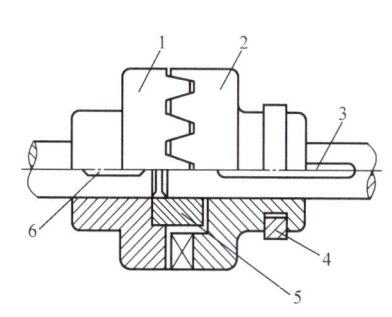

图 6-38　牙嵌离合器
1—左半离合器　2—右半离合器　3—导向平键
4—滑环　5—对中环　6—平键

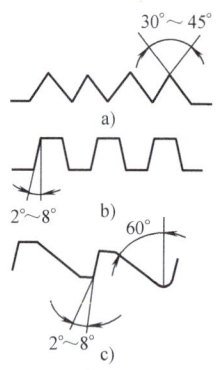

图 6-39　牙嵌离合器的牙形
a）三角形　b）梯形　c）锯齿形

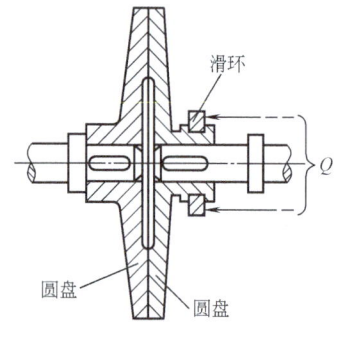

图 6-40　圆盘摩擦离合器

图 6-40 所示为**圆盘摩擦离合器**，也称为单片摩擦离合器，左面圆盘固定在主动轴上，右面圆盘可沿导向平键在从动轴上移动，通过操纵滑环使两圆盘压紧或分离，实现离合器的接通或断开。工作时通过滑环施加的轴向压力 Q 使两圆盘面间产生摩擦力。

单片摩擦离合器传递的转矩不大。另有应用在汽车、机床等产品上的多片式摩擦离合器，能传递较大转矩，结构也紧凑，需了解时可参阅有关资料。

（3）**超越离合器**　大家都知道，骑自行车时正向蹬脚踏板，链轮可以带动后轮转动；而反向蹬踩，对后轮却不起作用。为什么会这样呢？因为后轴上的小链轮与轮毂间安置了"超越离合器"，当后轮的转速超过小链轮的转速时，蹬踩就不起作用，因为只能传递单方向的运动，因此又称为定向离合器。

图 6-41 所示为滚柱式超越离合器，可设想星轮 1 与自行车后轮固定在一起，是从动件；外环 2 即自行车的飞轮，是主动件。星轮和外环之间装有滚柱 3，弹簧推杆 4 以不大的力量向前推顶滚柱 3，使滚柱 3 与星轮、外环都保持着接触，但处于未楔紧状态。当外环 2 逆时针转动，即向前骑行自行车时，滚柱 3 向楔形的较窄方向滚动，将星轮 1 和外环 2 楔紧，外环驱动星轮一起转动，离合器处于接合状态，带动后轮前行；反之，当外环 2 顺时针转动时，带动滚柱 3 压缩推杆弹簧向楔形的较宽方向移动，滚柱 3 与外环分离，离

合器便处于分离状态。当外环 2 不动，星轮 1 逆时针转动时，由于惯性的作用，滚柱 3 压缩推杆弹簧而处于楔形的较宽端，离合器仍处于分离状态，即从动轮的转速超过主动轮转速时，离合器自动分离，即超越离合。

还有一种单向轴承，如图 6-42 所示，也是超越离合器，与自行车飞轮具有类似功能。

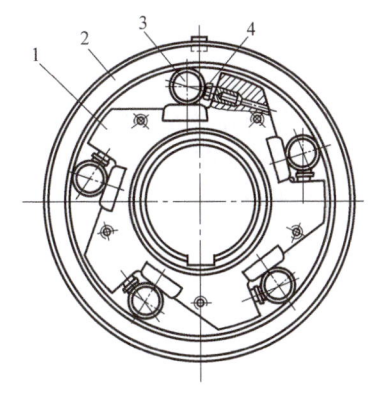

图 6-41　滚柱式超越离合器

1—星轮　2—外环　3—滚柱　4—弹簧推杆

图 6-42　单向轴承

第三节　轴　承

轴承有滑动轴承和滚动轴承两个大类，分述如下。

一、滑动轴承

1. 滑动轴承的种类和应用范围

（1）滑动轴承的种类　按承受载荷的方向来分，滑动轴承分为两大类：

1）向心轴承，又称为径向轴承，承受径向载荷的轴承。

2）推力轴承，主要承受轴向载荷的轴承。

按轴承与轴颈间的摩擦状态来分，可分为非液体摩擦轴承和液体摩擦轴承两大类。

（2）滑动轴承的应用范围　尽管滚动轴承在现代产品中应用很广泛，有很多优点，又是标准化产品，品种多，订购方便，价格也相对便宜，但是滑动轴承在低、高两端及某些特殊条件下，仍然是滚动轴承不易替代的。"低端"，指简单产品里速度低、载荷小、持续转动时间短的轴承，由于滑动轴承结构简单、尺寸紧凑而适用。"高端"，指在高速度、高精度、重载荷的条件下，液体摩擦滑动轴承的优越性滚动轴承仍难以企及。另外，结构上要求轴承能够剖分，以及在水下等特殊的环境中，也还是特殊用途的滑动轴承才可适应。

2. 滑动轴承的基本形式

（1）整体式滑动轴承　主要由轴承座 1 和轴瓦 2 构成，必要的附件是油杯 3 和油杯盖 4，如图 6-43 所示。这种轴承结构简单，价格低廉，但轴瓦磨损后不能修整，轴与轴承装拆时必须做轴向移动，也造成不便。整体式滑动轴承用于低速、轻载、不经常装拆的场合。这种滑动轴承有标准件可供选购。

（2）剖分式滑动轴承　剖分式滑动轴承的基本形式如图 6-44 所示。它主要由轴承座 1、轴承盖 2、上半轴瓦 3、下半轴瓦 4 与双头螺柱 5 组成。在剖分式滑动轴承上松开双头螺柱，取下轴承盖，就能把轴装上或取出，可免除轴向移动的麻烦。剖分式轴承的轴瓦磨损可以修复，经济性好，因此应用广泛。这种轴承也是标准部件。

润滑对于滑动轴承非常重要，剖分式轴承也配有提供润滑油的油杯或油管（图6-44中未画出），且在轴瓦内孔上开有油槽，以存储润滑油，常见的油槽形式如图6-45所示。

（3）调心式滑动轴承　图6-46所示为调心式滑动轴承：轴瓦套3的部分外表面为半径为R的球形，与轴承座1上凹球面相配，使轴瓦能顺应轴的弯曲变形，适用于轴端有较大变形情况的特殊需要。

（4）推力滑动轴承　图6-47所示为立式推力滑动轴承的基本形式，轴承座1由铸铁或铸钢制作，止推轴瓦5由青铜等耐磨材料制成，限位销4的作用是防止轴瓦5转动。轴承座底部开有进油孔，定期压进适量润滑油。轴瓦上直径为d_0的空"盘子"可以存储润滑油。

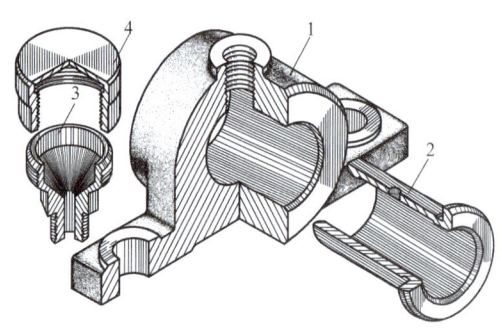

图6-43　整体式滑动轴承的构成

1—轴承座　2—轴瓦　3—油杯　4—油杯盖

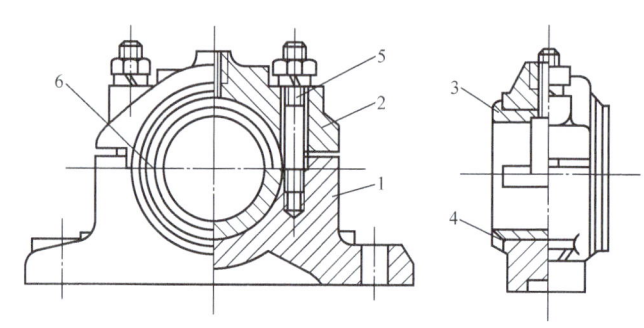

图6-44　剖分式滑动轴承的基本形式

1—轴承座　2—轴承盖　3—上半轴瓦　4—下半轴瓦
5—双头螺柱　6—调节垫片

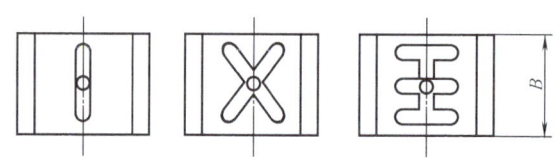

图6-45　滑动轴承油槽的常见形式

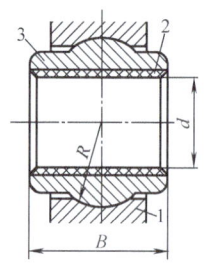 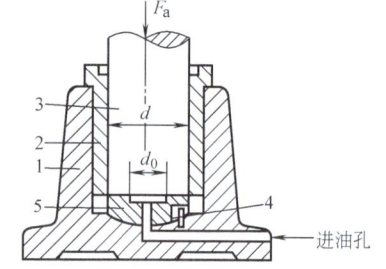

图6-46　调心式滑动轴承　　　　图6-47　立式推力滑动轴承的基本形式

1—轴承座　2—轴瓦　3—轴瓦套　　　1—轴承座　2—轴套　3—轴　4—限位销　5—止推轴瓦

3. 轴瓦材料与含油轴承

（1）轴瓦材料　对轴瓦材料的性能要求与一般零件很不相同，主要有：

1）摩擦因数小，耐磨且具有对润滑油的吸附性。

2）良好的嵌藏性、磨合性和抗胶合性能，必要的抗疲劳强度。

3) 耐蚀性、导热性好、膨胀因数小。

除了传统的金属轴瓦材料以外,在现代日用产品中,非金属轴瓦材料应用日趋广泛。表6-8是常用轴瓦材料的性能与应用说明。

表6-8 常用轴瓦材料的性能与应用说明

轴瓦材料	牌号举例	性能与应用说明
锡锑轴承合金	ZSnSb11Cu6 ZSnSb8Cu4	摩擦因数小,对油的吸附性、抗胶合性好,易磨合,但疲劳强度不高,价格贵,用于高速、重载的重要轴承
铅锑轴承合金	ZPbSb16Sn16Cu2 ZCuSn5Pb5Zn5	与锡锑轴承合金性能相近,但较脆,不宜承受较大冲击,价格低于前者,用于中速、中等载荷的轴承
锡青铜	ZCuSn10P1 ZCuSn5Pb5Zn5	用于中速、重载及受变载荷的轴承 用于中速、中载轴承
铅青铜	ZCuPb30	用于高速重载轴承,可承受变载荷和冲击载荷
铝青铜	ZCuAl9Mn2	特别适宜用于润滑充分的低速、重载轴承
黄铜	ZCuZn38Mn2Pb2	用于低速、中载轴承
铸铁	HT150~HT250	价格低廉,用于低速、轻载的不重要轴承
粉末冶金:青铜粉-石墨粉 铁粉-石墨粉 铝粉-石墨粉		用作"含油轴承",下面另作介绍
酚醛塑料		以石棉为填料压制而成,抗胶合性、强度、抗振性好,耐水、碱、酸,导热性差,易膨胀,用于轻载、低速轴承
尼龙		摩擦因数小,耐磨,无噪声,最常用的非金属轴承材料
聚四氯乙烯		摩擦因数小,自润滑性能好,耐腐蚀,适用的温度范围宽,但强度较低

(2) 含油轴承 洗衣机、电风扇等日用产品的旋转速度不低,产品说明书上常要求用户"每半年给轴承加油一次"。能这样做当然更好,不过实际上不少用户好几年没给机器加油,机器也还能基本正常地运转。这些机器里面有的就用了含油轴承。含油轴承用粉末冶金材料制成。一般是将青铜、铁或铝等金属粉末与石墨粉调匀,压形成轴瓦,经高温烧结,得到类似陶瓷结构的非致密、多孔性轴瓦。把它在润滑油中充分浸润后,微孔中充满了润滑油,故称为含油轴承。

轴颈在轴承中旋转时,两表面间的相对运动对润滑油产生抽吸作用,把轴承内的油吸到摩擦表面起润滑作用。轴停止运转,抽吸作用消失,油又被吸回轴承材料微孔内储存起来。

含油轴承强度较低,不耐冲击,但结构简单、价格便宜。因一般日用产品多无严重冲击,而不必经常加油,尤其适合人们家常生活,所以日用品中常被采用。

含油轴承材料的几种配方各有特点。铁粉-石墨粉:成本低,含油量多,耐磨,适用于低速条件;青铜粉-石墨粉:孔隙度大的可用于高速轻载,孔隙度小的宜用于往返转动;铝粉-石墨粉:是摩擦因数小、重量轻、温升小、寿命长的新配方。

二、滚动轴承

1. 滚动轴承的结构和优缺点

(1) 滚动轴承的结构 滚动轴承由外圈1、内圈2、滚动体3和保持架4构成,如图6-48a、b所示。在推力球轴承里则有轴圈5和座圈6,如图6-48c所示,它们分别相当于深沟球轴承中的内圈和外圈。滚动轴承工作时，内圈（或轴圈）与轴固定在一起转动，外圈（或座圈）与轴承座、机架固定在一起不动，滚动体在内、外圈间的滚道（凹槽）上滚动。保持架的作用是把滚动体均匀地隔开，避免滚动体之间的直接摩擦，代之以滚动体与保持架之间的摩擦。由于滚动体很硬，两个滚动体直接接触，摩擦和磨损都严重。保持架则用减摩性软材料（软钢、铜合金、铝合金、夹布胶木、尼龙等）制作，能有效减轻摩擦，减缓滚动体的磨损，延长滚动轴承的使用寿命。而保持架磨损一些，对滚动轴承工作的影响不大。

从滚动轴承的构造来看，有时可省略掉标准的内圈、外圈和保持架，但滚动体却是必须有的，例如自行车前轴、后轴上的滚动轴承就没有标准的内、外圈。

滚动体有多种形式，以适合不同工作条件的需要，常见的有球、短圆柱滚子、圆锥滚子、鼓形滚子、中空螺旋滚子、长圆柱滚子、滚针等，如图6-49所示。

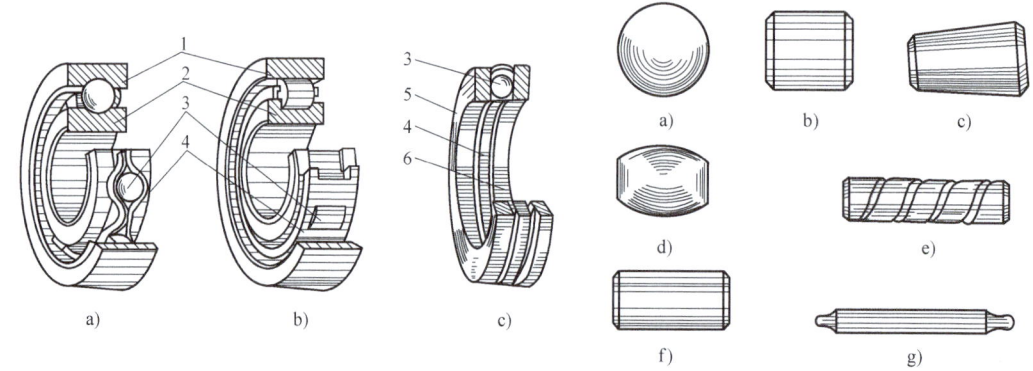

图6-48 滚动轴承的结构
a）深沟球轴承 b）圆柱滚子轴承 c）推力球轴承
1—外圈 2—内圈 3—滚动体 4—保持架
5—轴圈 6—座圈

图6-49 滚动体的形式
a）球 b）短圆柱滚子 c）圆锥滚子
d）鼓形滚子 e）中空螺旋滚子
f）长圆柱滚子 g）滚针

（2）滚动轴承的优缺点　与普通（非液体摩擦）滑动轴承比较，滚动轴承的优缺点如下：

1）摩擦阻力小，起动灵敏，效率高，发热少温升低。

2）轴向尺寸小，有利于整机结构的紧凑和简化。当机器工作中同时受径向载荷与轴向载荷的情况下，这一相对优势更为明显。

3）径向间隙小，并且可以用预紧方法调整间隙，因此旋转精度高。

4）润滑简单，耗油量小，维护保养方便。

5）滚动轴承是标准件，由专业厂大批量生产供应市场，性价比高，使用更换也方便。滚动轴承标准件已形成非常丰富的种类、规格、尺寸系列，可满足不同尺寸、精度、转速、载荷类型、环境条件的各种要求。

滚动轴承的缺点是：径向尺寸较大，一般型号滚动轴承承受冲击载荷的能力不高，高速运转时声响较大，工作寿命相对而言不够长。

2. 滚动轴承的类型和代号

（1）滚动轴承的类型、性能和应用　滚动轴承的类型主要由滚动体的形状、能承受的载荷方向、调心性能等几方面来区分。而尺寸大小、载荷轻重等则由每一种类型内部的系列来体现。

国家标准中列出了总数约60种滚动轴承的类型。其中常用滚动轴承的类型、主要性能及应用见表6-9。

表 6-9 滚动轴承的类型、主要性能及应用

轴承名称、类型及代号	结构简图	承载方向	极限转速	允许角偏差	主要性能及应用
调心球轴承 10000			中	2°~3°	主要承受径向载荷,同时也能承受少量的轴向载荷。因为外圈滚道表面是以轴承中点为中心的弧面,故能调心
调心滚子轴承 20000C			低	0.5°~2°	能承受很大的径向载荷和少量轴向载荷,承载能力大,具有调心性能
圆锥滚子轴承 30000			中	2′	能同时承受较大的径向、轴向联合载荷,因系线接触,承载能力大于"7"类轴承。内外圈可分离,装拆方便,成对使用
推力球轴承 50000	单向 / 双向		低	不允许	$\alpha = 90°$,只能承受轴向载荷,而且载荷作用线必须与轴线相重合,不允许有角偏差。有两种类型: 单向——承受单向推力; 双向——承受双向推力。 高速时,因滚动体离心力大,球与保持架摩擦发热严重,寿命较低,可用于轴向载荷大、转速不高之处
深沟球轴承 60000			高	8′~16′	主要承受径向载荷,同时也可承受一定量的轴向载荷。当转速很高而轴向载荷不太大时,可代替推力球轴承承受纯轴向载荷 当承受纯径向载荷时,$\alpha = 0°$
角接触球轴承 70000C($\alpha = 15°$) 70000AC($\alpha = 25°$) 70000B($\alpha = 40°$)			较高	2′~10′	能同时承受径向、轴向联合载荷,公称接触角越大,轴向承载能力也越大。公称接触角 α 有 15°、25°、40°三种。通常成对使用,可以分装于两个支点或同装于一个支点上
推力圆柱滚子轴承 80000			低	不允许	能承受很大的单向轴向载荷

轴承名称、类型及代号	结构简图	承载方向	极限转速	允许角偏差	主要性能及应用
圆柱滚子轴承 N0000	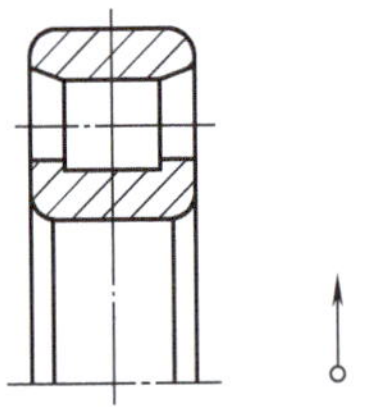		较高	2′~4′	能承受较大的径向载荷，不能承受轴向载荷。因系线接触，内外圈只允许有极小的相对偏转 除左图所示外圈无挡边（N）结构外，还有内圈无挡边（NU）、外圈单挡边（NF）、内圈单挡边（NJ）等结构形式
滚针轴承 a) NA0000 b) RNA0000	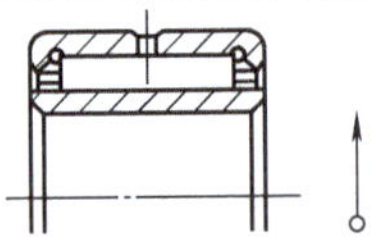 a) 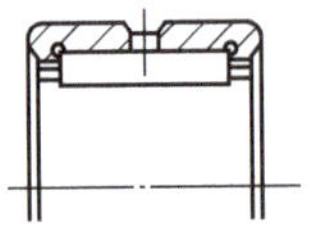 b)		低	不允许	只能承受径向载荷，承载能力大，径向尺寸特小。一般无保持架，因而滚针间有摩擦，轴承极限转速低。这类轴承不允许有角偏差 左图结构特点是：有保持架，图 a 带内圈，图 b 不带内圈

（2）滚动轴承的代号 滚动轴承的类型很多，每一种类型中又有不同的结构、尺寸、公差等级和技术要求等规格系列，为了便于组织生产、供销与选用，国家标准规定了滚动轴承的代号。设计工作者应有所了解。

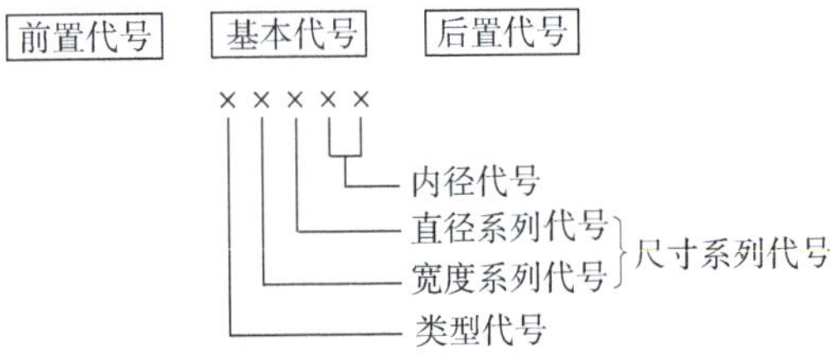

GB/T 272—1993 规定，我国滚动轴承的代号由基本代号、前置代号和后置代号三段构成，排列顺序如图 6-50 所示。

在滚动轴承的外圈端面或防尘盖上，一般刻印着该轴承的代号，以方便使用。

图 6-50 滚动轴承代号的构成

1）基本代号。轴承的基本代号由轴承类型代号、尺寸系列代号和内径代号等数字或字母构成，如图 6-50 所示。

基本代号左起第一位数字（或 1~2 个字母）为类型代号，见表 6-9 第一栏。代号为"0"（双列角接触球轴承）则省略。

基本代号左起第二、三位数字为尺寸系列代号，由直径系列代号及宽（高）度系列代号组成。向心轴承与推力轴承的常用尺寸系列代号见表 6-10。

表 6-10 向心轴承与推力轴承的常用尺寸系列代号

直径系列代号		向心轴承			推力轴承	
		宽度系列代号			高度系列代号	
		(0)	1	2	1	2
		窄	正常	宽	正常	
		尺寸系列代号				
0	特轻	(0) 0	10	20	10	—
1		(0) 1	11	21	11	
2	轻	(0) 2	12	22	12	22
3	中	(0) 3	13	23	13	23
4	重	(0) 4	—	24	14	24

注：1. 宽度系列代号为 0 时，不标出。
2. 在 GB/T 272—1993 规定的个别类型中，宽度系列代号 "1" 和 "2" 可以省略。
3. 特轻、轻、中、重为旧标准相应直径系列的名称；窄、正常、宽为旧标准相应宽（高）度系列的名称。

相同内径的轴承，尺寸系列代号不同，其外径和宽度也不同；外径和宽度越大，轴承的承载能力越高。内径同为 50mm，外径和宽度不同的轴承的对比，如图 6-51 所示。

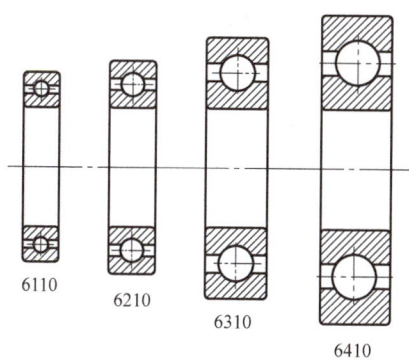

图 6-51 不同尺寸系列代号轴承的对比

基本代号左起第四、五位数字为内径代号，表示轴承的公称内径尺寸，代号的含义见表 6-11。

表 6-11 滚动轴承的内径代号

内 径 代 号	00	01	02	03	04~99
轴承内径尺寸/mm	10	12	15	17	数字×5

注：内径小于 10mm 及大于 495mm 的轴承内径代号另有规定。

2) 前置代号。置于基本代号的左边，用字母表示轴承的分部件，例如 "L" 表示可分离轴承的外圈、内圈，"R" 表示无内圈的轴承，"K" 表示分离的滚动体与保持架组件。通常的情况下常选用完整轴承，因此前置代号多自然空缺。

3) 后置代号。后置代号为补充代号，用以指明轴承的特定要求。用字母（或加数字）表示，置于基本代号右边，与基本代号空半个汉字的间隔，或用符号 "—" "/" 分隔。后置代号表示的内容有：轴承内部结构、密封与防尘、保持架及其材料、轴承材料、公差等级、游隙等。具体内容及代号可参考有关手册。

例 6-7 说明滚动轴承代号 62203 及 7312 AC/P6 所表示的内容。

说明

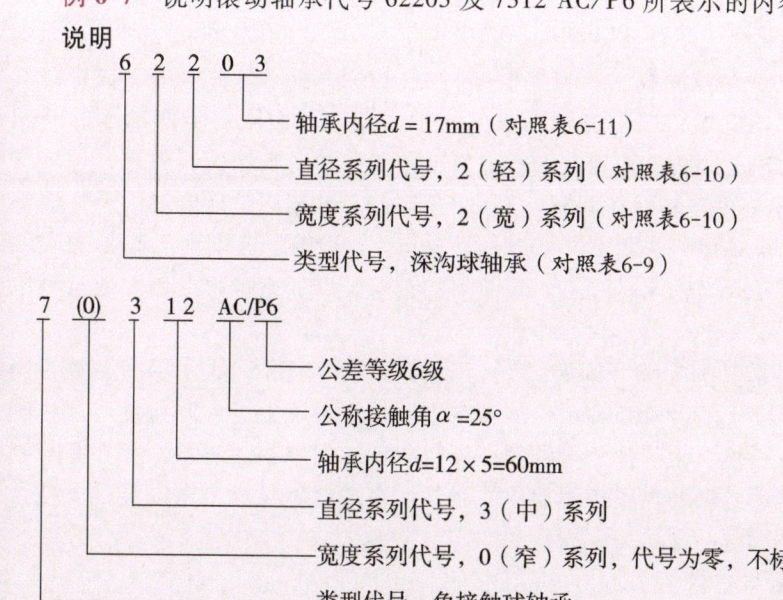

注：关于"公称接触角""公差等级"的代号表示法，本书未做具体介绍，需从有关手册查阅其具体内容。

3. 滚动轴承的选择

表6-9中各种轴承的"主要性能及应用"一栏，已列出了滚动轴承的主要特性和应用场合，下面再对滚动轴承的类型、尺寸和精度三方面的选择问题做一简要介绍。

（1）**类型选择** 应从工作载荷、转速、机器结构与安装等方面选择轴承类型。

1）载荷较小较平稳、转速高、旋转精度要求高时，宜选择球轴承；反之，载荷大、有冲击、转速低时，宜选择滚子轴承。

2）以径向载荷为主同时有一定轴向载荷时，可选择深沟球轴承（类型代号为6，见表6-9）。

径向载荷与轴向载荷均较大时，应选择角接触轴承（类型代号为7）或圆锥滚子轴承（类型代号为3）。

主要载荷为轴向载荷时，宜选择推力轴承（类型代号为5、8）。

冲击或振动严重时，应选择中空螺旋滚子轴承。

载荷大又要求径向尺寸小时，可选择滚针轴承（类型代号为NA）。

3）轴的跨度大，或难以保证两支承孔有较高同轴度，或一根轴多于两个轴承时，应选择调心轴承（类型代号为1、2）。

4）要求便于安装、拆卸和调整轴承游隙时，宜选择内、外圈可分离的轴承（类型代号为3）。

5）有防尘、密封、与圆锥轴颈相配等特殊要求的，有特殊类型可选。

6）轴承选择的经济因素：球轴承比滚子轴承价廉；有特殊结构的轴承比普通轴承价格昂贵，甚至昂贵得多。

（2）**尺寸选择** 轴承内径一般由轴颈尺寸所决定。轴承的外径、宽度和高度主要取决于载荷，因为载荷关系到滚动轴承的使用寿命。

（3）**精度选择** 轴承的精度虽然应该由机器的性能要求来选择，但需要指出的是高精度轴承的价格是昂贵的，非特别需要，以选择普通级精度为宜。

4. 滚动轴承轴系的支承结构

通常一根轴由两个轴承支承，支承结构应满足的基本要求有：①轴承与轴在机器上有确定的位置；②防止工作中轴承与轴做过量的轴向窜动；③轴在工作中的热胀冷缩不影响正常工作。下面介绍两种较常见的支承结构形式。

（1）两端固定的支承（双固式） 典型的结构如图6-52所示。轴承座（或机箱、机架，下同）的左右两端均有螺钉压紧的轴承盖，两轴承盖的端面限定了两轴承的外圈位置，两轴承内圈则紧贴轴上的两个轴肩，于是轴与轴承向左、向右均受到限制，位置得到确定。图6-52右端轴承外圈与轴承盖间留有微小的间隙 c，其作用是补偿轴因工作而产生的热胀伸长；对于深沟球轴承，一般取 $c=0.2\sim0.3$mm。右边轴承座端面与轴承盖端面间有一小叠调整垫片，这是因为轴承座左右两端面间的距离难以加工得很准确，通过调节垫片来调整间隙 c。

（2）一端固定一端游动的支承（固游式） 典型的结构如图6-53所示。左端为固定端，轴承的外圈被轴承座上的台阶和轴承盖从左右限定了位置，轴承内圈与轴又通过轴上的轴肩和锁紧螺母联成一体，于是轴承与轴的左端位置就被固定了。右端轴承外圈与轴承孔之间为可动配合，能适应轴的热胀冷缩而左右游动。在轴比较长、工作中温升比较大的情况下，适宜采用一端固定一端游动的支承。

5. 滚动轴承的润滑与密封

（1）滚动轴承的润滑 润滑对于滚动轴承的工作很重要，其作用有：①减少摩擦、磨损，降低功率消耗；②减小轴承内外圈与滚动体间的接触应力，延长轴承使用寿命；③减缓冲击和振动；④防止轴承的锈蚀等。

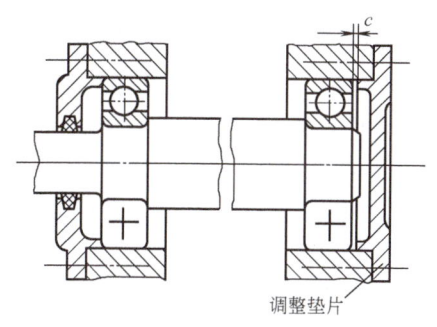

图 6-52 两端固定的支承结构

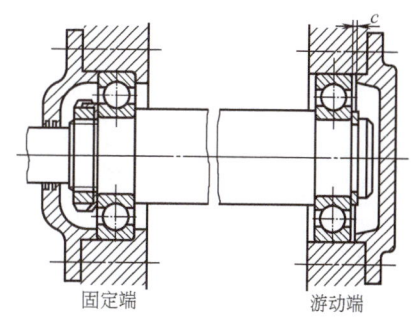

图 6-53 一端固定一端游动的支承结构

润滑剂分为润滑油和润滑脂两大类，两者各有优点：①润滑油的优点是：润滑效果一般优于润滑脂，润滑阻力小，因此功率消耗小；②润滑脂的优点是：密封简单，加脂一次可运行较长的时间，维护保养方便，具有较好的防尘、防水性能。

润滑油和润滑脂都有很多品种，其润滑性、温度适应性、热稳定性、耐蚀性、耐水性等各有不同，需根据不同要求查阅手册具体选择应用。

脂润滑时，润滑脂只宜填充到滚动轴承空隙的 1/3～1/2；油润滑时，润滑油面的高度不宜超过最低滚动体的中心线。润滑脂或润滑油过多将引起轴承过量发热，却无助于提高润滑效果。

（2）滚动轴承的密封 滚动轴承的密封，对外是为了防止灰尘、水、酸气和其他杂物进入轴承，对内是避免润滑剂的流失。应根据润滑剂的种类、工作环境、温度、轴承运转的 dn 值等因素来选择滚动轴承的密封方法。

滚动轴承的密封分接触式和非接触式两类，也可将两者结合起来应用。

1）图 6-54 所示的毡圈密封是接触式密封的一种，矩形截面的毡圈被安装在轴承盖的梯形截面槽内，靠毡圈环抱轴的外表面而起密封作用。

2）图 6-55 所示的迷宫式密封是非接触式密封的一种，将旋转件与静止件之间的间隙做成"迷宫"（也称为"曲路"）形式，并在迷宫间隙中填充润滑剂。

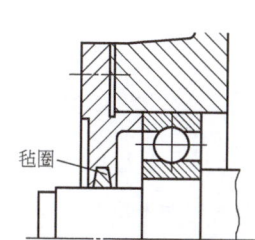

图 6-54 滚动轴承的毡圈密封

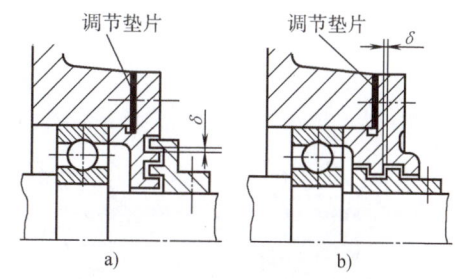

图 6-55 滚动轴承的迷宫式密封
a）径向迷宫 b）轴向迷宫

3）图 6-56 所示为组合密封的一种形式，由毡圈密封与迷宫密封结合而成，具有两者的优点，可提高密封效果，用于重要的场合。

第四节 弹 簧

一、弹簧的功用、种类与材料

1. 弹簧的功用

弹簧在外力作用下产生变形，把机械功转化为弹性变形能贮存起来，在恢复原状时变

形能完成机械功。因此弹簧可在产品中实现以下功能:

(1) 缓和冲击,吸收振动　例如图6-57a所示汽车底盘上的叠板弹簧、自行车的鞍座弹簧等。

(2) 控制运动　例如图6-57b所示内燃机中的气门弹簧、图6-57c所示棘轮机构里的片簧、离合器里的控制弹簧等。

(3) 储存和释放能量　例如图6-57d所示机械钟表里的弹簧发条等。

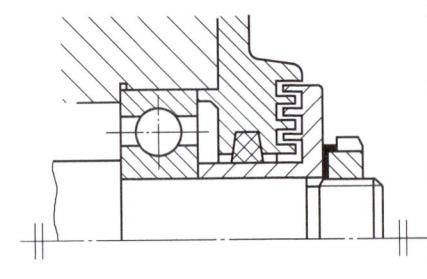

图6-56　滚动轴承的组合密封

(4) 测量指示　例如弹簧秤里的弹簧用变形量指示力和重量,仪表中的弹性元件测量其他物理量等,如图6-57e所示。

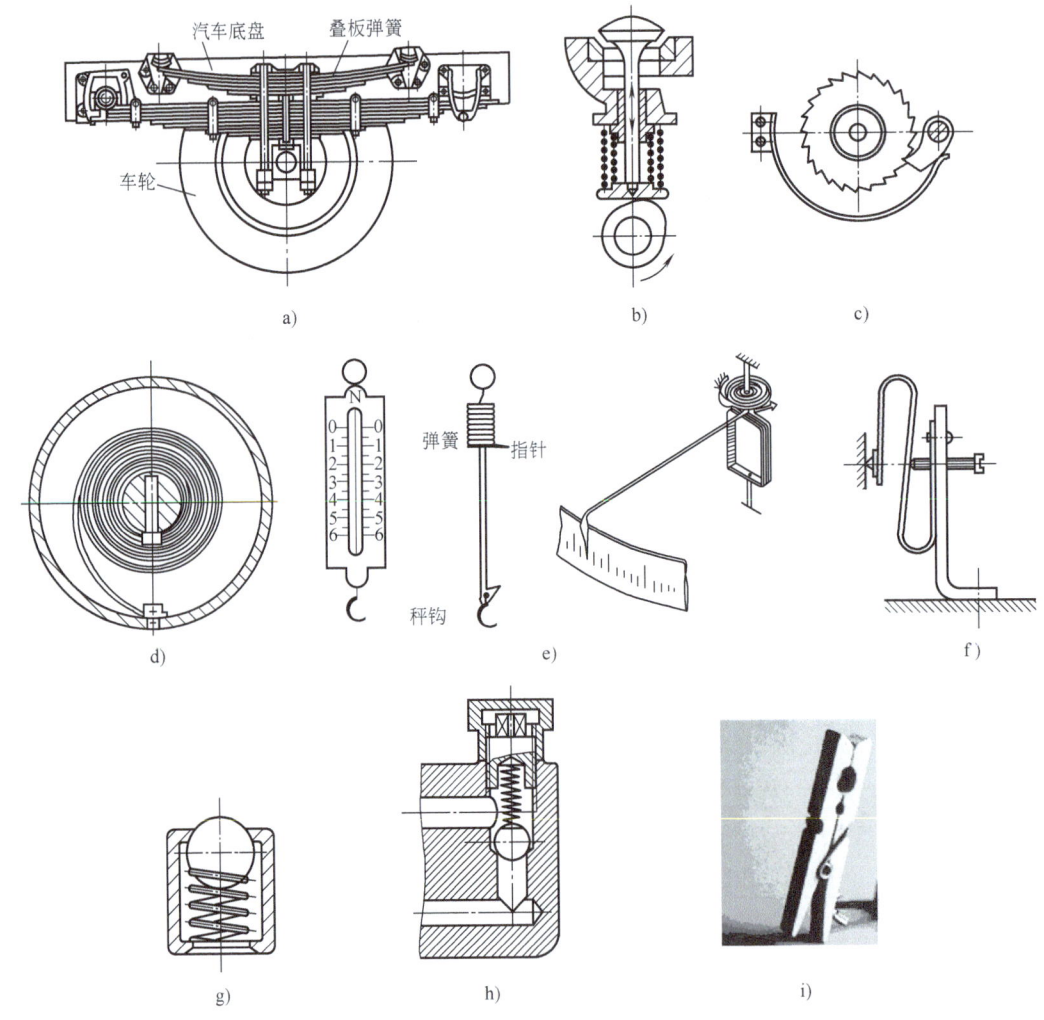

图6-57　弹簧在产品中的应用示例

a) 汽车底盘上的叠板弹簧　b) 气门弹簧　c) 棘轮机构里的片簧　d) 条盒转动式发条弹簧
e) 弹簧秤和电表测量弹簧　f) 弯片弹簧触点　g) 压注油杯
h) 油路阀门　i) 弹簧夹子

(5) 维持零件的弹性接触　例如电器、电子线路中的插头、接头等。图6-57f所示为检波器中的弯片弹簧触点;图6-57g、h分别为压注油杯和油路阀门,其中的压簧在常态下使钢球封住油口油路,外力可将油路打开;图6-57i所示为常见的弹簧夹子。

2. 弹簧的种类

弹簧的种类很多,可以从不同的角度进行分类。

按弹簧形状可分为螺旋弹簧、板形弹簧、盘形弹簧、碟形弹簧、环形弹簧等。

按弹簧受力性质可分为拉伸弹簧（简称拉簧）、压缩弹簧（简称压簧）、扭转弹簧（简称扭簧）、弯曲弹簧等。

此外按弹簧的材质不同还有空气弹簧、橡胶弹簧等类型的弹簧。

几种常用弹簧的分类及特点简介见表6-12。

表6-12 几种常用弹簧的分类及特点简介

按载荷分 按形状分	拉伸	压缩	扭转	弯曲
螺旋形	圆柱形螺旋拉伸弹簧 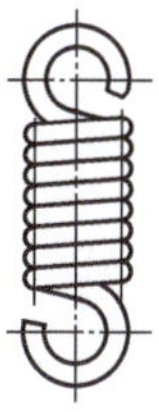 使用广泛	圆柱形螺旋压缩弹簧 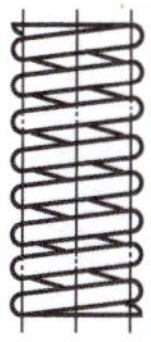 使用广泛	圆锥形螺旋压缩弹簧  弹簧刚度随载荷而变化	圆柱形螺旋扭转弹簧 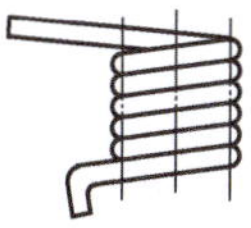 使用广泛	—
其他	—	碟形弹簧 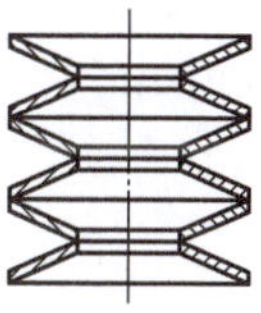 由截锥形弹簧片组成。刚度大，吸振性好，主要用作承受大载荷的缓冲弹簧	盘形弹簧 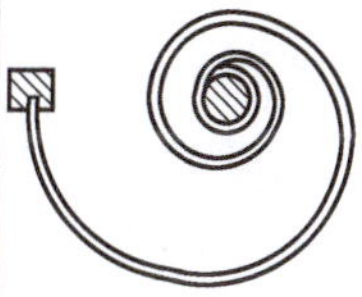 常用于承受的扭矩不很大，且又要求轴向尺寸小的场合，例如钟表机构	板形弹簧 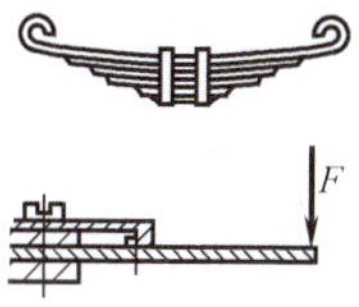 常用于受载方向的尺寸小，且变形量较大的场合，例如汽车弹簧、仪表中的弹簧片

3. 圆柱螺旋弹簧的材料

圆柱螺旋弹簧制造的三道基本工序依次为：①卷绕成形；②端部加工（压簧）或挂钩制作（拉簧和扭簧）；③热处理。

弹簧的卷绕方法分为冷卷和热卷两种。弹簧丝（简称簧丝）直径 $d<10$mm 时一般用冷卷加工，簧丝较粗时需用热卷加工。

制作弹簧的常用材料有：

（1）碳素弹簧钢丝 价格低廉，适宜做簧丝直径 $d<10$mm 的弹簧。

（2）合金弹簧钢丝 不同的合金弹簧钢丝有不同的性能，如抗冲击、适宜承受变载荷、耐高温、耐腐蚀等，大小尺寸的弹簧均能制作。

（3）硅青铜、锡青铜等铜合金丝 具有导电导热性能好、减摩耐磨、耐潮湿耐腐蚀等特殊性能，价格较高，强度低于弹簧钢丝。

表6-13是常用弹簧材料的牌号、性能与用途。

表 6-13 常用弹簧材料的牌号、性能与用途

材料类别	牌号	工作温度/℃	性能特点及适用条件
碳素弹簧钢丝	B、C、D级	-40~130	强度高,性能好,适于制作小弹簧
合金弹簧钢丝	65Mn	-40~130	强度高,性能好,适于制作普通机械弹簧
	60Si2MnA	-40~200	强度高,性能好,可制作普通机械的大弹簧
	50CrVA	-40~250	耐高温,适于制作内燃机汽门等高温下的弹簧
不锈钢钢丝	12Cr18Ni9	-200~300	耐腐蚀,耐高低温,适于制作仪表中的小弹簧
	40Cr13	-40~300	耐腐蚀,耐高温,适于制作大尺寸弹簧
青铜丝	QSi3-1	-40~120	耐腐蚀,防磁,某些电器中的弹簧
	QBe2	-40~120	耐腐蚀,防磁,导电性好,可制作电表游丝

二、圆柱螺旋弹簧的端部结构

在产品中,弹簧的端部结构常需要费心斟酌,尤其对于外形不规整的日用产品。通过下面的一批示例简图,可以对弹簧的端部形态设计有所启发。

1. 压缩弹簧的端部结构

圆柱螺旋压簧空载时各圈间有一定的间距以备工作中压缩变形,但两端应该各有 0.75~1.75 圈互相并紧不参与变形,称为死圈。压簧的端部结构较为简单,有并紧磨平的 YⅠ型、并紧不磨平的 YⅡ型等几种基本形式,如图 6-58 所示。要求高的压簧,为使其端面与弹簧轴线保持垂直关系,应该选用 YⅠ型压簧。但簧丝很细或簧丝与弹簧直径相比很小的弹簧,一般不进行端面磨平。

压簧的端面磨平或不磨平,对于圈数多即较高的压簧的影响更大。因为这样的压簧工作中可能发生侧向弯曲的现象,称为压簧失稳,如图 6-59a 所示。为防止压簧失稳,对于细高的压簧可在其中加装导杆,或在压簧外加装导套,分别如图 6-59b、c 所示。

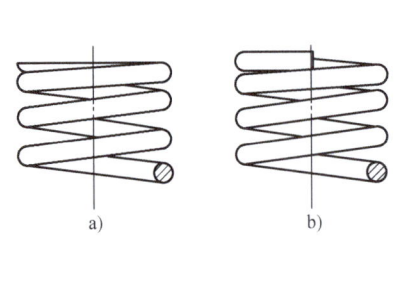

图 6-58 压簧的两种端部结构
a) YⅠ型 并紧磨平 b) YⅡ型 并紧不磨平

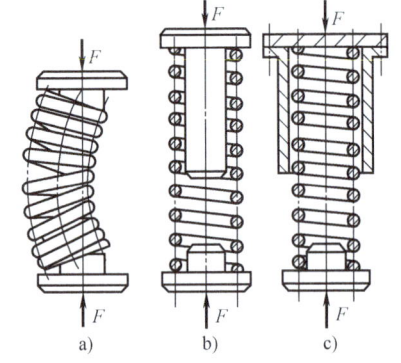

图 6-59 压簧的失稳与防止措施
a) 压簧失稳 b) 加装导杆 c) 加装导套

2. 拉伸弹簧的端部结构

圆柱螺旋拉簧空载时各圈是互相并紧的。拉簧端部应做出钩环,以备安装和加载。因不同安装形式、安装空间、加载方法的需要,拉簧端部钩环形式很多,表 6-14 中 LⅠ~LⅦ这七种均 A. 已纳入国家标准的型号。

表 6-14 拉伸弹簧的钩环形式

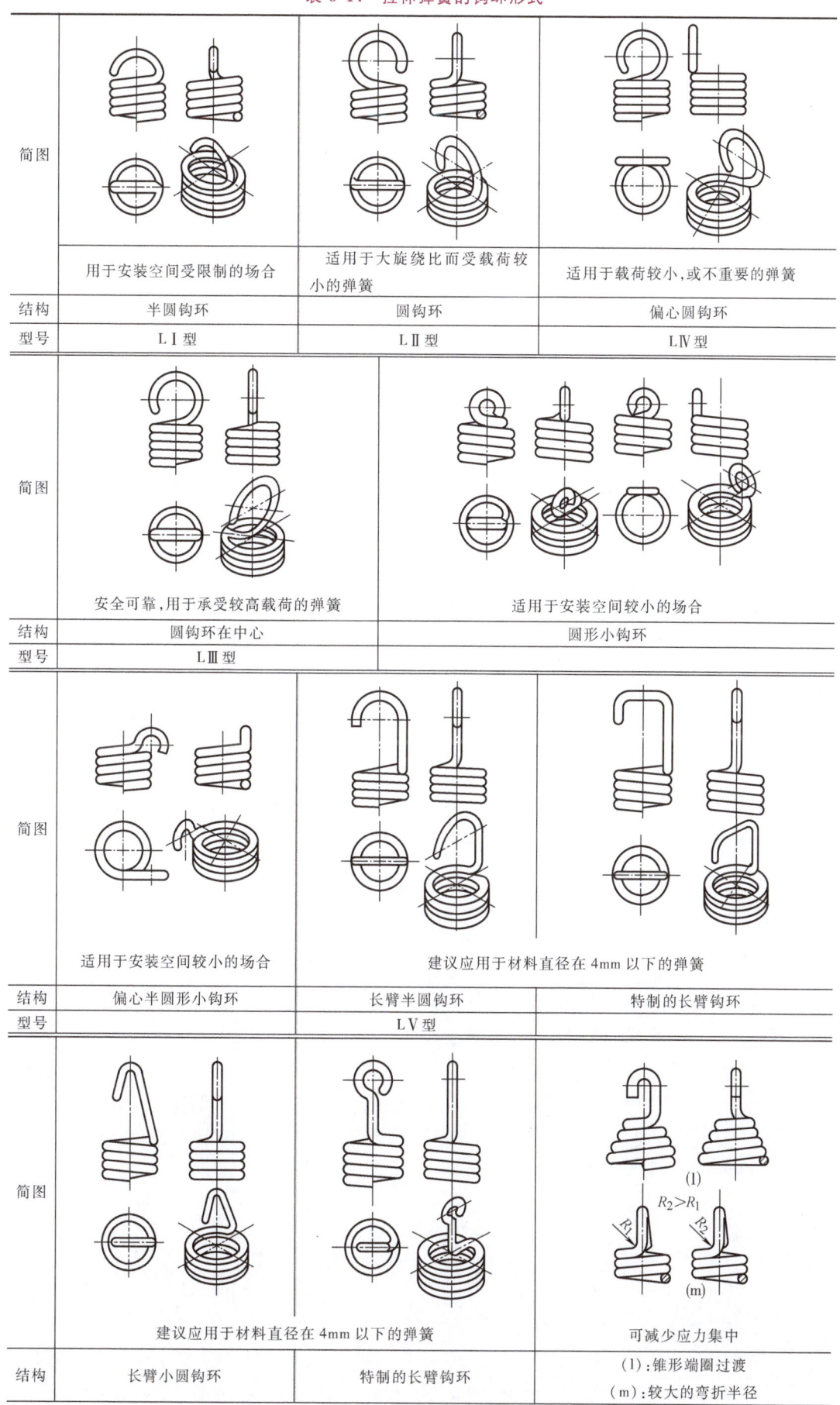

简图			
	用于安装空间受限制的场合	适用于大旋绕比而受载荷较小的弹簧	适用于载荷较小,或不重要的弹簧
结构	半圆钩环	圆钩环	偏心圆钩环
型号	LⅠ型	LⅡ型	LⅣ型
简图			
	安全可靠,用于承受较高载荷的弹簧	适用于安装空间较小的场合	
结构	圆钩环在中心	圆形小钩环	
型号	LⅢ型		
简图			
	适用于安装空间较小的场合	建议应用于材料直径在4mm以下的弹簧	
结构	偏心半圆形小钩环	长臂半圆钩环	特制的长臂钩环
型号		LⅤ型	
简图			
	建议应用于材料直径在4mm以下的弹簧		可减少应力集中
结构	长臂小圆钩环	特制的长臂钩环	(l):锥形端圈过渡 (m):较大的弯折半径

(续)

型号	LⅥ型		
简图			
		用于材料直径大于5mm的弹簧	利用支承板的钩槽承受载荷
结构	将弹簧末端做成锥形闭合端，另外附加钩环	可调式	支承板式
型号		LⅦ型	

3. 扭转弹簧的端部结构

圆柱螺旋扭簧的端部结构形式也很多。图 6-60 所示的 9 种形式中，NⅠ内臂扭簧、NⅡ外臂扭簧、NⅢ中心臂扭簧为纳入国家标准的型号。

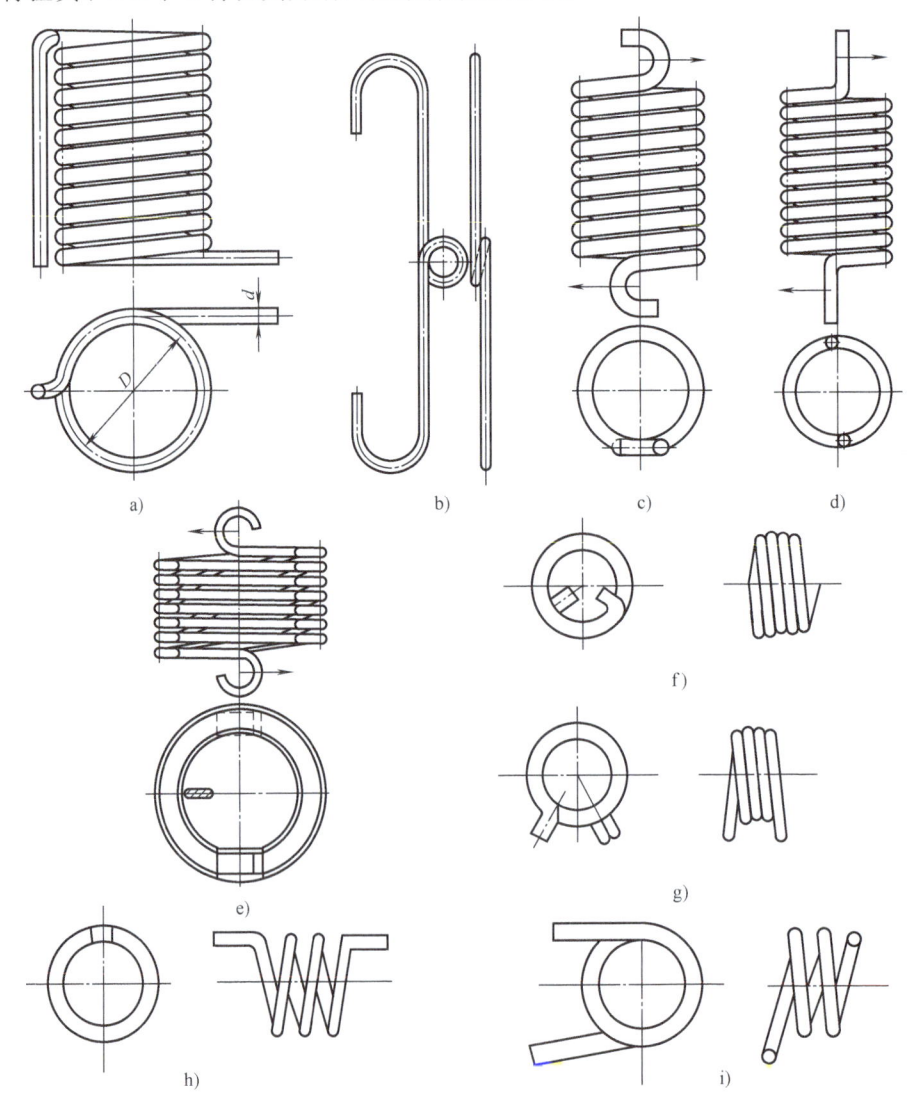

图 6-60　扭转弹簧的端部结构

安装圆柱螺旋扭簧时,通常应有心棒穿过其中心,以维持它工作时位置的稳定。扭簧两端的"支点",可根据需要和可能做成各种形式。图 6-61 为螺旋扭簧安装形式的示例。

4. 弹簧安装的初始力

为防止弹簧松脱和振动,安装时必须给弹簧一定的初始力,也称安装载荷,使弹簧处于"拉紧""压紧"等的稳定状态。如:自行车支承上的拉簧,如果没有初始拉力,稍有振动拉簧就会掉下来;电动车制动闸上的压缩弹簧,如果没有初始压力,手闸线就拉不紧,手把会摇晃不定,制动时有比较大的空行程,不安全;同样,电动车加速手把中的扭转弹簧,如果没有初始转动力矩,手把就不稳定,加速时空转角度加大,影响加速操作。

图 6-61 螺旋扭转弹簧安装形式的示例

三、圆柱螺旋弹簧的参数与参数选择

1. 圆柱螺旋弹簧的尺寸参数

弹簧的尺寸参数,也称为几何参数,主要有弹簧丝直径 d、弹簧外径 D、中径 D_2、内径 D_1、弹簧工作圈数(也称为有效圈数)n、螺旋升角 α、节距 p、自由高度(或长度)H_0、簧丝展开长度 L 等,参看图 6-62。各尺寸参数间的关系见表 6-15。

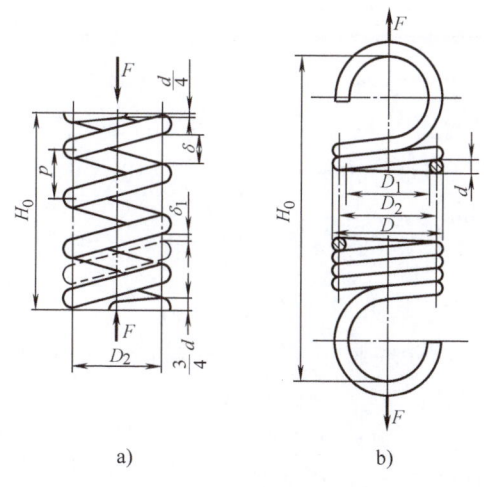

图 6-62 圆柱螺旋弹簧的尺寸参数
a)压缩弹簧 b)拉伸弹簧

表 6-15 圆柱螺旋弹簧尺寸参数间的关系

参数名称及其代号	单位	计算公式		备注
		压缩弹簧	拉伸弹簧	
弹簧丝直径 d	mm	根据强度条件计算确定		
弹簧中径 D_2	mm	$D_2 = Cd$		
弹簧外径 D	mm	$D = D_2 + d$		
弹簧内径 D_1	mm	$D_1 = D_2 - d$		
节距 p	mm	$p = (0.28 \sim 0.5)D_2$	$p = d$	
有效圈数 n		根据工作条件确定		$n \geqslant 2$
总圈数 n_1		$n_1 = n + (1.5 \sim 2.5)$	$n_1 = n$	
自由高度 H_0	mm	两端磨平 $H_0 = np + (n_1 - n - 0.5)d$ 两端不磨平 $H_0 = np + (n_1 - n + 1)d$	$H_0 = np +$ 挂钩轴向尺寸	
间距 δ	mm	$\delta = p - d, \delta \geqslant \dfrac{\lambda_{max}}{n} + 0.1d$		λ_{max}—最大变形量
螺旋升角 α	(°)	$\alpha = \arctan \dfrac{p}{\pi D_2}$		对压缩弹簧推荐 $\alpha = 5° \sim 9°$
弹簧丝展开长度 L	mm	$L = \dfrac{\pi D_2 n_1}{\cos \alpha}$	$l = \pi D_2 n +$ 挂钩展开长度	

弹簧还有一个重要的参数是弹簧指数 C，也称为旋绕比，它是弹簧中径 D_2 与簧丝直径 d 的比值

$$C = \frac{D_2}{d} \tag{6-4}$$

弹簧指数 C 太小，表示簧丝相对于弹簧中径太粗，使簧丝难以卷绕为弹簧；弹簧指数 C 太大，表示簧丝相对于弹簧中径太细，卷成的弹簧工作时不稳定，易颤动。因此弹簧指数 C 应该在一定范围内选取，推荐值见表 6-16。

表 6-16 弹簧指数 C 的推荐范围

d/mm	0.2~0.4	0.45~1	1.1~2.2	2.5~6	7~16	18~42
C	7~14	5~12	5~10	4~9	4~8	4~6

2. 圆柱螺旋弹簧的载荷与变形

(1) 螺旋弹簧载荷与变形的关系　无论压簧或拉簧，在载荷 F（图 6-62）作用下产生的变形量 λ，是弹簧的基本性能指标，两者的关系如下：

$$\lambda = \frac{8FD_2^3 n}{Gd^4} \tag{6-5}$$

式中，F 为螺旋弹簧（在中心线方向）受到的载荷；D_2、n、d 分别为弹簧中径、有效圈数、簧丝直径；G 为簧丝材料的切变模量。对于钢材（碳素钢、合金钢）$G \approx 80\text{GPa}$；对于青铜 $G = (40 \sim 43)\text{GPa}$。

式 (6-5) 表明：弹簧在载荷作用下产生的变形量与载荷的大小成简单的正比关系，这是弹簧的基本机械特性。

(2) 弹簧刚度　弹簧刚度，是弹簧的基本性能指标，用符号 k 表示，是指使弹簧产生单位长度变形量所需施加的轴向载荷，即

$$k = \frac{F}{\lambda} = \frac{Gd^4}{8D_2^3 n} \tag{6-6}$$

式（6-6）表示弹簧刚度与尺寸参数的关系，分析式（6-6）可以知道：

1）在弹簧中径 D_2、簧丝直径 d 相同的情况下，弹簧刚度 k 与弹簧的有效圈数 n 成反比，即圈数越少弹簧越"硬"，圈数越多的弹簧越"软"。

2）在弹簧中径 D_2、有效圈数 n 相同的情况下，弹簧刚度 k 与簧丝直径的四次方 d^4 成正比。因此，簧丝直径即使只有少许增加，弹簧刚度就会有相当大的提高。例如，簧丝直径只增加 10%，弹簧刚度将提高到原来的约 146%（$1.1^4=1.46$），簧丝直径只增加 20%，弹簧刚度将提高到原来的约 207%（$1.2^4=2.07$），而簧丝直径若增加 50%，弹簧刚度将提高到原来的 5 倍以上（$1.5^4=5.06$）。

3）在簧丝直径 d、有效圈数 n 相同的情况下，弹簧刚度 k 与弹簧中径的三次方 D_2^3 成反比。因此，弹簧中径略有增加，弹簧刚度就会有可观的下降。例如，弹簧中径增加 20%，弹簧刚度将减小到原来的约 58% $\left[\left(\frac{1}{1.2}\right)^3 \approx 0.58\right]$，弹簧中径增加 50%，弹簧刚度将减小到原来的约 30% $\left[\left(\frac{1}{1.5}\right)^3 \approx 0.296\right]$。

对于产品或产品样机，使用中发现了弹簧参数不适当，需要改进，那么，若能掌握上述几条弹簧刚度与尺寸参数间的关系，改进将能"心中有数"而有效进行。另外，像式（6-6）这样看似枯燥的公式，如果懂得这样来分析理解，它们将会变得有用而且生动有趣。

3. 弹簧参数的选择

把式（6-4）代入式（6-6），可以得到弹簧刚度 k 的另一种表达式

$$k = \frac{F}{\lambda} = \frac{Gd}{8C^3 n} \tag{6-7}$$

式（6-7）常用于选择弹簧的尺寸参数。

在日用品中，弹簧设计的主要问题通常是确定弹簧刚度，即要求力与变形的关系符合产品的要求。也就是说，式（6-7）左端的 k（F/λ）值属于产品的使用要求，是已知条件；而设计的任务，是合理确定式（6-7）右端的几个参数。此时可按以下步骤进行弹簧尺寸参数的选择：

1）选定弹簧丝材料，材料的切变模量 G 就确定了。

2）根据弹簧的空间条件初步确定弹簧的中径 D_2。

3）参考表 6-16 初步确定弹簧指数 C 与弹簧丝直径 d。注意两点：第一，C、d 两个参数是同时确定的；第二，初步确定弹簧指数 C 时，宜在表 6-16 中取居中的数值。例如在表 6-16 中对于簧丝直径 1.1~2.2mm，推荐取 $C=5~10$，初步选取时宜取 $C=7$ 或 $C=8$。

4）至此，式（6-7）右端的参数中的 G、d、C 均已初步确定，左端的 k 是已知的，于是便可算出剩下的弹簧有效圈数 n。

5）如果计算出来的弹簧有效圈数 n 符合产品的空间条件，弹簧参数的选择即告完成；如果出现矛盾，只要适当调整弹簧指数 C 等参数，再试算一二次，即可符合要求。

对于某些机械产品，弹簧承受的载荷大、力的循环次数多，此种条件下，必须依据强度条件来确定弹簧参数，其设计计算方法本书从略。

习 题 与 作 业

6-1 产品中广泛使用连接是为了：①便于制造；②便于装拆；③便于运输；④便于维修。对于上述 4 种应用目的，各举出 1~2 种产品实例来验证说明。

6-2 指出图 6-63 中螺纹连接设计中的错误，并画出正确的结构。

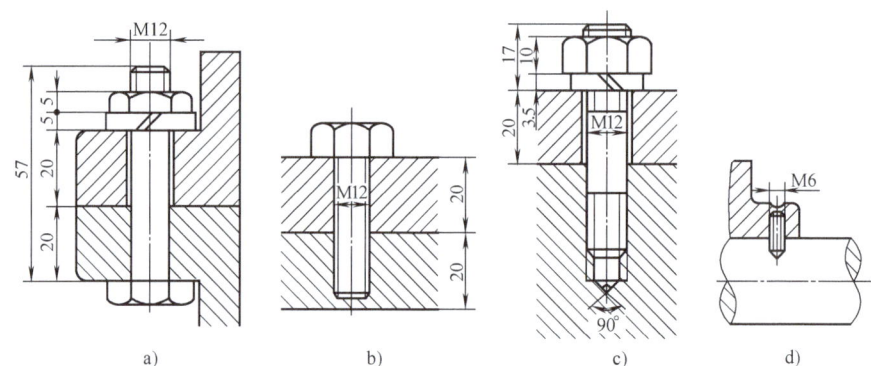

图 6-63 题 6-2 图

a) 普通螺栓连接 b) 螺钉连接 c) 双头螺柱连接 d) 紧定螺钉连接

6-3 图 6-64 是一组道路指路牌的正面，试画出它的背面，把路牌与立柱、横杆的连接方式充分表达清楚。可以徒手绘图，但不得过于潦草。可以加注简要的说明文字。

图 6-64 道路指路牌

6-4 任选下列一种产品（设施）进行实物调查，指出其中不少于 3 处不可拆连接、不少于 8 处可拆连接。为表达得更加清楚，宜适当加配简略手绘草图。

A. 计算机桌（图 5-1）　　　　B. 自行车
C. 超市购物车（图 5-3e）　　　D. 健身器具或设施（图 5-47）

6-5 在日用产品中找到 1~2 种弹性嵌卡连接方式，画出能表达其功能的示意图。

6-6 日常生活中经常用到伸缩杆，如图 6-65 中的拖布杆、浴帘布杆等。杆上有锁紧扣，逆时针一拧松开即可拉出或缩回，顺时针一拧即可锁紧，方便快捷。结合实物分析其结构，画出能表达锁紧原理的透视图，可附简要文字说明。图可手绘，但不得潦草。

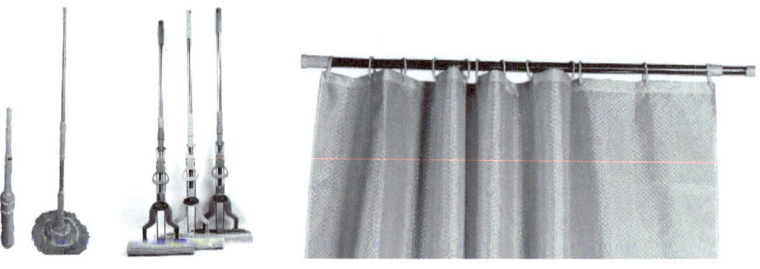

图 6-65 拖布杆与浴帘布杆

6-7 儿童游乐场里一种由电动机带动的游乐器械中，一传动轴传递的额定功率为 $P=3\mathrm{kW}$，转速 $n=960\mathrm{r/min}$，设计计算轴的外径。轴的材料为：

(1) 45钢，实心轴 　　　　　　　　　　　(2) 40Cr，内径外径比值为 $\alpha=d/D=0.8$ 的钢管

6-8 在下列插图中任选其一，画成立体爆炸图。

A. 图6-34 凸缘联轴器　　　　B. 图6-35b 套筒联轴器　　　　C. 图6-38 牙嵌离合器

6-9 说明下列滚动轴承代号的含义（可仿照例6-8的表达形式）。

6210/P6　　　　61202　　　　N2313　　　　7216AC　　　　71311C

6-10 在旋转或摆动的游乐设施、健身器材上都装有轴承，它们承受的转速高低、载荷大小、载荷方向（径向或轴向）各不相同；对某游乐或健身场所进行实地观察分析，指出设施（器材）中应安装向心滑动轴承、滚动轴承的部位各3处，应安装推力轴承的部位2处，并简述理由。

6-11 弹簧的功用有：①缓和冲击；②控制运动；③储存和释放能量；④测量指示；⑤维持零件的弹性接触。对于上述5种使用功能，各举出1~2种产品实例来验证说明。（提示：自行车、健身器材、玩具、文具……中各种类型的弹簧都有。）

6-12 有 A、B 两个圆柱螺旋弹簧，材料相同，两者中径的关系为 $D_A=1.2D_B$，若要求在同等载荷 F 下产生同等的变形量 λ，问：

(1) 簧丝直径 d 相同，两者有效圈数 n_A、n_B 之间的比值如何？

(2) 有效圈数 n 相同，两者簧丝直径 d_A、d_B 之间的比值如何？

6-13 应用下列弹簧类型中的任一种，构思一种小产品或简单运动机构，画出示意简图，附以简要说明。

A. 圆柱螺旋拉簧　　　　　　B. 圆柱螺旋压簧　　　　　　C. 扭转弹簧

第七章

常用机构

第一节 运动副、机构与机构运动简图

一、运动副及其分类

机械中的构件之间既保持接触，又能产生确定相对运动的连接称为运动副。例如轴与轴承间的连接、活塞与气缸间的连接、两啮合齿轮间的连接等。这些构件间的运动有确定约束而不是任意的。

若运动副构件间的相对运动发生在同一平面或相互平行的平面内，则称为平面运动副；否则称为空间运动副。

平面运动副根据构件接触形式的不同，分为平面低副和平面高副两种基本类型。常见的空间运动副有螺旋副和球面副。

1. 平面低副

两构件通过面接触所构成的运动副称为低副。平面低副按两构件间相对运动形式的不同又可分为转动副和移动副。

（1）转动副 也称为铰链，两构件间只能产生相对转动的运动副，基本形式如图7-1a所示。

（2）移动副 两构件间只能产生相对移动的运动副，基本形式如图7-1b所示。

2. 平面高副

两构件通过点接触或线接触所构成的运动副称为高副。例如图7-2a所示火车轮与钢轨之间；图7-2b所示两齿轮的轮齿之间的接触，都是线接触；图7-2c所示凸轮与推杆之间的接触为点接触，它们构成高副。

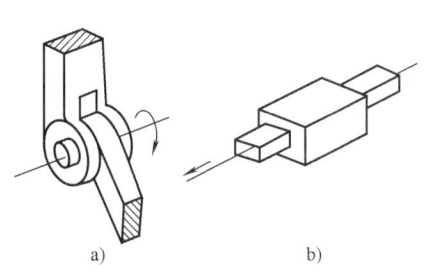

图7-1 平面低副
a）转动副 b）移动副

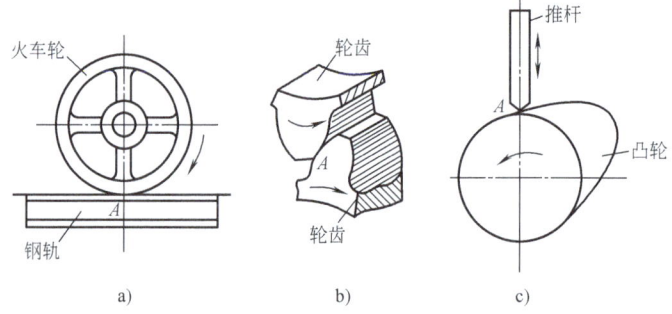

图7-2 平面高副
a）火车轮与钢轨间的线接触 b）两轮齿间的线接触
c）凸轮与推杆间的点接触

低副与高副的对比：低副两构件接触处的压强低（这是"低副""高副"名称的由来），因此承载能力大、磨损慢、寿命长，且构件的形状简单，容易制造，成本低。高副则相反，两构件接触处的压强高，对材料和制造要求也高，但某些复杂精确的运动轨迹需要通过高副才能实现。

3. 球面副与螺旋副

空间运动副中常见的球面副基本形式如图 7-3a 所示，螺旋副的基本形式如图 7-3b 所示。

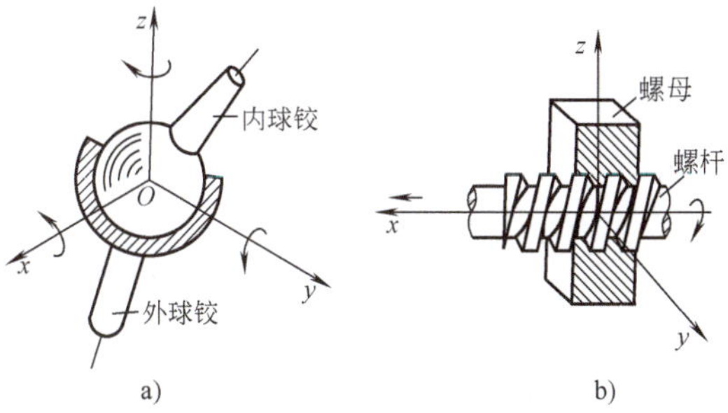

图 7-3 常见的空间运动副
a）球面副 b）螺旋副

二、机械中的机构

1. 机械

图 7-4a 是钉鞋机的进针部分示意图，立轴与带槽的横向块连成一体，水平轴连续旋转，通过卡在槽中的滑块带动立轴上下往复运动，实现了"连续旋转→往复移动"的运动转换。图 7-4b 是气动门的启闭工作示意图，通过气缸活塞杆的右缩或左伸，可以把门开启或关闭，实现了"活塞杆移动→两扇门的位置移动和折叠运动"的运动转换。图 7-4c 是家用脚踏式缝纫机，使用者踩踏踏板，通过带传动使带轮转动，实现了"往复摆动→定向连续旋转"的运动转换。这些例子说明，机械中常需要实现各种各样的运动转换，因此机构是机械中的基本组成单元。

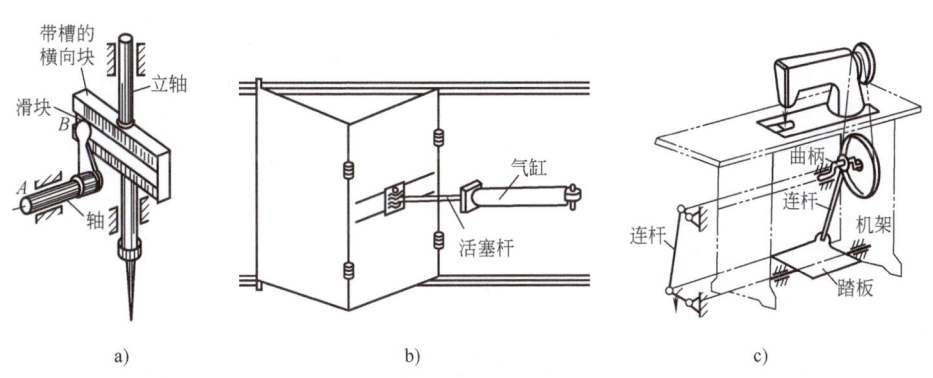

图 7-4 机械中的运动转换
a）钉鞋机的进针部分 b）气动门的开启与关闭 c）以脚踏带动缝纫机运动

2. 机构中的三类构件

为了分析方便，将机构中的构件分为以下三类。

（1）机架 在机构中被视为固定不动的构件称为**机架**，机构中的其他可动构件在它的支承下运动。当机构整体地运动时，若把该机构独立进行分析，不必考虑其整体运动，仍可把机架"视为"固定不动。图 7-5 是液体搅拌机中的搅拌机构，其中构件 1 是固定不动的机架，它支承着机构中其他几个构件的运动与工作。

（2）原动件 机构中由外部给定其运动的构件称为**原动件**，也称为**输入构件**，机构中其他构件的运动则由它驱动。在图 7-5 所示的液体搅拌机中，曲柄 2 的转动是由外部输入的，它是该机构中的原动件。

（3）从动件 机构中由原动件驱动的其他构件称为**从动件**。从动件中直接实现机构功能者，称为**执行构件**；若从动件把运动输出本机

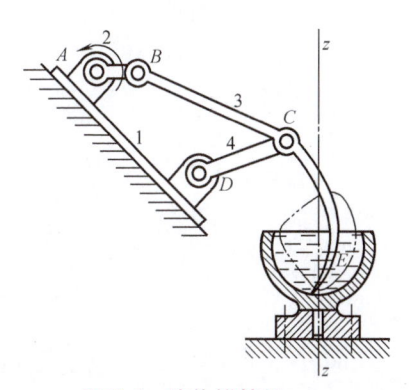

图 7-5 液体搅拌机
1—机架 2—曲柄 3—连杆 4—摇杆

构，它也称为输出构件。图7-5所示液体搅拌机中的连杆3、摇杆4都是从动件。

机架也称为固定构件，原动件和从动件都属于活动构件。

三、机构运动简图

1. 机构运动简图及其作用

机构中各构件间的相对运动关系，只取决于运动副的类型、数目、机构所在平面内的构件尺寸等几个因素。而其他不少因素，与构件间的相对运动是无关的，包括构件的外形、断面尺寸、组成构件的零件数目、运动副的具体结构形式等。例如对于转动副来说，具体是滑动轴承还是滚动轴承以及是什么类型的滚动轴承等，都对两构件间的运动关系没有影响，因此在分析机构运动时不需要加以区分。又如连杆机构中的杆件，在机构中以两个转动副与其他构件连接，与构件间运动关系有关的只是两转动副中心的距离，即"杆件长度"，而与杆件横截面形状无关，也与杆件是零件还是构件无关。图7-6a～图7-6g是一些横截面形状不同的杆件，均为零件；第五章图5-6c所示的杆件则为构件，而这些形状不同的杆件在机构运动中作用并无差异。

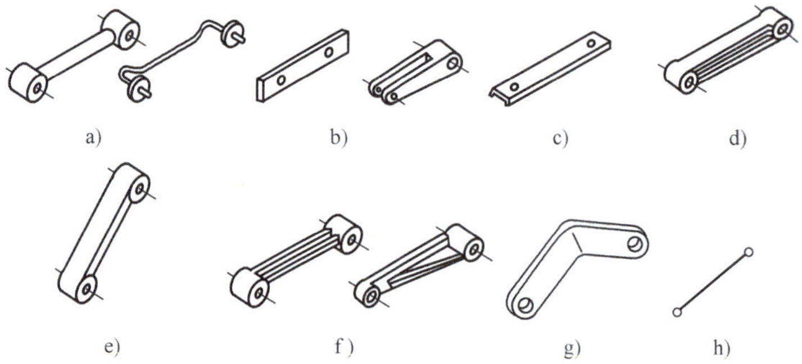

图 7-6 横截面形状不同的杆件

为便于分析研究机构的运动，把实际机构中与运动关系无关的因素加以排除，仅用一定比例的简单线条和规定的符号，来表示运动副及构件间运动关系的图形，称为机构运动简图。会看、会用机构运动简图，是学习和设计应用机构的重要基础。

2. 运动副的表示方法

（1）转动副　转动副用一个小圆圈表示，其圆心即相对转动的轴线位置。图7-7是两构件所组成转动副的几种表示方法。若组成转动副的二构件1和2都是活动件，用图7-7a表示；若其中一个是机架（固定件），则在机架上画一列斜线（阴影线），如图7-7b、c中的构件2所示。

（2）移动副　图7-8是两个构件组成的移动副的几种表示方法，图中标有阴影线的构件为机架。

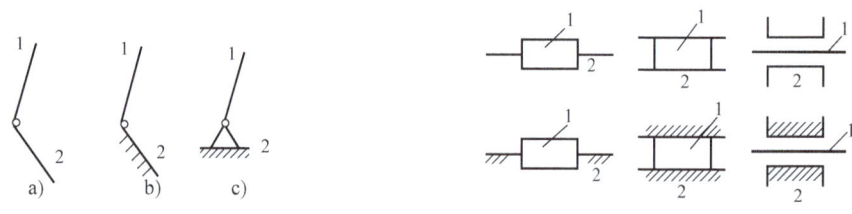

图 7-7 转动副的表示方法　　　　图 7-8 移动副的表示方法

（3）平面高副　对于平面高副，简图中应画出两构件接触处的曲线轮廓，如图7-9所示。

（4）球面副与螺旋副　球面副、螺旋副的简图分别如图7-10a、b所示。

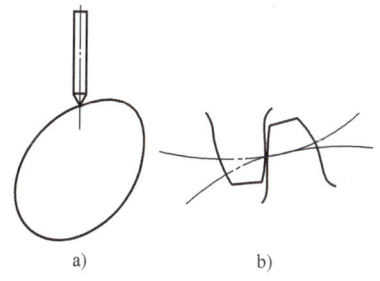

图 7-9 平面高副的表示方法

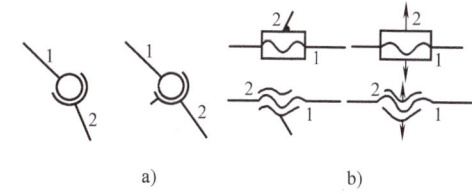

图 7-10 球面副和螺旋副的表示方法

a）球面副　b）螺旋副

3. 构件的表示方法

截面不同的杆件、单个或多个零件构成的杆件，在机构运动分析中没有差别，因此它们全用图 7-6h 所示的简图来表示。这个简图中的两个小圆圈表示两个转动副，线段的长度按一定比例表示杆件的长度，这就包含了与连杆机构运动分析相关的全部因素。

构件简图的表示方法是：在构件上将运动副用符号标出，再用简单线条连成一体即可。图 7-11a 是几种二运动副构件（指一个构件上有两个运动副）的示例，图 7-11b 是几种三运动副构件（指一个构件上有三个运动副）的示例。图 7-11 所示的部分图形中，在线条交接的内角涂以形如"▲、◣、▼、◥"的黑三角，或在封闭的图形内画上斜向"剖面线"，是表示同一构件的两种符号。

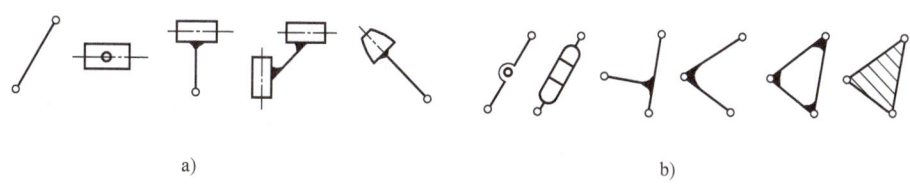

图 7-11 运动简图中构件的表示方法

a）二运动副构件示例　b）三运动副构件示例

4. 常用机构运动简图符号

国家标准 GB/T 4460—1984 规定了机构的运动简图符号，摘自该国标的部分机构运动简图符号见表 7-1。

表 7-1 常用机构的运动简图符号（摘自 GB/T 4460—1984）

名称	符号	名称	符号
在支架上的电动机		齿轮齿条传动	
带传动		锥齿轮传动	
链传动		圆柱蜗杆蜗轮传动	

(续)

外啮合圆柱齿轮传动		凸轮传动	
内啮合圆柱齿轮传动		棘轮机构	

5. 机构运动简图的绘制步骤

机构运动简图的一般绘制步骤如下：

1）分析机构的组成，确定机架、原动件、从动件。

2）从原动件开始，按照运动传递的顺序，分析构件间的运动关系，确定从动件的个数、运动副的类型和数目。

3）在表示机构运动的投影平面内选择适当的比例尺，根据构件和运动副的位置关系和构件尺寸，以规定的符号绘制出运动简图。

4）绘制机构运动简图的通行习惯还有：

① 以大写英文字母 A、B、C…依次标注各转动副。

② 以阿拉伯数字 1、2、3…依次标注各构件。

③ 用箭头表示原动件的运动方向。

例 7-1 绘制图 7-12a 所示抽水唧筒的机构运动简图。

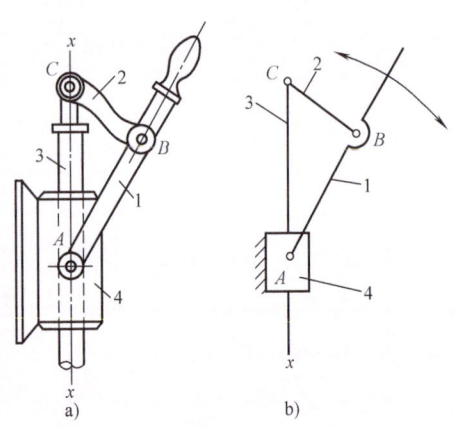

图 7-12 抽水唧筒及其机构简图
a) 抽水唧筒 b) 抽水唧筒的机构运动简图
1—手柄 2—连杆 3—活塞杆 4—抽水筒

绘制说明

1）唧筒的机构组成分析：①机架是抽水筒 4；②原动件是手柄 1；③其余连杆 2 和活塞杆 3 均为从动件。

2）运动与运动副分析：①操作手柄 1 以转动副 A 为中心做有限幅度的摆动，手柄上的转动副 B 绕固定转动副 A 做圆弧运动时，转动副 B 带动连杆 2 做相应运动，于是通过转动副 C 使活塞杆 3 上下移动；②该机构在 A、B、C 三处有三个转动副，活塞杆 3 与抽水筒 4 则形成移动副。

3）绘制运动简图：取转动副 A 点为基准点，选择合适比例尺，根据图 7-12a 中构件的尺寸和几个运动副的位置，绘制出抽水唧筒的运动简图，如图 7-12b 所示。

第二节　平面连杆机构

平面连杆机构是若干构件用低副（转动副、移动副）连接起来，实现平面运动转换的机构。由四个构件组成的平面连杆机构称为<u>四杆机构</u>。实际上，四杆机构中的四个构件未必都是杆状的，但在运动简图中均可用杆件那样的线条来表示和分析它们。四杆机构应用广泛，是五杆以上复杂多杆机构的基础，本书只讨论四杆机构。

平面连杆机构的优点是：面接触的压强低，磨损慢，圆柱面、平面等接触表面易于加工制造，能实现转动、摆动、移动等基本运动形式间的互相转换。平面连杆机构的缺点是：低副中存在间隙，间隙会引起运动误差，不易精确地实现复杂的运动轨迹。

一、四杆机构的基本类型

平面四杆机构可分为铰链四杆机构和滑块四杆机构两大类。前者是平面四杆机构的基础，后者可看成由前者演化而来。

1. 铰链四杆机构

以 4 个转动副（铰链）连接 4 个构件而成的机构称为铰链四杆机构，如图 7-13 所示。图 7-13 中固定不动的构件 4 为机架，与机架相连的构件 1、3 称为连架杆，不与机架相连的构件 2 称为连杆。连架杆中能做整圈回转的称为曲柄，不能做整圈回转而只能做往返摆动的称为摇杆。

铰链四杆机构按其中的两个连架杆是曲柄还是摇杆，分为三种基本类型：曲柄摇杆机构、双曲柄机构和双摇杆机构。

（1）曲柄摇杆机构 铰链四杆机构的两个连架杆中，一个是曲柄，另一个是摇杆，则称为曲柄摇杆机构。

曲柄摇杆机构能实现以下两种运动转换：

1) 以曲柄为原动件，可将曲柄的连续转动转换为摇杆的往复摆动。
2) 以摇杆为原动件，可将摇杆的往复摆动转换为曲柄的连续转动。

图 7-5 所示的液体搅拌机就是曲柄摇杆机构：以连续转动的曲柄 2 为原动件，通过摇杆 4 的摆动使爪钩搅拌液体。图 7-14 给出了以曲柄为原动件的曲柄摇杆机构示例。该机构为破碎机的破碎机构，曲柄 AB 连续转动，使摇杆 CD 绕铰链 D 往复摆动，间歇地对物料施加压力将物料压碎。

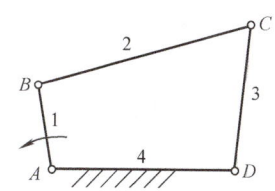

图 7-13 铰链四杆机构

1、3—连架杆　2—连杆　4—机架

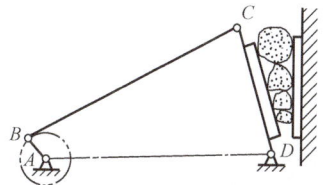

图 7-14 破碎机的破碎机构

图 7-4c 所示缝纫机以踏板使摇杆摆动，通过曲柄使带轮连续旋转。图 7-15 所示农用人力脱粒机是以摇杆为原动件的另一个曲柄摇杆机构。图 7-15a、b 分别是脱粒机的示意图与机构运动简图，脚踩摇杆 CD 的延长部分使它绕铰链 D 摆动，带动曲柄 AB 绕铰链 A 旋转，进而带动脱粒鼓轮连续旋转。

（2）双曲柄机构 若铰链四杆机构的两个连架杆均为曲柄，则称为双曲柄机构。

双曲柄机构中的任一个曲柄均可作为原动件，由原动曲柄旋转带动从动曲柄旋转。应注意：双曲柄机构与齿轮传动、带轮传动等实现的运动转换在性质上有所不同。在图 7-16a 所示的双曲柄机构中，设曲柄 AB 为原动件，当曲柄 AB 顺时针转过 180°到达 AB′位置时，从动曲柄 DC 转过角度 α_1 到达 DC′位置；当曲柄 AB 再转过 180°回到起始位置 AB 时，曲柄 DC 则转过角度 α_2 回到 DC 起始位置。由图 7-16a 可以看出 $\alpha_1 > \alpha_2$，这就表明双曲柄机构具有如下运动特性：当原动曲柄匀速转动时，从动曲柄以每转为周期做变速转动。产品中可利用双曲柄机构的这种运动特性来实现其特定功能。例如在图 7-16b 所示的惯性筛中，原动曲柄 AB 匀速转动，从动曲柄 DC 则在每一圈转动中周期性地变换快慢，

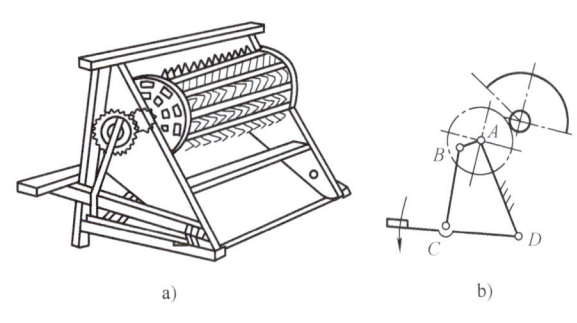

图 7-15 脱粒机及其机构运动简图

a）脚踏式人力脱粒机示意图　b）脱粒机机构的运动简图

通过铰接点 E 使筛子变速地往复运动；因物料颗粒大小不同、惯性不同、移动速度也不同，从而达到筛分物料的目的。

在双曲柄机构中，如果两曲柄的长度相等，且连杆与机架的长度也相等，则称为平行双曲柄机构或平行四边形机构，如图 7-17a 所示。

平行四边形机构运动有两个特性：①原动曲柄与从动曲柄的转动始终是保持同步的，原动曲柄匀速转动，从动曲柄也匀速转动；②运动中两曲柄始终保持平行，连杆与"机架"（严格说，是机架上两个铰链中心点的连线）也始终保持平行。平行四边形机构的

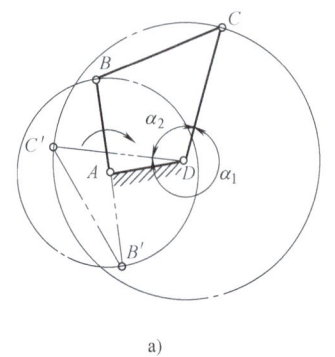
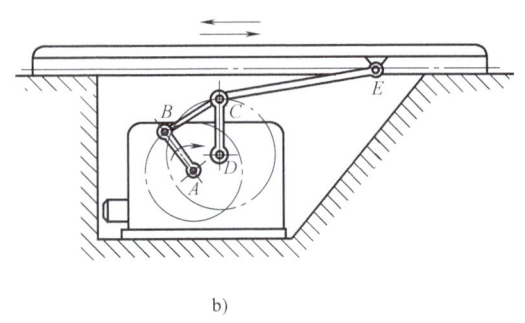

图 7-16 双曲柄机构的运动特性及其应用示例

a）双曲柄机构的运动特性　b）惯性筛

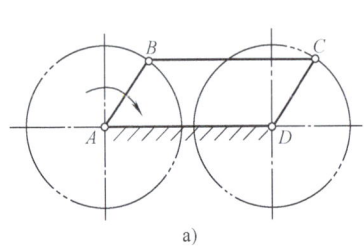
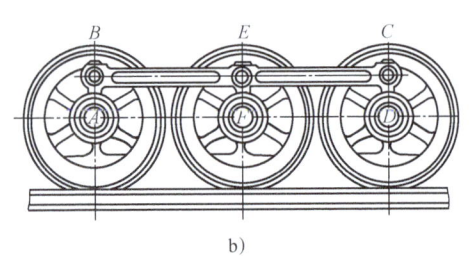

图 7-17 平行四边形机构的运动特性及其应用示例

a）平行双曲柄机构　b）机车车轮的联动机构

这两个特性使它获得了广泛应用，例如图 7-17b 所示的火车车轮的联动机构，只需要由外部驱动左边的"曲柄 AB"（实际上是车轮），通过两个平行四边形机构，另两个"曲柄 FE、DC"（即另两个车轮）即同步地转动。各车轮同步转动才能使火车顺利地行驶。

（3）双摇杆机构　若铰链四杆机构的两个连架杆均为摇杆，则称为双摇杆机构。双摇杆机构中的任一个活动件（摇杆或连杆）均可作为原动件，使两个摇杆均实现往复摆动。图 7-18 所示电风扇摇头机构就是一种双摇杆机构：图中 AD 为固定不动的机架，风扇电动机既带动前面的叶片转动，也带动后面的蜗杆转动；蜗杆带动蜗轮缓慢转动，蜗轮可以看作该双摇杆机构中的连杆 BC，BC 的位置变动，使摇杆 AB、CD 分别绕铰链 A、D 摆动起来，而摇杆 AB 与风扇电动机即"风扇头"是一体的，于是只要风扇转动，风扇头就会缓慢地来回摆动。

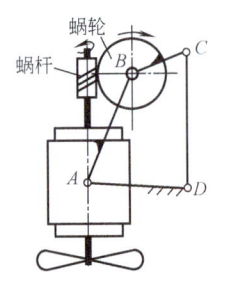

图 7-18 电风扇摇头机构的示意图

（4）铰链四杆机构类型的选择　设计铰链四杆机构时，必首先要决定选取上述三种类型中的哪一种。为此，需要掌握铰链四杆机构的类型判定方法，简介如下。

最短杆与最长杆长度之和大于其余两杆长度之和时,没有曲柄存在,得双摇杆机构。最短杆与最长杆长度之和小于其余两杆长度之和,是曲柄存在的条件。到底是哪种机构类型,还要根据最短杆在机构中的位置,分为三种情况:

1)取最短杆为连架杆时,最短杆为曲柄,另一连架杆为摇杆,得曲柄摇杆机构。
2)取最短杆为机架时,得双曲柄机构。
3)取最短杆为连杆时,得双摇杆机构。

例 7-2 图 7-19 中有 4 个铰链四杆机构,试分析各属于哪种类型。

解 根据铰连四杆机构类型判断选择的方法:
a)40+110<70+90,可以有曲柄存在,且最短杆为机架,所以是双曲柄机构。
b)45+120<100+70,可以有曲柄存在,最短杆为连架杆,所以是曲柄摇杆机构。
c)60+100>70+60,没有曲柄存在,是双摇杆机构。
d)50+100<90+70,可以有曲柄存在,最短杆为连杆,所以是双摇杆机构。

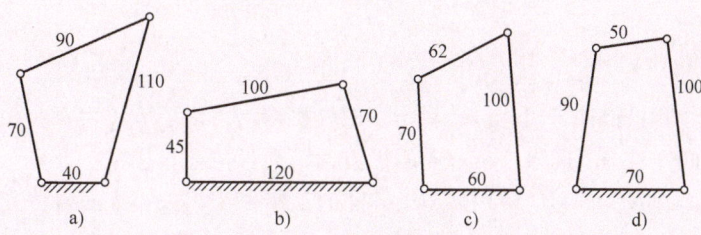

图 7-19 铰链四杆机构类型判断

2. 滑块四杆机构

若四杆机构中含有移动副,则称为滑块四杆机构,简称滑块机构。其基本形式有曲柄滑块机构、导杆机构、摇块机构和定块机构。下面简要介绍其中较常见的曲柄滑块机构。

在图 7-20 中,与机架 4 用移动副相连,又与连杆 2 用转动副相连的构件 3,称为滑块。由曲柄、连杆、滑块和机架组成的机构称为曲柄滑块机构。若滑块上转动副中心的移动方向线通过曲柄转动中心,称为对心曲柄滑块机构,如图 7-20a 所示。否则是偏置曲柄滑块机构,如图 7-20b 所示。机构中滑块往复运动两极限点间的距离称为滑块行程,如图 7-20 中 H;图 7-20b 中的尺寸 e 称为偏心距。

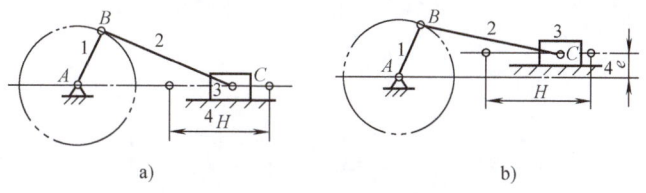

图 7-20 曲柄滑块机构
a)对心曲柄滑块机构 b)偏置曲柄滑块机构
1—曲柄 2—连杆 3—滑块 4—机架

曲柄滑块机构应用很广泛。图 7-21a 所示内燃机里的活塞 3 可看成滑块,气缸中燃气点火推动活塞 3 向下运动,通过连杆 2 驱动曲轴 1 转动,曲轴相当于机构中的曲柄。图 7-21b 为自动送料机构:曲柄 5 绕铰链 A 转动使连杆 2 在向左移动中通过滑块 4 将水平料筒中的料往左推出,曲柄 5 继续转动使连杆 2 向右移动足够距离后,竖直料筒中的料落入水平料筒……如此循环，实现"自动"送料。

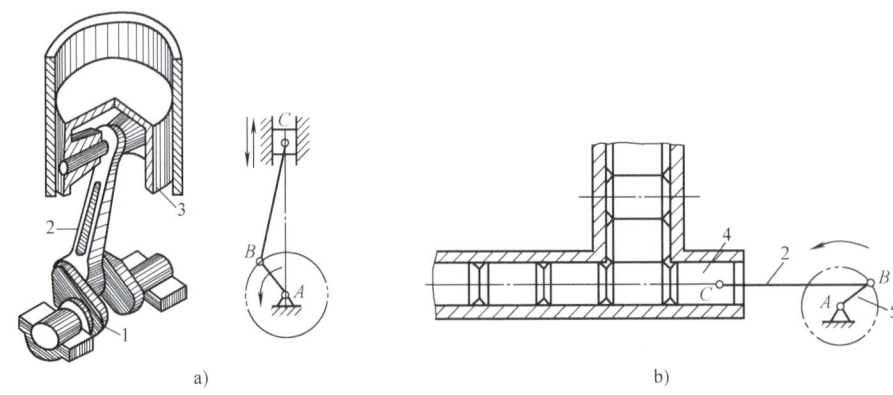

图 7-21 曲柄滑块机构的应用示例
a）内燃机中的曲柄滑块机构　b）自动送料机构
1—曲轴　2—连杆　3—活塞　4—滑块　5—曲柄

二、四杆机构的应用示例

上面介绍了三种铰链四杆机构、一种滑块四杆机构，并举了应用实例，初步说明了其应用的广泛。实际上四杆机构不局限在工农业机械方面，而且也在日用品、车辆、科教仪器、游乐设施、玩具等方面有多姿多彩的应用，与设计师的工作密切相关。下面再罗列一些四杆机构在不同方面的应用示例，希望读者从中获得到启发，灵活构思、创新发挥。

例 7-3　儿童游乐场中的"摇马"。

图 7-22b 是儿童游乐场中"摇马"的曲柄摇杆机构运动简图，图中画出了曲柄逆时针转动中四个瞬时的状态；只要把一个"摇马"的造型与连杆 AB 固定起来，这四个瞬时的摇马姿态就如图 7-22a 所示。曲柄连续地转动，摇马就不断地起伏摇摆，小孩子骑在上面感受着骑马的快乐。实物上曲柄摇杆机构是内藏着的，置于"马肚子"里稍稍靠下的位置，游人看不见。图 7-22 中把机构与"马"分开来画，是为了便于说明。

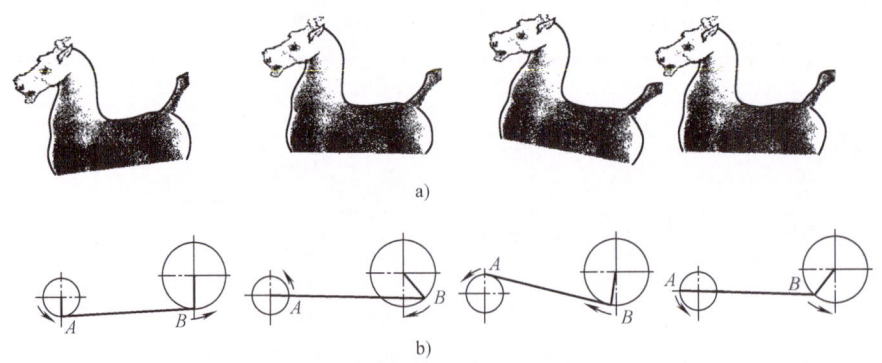

图 7-22 儿童游乐场中的"摇马"
a）"摇马"起伏摇摆的不同姿态　b）内藏曲柄摇杆机构的不同运动位置

例 7-4　汽车前窗刮水器。

图 7-23 是汽车前窗刮水器机构的运动简图，主动件曲柄 AB 旋转带动从动件摇杆往复摆动，利用摇杆的延长段在前窗刮水。刮水器也可以用其他连杆机构来实现，读者试自行思考。

例 7-5 靠背可翻转的座椅。

采用双摇杆机构可方便地翻转座椅的靠背，如图 7-24 所示。机架 AD 固结于底座，取靠背 CB 为"连杆"，并使两摇杆 AB 与 DC 长度相等。操作"连杆"或任一摇杆均可完成靠背的逆转。例如以铰链 A 为中心转动 AB 到达 AB' 位置后，摇杆 DC 绕铰链 D 转动到 DC' 位置，同时靠背 CB 翻转到 C'B' 位置，实现了靠背的逆转。

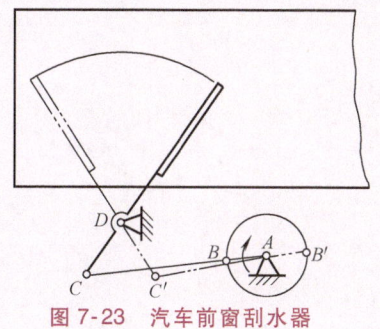

图 7-23 汽车前窗刮水器

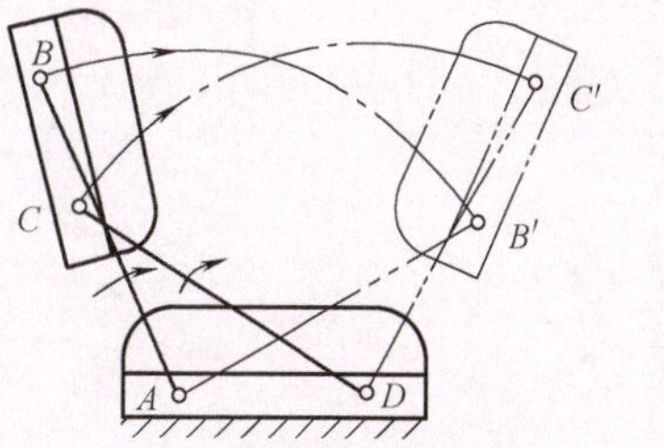

图 7-24 靠背可翻转的座椅

例 7-6 平行四边形机构应用二例。

前面讲过，平行四边形机构运动中的两曲柄、连杆与机架上两铰链中心的连线均始终保持平行。在图 7-25 中给出了两个应用例子。图 7-25a 是货车里摆椅的平行四边形机构，机架上的 A_0B_0 与椅子上的 AB 能在运动中保持互相平行，小个子驾驶员要向前向下移动椅面靠背，或大个子驾驶员要向后向上移动椅面靠背，椅子只移动不转动，椅面靠背的倾斜角不变。上面是单个平行四边形机构的例子，下面的例子中，机构由两个平行四边形机构固结而成。图 7-25b 为设有升降座斗的影视拍摄车，ABCD 和 EFGH 各自均是平行四边形机构，分属两个机构的 B、C 两点和 E、F 两点，被固结在一个十字架的四个端点上，因此无论座斗如何升降移动，EF 始终保持与 AB 平行、HG 始终保持与 EF 平行，从而保证座斗不会发生倾斜，拍摄师能在平稳的平台上顺利工作。消防灭火车上也有相同的机构。

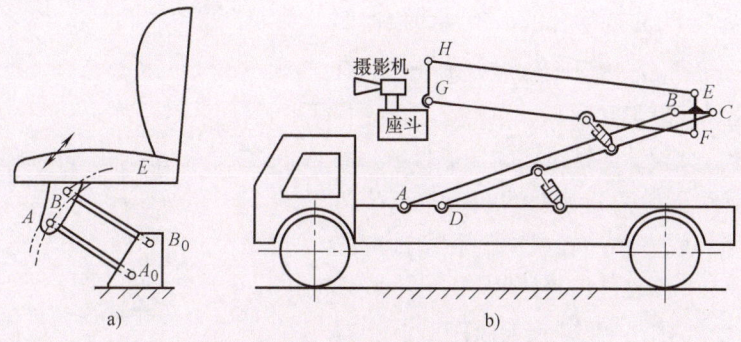

图 7-25 平行四边形机构应用二例
a) 货车摆椅的移动机构　b) 设有升降座斗的影视拍摄车

例 7-7 公共汽车的车门开关机构。

公共汽车门的上方装有一个压缩空气气缸，驾驶员在座上按电门操作，气缸活塞杆伸出或缩回，就可关闭或打开车门。图 7-26 是这种机构的俯视图：构件 6、5 分别是左车门、右车门；活塞杆 7 处于从气缸 8 伸出的位置，左、右车门关闭。该四杆机构由主动曲柄 1、从动曲柄 3、连杆 2 和机架 4 组成；左车门 6 与曲柄 1 固结，右车门 5 与从动曲柄3固结，曲柄1的延伸段 AE 与活塞杆以铰链 E 连接。当活塞杆缩回气缸，铰链 E 带动曲柄1和左车门6均逆时针转过 α（此图中 $\alpha \approx 90°$）角；曲柄1的一端从 B_1 到达 B_2 位置，通过连杆2把曲柄3的一端从 C_1 推到 C_2，使曲柄3和右车门5均顺时针转过 α 角，于是左、右两车门打开。在图7-26中用双点划线表示开门状态下双门和机构的位置。

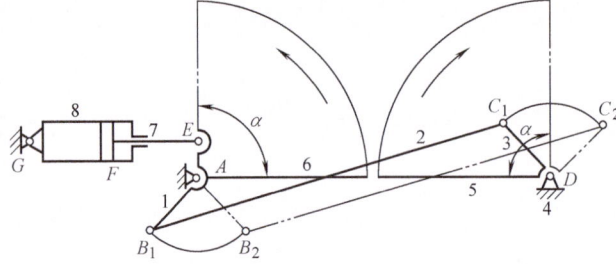

图7-26 公共汽车的车门开关机构
1—曲柄 2—连杆 3—从动曲柄
4—机架 5—右车门 6—左车门
7—活塞杆 8—气缸

三、四杆机构设计的作图法简介

四杆机构在创新设计中常可能用上。

四杆机构设计的要求，是其中某构件实现给定的运动。常见的"给定运动"有：①从动件（常取连杆）的给定位置；②从动件上某点的运动轨迹；③从动件行程速度变化规律等。

四杆机构的设计方法有解析法、几何作图法、实验法等，分别适用于上述不同的设计要求。有兴趣的读者可参阅相关教材，在此不一一介绍。

下面仅通过示例简介四杆机构设计的作图法，适用于给定连杆位置的四杆机构。

例7-8 已知连杆长度和三个给定位置 B_1C_1、B_2C_2、B_3C_3，设计四杆机构，如图7-27所示。

解 设想连杆 B_2C_2 左端 B_2 为左连架杆的活动端、右端 C_2 为右连架杆的活动端，根据四杆机构的运动规律，B_2 点和 C_2 点分别在左、右连架杆端的运动轨迹都是圆弧。在给定三个连杆位置的条件下，此设计问题是已知三点求圆心的问题。求出圆弧 $B_1B_2B_3$ 的圆心 A 和圆弧 $C_1C_2C_3$ 的圆心 D，左、右连架杆和机架的长度即可确定，设计完成。作图设计步骤如下：

1）按比例画出已知连杆的三个位置 B_1C_1、B_2C_2、B_3C_3；

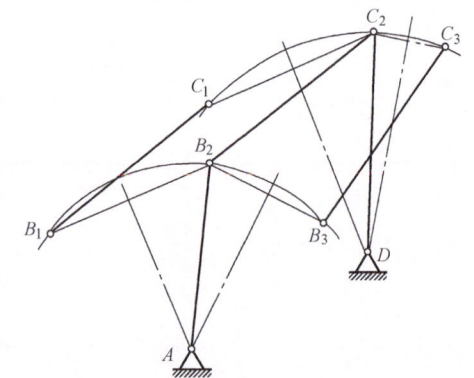

图7-27 按给定连杆的三个位置设计四杆机构

2）分别作 B_1B_2、B_2B_3 的垂直平分线交于 A 点，得左连架杆固定端铰链 A 的位置；分别作 C_1C_2、C_2C_3 的垂直平分线交于 D 点，得右连架杆固定端铰链 D 的位置；AB_2C_2D 即为所求的四杆机构，AB_2 和 C_2D 分别为左、右连架杆的长度，AD 为机架的长度。

机构简图即画出，此阶段设计工作完成。

已知连杆的三个位置设计四杆机构，得到的解是唯一的，如例7-8所示。倘若仅给定连杆的两个位置，则两连架杆固定端 A 点和 D 点可在垂直平分线上任取，有无数解。这时要根据给出的其他条件确定两点的位置，如结构尺寸条件、机架位置、传力性能等。

图7-22所示的儿童游乐场的"摇马"中也应用了四杆机构。如果给定"摇马"的三个位置，即可根据上述方法设计出这个四杆机构。

第三节 凸轮机构和螺旋机构

一、凸轮机构

1. 凸轮机构的组成、特点与分类

（1）凸轮机构的组成 图7-28中是三个凸轮机构的示意图。图7-28a所示为内燃机配气机构，工作时盘形凸轮1连续旋转，推动从动件气阀2实现气门的开启与闭合。图7-28b所示为冲床冲头上的送料机构，工作中移动凸轮1随冲头往复运动，推动装有圆柱滚子的从动件2做水平往复移动，实现卸料送料。图7-28c所示为自动机床上进退刀机构，圆柱凸轮1转动，凸轮的凹槽控制从动件2绕C点摆动，再通过齿轮齿条的传动实现进刀退刀。

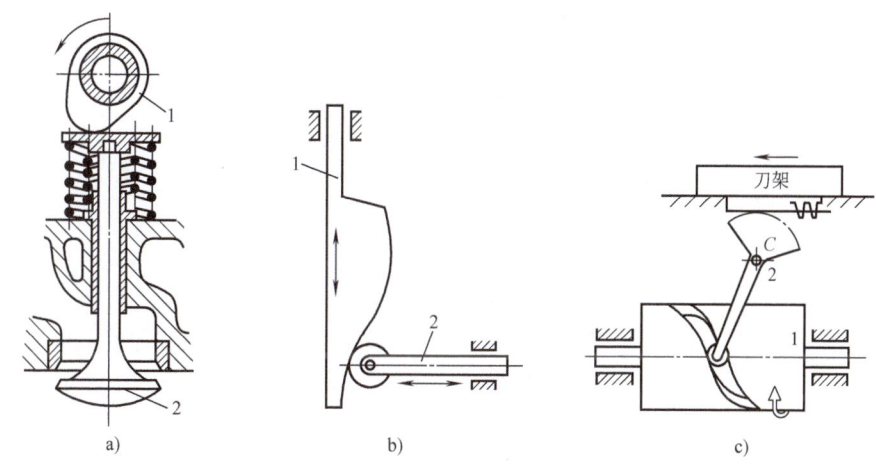

图 7-28 凸轮机构及其组成示例
a）内燃机配气机构 b）冲床送料机构 c）自动机床进退刀机构
1—凸轮 2—从动件

从上述三个例子可知，凸轮机构一般由凸轮、从动件和机架三部分组成。凸轮是一个具有曲线轮廓或曲线凹槽的构件，凸轮与从动件构成高副。凸轮通常是原动件，它做转动、摆动或往复移动，驱动从动件按预设的规律做连续或间歇的转动、移动或摆动。

（2）凸轮机构的特点 凸轮机构的优点是：只需设计出适当的凸轮轮廓，便可使从动件实现预设的运动，包括较复杂的曲线运动。与四杆机构比较，凸轮机构设计方便，结构简单紧凑、工作可靠。它的缺点是：凸轮与从动件是高副连接的点接触或线接触，易磨损，传递的力量小。另外，复杂凸轮轮廓的加工较困难，成本也高。但随着数控加工技术的发展，凸轮加工的困难已明显缓解。

由于凸轮机构的特点，它广泛用作自动、半自动的控制机构，实现复杂运动轨迹的机构等，在玩具、娱乐设施中的应用也很常见。

（3）凸轮机构的分类 凸轮机构的结构形式很多，可按以下的不同角度进行分类。
1）按凸轮的形状分类，可分为移动凸轮、盘形凸轮、圆柱凸轮等类型。
2）按从动件的形状分类，可分为尖顶从动件、滚子从动件、平底从动件等类型。
3）按从动件的运动形式分类，可分为直动从动件、摆动从动件两类。
按上述三种分类法分类的凸轮机构简图参看表7-2。

表 7-2 凸轮机构的分类

按凸轮的形状分	按从动件的形状分	按从动件的运动形式分	
		直动	摆动
移动凸轮	尖顶		
盘形凸轮	滚子		
	平底		
圆柱凸轮	滚子		

2. 凸轮机构的应用示例

例 7-9　自动送料机构。

图 7-29 是凸轮式的自动送料机构：圆柱凸轮 1 每转动一圈，带动从动件推杆 2 左右往复运动一次，从右边料筒中推出一个物料后让物料再落下一个。将此例与图 7-21b 所示的曲柄滑块式自动送料机构、图 7-28b 所示的直动凸轮自动送料机构对比可知：产品的同样功能，可以采用不同的机构来实现。

例 7-10　绕线机排线机构。

图 7-30 是绕线机里的排线机构，盘形凸轮 1 与蜗轮固结在一起，工作时蜗杆带动盘形凸轮 1 缓慢地转动，靠弹簧拉力使从动件 2 的尖顶 A 与凸轮轮廓保持接触，于是从动件 2 上端的叉口就卡着线（漆包线、电线等）缓慢地移动，使线均匀地绕到转动的绕线轴 3 的外圈。

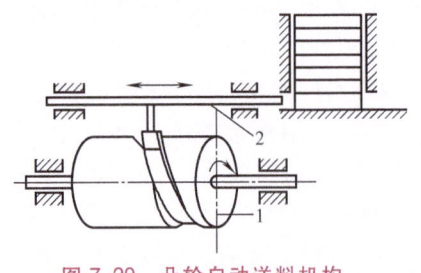

图 7-29　凸轮自动送料机构
1—圆柱凸轮　2—从动件（推杆）

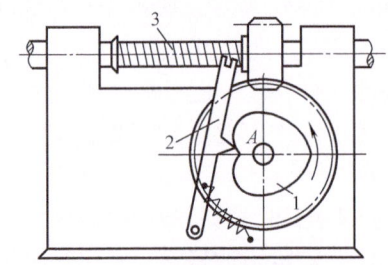

图 7-30　绕线机排线机构
1—盘形凸轮　2—从动件（排线杆）　3—绕线轴

例 7-11　仿形加工的"靠模"。

图 7-31 是车床上用"靠模"加工手柄的示意图。靠模 1 实际上是一个移动凸轮，其曲线形状按所加工零件（如图中双点画线所画手柄）的要求制作。整个刀架可看成从

动件，滚子2在弹簧力作用下紧靠着靠模1，在刀架横向移动中刀尖按靠模1曲线的轨迹运动，车出手柄。这种加工方法称为仿形加工。读者也许见过修配钥匙：师傅先把钥匙样子在小机床上夹牢，按开关让刀架上的小铣刀飞快转动起来，然后让刀架尖顶靠着钥匙样子的齿形移动，铣刀就把钥匙毛坯加工成与钥匙样子相同的齿形了。这也是仿形加工，钥匙样子是加工用的靠模，也可看成移动凸轮。

3. 从动件位移线图与简单凸轮轮廓设计简介

复杂凸轮机构的设计涉及较多的知识，超出本书范围。下面简介尖顶直动从动件盘形凸轮轮廓的设计方法，这是凸轮设计中最简单和最基本的问题。

（1）凸轮机构的几个基本参数 图7-32a是一个对心尖顶直动从动件的盘形凸轮，下面以此图为例介绍凸轮机构的几个基本参数。

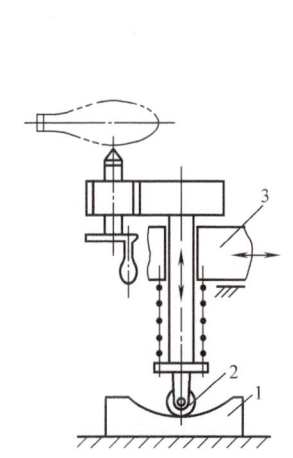

图7-31 用靠模仿形加工手柄
1—移动凸轮（靠模） 2—滚子
3—溜板箱箱体（局部）

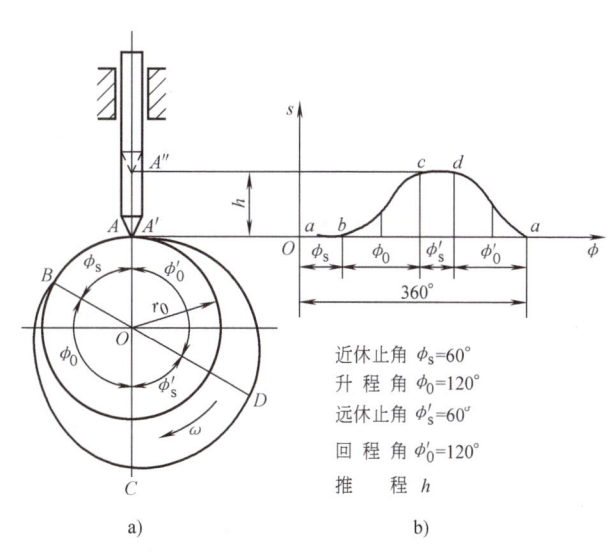

图7-32 凸轮机构及其基本参数
a）凸轮机构 b）位移线图

近休止角 $\phi_s=60°$
升程角 $\phi_0=120°$
远休止角 $\phi_s'=60°$
回程角 $\phi_0'=120°$
推程 h

1）基圆。在盘形凸轮中，以最小向径 r_0 为半径所作的圆称为基圆。

2）近休止角。图7-32a中，从动件尖顶 A' 与凸轮上的 A 点接触时，从动件处于最低位置；凸轮开始以匀角速度 ω 顺时针旋转，在从动件与凸轮上圆弧 AB 接触的过程中保持静止不动，这一段凸轮转过的角度 ϕ_s 称为近休止角，在图7-32a中为 $\angle AOB$。

3）推程和推程角。凸轮继续转动，从动件开始上升，当接触点从 B 转动到 C 时，从动件上升到最高位置。从动件从最低点移动到最高点的过程及移动的距离称为推程（或升程），这一段凸轮转过的角度 ϕ_0 称为推程角（或升程角）。在图7-32a中，推程为 $A'A''=h$，推程角为 $\angle BOC$。

4）远休止角。当从动件的尖顶与凸轮上圆弧 CD 相接触的时段中，凸轮转动而从动件处在最远的位置保持不动。在该时段中凸轮转过的角度 ϕ_s' 称为远休止角，在图7-32a中为 $\angle COD$。

5）回程与回程角。从动件自与 D 点接触开始，随着凸轮继续顺时针转动，从动件持续下降，直至从动件的尖顶回到 A 点。从动件下降的过程称为回程，回程中凸轮转过的角度 ϕ_0' 称为回程角，在图7-32a中为 $\angle DOA$。

（2）从动件的位移线图 凸轮设计的基本要求是实现从动件的预定运动特性，包括从动件的位移、速度、加速度三个方面的特性，其中位移特性是基本的。

从动件的位移特性用位移线图来表示。在直角坐标系里,以凸轮的转动角度 ϕ 为横坐标,以从动件位移 s 为纵坐标,得到的"凸轮转角-从动件位移"曲线,即"ϕ-s"曲线,称为从动件的位移线图。若主动凸轮为匀速转动,其转动角度 ϕ 与时间 t 成正比,这种条件下,"时间-位移"曲线,即"t-s"曲线与"ϕ-s"曲线具有相同的形式。

图 7-32b 为图 7-32a 所示凸轮机构的位移线图。与该线图对应的基本参数已标注在线图下面,读者可将线图与各参数进行互相对照。

(3) 简单凸轮轮廓的设计示例　通常采用图解法进行这类问题的设计。

设计要求:使对心尖顶直动从动件盘形凸轮的推杆实现下述运动要求:

1) 匀速推程,推程 $h=10$mm,推程角 $\phi_0=135°$。
2) 远休止角 $\phi_s'=75°$。
3) 匀速回程,回程角 $\phi_0'=60°$。
4) 近休止角 $\phi_s=90°$。
5) 凸轮以匀角速度逆时针转动,凸轮基圆半径 $r_0=20$mm,设计该凸轮的轮廓。

凸轮轮廓的作图设计

1) 以适当的比例尺按题目要求画出推杆的位移线图,如图 7-33a 所示。

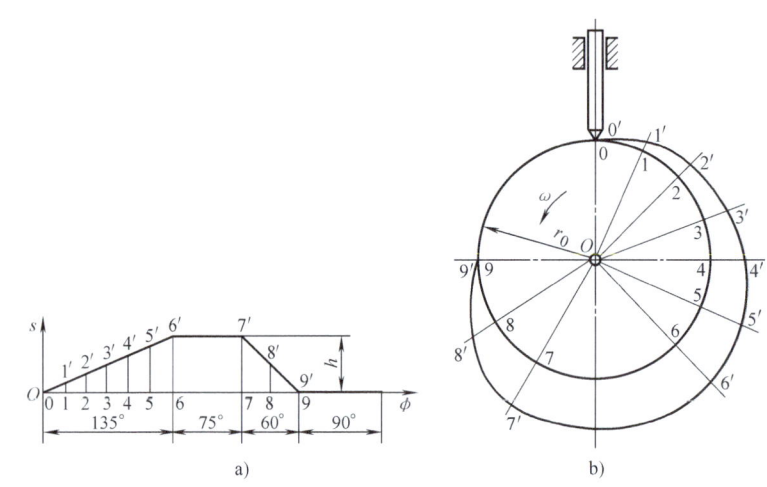

图 7-33　简单凸轮轮廓设计示例
a) 位移线图　b) 凸轮轮廓的作图设计

2) 在位移线图的横坐标上,将推程和回程分成若干等份(等分数越多,作图得到的凸轮轮廓曲线越精确)。现将推程分为 6 等份,每等份对应凸轮转角 (135°/6 =) 22.5°;将回程分为 2 等份,每等份凸轮转角对应 (60°/2 =) 30°,在横坐标上得到等分点 1、2、…、9、0,及与各等分点对应的推杆位移值 11′、22′、…、99′、00′,如图 7-33a 所示。

3) 以 $r_0=20$mm 为半径画出基圆,如图 7-33b 所示。然后从 O 点为起始点,向顺时针的方向按位移线图上各等分点的凸轮转角,依次画出径向线 O1、O2、…、O9,并在径向线上依次量取 11′、22′、…、88′分别与位移线图上的位移相等,在图上得到 1′、2′、…、8′、9′各点。(注:凸轮逆时针旋转工作,则作图时按顺时针方向依次取等分点,画径向线,两者的方向应该相反。)

4) 以光滑曲线连接 0、1′、2′、…、6′各点,得到凸轮的推程轮廓;以光滑曲线连接 7′、8′、9′各点,得到凸轮的回程轮廓;圆弧 6′7′和 9′0′则分别是远休止段和近休止段的凸轮轮廓。至此,得到完整封闭的凸轮轮廓,如图 7-33b 所示。作图设计完成。

二、螺旋机构

1. 螺纹类型和螺纹参数

（1）螺纹的类型　按螺纹的旋行方向不同，可分为右旋螺纹和左旋螺纹两种，常用的是右旋螺纹；按螺纹螺旋线的线数不同，可分为单线螺纹、双线螺纹和多线螺纹，图7-34a、b、c分别为单线、双线和三线螺纹。

螺杆外圆柱面上形成的螺纹称为外螺纹，螺母内孔面上形成的螺纹称为内螺纹。

按螺纹的牙型不同，可分为三角形螺纹、矩形螺纹、梯形螺纹、锯齿形螺纹和管螺纹等种类，分别如图7-35a、b、c、d、e所示。

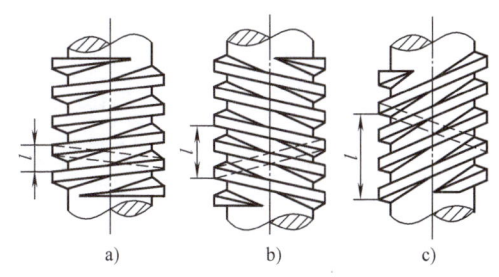

图 7-34　螺纹的线数

a）单线螺纹　b）双线螺纹　c）三线螺纹

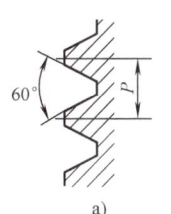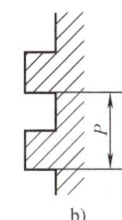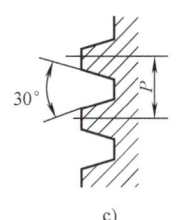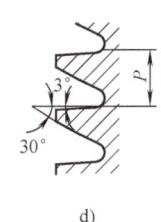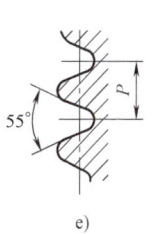

图 7-35　螺纹的牙型

a）三角形螺纹　b）矩形螺纹　c）梯形螺纹　d）锯齿形螺纹　e）管螺纹

（2）螺纹的主要参数　参照图7-36，螺纹的主要参数包括：

1）大径 d。技术标准中的螺纹公称直径，螺纹牙的最大直径。

2）小径 d_1。螺纹牙的最小直径。

3）中径 d_2。螺纹牙厚与牙间宽度相等的假想圆柱的直径。

4）螺距 P。螺纹相邻两牙在中径线上对应点间的轴向距离。

5）导程 P_h。同一条螺旋线上相邻两牙在中径线上对应点间的轴向距离。

导程 P_h 与螺距 P 之间的关系为：$P_h = nP$，式中的 n 是螺纹的线数。

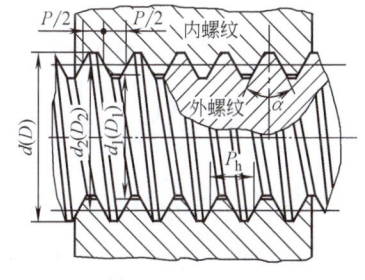

图 7-36　螺纹的主要参数

2. 螺旋机构的类型

组成螺旋机构的基本构件为螺母、螺杆和机架。

可以从构件的运动形式、摩擦副的摩擦类型等角度进行螺旋机构的分类。

（1）按构件的运动形式分类　在螺旋机构中，螺母或螺杆可以与机架固定联接，也可以与机架构成移动副，由此可形成四种不同运动形式的螺旋机构，它们能实现不同的功能：

1）螺杆转动，螺母移动，如图7-37a所示。

2）螺母转动，螺杆移动，如图7-37b所示。

3）螺母固定，螺杆转动并移动，如图7-37c所示。

4）螺杆固定，螺母转动并移动，如图7-37d所示。

在上述四种螺旋机构的运动中，螺纹副的构件转动一周（360°），对应移动的距离为一个导程 P_h。因螺纹副中构件的转角与移动距离成正比，因此若构件转角为 φ，则对应的移动距离 s 为

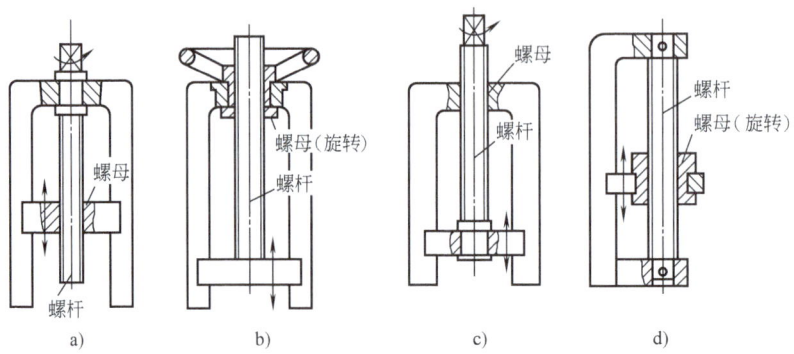

图 7-37 四种不同运动形式的螺旋机构

a）螺杆转动，螺母移动 b）螺母转动，螺杆移动
c）螺母固定，螺杆转动并移动 d）螺杆固定，螺母转动并移动

$$s = \frac{\varphi}{360°}P_h \tag{7-1}$$

这个式子称为**螺旋机构的运动方程**。

（2）差动螺旋机构与复式螺旋机构 图 7-37 中的四种螺旋机构有一个共同点：在每一种机构中只含有一个螺纹副、一个转动副和一个移动副。倘若螺杆上有两段螺纹，一段螺纹与机架、另一段螺纹与螺母分别构成螺纹副，螺母仍与机架构成移动副，即该螺旋机构包含两个螺纹副、一个移动副，如图 7-38 所示，则转动螺杆时，螺母在机架上的运动情况，与单螺纹副螺旋机构时很不相同。

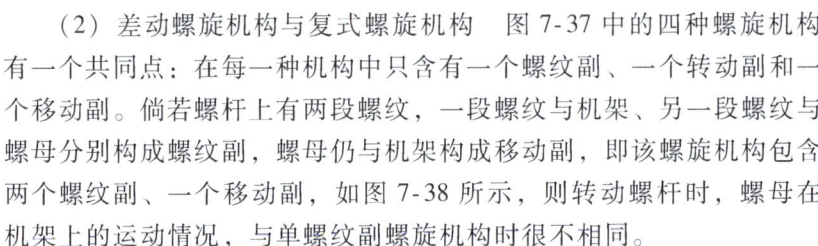

图 7-38 差动螺旋机构或复式螺旋机构

1—螺杆 2—可移动螺母 3—机架

设图 7-38 所示螺旋机构中螺纹副 A、B 的导程分别为 P_{hA}、P_{hB}，则可分为两种情况：

1）差动螺旋机构。若螺纹副 A 与 B 的旋向相同，称为差动螺旋机构，运动方程为（道理请读者自行分析思考）

$$s = \frac{\varphi}{360°}(P_{hA} - P_{hB}) \tag{7-2}$$

这个式子说明：若 P_{hA} 与 P_{hB} 比较接近，差值（$P_{hA}-P_{hB}$）很小，则转动差动螺旋机构时，构件的移动量将很小。因此差动螺旋机构适宜用来作精密调节。

2）复式螺旋机构。若螺纹副 A 与 B 的旋向相反，称为复式螺旋机构，运动方程为（道理请读者自行分析思考）

$$s = \frac{\varphi}{360°}(P_{hA} + P_{hB}) \tag{7-3}$$

这个式子说明：转动复式螺旋机构时，构件的移动量等于两个单螺纹副移动量的叠加，明显加大了，因此也能适合某些特殊的要求。

（3）按摩擦副的摩擦类型分类 可分为**滑动摩擦螺旋副**（图 7-39a）、**滚动摩擦螺旋副**（图 7-39b）。滚动摩擦螺旋副摩擦因数小，传动效率高，已制成标准件——滚珠丝杠，有国家标准，应用日益广泛。

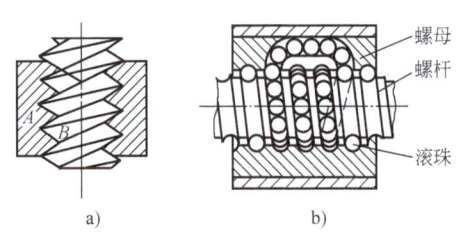

图 7-39 不同类型摩擦副的螺旋机构

a）滑动摩擦副 b）滚动摩擦副

3. 螺旋机构的应用

螺旋机构结构简单、制造方便，可获得很大的传动比和力的增益，还可适当选择小螺旋角使机构具有自锁性能，因而应用很广泛。滑动摩擦副螺旋机构的主要缺点是磨损快、机械效率低；滚动摩擦副螺旋机构机械效率虽高，但构造复杂，成本高。

螺旋机构的用途主要有传递运动和动力、转变运动形式、调节与测量等，常用于起重、挤压、锁紧、进给、调节等装置中，分别举例如下。

例 7-12 千斤顶、压力机。

图 7-40a、b 分别为螺旋千斤顶的结构图和机构简图，图7-40c为螺旋压力机的机构简图，还有第五章图 5-7b 所示的台虎钳，这些机构都利用了螺旋机构力增益大的特点，且可采用小螺旋角使之具有自锁的性能。

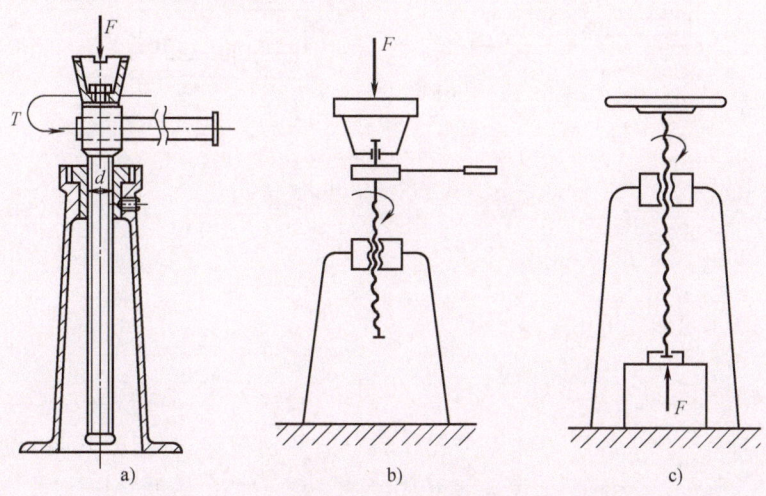

图 7-40 传递运动和动力的螺旋机构示例
a）螺旋千斤顶结构图　b）螺旋千斤顶机构简图　c）螺旋压力机机构简图

例 7-13 机床走刀、进刀机构。

图 7-41a 是机床纵向走刀机构的运动简图，由螺杆（机床上称为丝杠）转动带动螺母移动，螺母固定在刀架溜板箱上，从而使刀架做纵向走刀运动。图 7-41b 是机床的手摇横向进刀机构。这些机构利用螺旋机构来改变运动形式：用转动产生移动。因为转动一圈才移动一个很小的距离，传动比大，容易操纵控制。

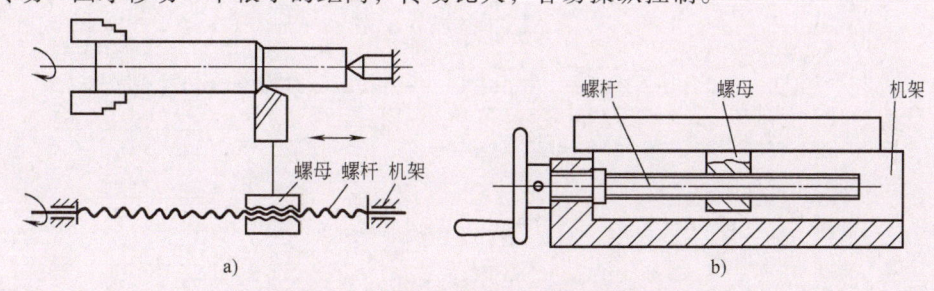

图 7-41 转变运动形式的螺旋机构示例
a）机床的纵向走刀机构　b）机床的手动横向进刀机构

例 7-14 轮子与轴承拆卸工具。

轮子或滚动轴承装在轴上常需要足够紧，想要拆卸下来，往外拔的力量必须很大，且用力的合力必须严格与轴线方向一致。图 7-42 中是两款应用螺旋机构的拆卸工具。以图 7-42a 的拆轮器为例：拆轮器横梁两端装有两个钩头夹钳，螺杆与横梁构成螺纹副，转动手柄，使横梁连同钩头夹钳沿螺杆轴线方向移动。从而将轮子慢慢拔出。由于两钩头夹钳处于轮毂外圈的对称位置，能保证外拔合力的方向与轴线一致。图7-42b 的轴承拆卸工具大体类似。它们利用了螺旋机构改变运动形式和力的增益大这两个特点。

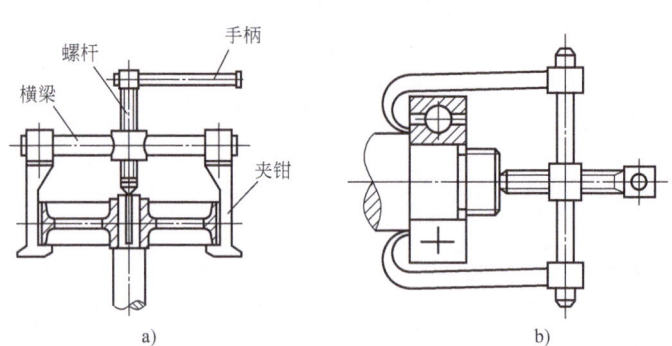

图 7-42　应用螺旋机构的拆卸工具
a）拆轮器　b）滚动轴承拆卸工具

例 7-15　复式螺旋机构示例。

图 7-43 是大家熟悉的绘图圆规，调节螺杆正中部位有一个操作小钮，小钮一侧为右旋螺纹，而另一侧为等螺距的左旋螺纹，它们分别在圆规两脚中部构成螺纹副，旋拧操作小钮，圆规两脚即可对称地张开或收拢。图 7-43b 是钢索拉紧器，调整套内部的两端也有旋向相反的一对螺纹，分别与左右两段小钢棒构成螺纹副，小钢棒则固结在左右钢索的端头，旋拧调整套，可拉紧或放松钢索。钢索拉紧器不但用于桥梁、建筑、缆车等大型结构物中，也用于单杠、高低杠及帐篷等生活用品中。图 7-43c 是一种铣床夹具，螺杆两端有旋向相反的一对螺纹，旋拧螺杆，使左右螺母张开或合拢，两螺母带动左右卡爪分别绕 A、B 两销轴转动而将工件夹紧或松开。

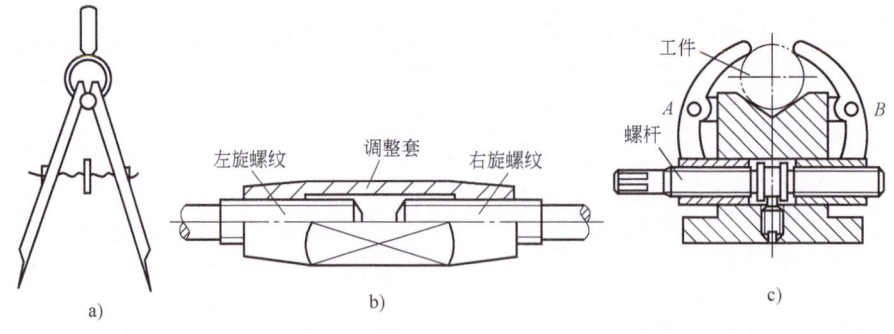

图 7-43　复式螺旋机构的示例
a）绘图圆规　b）钢索拉紧器　c）一种铣床夹具

第四节　间歇运动机构

有些机械需要其构件周期性地运动和停歇。能够将原动件的连续转动转变为从动件周期性运动和停歇的机构,称为间歇运动机构。本节介绍较常见的间歇运动机构:棘轮机构、槽轮机构和不完全齿轮机构。

一、棘轮机构

1. 棘轮机构的基本组成

图7-44是棘轮机构的一种,主要由棘轮1、摇杆4(原动件)、铰接在摇杆上的驱动棘爪2、止回棘爪5和机架组成。当摇杆4顺时针摆动时,驱动棘爪2推动棘轮1同向转过一定角度;当摇杆4逆时针摆动时,驱动棘爪2在棘轮1的齿背上滑过,此时止回棘爪5阻止棘轮反向转动,使棘轮能停歇不动。因此在摇杆4不断往复摆动时,棘轮1做单方向的时动时停的间歇运动。扭簧3的作用是让棘爪在前进后退中都能紧贴在棘轮的齿面上,确保棘爪工作的可靠。

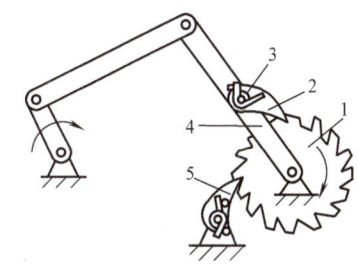

图7-44 棘轮机构的基本组成
1—棘轮 2—驱动棘爪 3—扭簧
4—摇杆(原动件) 5—止回棘爪

2. 棘轮机构的类型

棘轮机构分齿啮式和摩擦式两大类。下面仅介绍齿啮式棘轮机构的几种类型。

图7-44所示为齿啮式棘轮机构的基本形式,是外啮合棘轮机构。此外还有内啮合棘轮机构、双动棘轮机构、可调节的棘轮机构和可双向运动的棘轮机构等类型,本书不一一做具体介绍。

3. 棘轮机构的应用示例

棘轮机构的优点是结构简单、制造方便、工作可靠,缺点是摆杆棘爪的往复运动和棘轮的间歇运动都有一定的撞击性,伴有碰撞的声响,因此棘轮机构应用虽广,但仅适用于转速不高、转角不大和功率较小的场合。图7-45中给出了一些棘轮机构的应用示例。

图7-45a是起重设备中的一种安全装置,在起吊重物中,如果机械发生故障,重物有掉落下来的危险,装置中的止回棘爪能防止棘轮倒转,避免重物掉落,以保安全。

图7-45b是浇注自动线上间歇向前推移砂型的步进装置,气缸间歇地每向外推动活塞杆一次,与活塞杆相连的棘爪推动棘轮转过一定角度,传送带上的砂型移动一个工位,停歇间隙中完成对砂型的浇注。读者将此棘轮机构与图7-21b、图7-28b、图7-29对比,可知四种装置的功能基本相同。这再次说明,同一产品功能可采用不同机构来实现。

图7-45c是自行车后轮轴上所谓的"飞轮",也是一个内啮合棘轮机构。"飞轮壳"外圈是小链轮,是一个内圈带棘齿的棘轮,当骑车人蹬踩脚踏板使小链轮顺时针转动时,通过棘爪、"飞轮体"和键驱动后轮轴及后轮转动,自行车向前行进。当骑车人停止蹬踩而自行车因惯性前进时,后轮轴及棘爪虽仍顺时针转动,但小链轮不会被带动。与图6-41所示的滚柱式超越离合器功能相似,是另一种结构的超越离合器。

图7-45d是一种手动起重器具,每下压手柄一次,其端部的棘爪顶起重物G一个齿距;松手后,安装在下部的止回棘爪可防止重物回落。该器具结构很简单,依靠较大的杠杆比能充分达到省力的要求。

二、槽轮机构

1. 槽轮机构及其工作过程

图7-46中的单销外啮合槽轮机构是槽轮机构的基本形式,由拨盘1、槽轮2与机架3三个主要部分组成。其工作过程如下:原动件拨盘1以匀角速度ω_1逆时针转动,当圆销A开始进入槽轮的径向槽时,情况如图7-46a所示,拨盘上外锁止弧abc的尖点a刚好达到槽轮上内锁止弧efg的中点f,即槽轮开始被解除锁定,在圆销A的拨动下,槽轮开始顺时

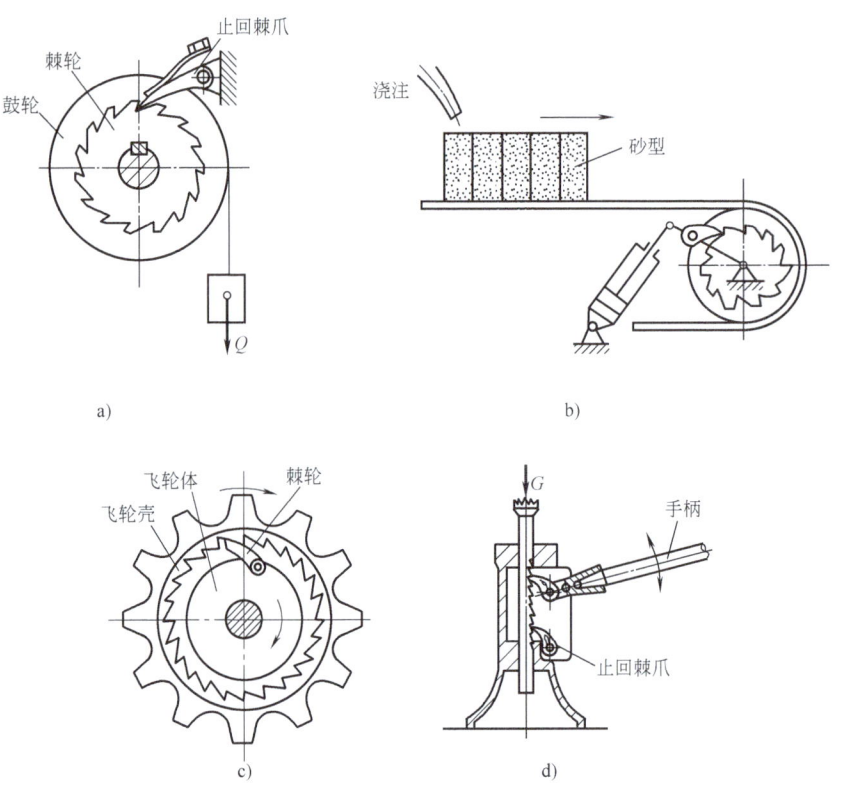

图 7-45 棘轮机构的应用示例
a) 起重安全装置 b) 浇注自动线步进装置 c) 自行车后轴上的"飞轮"
d) 手动起重器具

针转动；当拨盘转过 $2\phi_1$ 角、带动槽轮转过 $2\phi_2$ 角、圆销开始脱离槽轮的径向槽时，情况如图 7-46b 所示，拨盘上外锁止弧 abc 的尖点 c 刚好达到槽轮上内锁止弧 $e'f'g'$ 的中点 f'，即槽轮再次开始被锁定，接着拨盘继续转动而槽轮却维持不动。直到拨盘转过 $360°-2\phi_1$，圆销 A 再次开始进入槽轮的径向槽时，又重复上述的传动过程，开始下一个工作循环。如此，拨盘的连续匀速转动，使槽轮发生单向的间歇转动。

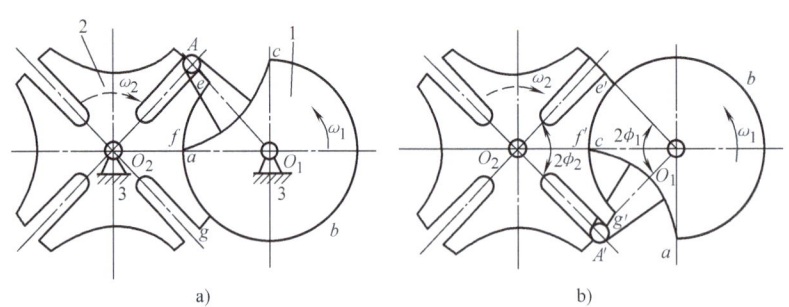

图 7-46 单销外啮合槽轮机构及其工作过程
a) 圆销开始进入槽轮的径向槽 b) 圆销开始脱离槽轮的径向槽
1—拨盘 2—槽轮 3—机架

单销外啮合槽轮机构的运动特性是：①拨盘与槽轮的转动方向相反；②拨盘转动一圈，槽轮间歇转动一次，转过一定角度。

其他还有双销与多销槽轮机构、内啮合槽轮机构等形式的槽轮机构，其运动特性有所不同。

2. 槽轮机构的应用示例

槽轮机构结构简单，制造方便，转位迅速，但槽轮每次的转角是一定的，无法调节，且槽轮的槽数不宜过多，槽轮每次转角不可能太小。槽轮机构常在转速不高的机械里用于自动转位与分度。图7-47中给出了两个槽轮机构应用的示例。

图7-47a是电影放映机中的槽轮卷片机构，电影胶片中是一幅一幅分离的画面，而我们看到的电影却是连续动态的影像，这是为什么呢？图示的单销四槽轮机构每次卷片过程中，胶片上的画面正对镜头静止不动的时间占3/4，而卷动胶片的时间仅占1/4。即画面正对镜头的时间比换画面的时间长得多，如果每秒钟更换的画面达到24幅以上，由于人眼的"视觉暂留效应"，看到的就是连续的动态影像了。

图7-47b是自动机床上的换刀装置，拨盘转动一圈，更换一种刀具，该装置可更换四种刀具；若为六槽槽轮，则可更换六种刀具。

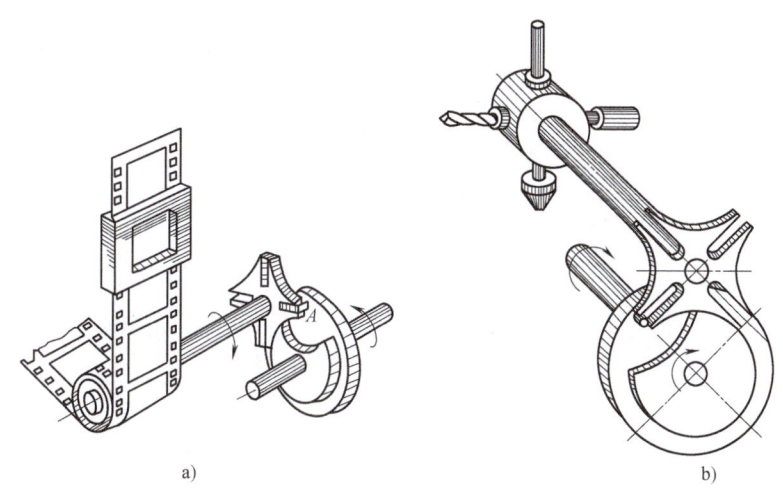

图 7-47 槽轮机构的应用示例

a）电影放映机的槽轮卷片机构 b）自动机床的换刀装置

三、不完全齿轮机构

1. 不完全齿轮机构的工作过程和类型

不完全齿轮机构是由普通齿轮机构演变成的间歇运动机构，它的主动轮上只有一个或几个齿，其余部分为锁止弧，如图7-48a所示。当主动轮1与从动轮2的轮齿啮合时，推动从动轮转动。两轮的轮齿脱离啮合后，从动轮即停歇不动，因此，在主动轮连续转动中，从动轮做时动时停的间歇运动。

图7-48a是外啮合不完全齿轮机构，其主动轮1每转一圈，从动轮2转过1/6圈。从动轮停歇时，主动轮1上的锁止弧S_1与从动轮2上的锁止弧S_2互相配合锁住，使从动轮稳定地停住。

不完全齿轮机构的其他类型还有图7-48b所示的内啮合不完全齿轮机构，及图7-48c所示的不完全齿轮齿条机构。外啮合不完全齿轮机构传动中两轮的转向相反，而内啮合不完全齿轮机构传动中两轮的转向相同。图7-48c所示不完全齿轮齿条机构的特点是：主动轮连续转动时，从动齿条做间歇往复运动。

2. 不完全齿轮机构的特点与应用示例

不完全齿轮机构工作可靠，且从动轮每圈中停歇的次数、停歇的时间及每次转过的角度等参数，应用中可选择的范围大得多。但不完全齿轮加工工艺复杂，从动轮每次运动开始和终了时会产生较大冲击，因此一般在低速、轻载的场合用于工作台的间歇转位、间歇

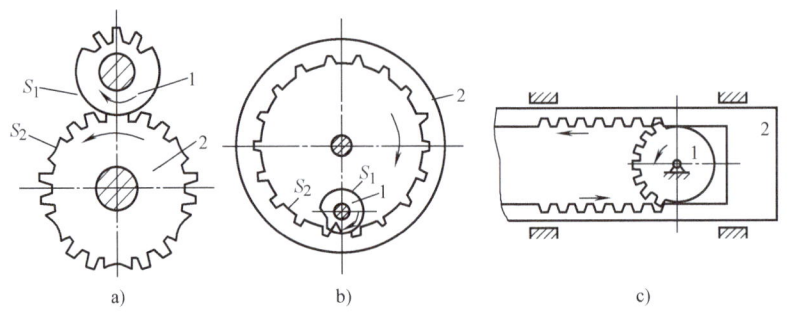

图 7-48 不完全齿轮机构的类型

a) 外啮合不完全齿轮机构　b) 内啮合不完全齿轮机构　c) 不完全齿轮齿条机构

1—主动轮　2—从动轮

进给以及计数装置中。图 7-49 是采用不完全齿轮的工作台转位机构。

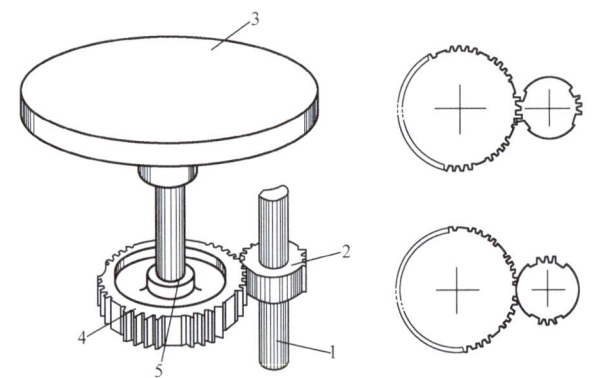

图 7-49 采用不完全齿轮的工作台转位机构

1—主动轴　2—主动不完全齿轮

3—工作台　4—从动不完全齿轮　5—从动轴

第五节　机构的扩展与组合

前面介绍了几种常见的基本机构。对这些基本机构进行扩展与组合，就可以实现更为丰富、复杂的运动，满足各种产品的功能要求。

单独分析各种基本机构的时候，我们设定机构里都有一个"不动的机架"，但在实际产品中，整个机构可以安置在产品的某个部件上，随部件一起做直线、圆周及其他的运动。这样，该机构的机架实际上在空间运动着，于是该机构从动件的运动，就是机架运动与该机构运动合成的结果。这是机构扩展的常见的方式之一。

把一个机构的从动件作为另一机构的原动件，称为机构的"串联"；由两个或多个机构的从动件控制一个输出件的运动，称为机构的"并联"。采用串联、并联等方法加以组合得到机构称为组合机构。

在动态广告、动态展示、儿童及成人游艺游乐活动、玩具等设计领域内，常需要产品完成各种复杂的动作，设计专业学生需对此有所了解，下面是机构扩展与组合的几个示例。

例 7-16　自动伞。

一摁按钮，自动伞马上就撑开了，挺"爽"。它是个什么样的机构呢？图 7-50 是自动伞的原理图，图示为伞撑开的状态。它由两个曲柄滑块机构 DEC 和 ABC 附加一个四边形机构 FGHE 组成。曲柄滑块机构 DEC 中的滑块 C 和 ABC 中的滑块 A，都可沿伞杆滑动。伞的收拢机制如下：从 C 处将小套管往下拉，当 DE 杆和 EC 杆被拉直成一线紧靠在伞杆一侧的同时，伴生两个机构动作：①EH 杆被并靠到 ED 杆上，伞面收拢；②CB 杆和 AB 杆也被并靠到伞杆一侧，这必将套管内弹簧压缩一段距离，弹簧尺寸及其压缩量是经过设计计算的。此时套管往下到达的位置处，伞杆上有个卡钩 A′ 可将套管卡住，于是伞就能稳定在收拢的状态。撑伞时，只揿一下 A′ 处的按钮，解脱卡钩，弹簧恢复力促使 AC 距离加大，CEH 杆被斜向撑开，DEC、ABC 和 FGHE 这三个机构即刻回复到图示状态，整个伞"自动"打开。各种自动伞的结构互有差别，工作原理大体类似。

折叠伞方便携带，其中也用到了四杆机构和滑块机构，读者可自行分析其工作原理。

例 7-17 转圈奔跑的马。

前面图 7-22 是装有"摇马"外形的曲柄连杆机构，它的机架是固定不动的，因此"摇马"只能在原处起伏摇摆。但让该机构的机架沿一个圆周轨道运动起来是很容易做到的，如此，机构便扩展成为转圈奔跑的马了。图 7-51 所示的摆动导杆机构也可装饰成摇马，让该机构的机架 BC 与绕铅垂轴旋转的构件固结在一起，也成了"转圈奔跑的马"。可以配合声、光效果制成玩具或动感视觉对象，也可以制成能让儿童、游客坐在上面转圈玩的游乐设备。

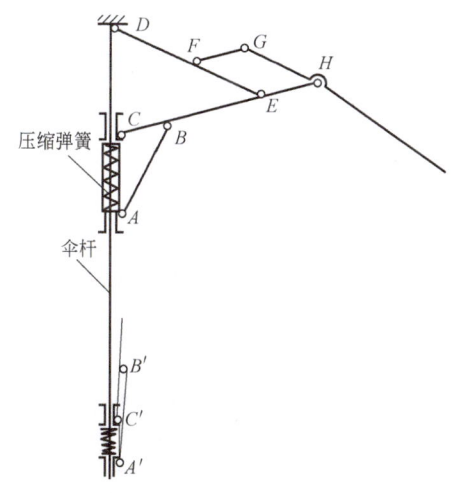

图 7-50 自动伞的机构示意图

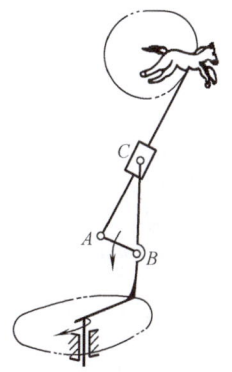

图 7-51 转圈奔跑的马

习题与作业

7-1 在以下机构中任选一个，画出机构运动简图，并指出各杆件的名称。

A. 图 7-4a 钉鞋机的进针部分　　B. 图 7-52 剪板机

7-2 小型冲压机如图 7-53 所示，各构件 AB、BC、CD（CE = CD）长度分别为 $a = 20mm$，$b = 265mm$，$c = 150mm$，其他结构尺寸 $l_1 = 300mm$，$l_2 = 150mm$。以 1/4 的比例尺画出机构运动简图。

7-3 下列三个插图都是以曲柄为原动件的机构，任选其一，按插图 2∶1 的比例画出曲柄转过 120°和 240°时的机构状态。

A. 图 7-14 破碎机的破碎机构　　B. 图 7-21b 自动送料机构

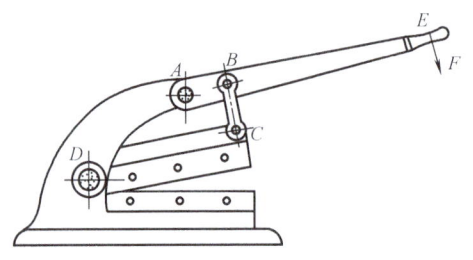

图 7-52 题 7-1 图

C. 图 7-23 汽车前窗刮水器

7-4 铰链四杆机构中各杆的长度如下：1 杆为 240mm，2 杆为 600mm，3 杆为 400mm，4 杆为 500mm，问：

1）取 4 杆为机架，如图 7-54 所示，哪根杆是曲柄？

2）取哪根杆为机架，可得到双曲柄机构？取哪根杆为机架，可得到双摇杆机构？

7-5 图 7-55 是加热炉炉门开启（双点画线位置）和关闭（实线位置）时的状态，试设计一个铰链四杆机构来完成启闭动作，B、C 为炉门上两个铰链的位置，要求另外两个铰链安装在 yy 轴线上。

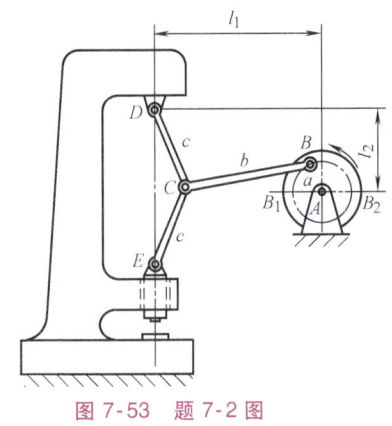

图 7-53 题 7-2 图

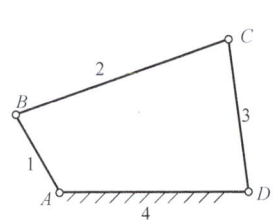

图 7-54 题 7-4 图

7-6 图 7-56 为液压泵的原理图，以一个偏心距 $e_1 = 15$mm 的圆盘作为凸轮，该圆盘的半径为 $r = 60$mm。试选择适当比例尺作出从动件运动的位移线图，并标明推程 h、推程运动角 ϕ_0、远休止角 ϕ_S'、回程运动角 ϕ_0' 等参数。

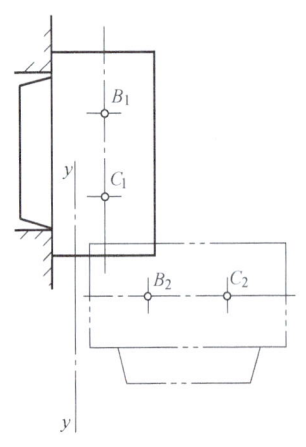

图 7-55 题 7-5 图

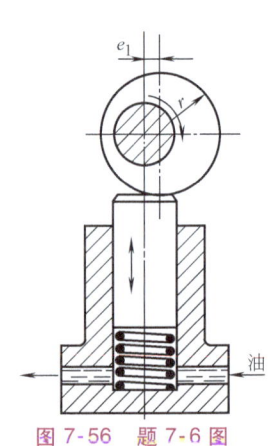

图 7-56 题 7-6 图

7-7 一尖顶对心移动从动件盘性凸轮机构，凸轮做逆时针匀速转动，从动件的运动规律见下表：

凸轮转角 φ	0°~120°	120°~150°	150°~240°	240°~360°
从动件位移 s	匀速上升 30mm	停止	匀速下降 30mm	停止

要求：1) 画出从动件的位移线图。

2) 若基圆半径 $r_0=40$mm，画出此盘形凸轮的轮廓曲线（用 A4 纸）。

7-8 图 7-40a、b 分别是螺旋千斤顶的结构图与机构简图，两者是互相对应的。以此为参照，画出与图 7-40c 对应的螺旋压力机结构图。

7-9 图 7-42a、b 均为采用螺旋机构的拆卸工具，任选其一改画为立体图形（轮子、滚动轴承和轴可以不画）。

7-10 差动螺旋带动滑块在导轨上移动的机构如图 7-57 所示，螺纹 1、2 的导程分别为 $P_{h1}=1.2$mm，$P_{h2}=0.75$mm。

1) 若两螺纹均为右旋，手柄按图示方向转动一圈，试求滑块的移动方向及移动距离 s。

2) 若螺纹 1 为左旋、螺纹 2 为右旋，试求滑块的移动方向及移动距离 s。

7-11 在下列插图中任选其一，改画为立体图形。

A. 图 7-38 复式螺旋机构　　　　B. 图 7-45d 手动起重器具

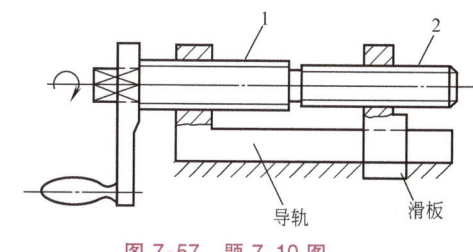

图 7-57　题 7-10 图

7-12 在下列机构中任选其一，弄清楚它能实现的运动情况，设想在一种活动广告、商业橱窗或活动彩灯中加以应用。尽量具体地叙述你的应用设想，配以类似图 7-22 那样的示意简图。（提示：①机械结构是可以完全隐藏起来的；②暂时不必考虑电动机等动力与传动部分；③相配合的声、光、电效果用文字或示意图描述即可。）

A. 图 7-20a 对心曲柄滑块机构　　　　B. 图 7-20b 偏置曲柄滑块机构

7-13 在下列机构中任选其一，弄清楚它能实现的运动情况，设想在一种玩具、趣味小摆设之类的产品中加以应用。尽量具体地叙述你的应用设想，配以类似图 7-22 那样的示意简图。（提示：①机械结构是可以完全隐藏起来的；②暂时不必考虑电动机等动力与传动部分；③相配合的声、光、电效果用文字或示意图描述即可。）

A. 凸轮机构　　　B. 棘轮机构　　　C. 槽轮机构　　　D. 不完全齿轮机构

第八章

机械传动基础

机器一般由原动机、传动装置、工作装置等部分组成。原动机输出的运动和动力，按要求变换速度和（或）运动方式传递到工作装置去的过程，称为传动。如：骑自行车时，人力通过链条传递给飞轮，驱动自行车后轮，使自行车前行；汽车上发动机的动力通过变速箱和传动轴传递给后桥，驱动车轮转动；车床电动机的动力通过主轴箱传递给主轴，变换不同传动比的齿轮对啮合，使主轴有几十种转速，满足不同工件的切削加工要求。传动可以通过机械、液力、电力等形式来实现。传动是机械设计的基本内容之一。

例如旋转脱水拖把（图8-1a），其脚踏脱水机构如图8-1b所示。脚向下踩踏板，通过齿条→水平轴小齿轮及连成一体的大锥齿轮→铅垂轴小锥齿轮→脱水筐这样一个"传动链"，使脱水筐转动。反复下踩踏板，脱水筐不断加速旋转，离心力把涮洗过的拖布水甩脱。传动机构是该产品中的关键部分。

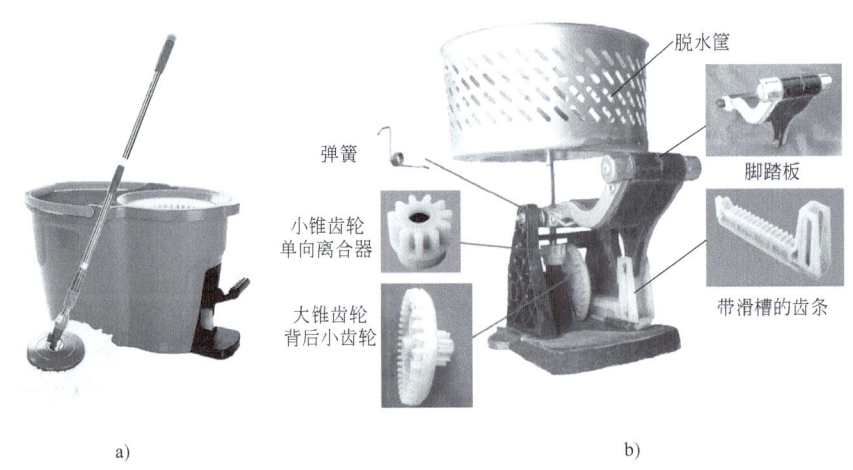

图 8-1 旋转脱水拖把
a）产品整体外形 b）脚踏脱水机构

第一节 带 传 动

一、带传动的组成、特点及类型

1. 带传动的组成与传动比

带传动由主动轮、从动轮和传动带所组成，如图8-2所示。一般的传动带（同步带除外，详见下文）安装时需紧套在两个带轮上，在传动带和带轮的接触面上产生足够的压紧力，主动轮旋转时，依靠它与传动带间的摩擦力带动传动带，传动带也依靠摩擦力再带动从动轮运动。

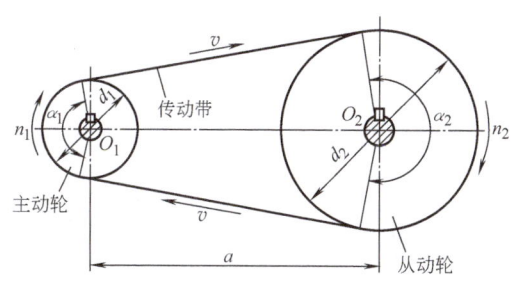

图 8-2 带传动的组成与速比

在机械传动中,主动轮与从动轮的转速之比称为转速比(简称速比),也称为传动比,用 i 表示。带传动的传动比为

$$i = \frac{n_1}{n_2} = \frac{d_{d2}}{d_{d1}} \tag{8-1}$$

式中,n_1 为主动轮的转速(r/min);n_2 为从动轮的转速(r/min);d_{d2} 为从动轮的直径(mm);d_{d1} 为主动轮的直径(mm)。

式(8-1)表明,带传动中两轮的转速与两轮的直径成反比。

需要说明的是,机械工作时传动带与带轮表面总会产生一些相对滑动,且相对滑动因传动带的张紧程度不同而不同,还因传动带在使用期间会逐渐松弛而增大,此外还有些其他影响因素,因此,式(8-1)并不是一个精确的计算公式,但它能够满足一般分析计算的要求。

2. 带传动的特点

传动带具有挠性,相应地带传动有以下优缺点:

1)能够缓和冲击,吸收振动,因此传动平稳,噪声小。
2)结构简单,制造和安装精度要求不高,使用维护方便;传动带损坏后容易更换,因此加工制造及运行成本均比较低。
3)能实现大中心距间的传动,最大中心距可达 15m 以上。
4)过载时传动带会在带轮上打滑,有利于避免机器中其他机件的损坏。
5)带传动不能保证精确不变的传动比。
6)带传动的机械传动效率较低。
7)因传动带必须张紧,使轴与轴承受到较大的径向力,对机器运行有些不利影响。

由于带与带轮间要靠摩擦力进行传动,超过摩擦力的最大值,带与带轮就会打滑,使传动失效。而在一定的传动拉力下,速度越高,可传递的功率越大,为了充分发挥带传动的能力,带传动常用在传动系统的高速级。

3. 带传动的主要类型

带传动常以传动带的截面形状进行分类,主要有平带传动、V 带传动、圆带传动和同步带传动四种类型,如图 8-3 所示。前三种是摩擦型带传动,同步带传动是啮合型带传动。

(1)平带传动 平带的截面为薄宽的矩形,如图 8-3a 所示。

常见的平带有橡胶帆布带、尼龙(聚酰胺)平带、聚氨酯平带等。各种平带的规格、代号可查阅相关国家标准。

平带传动在力学性能方面不如 V 带传动(稍后即将解释),但平带的厚度薄,挠曲性比 V 带好,因而在以下两种条件下平带传动仍然具有优势:

1)较小功率的高速、高频度挠曲传动。新型高强度平带质量轻、寿命长、噪声小、传动平稳,在轻工行业,如卷烟、纺织、印刷等机械中应用广泛。

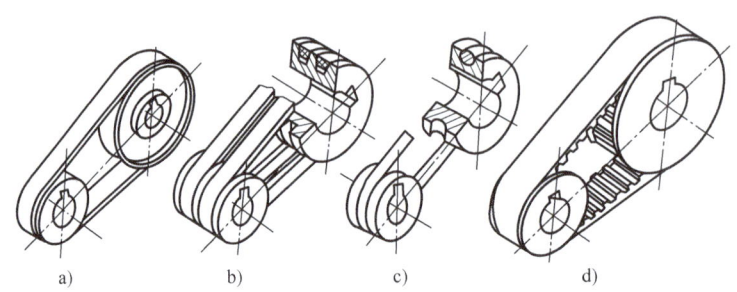

图 8-3 带传动的类型

a）平带传动 b）V 带传动 c）圆带传动 d）同步带传动

2）除了图 8-4a 所示的普通开口传动外，平带还能做图 8-4b、c 所示的交叉、半交叉形式的传动，而 V 带却不能做交叉、半交叉形式的传动。

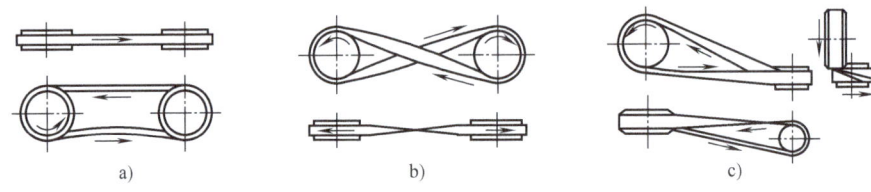

图 8-4 平带传动的几种形式

a）开口传动 b）交叉传动 c）半交叉传动

开口传动中，从动轮的转向与主动轮相同；交叉传动中，从动轮的转向与主动轮相反；半交叉传动中，则两轴处于空间交错的位置。可见，在需要主、从动轴反向转动以及需要传递空间两交错轴的传动时，平带传动仍有独特的功用。

（2）V 带传动 V 带的截面为梯形，如图 8-3b 所示。

V 带工作中绕在带轮的梯形环槽里，两者的正确连接关系，应该是梯形的两侧面互相接触，而 V 带的内圈与带轮槽的槽底间留有间隙，互不接触，如图 8-5b 所示。

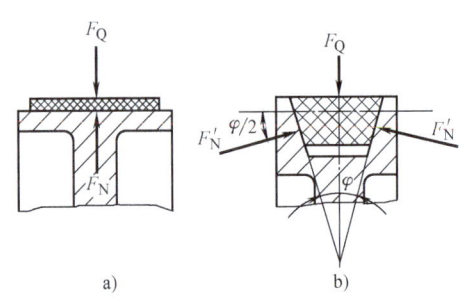

图 8-5 传动带与带轮间的径向力与正压力

a）平带传动 b）V 带传动

在第二章例 2-23 中，介绍过"楔槽增压"的力学原理。说明在带与带轮间径向压力相同的条件下，带轮楔角约为 $2\beta = 38°$ 的 V 带传动，其传动能力能提高到平带传动能力的大约 3 倍。图 8-5a、b 是平带与 V 带在同等径向力 F_Q 作用下，两者所产生正压力的情况。另外由于 V 带的横向尺寸小，通常几根 V 带并列使用，结构紧凑，传动能力可进一步提高，更是平带传动做不到的。

V 带传动的适用条件如下：传递的功率 $P \leq 50\text{kW}$；

带轮圆周线速度 $v = 5 \sim 25\text{m/s}$；

传动比 $i \leq 7$；

传动效率 $\eta \approx 0.95$。

V 带传动是应用最广泛的带传动类型，本节将做进一步的阐述。

（3）圆带传动 圆带的截面为圆形，如图 8-3c 所示。

圆带通常用皮革制成，带轮上的圆弧截面环形槽加工容易，成本低廉。圆带传动只能传递小功率（1kW 以下），用于家用脚踏缝纫机等小产品上。

（4）同步带传动 同步带的纵截面具有齿形，如图 8-3d 所示。

同步带依靠带与带轮上的齿相互啮合来传动，属于啮合传动，因此具有以下特点：①比摩擦式的带传动工作可靠，传动能力高；②带与带轮之间不会产生相对滑动，传动比准确；③可降低轴与轴承所承受的径向力；④同步带与带轮的制造成本较高。

同步带以聚氨酯或氯丁橡胶为基体，嵌入玻璃纤维或细钢丝增强其抗拉能力。

同步带传动允许达到 $v=50\text{m/s}$ 的较高线速度，$i=12\sim20$ 的较大传动比，传动效率高达 $\eta=0.98$。同步带传动主要用于要求传动比准确的中小功率传动中，如数控机床、纺织机械、发动机正时带等。

二、V带传动

1. V带的构造与型号

（1）V带构造 V带为无接头的环形带，是标准化零件。

普通V带梯形截面的楔角在非工作状态下为 $40°$，工作中因在带轮上张紧的结果，楔角略有减小，一般在 $32°\sim38°$ 之间。

V带的构造如图 8-6 所示，分帘布芯结构（图 8-6a）和线绳芯结构（图 8-6b）两种。它们均由顶胶层1、抗拉层2、底胶层3和包布层4四部分组成。V带工作中，顶胶层1受拉（因此也称为拉伸层），底胶层3受压（因此也称为压缩层）。而抗拉层2则是传动中工作拉力的主要承受者（因此又称为强力层），分别由几层帘布或一层粗线绳构成。包布层4由几层橡胶帆布组成，是V带的保护层。

帘布芯V带易于制造。线绳芯V带较柔软，抗弯曲疲劳性能好，使用寿命长，更适用于带轮直径小、转速高的场合。近年来出现了采用尼龙绳和细钢丝作抗拉层的V带，进一步提高了抗拉能力和传递的动力。

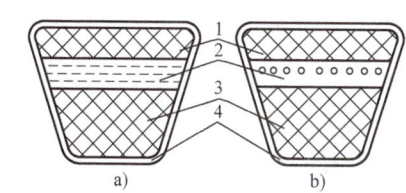

图8-6 V带的构造
a）帘布芯结构   b）线绳芯结构
1—顶胶层 2—抗拉层 3—底胶层 4—包布层

（2）V带的型号 根据 GB/T 11544—2012 的规定，普通V带按截面尺寸分为：Y、Z、A、B、C、D、E 七种型号，截面尺寸依次增大。普通V带的截面尺寸见表 8-1。

表8-1 普通V带的截面尺寸

型号	Y	Z	A	B	C	D	E
节宽 b_p/mm	5.3	8.5	11.0	14.0	19.0	27.0	32.0
顶宽 b/mm	6	10	13	17	22	32	38
高度 h/mm	4	6	8	11	14	19	23
每米质量 q/kg·m^{-1}	0.04	0.06	0.10	0.17	0.30	0.60	0.87

V带绕在带轮上张紧以后，顶胶层因受拉长度略有伸长、宽度略有减小；底胶层则因受压长度略有缩短、宽度略有加大；而两者之间必存在一中间层，其长度和宽度均不变，这一层称为V带的<u>中性层</u>。中性层的宽度称为<u>节面宽度</u>（简称<u>节宽</u>），用 b_p 表示，参看表 8-1 的表图。

（3）V带的基准长度系列 沿V带中性层量得的环形长度称为V带的<u>基准长度</u>，用 L_d 表示。普通V带基准长度 L_d 的标准系列见表 8-2。

（4）V带标记 普通V带的标记由型号、基准长度和标准号三部分组成。例如基准长度为 1800mm 的 B 型普通V带标记为："B 1800 GB/T 11544—2012"。生产厂家常将V带的标记、制造年月日和生产厂名都压印在V带的顶面上。

表 8-2 普通 V 带基准长度 L_d 的标准系列　　　　（单位：mm）

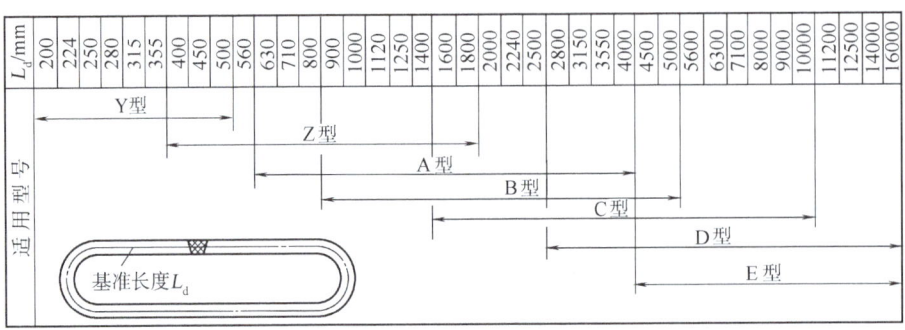

2. V 带轮

（1）V 带轮的材料与结构　V 带轮常用灰铸铁制造，速度高时可采用铸钢。传递小功率时，为减轻带轮重量，则可采用铸铝合金或工程塑料。

V 带轮的结构从外到里分为三部分，如图 8-7a 所示：外圈是轮缘，中部称为轮辐，内圈是轮毂。

V 带轮上槽宽与所配用 V 带的节宽 b_p 相等处的直径称为基准直径 d_d，是传动比计算和传动带长度计算的基准。V 带轮的具体结构，按基准直径 d_d 的大小不同而有三种形式。$d_d<180\text{mm}$ 的小带轮，多采用图 8-7b 所示的实心轮；$d_d=180\sim360\text{mm}$ 的中等尺寸带轮，采用图 8-7c 所示的辐板轮；$d_d>360\text{mm}$ 的大带轮，则采用图 8-7d 所示的辐条轮。

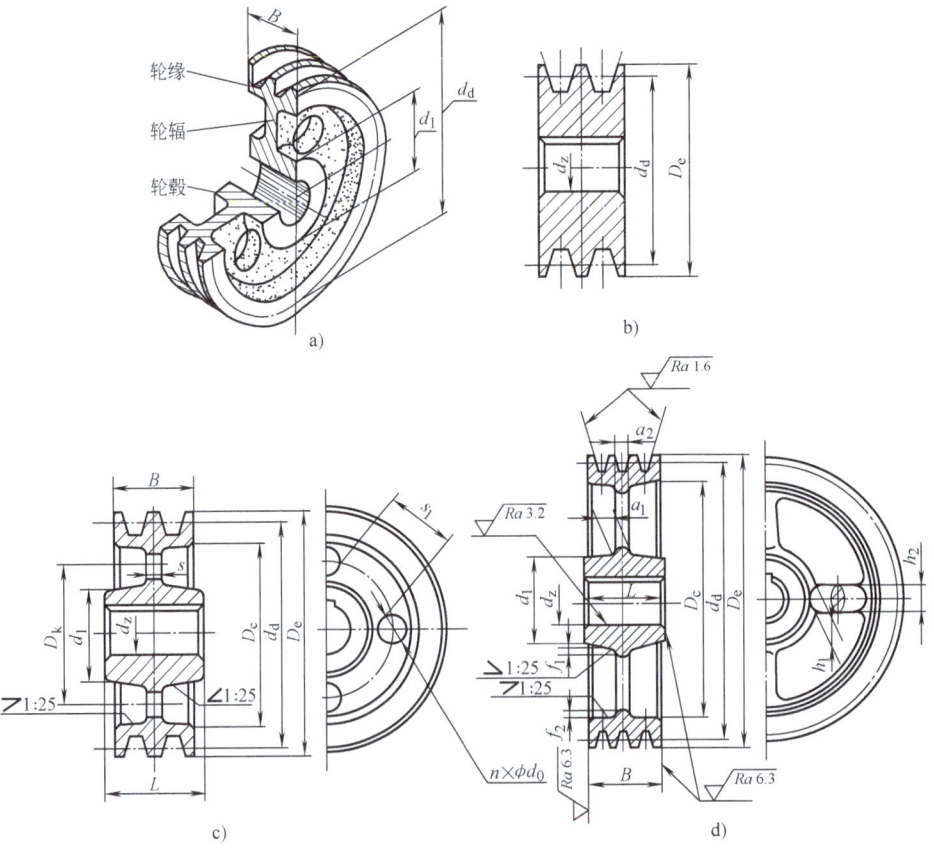

图 8-7　V 带轮的结构

a）轮缘、轮辐与轮毂　b）小尺寸的实心轮　c）中等尺寸的辐板轮　d）大尺寸的辐条轮

（2）普通 V 带轮的轮槽尺寸　由于 V 带在带轮上张紧后的梯形楔角小于非工作状态的 40°，减小量取决于带轮直径，也与 V 带型号有关。带轮直径越小，V 带张紧后的楔角减小得越多。为了保证工作时 V 带的侧面能与带轮槽侧面贴合，V 带轮槽的楔角 φ 应小于 40°，且随 V 带型号及带轮基准直径而变。考虑了上述因素和其他因素，国家标准 GB/T 13575.1—2008 对 V 带轮槽的截面形状和尺寸有具体详细的规定，见表 8-3。遵循规定，使设计工作负担大为减轻，又能确保质量。

表 8-3　普通 V 带轮的轮槽尺寸（摘自 GB/T 13575.1—2008）

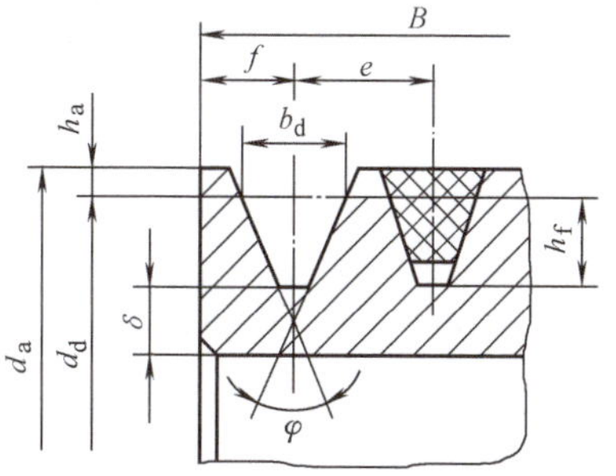

项　目		符　号	槽　型						
			Y	Z	A	B	C	D	E
基准宽度		b_d/mm	5.3	8.5	11.0	14.0	19.0	27.0	32.0
基准线上槽深		h_{amin}/mm	1.6	2.0	2.75	3.5	4.8	8.1	9.6
基准线下槽深		h_{fmin}/mm	4.7	7.0	8.7	10.8	14.3	19.9	23.4
槽间距		e/mm	8±0.3	12±0.3	15±0.3	19±0.4	25.5±0.5	37±0.6	44.5±0.7
第一槽对称面至端面的距离		f/mm	7±1	8±1	10^{+2}_{-1}	12.5^{+2}_{-1}	17^{+2}_{-1}	23^{+3}_{-1}	10^{+4}_{-1}
最小轮缘厚		δ_{min}/mm	5	5.5	6	7.5	10	12	15
带轮宽		B	$B=(z-1)e+2f$，z—轮槽数						
外径		d_a	$d_a = d_d + 2h_a$						
轮槽角 φ	32°	相应的基准直径 d_d/mm	≤60	—	—	—	—	—	—
	34°		—	≤80	≤118	≤190	≤315	—	—
	36°		—	—	—	—	—	≤475	≤600
	38°		—	>80	>118	>190	>315	>475	>600
	极限偏差		±30′						

3. V 带传动的张紧装置

V 带传动依靠带与带轮间的摩擦力来实现，因此在 V 带与带轮间保持适当的压力，也就是让 V 带保持适当的张紧度，对传动的有效性是必须的。若 V 带张紧过度，使轴与轴承承受过大的径向力，不利于机器的运转，且会降低 V 带的使用寿命。若 V 带张紧不足，则传动能力降低，甚至因带与带轮间打滑而使传动失效。

使 V 带达到适宜的张紧度是正确安装的要求之一。但随着使用时间的加长，原来张紧的 V 带会自行逐渐地松弛下来，这是 V 带在拉力持续作用下慢慢伸长的结果。可见 V 带装置即使在安装之初具有适宜的张紧度，使用过程中仍需要适时进行张紧度的调整。因此 V 带传动需要设置张紧装置。几种常见的 V 带张紧装置如图 8-8 所示。在图 8-8a 中，通过调节螺钉可使安装带轮的电动机在滑轨上移动，调整中心距，达到张紧的目的。在图 8-8b 中，通过调节螺钉可使安装带轮的电动机随摆动架摆动，从而调整 V 带的张紧度。这两种张紧装置均需要人工进行调节。图 8-8c 所示装置则能够自动调节 V 带张紧度：随着 V 带逐渐松弛，重锤带动张紧轮压向 V 带使它自动保持适度张紧。

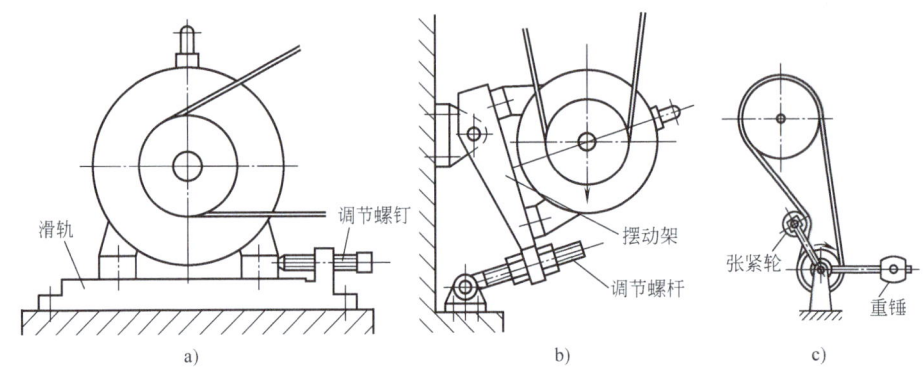

图 8-8 几种常见的 V 带张紧装置

a）移动式张紧装置 b）摆动式张紧装置 c）能自动调节的张紧装置

第二节 链 传 动

一、链传动的组成、传动比及特点

1. 链传动的组成

链传动主要由主动链轮、链条、从动链轮三构件与机架等部分组成，如图 8-9 所示。

除专门用途的起重链、牵引链以外，机械中的传动链有<u>滚子链</u>和<u>齿形链</u>两大类。齿形链的构造如图 8-10 所示，它传动平稳，耐冲击，噪声小，又称为无声链，可用于高速（链速可达 40m/s）和要求传动精度高的场合。但齿形链结构较复杂，重量大，价格较贵。本节主要介绍一般机械中广泛应用的滚子链。

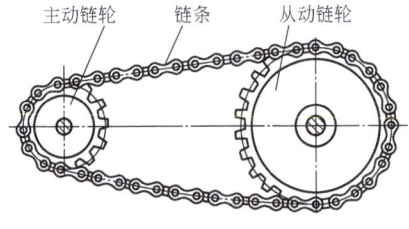

图 8-9 链传动的组成

图 8-10 齿形链的构造

2. 链传动的传动比及运动特性

（1）链传动的平均传动比 由于链传动是齿啮合性传动，主动链轮转过若干个齿，通过链条必带动从动链轮转过同样数目的齿，因此，同一段时间内两个链轮转过的齿数是相等的。以此作为链传动的平均传动比 i，则有

$$i = \frac{n_1}{n_2} = \frac{z_2}{z_1} \tag{8-2}$$

式中，n_1、n_2 为主动链轮、从动链轮的转速（r/min）；z_1、z_2 为主动链轮、从动链轮的齿数。

式（8-2）表明，<u>链传动中两链轮的转速（平均值）与两链轮的齿数成反比</u>。

（2）链传动的运动特性 链条是一节一节的，绕在两侧的链轮上，每侧形成半个等边多边形。如果一个等边多边形在平面上滚动,其形心必时时上下颠簸,移动速度也不均匀。反过来想可知,链传动中链轮轴心位置固定,链轮转动带动多边形的链条运动时,必然有:

1) 链条移动的速度是不均匀的。因此,虽然链传动的平均传动比是个定值,但瞬时传动比却存在周期性的波动。

2) 传动中链条会产生上下方向的抖动,抖动引起附加动载荷,是链传动的有害因素。

链轮的转速越高、链轮齿数越少、链条节距越大,则链传动的瞬时传动比不均匀性和链条的抖动就越严重。

3. 链传动的特点

1) 对环境条件的要求比带传动低,能在温度高、尘垢多的条件下工作,这是链传动的突出优点。

2) 与带传动相比,链传动有平均传动比恒定不变的优点。

3) 低速传动中,能传递较大圆周力而不打滑(对比带传动而言);但高速传动中,链条运动速度的波动、抖动和产生的噪声均较大,不如带传动平稳;也不具有带传动的过载保护性能。

4) 链条不需要在链轮上张紧,有利于降低轴与轴承承受的径向压力。

5) 在传递功率相同的条件下,链传动的结构比带传动紧凑,但制造和安装的要求高于带传动。

6) 链传动一般适宜布置在基本铅垂的平面内,链轮轴的方向明显受到限制,这是链传动突出的局限和不足。

7) 与齿轮传动相比,链传动对环境要求低,一般可以不专设防尘箱罩;其次是制造和安装成本比齿轮传动低,可实现较远距离的传动。除了这几条以外,齿轮传动的优越性均无可置疑。

链传动一般的适用条件为:功率 $P<100\text{kW}$,传动比 $i\leq 6$,链速 $v<15\text{m/s}$,中心距 $a<5\text{m}$;链传动的效率为 $\eta=0.92\sim 0.98$。链传动在农业机械、矿山机械、运输机械、石油化工机械中得到了广泛的应用。

大家熟悉的链传动无过于自行车上的链轮链条,请读者认真思考一番:如果在自行车上改用带传动,后果会怎么样?——建议结合带传动和链传动的特点,一一对照、逐条分析。(教师亦可就此组织一次短小的课堂讨论)

二、滚子链传动

1. 滚子链的构造与型号

滚子链由内链板 1、外链板 2、销轴 3、套筒 4 及滚子 5 组成,如图 8-11 所示。滚子 5 是活套在套筒 4 上的,当链条与链轮啮合时,滚子 5 可沿链轮齿廓滚动,有利于减轻链条与链轮的摩擦与磨损,减少传动能耗。

滚子链上相邻两滚子的中心距离称为链节距,用 p 表示(图 8-11a)。传动链是标准件,以链节距 p 作为基本参数,链的其他各部分尺寸均随链节距 p 增大减小,链的承载能力也相应地增大减小。若传递的功率较大,又要求结构紧凑,可采用双排链(图 8-11b)或多排链。但排数越多,各排受力越不均匀,传动能力不与排数成正比,因此使用中一般不超过 3~4 排。

标准滚子链分为 A、B 两个系列,常用的是 A 系列。A 系列滚子链的主要参数见表 8-4。表中链号和国际标准链号是一致的,国际标准的链节距以英寸为单位,我国标准的链节距是从英寸折算过来的。表中的"链号"数乘以 1.5875mm 就是该链号的链节距 p。(1.5875mm = 25.4mm/16,即 1in 的 1/16。)

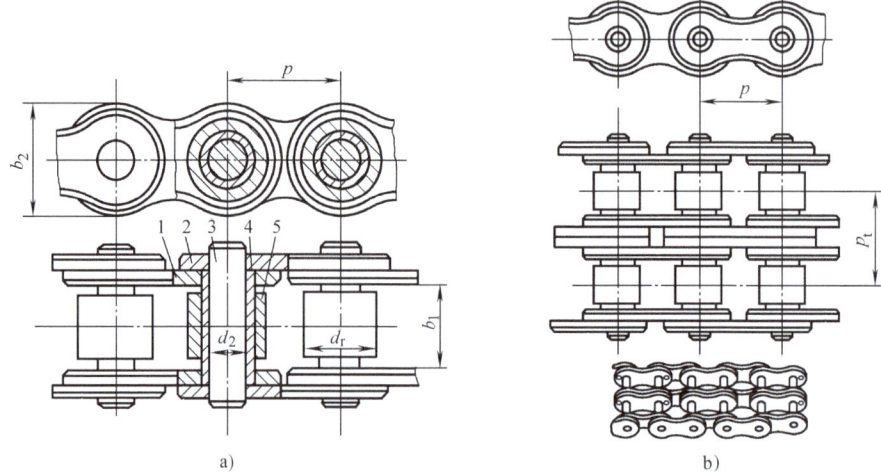

图 8-11 滚子链的构造与双排滚子链
a) 滚子链的构造 b) 双排滚子链
1—内链板 2—外链板 3—销轴 4—套筒 5—滚子

表 8-4 A 系列滚子链的主要参数（摘自 GB/T 1243—2006）

链号	链节距 p/mm	滚子外径 d_1/mm	销轴直径 d_2/mm	内链节内宽 b_1/mm	内链节外宽 b_2/mm	排距 p_t/mm	单排链单位长度质量 q/kg·m^{-1}	极限拉伸载荷（单排）F_{lim}/kN
08A	12.70	7.92	3.98	7.85	11.17	14.38	0.6	13.9
10A	15.875	10.16	5.09	9.40	13.84	18.11	1.0	21.8
12A	19.05	11.91	5.96	12.57	17.75	22.78	1.5	31.3
16A	25.40	15.88	7.94	15.75	22.60	29.29	2.6	55.6
20A	31.75	19.05	9.54	18.90	27.45	35.76	3.8	87.0
24A	38.10	22.23	11.11	25.22	35.45	45.44	5.6	125
28A	44.45	25.40	12.71	25.22	37.18	48.87	7.5	170
32A	50.80	28.58	14.29	31.55	45.21	58.55	10.10	223
40A	63.50	39.68	19.85	37.85	54.88	71.55	16.10	347

链的长度用链节数表示。如果链节数为偶数，只要将原链节上的内、外链板对准，采用开口销或弹簧夹即可将链条连接成封闭的环形链，如图 8-12a、b 所示。如链节数为奇数，则必须采用特殊的"过渡链节"将链条封闭成环形。因过渡链节上有一个弯链板，如图 8-12c 所示，它会降低链的承载能力，因此链节数以选偶数为宜。

滚子链的标记为：链号—排数×节数 标准号

例如 A 系列、链号为 12A、单排、链条长度为 92 节的滚子链，其标记为

12A-1×92 GB/T 1243—2006

2. 滚子链链轮

滚子链链轮的齿形已经标准化，链轮的设计图上不必画出端面齿形，只注明制造标准即可，例如在图样上注明："齿形按 GB/T 1243—2006 规定制造"等。但设计图上需画出链轮的轴向齿形和尺寸，设计时可参照 GB/T 1243—2006。

链轮的结构形式应随其尺寸不同而不同，小直径的链轮多制成整体式，如图 8-13a 所示；中等尺寸者宜采用图 8-13b 所示的孔板式；大尺寸的应采用焊接、螺栓联接等组合式，如图 8-13c 所示。

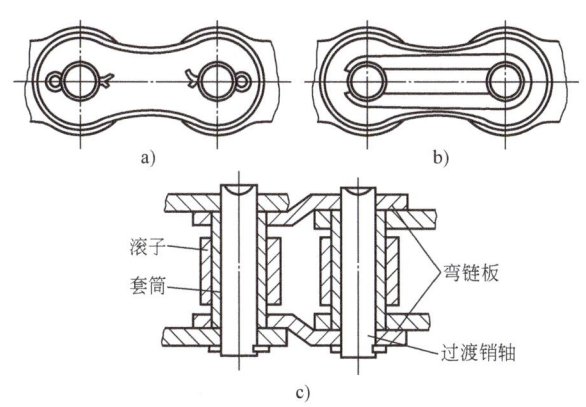

图 8-12 滚子链联接封闭环形的接头形式
a) 偶数链节：开口销 b) 偶数链节：弹簧卡 c) 奇数链节：过渡链节

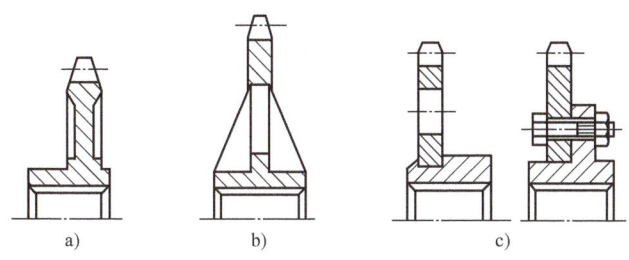

图 8-13 链轮的结构形式
a) 小尺寸：整体式 b) 中等尺寸：孔板式 c) 大尺寸：组合式

链轮的材料应具有足够的强度和耐磨性。链传动中小链轮的啮合次数比大链轮多，所受冲击也较严重，所以小链轮应选用较优的材料。选材依据的条件有传动功率、速度、工作环境等方面，实际选用时可查阅相关资料。

3. 链传动的布置

链传动设计有别于带传动和齿轮传动的特点之一，是必须注意链传动在空间的布置和主动链轮的转动方向。主要注意点有：

1）链传动应尽量布置在铅垂平面内，这才有利于链条的链节顺畅地与链轮齿的啮合。

2）一般应使紧边在上、松边在下，如图 8-14a 所示，图中箭头是表示主动链轮的转动方向。若松边在上且链条下垂过大，则链条离开主动链轮时不能正常脱齿，可能出现"咬链"现象，影响正常传动。

3）两链轮的轴线以在同一水平面内或接近同一水平面内为好。若需要斜向布置，两轴中心连线与水平线的夹角 φ 应小于 45°，如图 8-14b 所示。

4）链传动安装时，松边的初始下垂量一般可取两轴中心距的 1%～2%。使用一段时间后，由于磨损等原因链子会有所伸长，松边的下垂量加大。松边下垂过大会造成啮合不良和松边抖动而影响传动质量。解决问题的方法之一，是将链轮的中心距调大一些，但这常受到结构的限制；解决方法之二是减除一个链节，但这使问题发生跳跃性变化而不能经常施行。在松边安置一个能方便调节位置的张紧轮，则是解决此问题常用的适宜方法，如图 8-14c 所示。

5）一般的链传动中，主、从动链轮的转动方向是相同的。若将两轮之一安置在链环的外侧，则可使两轮的转动方向相反。为使这样布置的链传动能正常运行，也需要安置一个特称为"游轮"的张紧轮，如图 8-14d 所示。

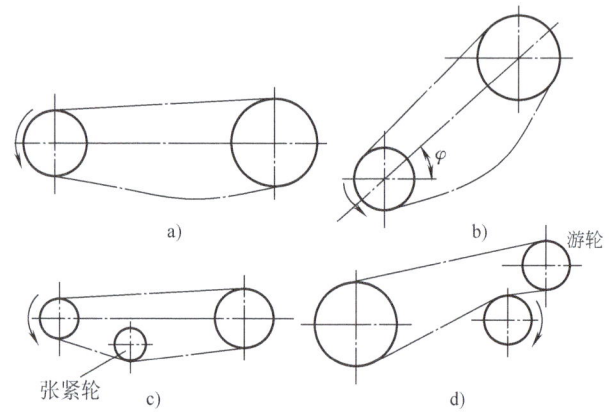

图 8-14 链传动的布置

4. 链传动的润滑

给自行车的链轮，链条上点润滑油，骑行会立即显得轻快，可见润滑对链传动很重要。良好的润滑可减轻摩擦、提高传动效率、减缓磨损、延长使用寿命。设计链传动机构时应参考相关资料安置适当的润滑方式。

第三节 齿轮传动

一、齿轮传动的类型与特点

1. 齿轮传动的类型

按两齿轮轴线空间位置关系的不同，齿轮传动分为平行轴齿轮传动、相交轴齿轮传动、交错轴齿轮传动三大类。根据齿向不同可分为直齿、斜齿、人字齿、曲线齿等类型；根据啮合形式还可分为外啮合、内啮合两类。齿轮传动分类可综合表示如图 8-15 所示。

2. 齿轮传动的特点

在各种传动形式中，齿轮传动在现代机械中应用最为广泛。这是因为齿轮传动有如下特点：

1) 传动精度高。前面讲过，带传动不能保证准确的传动比，链传动也不能实现恒定的瞬时传动比，但现代常用的渐开线齿轮的传动比，在理论上是准确、恒定不变的。这不但对精密机械与仪器是关键要求，也是高速重载下减轻动载荷、实现平稳传动的重要条件。

2) 适用范围宽。齿轮传动传递的功率范围极宽，可以从 0.001W 到 60000kW；圆周速度可以很低，也可高达 150m/s，带传动、链传动均难以比拟。

3) 可以实现平行轴、相交轴、交错轴等空间任意两轴间的传动，这也是带传动、链传动做不到的。

4) 工作可靠，使用寿命长。

5) 传动效率较高，一般为 $\eta = 0.94 \sim 0.99$。

6) 制造和安装要求较高，因而成本也较高。

7) 对环境条件要求较严，除少数低速、低精度的情况以外，一般需要安置在箱罩中防尘防垢，还需要重视润滑。

8) 不适用于相距较远的两轴间的传动。

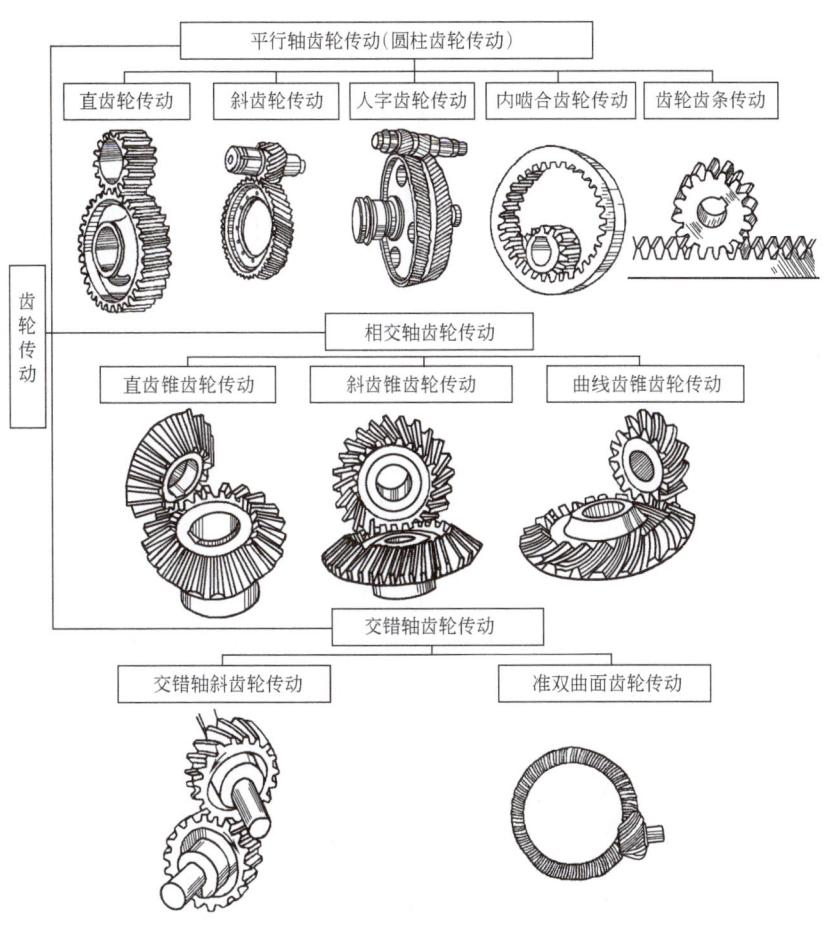

图 8-15 齿轮传动的类型

9）减振性和抗冲击性不如带传动等柔性传动好。

二、渐开线直齿圆柱齿轮传动

1. 齿轮的传动比与渐开线齿轮

（1）轮齿齿廓与齿轮传动比　古代的中国和外国，都已经在机具中应用了"齿轮"。但古代齿轮的齿廓是直线或其他简单线形的，齿形不严格也不精确。这样的齿轮传动中，主、从动轮转过的齿数相等，与前述链传动一样能保持"平均传动比"的恒定，但每转过一个齿都会发生一次撞击与磕碰，即瞬时传动比存在明显的波动，因而传动是不平稳的。图 8-16 所示为古代齿轮的轮齿形式之一。古代机具转速低、传递力量小，原始齿廓的齿轮还能发挥作用，但在转速高、功率大的现代传动中，这样的齿轮将造成严重的冲击载荷和噪声，基本不用了。

（2）渐开线与渐开线齿轮的恒定传动比　一条直线 AB 紧靠在半径为 r_b 的圆周上做纯滚动时（图 8-17a），AB 线上任一点 K 形成的轨迹 CK'K 称为该圆的渐开线，该圆称为此渐开线的基圆，r_b 称为基圆半径，直线 AB 称为发生线。

由渐开线的形成过程可知：
1）渐开线上任一点的法线就是通过该点的渐开线发生线，此直线与基圆相切。
2）基圆以内没有渐开线。

采用渐开线作为齿廓曲线的齿轮称为渐开线齿轮，如图 8-17b 所示。

（3）渐开线齿轮的啮合特性

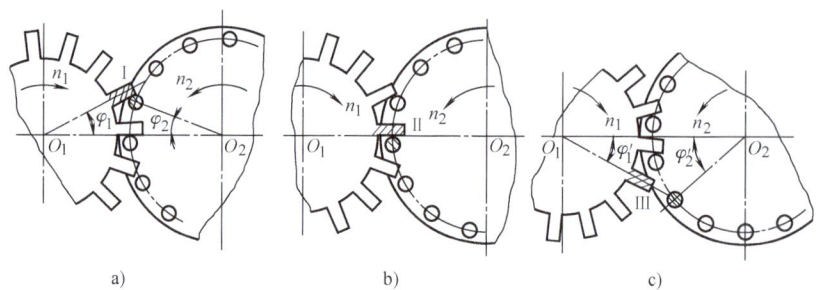

图 8-16 古代齿轮传动不能保持瞬时传动比的恒定

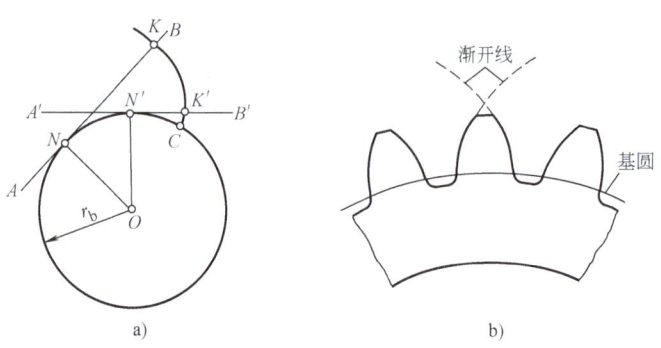

图 8-17 渐开线与渐开线齿轮
a) 渐开线及其形成 b) 渐开线齿轮

1) 几何学分析证明:理论上渐开线齿轮传动具有恒定的传动比,类似于两个圆柱在摩擦力作用下做纯滚动。制造误差、工作磨损这些因素对传动比仅有轻微影响,且便于控制。可见,渐开线齿轮的出现,使齿轮传动的性能取得了质的飞跃。

2) 具有中心距可分性:当两轮在安装中有误差,造成中心距一定范围内的加大或减小时,两轮的传动比保持不变。

3) 齿廓间传力方向始终不变,传动平稳。

除了渐开线齿轮以外,摆线齿轮、圆弧齿轮也具有恒定传动比。但因渐开线齿轮还有切齿刀具通用性好,能简化加工设备和降低制造成本的优点,使它在应用中一直独占鳌头。

2. 渐开线齿轮的参数与尺寸关系

(1) 齿轮各部分的名称 齿轮各部分的名称及表示符号如图 8-18 所示。

1) 齿顶圆。轮齿顶部所在的圆称为**齿顶圆**,其直径、半径用 d_a、r_a 表示。

2) 齿根圆。齿槽底部所在的圆称为**齿根圆**,其直径、半径用 d_f、r_f 表示。

3) 齿厚。沿某一圆周上量得的轮齿厚度(弧长)称为**齿厚**。在不同的圆周上,齿厚是不同的,齿根处齿厚最大,越接近齿顶齿厚越窄。

4) 齿槽宽。沿某一圆周上量得的齿槽间的宽度(弧长)称为**齿槽宽**。在不同的圆周上,齿槽宽是不同的,齿根处齿槽宽最窄,越接近齿顶齿槽宽越宽。

5) 齿距。沿某一圆周上量得的相邻两齿同侧齿廓间的距离(弧长)称为**齿距**。圆越大,对应的齿距也越大。

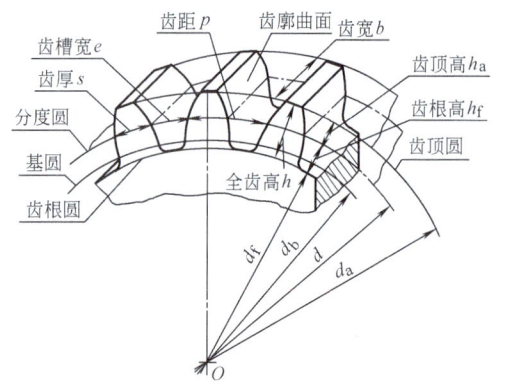

图 8-18 齿轮各部分的名称及表示符号

6)分度圆。对于标准的渐开线齿轮,在齿顶圆和齿根圆之间的某一个圆周上,齿厚与齿槽宽相等,这个圆称为分度圆,其直径、半径用不带下标的字母 d、r 表示。

分度圆是一个重要概念,因为分度圆直径是计算齿轮各参数的基准之一。直接与分度圆相关的参数有分度圆齿厚、分度圆齿槽宽、分度圆齿距等,它们的符号也都用不带下标的字母来表示,分别为 s、e、p 等。

如上所述,应该有以下关系

$$s = e \tag{8-3}$$

$$p = s + e = 2s = 2e \tag{8-4}$$

7)齿顶高。齿顶圆与分度圆之间的径向距离称为齿顶高,用 h_a 表示。

8)齿根高。齿根圆与分度圆之间的径向距离称为齿根高,用 h_f 表示。

9)全齿高。齿根圆与齿顶圆之间的径向距离称为全齿高,用 h 表示。

$$h = h_a + h_f \tag{8-5}$$

(2)直齿圆柱齿轮的基本参数 直齿圆柱齿轮的基本参数有齿数 z、模数 m、压力角 α、齿顶高系数 h_a^*、顶隙系数 c^* 等。

1)齿数 z。齿轮轮齿的个数。相同的时间内,齿轮传动的主、从动轮转过的齿数是相等的,由此可知,齿轮传动中两轮的转速与两轮的齿数成反比,即传动比 i 为

$$i = \frac{n_1}{n_2} = \frac{z_2}{z_1} \tag{8-6}$$

式中,n_1、n_2 为主动轮、从动轮的转速(r/min);z_1、z_2 为主动轮、从动轮的齿数。

2)模数 m。分度圆的周长,等于分度圆齿距 p 和齿数 z 的乘积 zp;也可用分度圆的直径 d 表示为 πd。因此有关系式:$zp = \pi d$。

由这个关系式可得到分度圆直径的计算式

$$d = \frac{p}{\pi} z \tag{8-7}$$

式(8-7)中含有无理数 $\pi = 3.14159\cdots$,会给计算带来很多不便,因此,引入一个参数,称为模数,用 m 表示:

$$m = \frac{p}{\pi} \tag{8-8}$$

于是就有

$$d = zm \tag{8-9}$$

式(8-8)表明:模数的意义是分度圆齿距的 $1/\pi$。

式(8-9)使分度圆直径的计算变得很简单。它还表明:分度圆直径等于齿轮齿数与模数的乘积。式(8-9)是齿轮设计计算的基本公式之一。

模数 m 是齿轮设计计算的重要参数。

模数是已经标准化的几何参量,国家标准制定了齿轮模数的标准系列,见表 8-5。

表 8-5 渐开线齿轮的模数系列(GB/T 1357—2008)   (单位:mm)

第一系列 (优先选用)	1.25	1.5	2	2.5	3	4	5	6	8	10	1 12
	16	20	25	32	40	50					
第二系列	1.125	1.375		1.75	2.25	2.75		3.5		4.5	5.5
	(6.5)	7	9	11	14	18	22	28		35	45

轮齿的大小与模数大小成正比,模数越大,轮齿越大,承载能力越强。不同模数的轮齿大小对比如图 8-19 所示。

3) 压力角 α。物体因受力而产生运动，力的作用方向和物体上力作用点的运动方向间的夹角，称为压力角。图 8-20a 是表示压力角意义的简单图示。从图 8-20a 可以看出：压力角越小，力的方向与运动方向越接近一致，推动物体运动越省力。

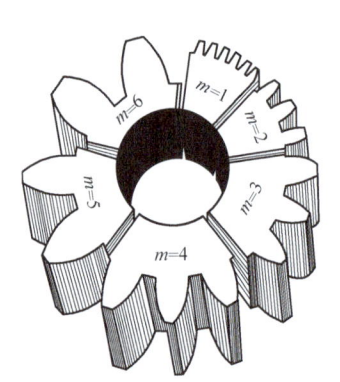

图 8-19 不同模数轮齿的大小对比

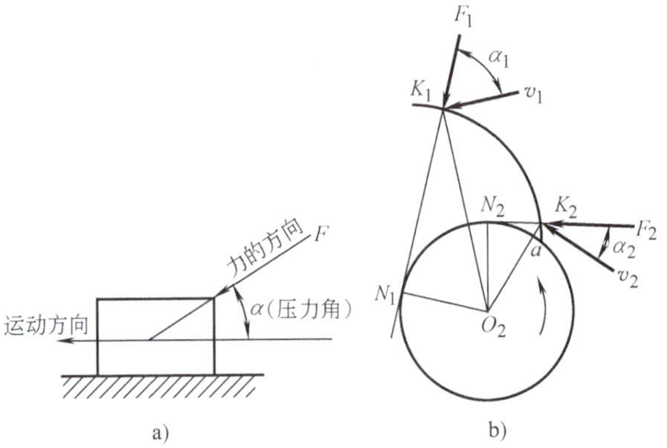

图 8-20 压力角与渐开线齿轮的压力角

a) 压力角的含义　b) 渐开线齿轮的压力角

渐开线齿廓的不同位置处，齿廓形状不同。因传动中啮合点的受力方向和该点运动方向取决于该点齿廓的形状，可见不同的点，传动压力角的大小是不同的，如图 8-20 所示（不细加解释）。反过来的表述是，确定了齿廓某点压力角的数值，则该点及其上下邻近段落的齿廓形状才得以确定。国家标准规定：标准渐开线齿轮的分度圆压力角为 20°。

由于只有压力角数值定下来，渐开线齿廓的形状才能确定，因此，齿数 z、模数 m 和压力角 α 三者是直齿圆柱渐开线齿轮主要的基本参数。

4) 齿顶高系数 h_a^* 和顶隙系数 c^*。齿顶高 h_a 与模数 m 的比值称为齿顶高系数，用 h_a^* 表示，即

$$h_a = h_a^* m \tag{8-10}$$

由于：①只有齿距 p 相同，即模数 m 相同的渐开线齿轮才能啮合传动；②两齿轮啮合的标准安装距离是两齿轮的分度圆相切。在这种安装条件下，一个齿轮的齿顶要嵌进另一个齿轮齿槽中接近齿根的部位去，因此齿根高 h_f 必须略大于齿顶高 h_a，否则两齿轮必发生"干涉"而无法传动。因此应该有

$$h_f = h_a + c \tag{8-11}$$

式中，c 为两齿轮啮合时的"径向间隙"，或称"顶隙"。

顶隙 c 与模数 m 的比值称为顶隙系数，用 c^* 表示，即

$$c = c^* m \tag{8-12}$$

由式（8-10）、式（8-11）、式（8-12）得到齿根高的计算公式

$$h_f = (h_a^* + c^*) m \tag{8-13}$$

由式（8-5）、式（8-13）得到全齿高的计算公式

$$h = (2h_a^* + c^*) m \tag{8-14}$$

只有齿顶高系数 h_a^* 和顶隙系数 c^* 的数值定下来，轮齿的形状才能确定，因此齿顶高系数 h_a^* 和顶隙系数 c^* 也是齿轮的基本参数。

我国标准规定，正常齿制：$h_a^* = 1.00$，$c^* = 0.25$；短齿制 $h_a^* = 0.80$，$c^* = 0.30$。

(3) 标准直齿圆柱齿轮的几何尺寸　以上介绍了直齿圆柱齿轮的 5 个基本参数。对于正常齿制标准直齿圆柱齿轮，有 3 个基本参数是确定的，即压力角 $\alpha = 20°$，齿顶高系数 $h_a^* = 1.00$，顶隙系数 $c^* = 0.25$。这样，只要再给出齿轮的齿数 z 和模数 m，这个齿轮就确定

了，可以计算出齿轮的其他全部几何尺寸。

正常齿制标准直齿圆柱齿轮的主要几何尺寸计算公式，见表8-6。

表8-6 正常齿制标准直齿圆柱齿轮主要几何尺寸的计算公式

名 称	符 号	外 齿 轮	内 齿 轮	齿 条
模数	m	经设计计算后取表8-5标准值		
压力角	α	$\alpha = 20°$		
顶隙	c	$c = c^* m = 0.25m$		
齿顶高	h_a	$h_a = h_a^* m = 1.00m$		
齿根高	h_f	$h_f = (h_a^* + c^*) m = 1.25m$		
全齿高	h	$h = h_a + h_f = 2.25m$		
分度圆齿距	p	$p = \pi m$		
齿厚	s	$s = \dfrac{\pi m}{2}$		
齿槽宽	e	$e = \dfrac{\pi m}{2}$		
分度圆直径	d	$d = mz$		$d = \infty$
基圆直径	d_b	$d_b = d\cos\alpha$		$d_b = \infty$
齿顶圆直径	d_a	$d_a = d + 2h_a = (z+2)m$	$d_a = d - 2h_a = (z-2)m$	$d_a = \infty$
齿根圆直径	d_f	$d_f = d - 2h_f = (z-2.5)m$	$d_f = d + 2h_f = (z+2.5)m$	$d_f = \infty$
标准安装中心距	a	$a = \dfrac{(z_1+z_2)}{2}m$	$a = \dfrac{(z_2-z_1)}{2}m$	$a = \infty$

（4）内齿轮与齿条　图8-21a为一个内齿轮的局部，齿廓是内凹的渐开线，其齿厚、齿槽的形状与外齿轮相反；各参数均与外齿轮对应，仅齿顶圆直径 d_a、齿根圆直径 d_f 的计算公式与外齿轮有差别（见表8-6），不难理解，无须解释。

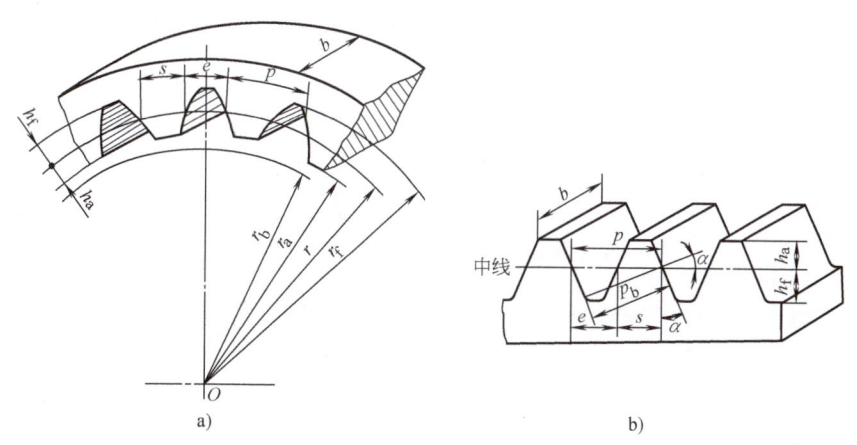

图8-21　内齿轮与齿条的齿形与参数
a）内齿轮（局部）　b）齿条（局部）

图8-21b为一个齿条的局部，当齿轮齿数增加到无限多，齿顶圆、分度圆、齿根圆变得无限大，其局部成为互相平行的直线，代表分度圆的直线称为齿条的中线。齿条的渐开线齿廓也成为直线，齿廓的垂线与中线的夹角就是齿条啮合中的压力角，标准值 $\alpha = 20°$，特称为齿条的齿形角。

3. 渐开线齿轮传动的正常工作条件

从设计应用出发，应该了解渐开线齿轮传动的正常工作条件，现列举如下，略去相关的几何学证明。

1）一对渐开线齿轮，必须模数相等、压力角相等才能啮合传动。对于标准渐开线齿轮，只要模数相等。

2）两渐开线齿轮的标准安装条件为分度圆相切，标准安装下的两轮中心距称为标准中心距，用 a 表示。因此标准中心距等于两个齿轮分度圆半径之和，由式（8-8）可得到

$$a = \frac{(z_1 \pm z_2)}{2}m \qquad (8\text{-}15)$$

式中，z_1、z_2 为两个齿轮的齿数；m 为齿轮的模数。

当两齿轮为外啮合时，取公式中的加号；内啮合时，取公式中的减号。

前已述及，渐开线齿轮传动的一个突出优点，是实际安装中心距与标准中心距略有偏差，不影响其传动特性。当然这是有前提的：第一，实际中心距不比标准值大得太多而使两轮的啮合产生间断；第二，不比标准中心距小得太多而使两齿轮的轮齿与齿槽互相"卡死"。

3）两齿轮实现连续传动的条件是：在一对轮齿脱离啮合之前下一对轮齿必须进入啮合，即重合度>1。齿轮的齿数越多，重合度越大，对实现连续传动越有利。

4）正常齿制标准渐开线直齿齿轮的最小齿数 $z_{\min} = 17$。齿数小于 17 的直齿齿轮，其齿根的部分齿廓将不可能是渐开线，从而会降低传动质量，这种现象称为"根切"。如果允许齿轮存在微小的"根切"（即允许传动质量略有降低），则直齿齿轮的最小齿数可取到 $z_{\min} = 14$。若实在需要齿数更少，则可采用"变位齿轮"。变位齿轮的理论与设计计算方法本教材略去不讲。另外，稍后将简介的斜齿齿轮，其最小齿数也可小于 14。

对于低速、低精度的民用产品，如儿童玩具、游乐设施等。可以不采用渐开线齿轮，则齿轮的最小齿数可以更小。

例 8-1 一对外啮合的渐开线标准直齿圆柱齿轮，已知模数 $m = 2\text{mm}$，小轮、大轮齿数为 $z_1 = 25$、$z_2 = 100$，正常齿制。试求：两轮的分度圆直径 d_1、d_2，齿顶圆直径 d_{a1}、d_{a2}，齿根圆直径 d_{f1}、d_{f2}，以及两轮的中心距 a。

解 根据表 8-6 中的公式及式（8-15）计算如下：

1）分度圆直径

$$d_1 = mz_1 = 2\text{mm} \times 25 = 50\text{mm}$$
$$d_2 = mz_2 = 2\text{mm} \times 100 = 200\text{mm}$$

2）齿顶圆直径

$$d_{a1} = d_1 + 2h_a = d_1 + 2h_a^* m = 50\text{mm} + (2 \times 1 \times 2\text{mm}) = 54\text{mm}$$
$$d_{a2} = d_2 + 2h_a = d_2 + 2h_a^* m = 200\text{mm} + (2 \times 1 \times 2\text{mm}) = 204\text{mm}$$

3）齿根圆直径

$$d_{f1} = d_1 - 2(h_f^* + c^*) = 50\text{mm} - [2 \times (1 + 0.25) \times 2\text{mm}] = 45\text{mm}$$
$$d_{f2} = d_2 - 2(h_f^* + c^*) = 200\text{mm} - [2 \times (1 + 0.25) \times 2\text{mm}] = 195\text{mm}$$

4）两轮中心距 $\quad a = \dfrac{d_1 + d_2}{2} = \dfrac{50\text{mm} + 200\text{mm}}{2} = 125\text{mm}$

例 8-2 一对标准安装的外啮合渐开线直齿圆柱齿轮，已知中心距 $a = 75\text{mm}$，传动比 $i = 4$，模数 $m = 1.5\text{mm}$，正常齿制。试求：两齿轮的齿数 z_1、z_2，分度圆直径 d_1、d_2，齿顶圆直径 d_{a1}、d_{a2}，齿根圆直径 d_{f1}、d_{f2} 以及基圆直径 d_{b1}、d_{b2}。

解 1)齿数计算。由式(8-6)$i=z_2/z_1$,得到

$$z_2 = iz_1 = 4z_1$$

将上式代入式(8-15),得到

$$a = \frac{(z_1+z_2)}{2}m = \frac{z_1+4z_1}{2}m = \frac{5z_1 m}{2}$$

即

$$z_1 = \frac{2a}{5m} = \frac{2\times 75\text{mm}}{5\times 1.5\text{mm}} = 20$$

因此

$$z_2 = 4z_1 = 4\times 20 = 80$$

2)其他参数计算。因两齿轮的齿数及模数已经知道,其他参数均可仿照例8-1那样求出。(略,建议读者自行练习计算)

例 8-3 一对标准安装的外啮合渐开线直齿圆柱齿轮,中心距 $a=160\text{mm}$,齿数 $z_1=20$,$z_2=60$。求齿轮的模数是多少?两齿数的分度圆直径分别是多少?

解 1)求模数。由式(8-15)得到

$$a = \frac{m(z_1+z_2)}{2}$$

得模数

$$m = \frac{2a}{z_1+z_2} = \frac{2\times 160\text{mm}}{20+60} = 4\text{mm}$$

2)计算分度圆直径

$$d_1 = mz_1 = 4\text{mm}\times 20 = 80\text{mm}$$

$$d_2 = mz_2 = 4\text{mm}\times 60 = 240\text{mm}$$

三、齿轮的材料、结构与精度

1. 齿轮材料的选择

低速、轻载、无冲击条件下的齿轮,可选用价格低廉、易铸造成形、易切齿的铸铁材料;载荷较大、尺寸较大、形状复杂的齿轮可选用铸钢材料;高速轻载、要求低噪声的齿轮可选用工程塑料、尼龙等非金属材料。但目前大多数齿轮仍采用各种钢材制造。表8-7为齿轮的常用材料及使用条件,可供参考。

表 8-7 齿轮的常用材料及使用条件

材料	热处理方法	硬度 HBW	硬度 HRC	应用
45	正火	156~217		低速轻载
	调质	197~286		中、低速中载(如通用机械中的齿轮)
	表面淬火		40~50	高速中载、无剧烈冲击(如机床变速箱中的齿轮)
40Cr	调质	217~286		低速中载
	表面淬火		45~55	高速中载,无剧烈冲击
35SiMn 42SiMn	调质	196~286		可代替40Cr
	表面淬火		45~55	
20Cr 20CrMnTi	渗碳、淬火、回火		56~62 (齿心28~33)	高速中、重载,承受冲击载荷的齿轮(如汽车、拖拉机中的重要齿轮)

(续)

材 料	热处理方法	硬 度 HBW	硬 度 HRC	应 用
38CrMoAlA	渗氮	齿心 229	>850HV	载荷平稳，润滑良好，无严重磨损的齿轮；难于磨削加工的齿轮（如内齿轮）
ZG310-570	正火	163~179		重型机械中的低速齿轮
ZG340-640		179~207		
ZG35SiMn		163~217		
	调质	197~248		标准系列减速器的大齿轮
HT250		171~241		不受冲击的不重要齿轮；开式传动中的齿轮
HT300		187~255		
QT500-7		147~241		可代替铸钢
QT600-3		229~302		

相啮合的一对齿轮中，应该让小齿轮材料的强度、齿廓表面的硬度和耐磨性都比大齿轮高一些。原因有三：①在同样的工作时间内，小齿轮的受力循环次数比大齿轮多，容易先发生疲劳断裂、疲劳点蚀和过度磨损；②同模数的齿轮，齿数越少则轮齿的根部越薄，容易折断；③让互相啮合的轮齿表面有明显的硬度差，有利于避免齿面胶合现象的发生。

2. 圆柱齿轮的结构

齿轮的结构与毛坯种类、所选材料、尺寸大小、加工方法及生产批量等因素有关。常见的齿轮结构类型如下：

（1）齿轮轴 若齿轮的外径（齿顶圆直径）较小，或齿根圆直径与相配的轴径相差很小，例如齿根圆与键槽的径向距离 $\delta \leq 2.5m$（m 为模数）时（图8-22a），常将齿轮与轴制成一体，称为齿轮轴，如图8-22b所示。

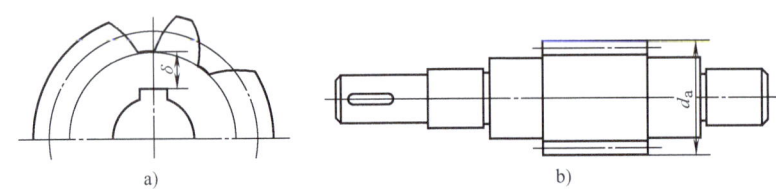

图8-22 采用齿轮轴结构的两种情况
a）$\delta \leq 2.5m$（m 为模数） b）齿根圆直径与相配的轴径相差很小

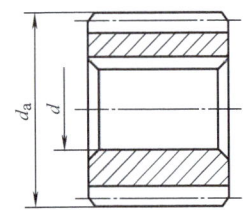

图8-23 实心式齿轮
（$d_a \leq 200$mm）

（2）实心式齿轮 齿顶圆直径 $d_a < 200$mm 的中小尺寸齿轮，一般采用实心结构形式，如图8-23所示。

（3）辐板式与轮辐式齿轮 齿顶圆直径 $d_a > 200$mm 的大尺寸齿轮，为减轻重量，常采用铸造或锻造毛坯的辐板式或轮辐式结构，其具体结构形式可参阅有关设计手册。

3. 圆柱齿轮的精度等级及其选择

GB/T 10095.1—2008中规定，渐开线圆柱齿轮的精度有0~12级，0级最高，12级最低。

不同精度齿轮的价差显著，所以一般不轻易选用高精度齿轮。应该懂得，在工程技术领域中同样有"短板效应"：倘若齿轮精度甚高，而产品中的其他部分（如轴、轴承、机箱机架等）达不到相应的精度，那么高精度齿轮并不能发挥其应有的效能。一对互相啮合的齿轮一般选取相同的精度等级。

6~9级是常用的齿轮精度等级，其适用条件及应用举例见表8-8。

表8-8 常用圆柱齿轮精度等级的适用条件及应用举例

精度等级	圆周速度 $v/m \cdot s^{-1}$			应用举例
	直齿圆柱齿轮	斜齿圆柱齿轮	直齿锥齿轮	
6	≤15	≤30	≤9	精密机器、仪表、飞机、汽车、机床中的重要齿轮
7	≤10	≤20	≤6	一般机械中的重要齿轮；标准系列减速器；飞机、汽车、机床中的齿轮
8	≤5	≤9	≤3	一般机械中的齿轮；飞机、汽车、机床中不重要的齿轮；农业机械中的重要齿轮
9	≤3	≤6	≤2.5	工作要求不高的齿轮

4. 齿轮传动的润滑

润滑可减少齿轮传动中的磨损、发热，降低传动噪声，延长齿轮的使用寿命，有效改善齿轮传动的工作状况。润滑设计是齿轮传动设计中应该包含的内容。

若齿轮传动装置暴露在环境中没有罩盖，称为"开式"传动；仅有罩盖而没有完全封闭在箱体内，称为"半开式"传动；封闭在箱体内则称为"闭式"传动。

开式、半开式齿轮传动多为低速、低精度的传动，可采用定期由人工加注润滑油或润滑脂的方式进行润滑。

对于转速较高、载荷较高的闭式齿轮传动，可采用浸油润滑或喷油润滑的润滑形式。浸油润滑也称为油浴润滑，用于齿轮圆周速度 $v<12m/s$ 的条件下，在齿轮箱内注润滑油使油面浸没大齿轮的1~2个齿，由齿轮的转动将油带至两齿轮啮合处起润滑作用，如图8-24a所示。当 $v>12m/s$ 时，为避免因搅油剧烈使油温升得过高，常采用喷油润滑，由油泵输油经喷嘴射向齿轮啮合处，如图8-24b所示。

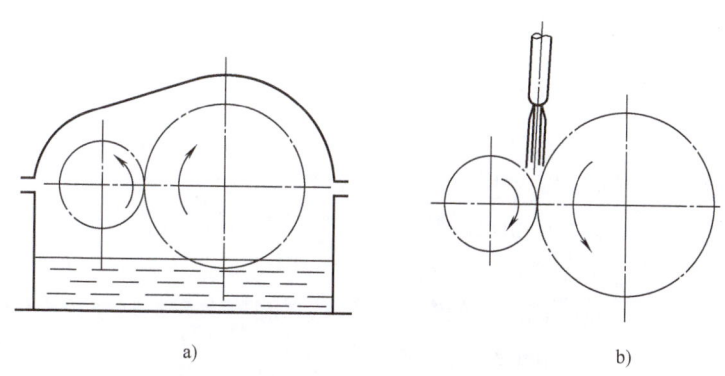

图8-24 闭式齿轮传动的常用润滑形式
a）浸油润滑　b）喷油润滑

四、斜齿圆柱齿轮传动简介

斜齿轮在机械结构中也较常见，现简介其形成原理与传动特点如下。

1. 斜齿圆柱齿轮的形成原理

若把一个普通的直齿齿轮切成多个等厚的薄"齿轮片"，每相邻两片依次向同方向错开一个相同的小角度，然后再"粘"起来，将得到一个阶梯形齿的齿轮，如图8-25a所示（为了容易看清楚，图中只画出齿轮上的一个齿）。设想切成的每个齿轮片极薄、片数极多，那么得到的结果将如图8-25b所示：轮齿不再与齿轮的轴线平行，这样的齿轮称为斜齿轮。

斜齿轮的轮齿在空间的走向并不是直线，而是一条螺旋线。螺旋线有左旋和右旋之分。

2. 斜齿轮传动的特点

斜齿轮传动与直齿轮传动相比，若干方面的性能大有改善，同时也难免带来缺点与问题。

（1）斜齿轮传动的主要优点

1）传动平稳、噪声小。直齿齿轮啮合时，齿面接触线与齿轮的轴线平行，如图8-26a中的1—1、2—2、3—3、…所示。一对轮齿在整个齿宽上"全线"同时进入啮合或脱离啮合，作用力是突变的，传动平稳性差，容易产生冲击、振动和噪声。斜齿轮的啮合却从一端开始接触，随着齿轮转动，接触线从很短逐渐加长，在齿面的中部接触线最长，接着接触线逐渐缩短，然后两齿轮从另一端脱离接触，如图8-26b中的斜向线1—1、2—2、3—3、…所示。传动作用力是平缓出现、变化与消失的，因此传动平稳性好，噪声小。

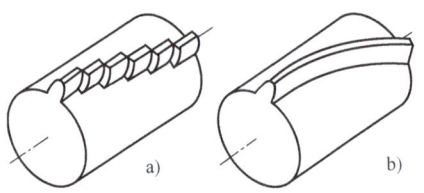

图8-25 斜齿轮的几何形成原理

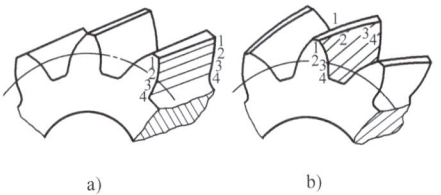

图8-26 齿轮啮合时齿面上的接触线
a）直齿轮 b）斜齿轮

2）承载能力强。直齿轮传动中只有1~2对轮齿处于啮合状态，每个齿的负荷较大。而斜齿轮传动中同时参与啮合的齿对较多，每个齿分担的负荷降低，整个齿轮的承载能力自然提高。另外，斜齿轮传动平稳，不易产生冲击和振动，也是提高承载能力的有利条件。

3）齿面磨损均匀。平稳进入接触、平稳退出接触的啮合过程，也使斜齿轮的齿面磨损较为均匀，因此有利于维持齿廓的形状、维持传动的准确稳定。

（2）斜齿轮传动的缺点与问题

1）传动中产生轴向推力。斜齿轮传动中齿轮受力情况如图8-27a所示：作用力F'垂直于轮齿齿面，因斜齿轮的轮齿与齿轮轴线成一个β角，作用力F'在齿轮轴线方向会产生一个分力F_a。这个轴向力具有把两个齿轮互相推离的趋势，如图8-27b所示。因此斜齿轮机构需要采用能承受轴向力的轴承。或者将两个螺旋方向相反的斜齿轮并成"人字齿轮"使用，使两个齿轮产生的方向相反的轴向力F_a互相抵消，如图8-27c、d所示。但两种解决轴向力问题的方法都不免增加制造成本。

螺旋角太小，斜齿轮的优点不能充分体现；螺旋角太大，则会产生较大的轴向力。一般斜齿轮螺旋角在8°~20°之间选取。

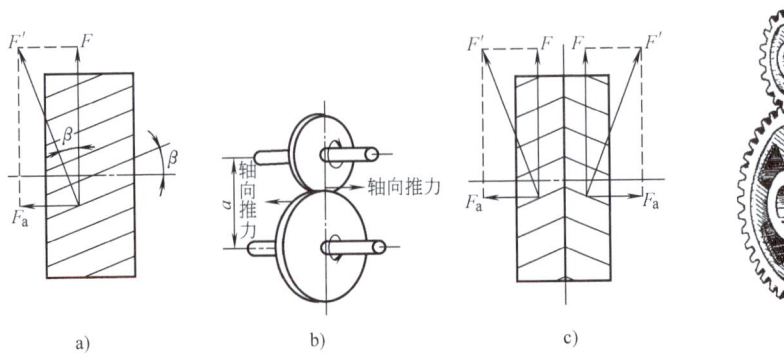

图8-27 斜齿轮及人字齿轮传动中的轴向力
a）斜齿轮上的轴向力 b）轴向力的影响 c）人字齿轮使轴向力抵消 d）人字齿轮传动

2）加工不如直齿轮简便，难达到较高的加工精度。

五、锥齿轮传动简介

1. 锥齿轮及其用途

锥齿轮轮齿的齿顶面、齿根面均为圆锥面，轮齿分布在圆锥体上，齿廓从大端往小端逐渐缩小，如图 8-15 所示。

锥齿轮传动用于传递两相交轴间的运动；传动的运动特性，类似于同一锥顶的两个圆锥体互相做纯滚动，如图 8-28 所示。在图 8-28 中两锥齿轮轴成 90°夹角，这是最常见的锥齿轮传动形式，称为正交传动。但对于任意交角的两根轴，采用锥齿轮进行传动都较为方便。

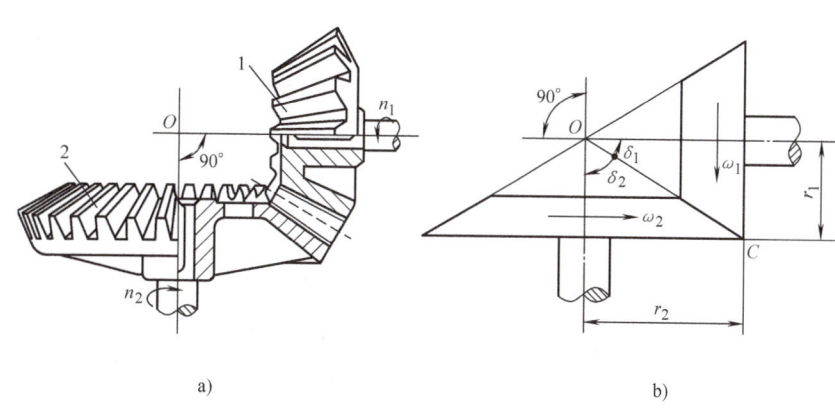

图 8-28　锥齿轮传动及其运动特性

锥齿轮的齿形有直齿、斜齿、曲线齿之分，如图 8-15 所示。其中曲线齿锥齿轮传动平稳、承载能力高，在现代汽车、坦克、飞机等高速、重载传动中被广泛采用。

2. 锥齿轮传动的传动比

锥齿轮以大端的参数为标准值，大端模数按 GB/T 12368—1990 选取。锥齿轮的各参数均以大端齿廓为依据进行定义与计算。

锥齿轮传动正确啮合的条件是：大端模数和压力角分别相等。

对于正交锥齿轮传动，即两轮分度圆锥角之和 $\delta_1+\delta_2=90°$，则传动比

$$i = \frac{n_1}{n_2} = \frac{z_2}{z_1} = \frac{d_2}{d_1} = \frac{\sin\delta_2}{\sin\delta_1} = \frac{\sin\delta_2}{\cos\delta_2} = \tan\delta_2 = \cot\delta_1 \qquad (8\text{-}16)$$

式中，n_1、n_2 为主动轮、从动轮的转速，单位为 r/min（每分钟的转数）；z_1、z_2 为主动轮、从动轮的齿数。

六、蜗杆传动简介

1. 蜗杆传动概述

蜗杆传动由互相啮合的蜗杆和蜗轮构成，用于传递空间两交错轴间的运动，交错角通常为 90°，如图 8-29a、b 所示。蜗杆传动中的主动件是蜗杆。

蜗杆传动有多种类型，下面仅简介常见的圆柱形阿基米德蜗杆传动。

1）阿基米德蜗杆的外形，像一根较短的梯形螺杆，如图 8-30a 所示。因此蜗杆也有右旋、左旋之分；有单头蜗杆、双头蜗杆、多头蜗杆等类型。

2）阿基米德蜗杆纵截面内的齿形，与渐开线齿条的齿形完全一样：标准齿形角 $2\alpha=40°$，如图 8-30a 所示（这就与梯形螺杆不同了，梯形螺纹国家标准中没有 40°的牙型角）。

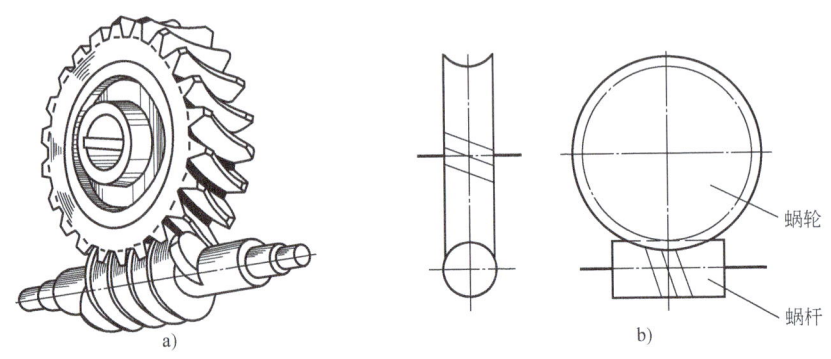

图 8-29 蜗杆传动的构成与功用

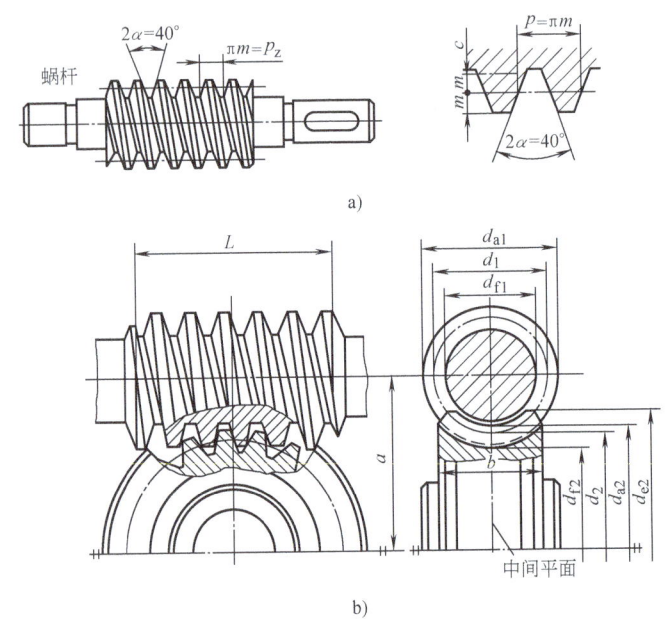

图 8-30 阿基米德蜗杆的几何特性与传动原理
a) 蜗杆　b) 蜗轮蜗杆的啮合关系

3) 蜗杆的齿距 p_z（相当于螺杆的螺距）则与齿条的齿距一样，为 $p_z = \pi m$（图 8-30a）。这里的 m 是蜗杆的模数，因 p_z 中含有一个因子 $\pi = 3.14159\cdots$，可见蜗杆的节距 p_z 是一个无理数。这与梯形螺杆有很大的不同，国家标准中螺纹的螺距都是较圆整的有理数。

4) 蜗轮外形与斜齿轮比较像，轮齿也是倾斜的，倾斜角度的大小等于蜗杆的导程角。在蜗轮齿圈的中分面内其齿形具有渐开线齿廓；但蜗轮的外缘不是圆柱面，而是一圈与蜗杆契合的弧形柱面，如图 8-30b 所示。

通过蜗杆轴线并与蜗轮轴线垂直的平面称为<u>中间平面</u>，如图 8-30b 所示。<u>蜗杆传动中，中间平面内蜗杆与蜗轮的啮合类似于齿轮齿条间的啮合。</u>中间平面上的参数取标准值。

2. 蜗杆传动的特点与应用

蜗杆传动的优点鲜明，缺点也突出，因此适用条件很明确。

（1）蜗杆传动的优点

1) 传动比大，结构紧凑。单级传动比常取 $i = 8 \sim 80$，在需要较大传动比的情况下，蜗杆传动结构的紧凑为其他传动形式所难以比拟。例如图 8-31a 所示较大传动比的单级蜗杆传动机构，与多级齿轮传动或多级带轮、齿轮组合传动的庞大机构相比，结构紧凑得多，这是蜗杆传动最鲜明的优点。

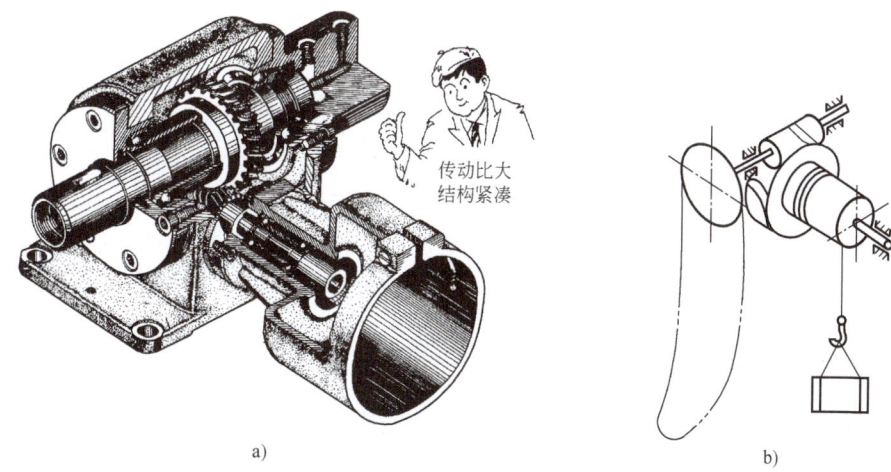

图 8-31 蜗杆传动的特点和应用举例
a) 单级蜗杆传动机构 b) 具有自锁性的手动葫芦

2) 与齿轮上互相分离的齿不同，蜗杆具有连续的螺旋齿形，因此传动平稳，冲击、振动与噪声都比较小。

3) 因蜗杆副的传动比大，可用于分度机构中得到高精度的微小转角分度。

4) 一般蜗杆的导程角较小，具有自锁性，即只能由蜗杆带动蜗轮，蜗轮不能反过来带动蜗杆。图 8-31b 所示为用蜗杆副的手动葫芦起重装置，利用蜗杆传动的自锁性，在操作者停止摇动时，能使重物停留在空中不会自动掉落。

（2）蜗杆传动的缺点

1) 机械效率低，一般 $\eta = 0.7 \sim 0.8$，有的自锁性蜗杆传动效率甚至更低，$\eta < 0.5$。

2) 传动中摩擦发热严重，齿面磨损快，需要有良好的散热、润滑条件，只适用于功率不超过 50kW 的小功率传动或间歇工作的设备。

3) 为减少磨损和摩擦，需用减摩性好的贵重有色金属制造蜗轮齿圈，齿面的加工粗糙度也有较高的要求，因而成本较高。

3. 蜗杆传动的主要参数与传动比

1) 蜗杆在中间平面内的模数称为<u>轴向模数</u>，用 m_{a1} 表示；蜗轮在中间平面内的模数称为<u>端面模数</u>，用 m_{t2} 表示。且 $m_{a1} = m_{t2} = m$，m 的大小应根据 GB/T 10088—1988（略）取值。

2) 蜗杆的分度圆直径 d_1 应根据轴向模数 m_{a2} 按 GB/T 10085—1988（略）的推荐值选取。

3) 在中间平面内蜗轮各参数的意义、名称均与齿轮类似，参看图 8-30b；各参数与齿数 z_2、端面模数 m_{t2} 的关系也与表 8-6 中的齿轮参数关系相同。

4) 蜗轮蜗杆正确啮合的条件是：蜗轮与蜗杆在中间平面内模数相等、压力角相等；在两轴交角为 90°时，蜗轮轮齿的螺旋角 β_2 与蜗杆导程角 γ 相等，旋向相同。

5) 蜗杆传动的传动比 i、蜗杆蜗轮的转速与蜗杆头数 z_1、蜗轮齿数 z_2 成反比

$$i = \frac{n_1}{n_2} = \frac{z_2}{z_1} \tag{8-17}$$

式中，n_1、n_2 分别为蜗杆、蜗轮的转速，z_1、z_2 分别是蜗杆的头数、蜗轮的齿数。

第四节 轮系与减速器

一、轮系

1. 轮系及其种类

打开汽车、机床的变速箱或钟表的后盖,可以看到很多对互相啮合的齿轮,它们或串联或并联形成系列。这种由若干对齿轮副(可能包含蜗杆副等)组成的传动系统称为轮系。轮系分以下两大类:

(1) 定轴轮系 轮系中所有齿轮(及蜗轮蜗杆等,下同)轴线的位置均固定不动的轮系称为定轴轮系。例如图 8-32a 所示为一种齿轮减速器中的轮系,因三个齿轮轴Ⅰ、Ⅱ、Ⅲ的轴线位置都是固定的,属于定轴轮系。

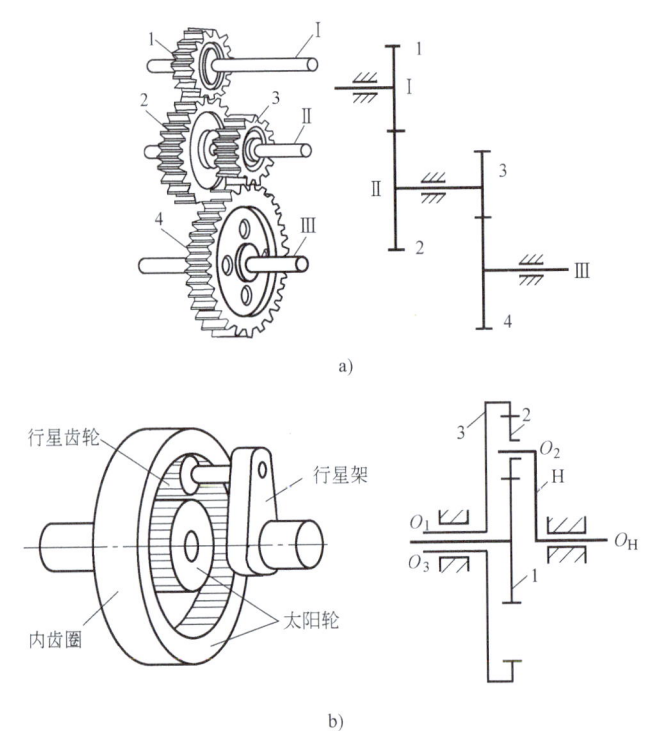

图 8-32 定轴轮系与周转轮系
a) 定轴轮系 b) 周转轮系

(2) 周转轮系 传动中至少有一个齿轮轴线绕其他齿轮的固定轴线回转的轮系称为周转轮系。例如在图 8-32b 所示的轮系中,外齿轮 1 的轴线 O_1 和内齿轮 3 的轴线 O_3 都是固定的,而齿轮 2 的轴线 O_2 是安置在行星架(也称为系杆)H 上的,在齿轮 2 绕本身轴线 O_2 转动的同时,轴线 O_2 还随行星架 H 一起绕轴线 O_H 转动(此例中 O_1、O_3 及 O_H 三者为同一轴线),这就是周转轮系。

在周转轮系中,轴线位置固定的齿轮称为太阳轮,如图 8-32b 中的 1、3 两齿轮。齿轮轴线绕其他轮轴转动的齿轮称为行星轮,如图 8-32b 中的齿轮 2。

周转轮系中还有行星轮系、差动轮系之分,它们的运动关系比定轴轮系复杂。本节仅简要讨论定轴轮系。

2. 轮系的功用

轮系使单对齿轮传动的功能得到了扩展，其主要功用如下：

（1）**获得大传动比** 一对齿轮的传动比一般不宜超过 5，否则大齿轮外径随传动比成比例增大，必导致整机的庞大与笨重，也会使小齿轮受力的循环次数比大齿轮多得多而易于损坏。轮系则通过一级一级的连续增速或减速，可达到很大传动比，满足相应的功能要求。

图 8-33 所示为二级齿轮减速器中的轮系，通过输入轴→中间轴、中间轴→输出轴的两级减速，获得较大传动比，其结构相当紧凑。

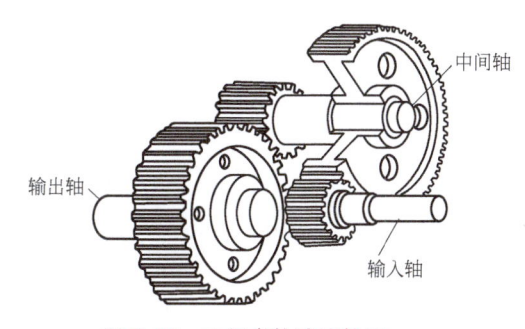

图 8-33 二级齿轮减速轮系

在钟表里，秒针与分针的传动比为 60，即秒针转 60 圈，分针转 1 圈，是一个小时；分针与时针的传动比为 12，即分针转 12 圈，时针转 1 圈，是 12 个小时。它们都是通过二级齿轮传动实现的。图 8-34 是钟表走时的传动系统，为了便于观察，将秒针画在了分针的外面。钟表的动力由发条提供，经齿轮驱动分针轴转动，在分针轴上有大小两个齿轮 1 和 5，分针大齿轮 1 通过齿轮 2-3-4，将运动传递给秒针，给秒针增速，增速比为 60；分针小齿轮 5 通过齿轮 6-7-8，将运动传递给时针，给时针减速，减速比为 12。游丝与擒纵机构控制秒针的速度，决定钟表走时的精度。

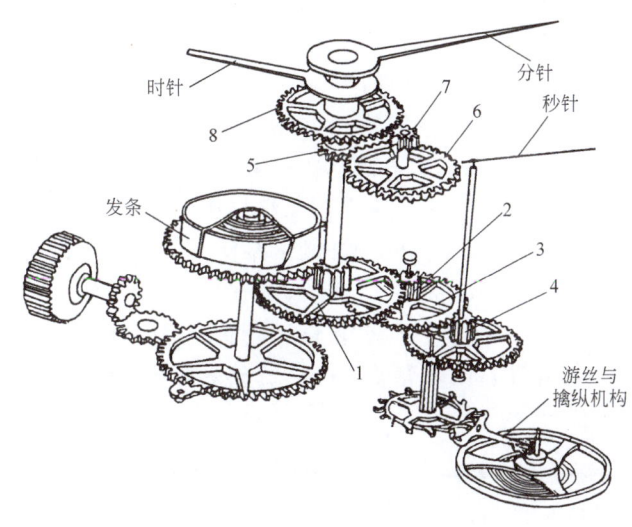

图 8-34 机械钟表里的多级齿轮传动

1—分针大齿轮 2—中间小齿轮 3—中间大齿轮 4—秒针小齿轮
5—分针小齿轮 6—中间大齿轮 7—中间小齿轮 8—时针齿轮

（2）**实现变速、换向传动** 图 8-35 是某汽车变速箱里的轮系，轴Ⅰ是输入轴，花键轴Ⅱ是输出轴，D 是离合器（图 8-35b），还有一根中间轴Ⅲ，在轴Ⅲ的固定位置安置着齿轮 2、3、4 和 5；轴Ⅱ上有带半离合器的齿轮 8 和双联齿轮 6、7，齿轮 6、7 可以沿花键轴Ⅱ的轴线滑动移位。这个轮系可以得到四种不同的传动比，实现四个档位的变速输出：

1）向左移动半离合器和齿轮 8，让离合器 D 接合，输出轴直接由输入轴带动。

在离合器分离状态下，传动经由输入轴→中间轴→输出轴完成，通过移动齿轮 8 或齿轮 6、7，从以下三条传动路径得到另外三种不同的输出转速：

2）齿轮 1、2 啮合使中间轴Ⅲ转动，齿轮 3、8 啮合再使输出轴Ⅱ转动。

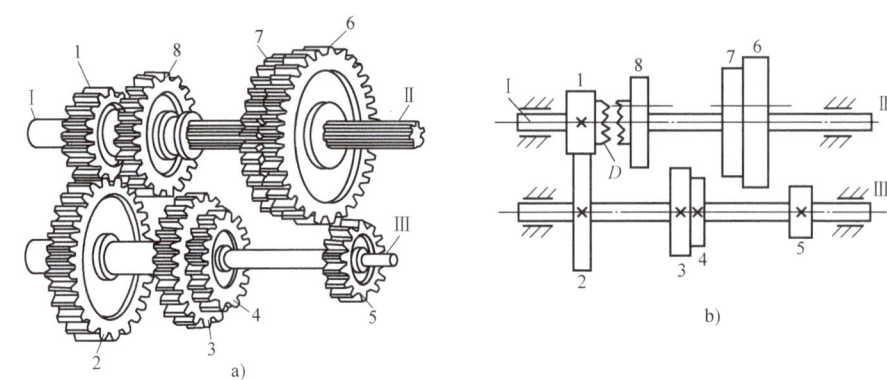

图 8-35 可实现变速传动的轮系

3) 齿轮 1、2 啮合使中间轴Ⅲ转动,齿轮 4、7 啮合再使输出轴Ⅱ转动。
4) 齿轮 1、2 啮合使中间轴Ⅲ转动,齿轮 5、6 啮合再使输出轴Ⅱ转动。

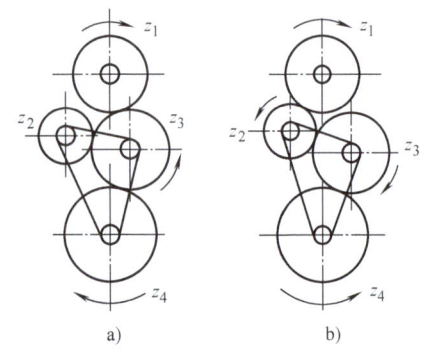

图 8-36 用于换向的三星轮机构

图 8-36 是常用的简单换向输出轮系,因其中齿轮 z_2、z_3、z_4 的三根轴的位置互相固定而称为三星轮机构。当三星轮处于图 8-36a 所示位置时,输出轮 z_4 的转向与输入轮 z_1 相同,而当三星轮切换到图 8-36b 所示位置时,输出轮 z_4 的转向与输入轮 z_1 就相反了,达到了换向的目的。图 8-36 上已将传动中各齿轮的转向用箭头标出,容易理解,无须解释。

值得注意的是:互相啮合的两个外齿轮的转向总是相反的,每增加一个外啮合中间轮,传动旋转方向反转一次;图 8-36a 中的传动经过了一个中间轮,而图 8-36b 中的传动经过了两个中间轮,因此两种情况下齿轮 z_4 的转向不同。传动线路中的这种中间轮特称为惰轮,它只改变它后面齿轮的转向,而不影响后面齿轮的转速。

(3) 实现多路传动 图 8-37a 是车床车削螺纹机构的部分传动路线:轴Ⅰ的转动通过齿轮 1、3 传动使车床主轴Ⅱ转动,这是一条输出路径。同时又通过齿轮 2、4 传动使轴Ⅲ转动,轴Ⅲ可把运动继续传动下去带动刀架移动,这是另一条输出路径。图 8-37b 是多头钻孔机床的传动示意图,图中轴Ⅰ上的齿轮 1 可同时带动齿轮 2、3、4、5 转动,使安装在轴Ⅱ、Ⅲ、Ⅳ、Ⅴ四根轴头的麻花钻都同时转动起来钻孔。

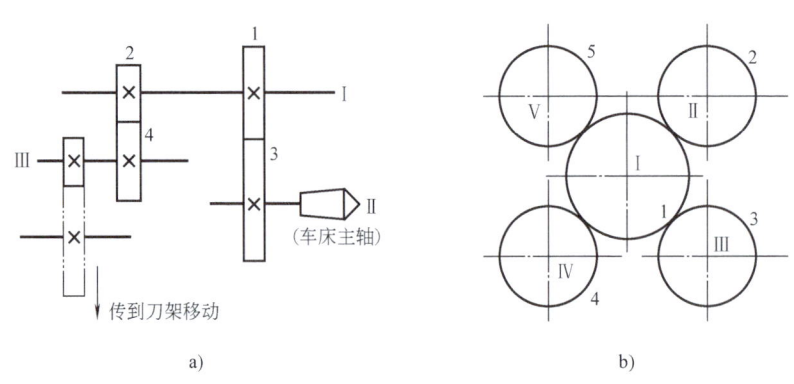

图 8-37 多路输出的轮系
a) 车床车削螺纹的传动机构 b) 多头钻孔机床的传动机构

(4) 实现较大距离的齿轮传动 上一节曾讲到,齿轮副"不适用于相距较远两轴间的传动"。原因在于齿轮是直接接触的传动,两轴距离大了,两个齿轮就需要很大;不像带传动、链传动两轮间由带或链进行连接。但这个问题可以用增加中间轮的方法来解决,如图8-38所示。在两轴距离相同的条件下，若将双点画线所示的一对齿轮传动方案，改为实线所示加有两个中间轮的轮系传动方案，显然所占空间可缩小很多，结构重量将大为减轻。

除定轴轮系具有以上的主要功用外，周转轮系还有运动的合成与分解的功用，并能以更紧凑的结构获得更大的传动比，需进一步了解可参阅其他书籍。

3. 定轴轮系的传动比

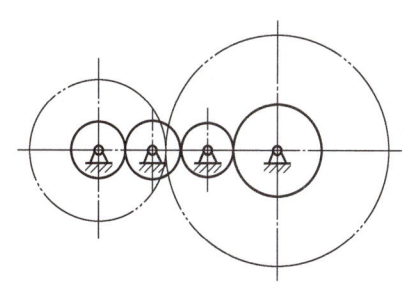

图8-38 采用轮系实现较大距离的传动

轮系的传动比，指轮系中输入轴转速与输出轴转速之比，也就是轮系中始端主动轮与末端从动轮的转速之比。如始端主动轮编号为1，末端从动轮编号为k，则轮系的传动比表示为i_{1k}

若输入、输出轴的旋转方向相同，传动比为正值；两者转向相反，传动比为负值。

定轴轮系的传动比i_{1k}可由下式表示

$$i_{1k}=(-1)^m\frac{所有从动轮齿数的乘积}{所有主动轮齿数的乘积} \qquad (8-18)$$

式中，m为轮系中外啮合齿轮的对数。

例8-4 图8-39所示轮系中各齿轮的齿数如下：$z_1=24$，$z_2=36$，$z_{2'}=20$，$z_3=80$，$z_{3'}=18$，$z_4=24$，$z_5=30$。试计算该轮系的传动比。

解 在图8-39所示的轮系中，共有三对外啮合的齿轮，即$m=3$。

根据式（8-18），该轮系的传动比为

$$i_{15}=(-1)^3\frac{z_2 z_3 z_4 z_5}{z_1 z_{2'} z_{3'} z_4}=-\frac{36\times80\times24\times30}{24\times20\times18\times24}=-10$$

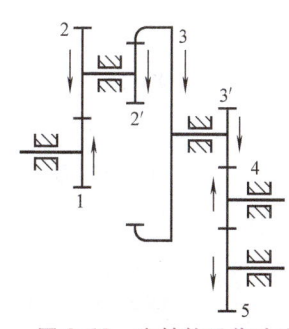

图8-39 定轴轮系传动比计算例8-4

注意：图8-39中的齿轮4是个惰轮，在齿轮3′→齿轮4的传动副中它是从动轮，在齿轮4→齿轮5的传动副中它又是主动轮，因此在传动比计算公式里，它的齿数既出现在分子中，又出现在分母中，互相可以消掉。这就是前面所说"惰轮不影响轮系传动比"的道理，计算传动比时可以不考虑它的齿数。但外啮合惰轮的存在增加了啮合齿轮的对数，因此它改变传动比的正负号。

若定轴轮系中包含锥齿轮副、蜗杆副，则轮系中存在互不平行的轴线，各轮的转动方向将不能用简单的正负号来表示。此时可以在轮系的传动简图上，先用箭头标示出始端主动轮的某一转动方向，然后按传动路线逐个地分析判断各轮的转动方向，用箭头逐个加以标示，直到最后，确定出末端从动轮的转动方向。

例8-5 试用箭头标示出图8-40中各轮的转动方向。

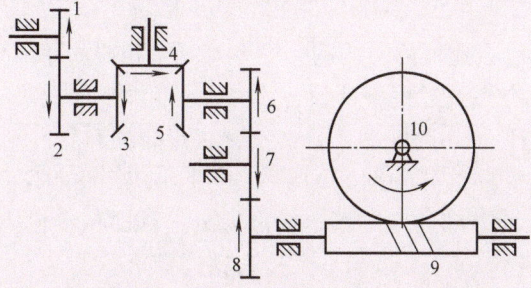

图8-40 定轴轮系中各轮转动方向判断例8-5

解 始端主动轮 1 的转向可任意设定，用箭头做出标示，然后逐个分析判断，直至画出表示蜗轮 10 的转动方向，如图 8-40 所示。这里不一一解释，但读者应自行做一全程的分析尝试。

二、减速器

1. 减速器的类型

汽车和机床里都有变速箱，用于把原动机（汽车里的内燃机、机床里的电动机）的动力和运动经过变速传递到执行部分去。汽车是大量生产的产品，为每一型号的汽车专门设计适配的变速箱，不但必要，从设计、研制、生产来看也是可行的。更多的产品情况则与此不同，例如动态展示、动态橱窗以及游乐园里乘载游客在空中、地面、水面活动的车、船与器械等，由于生产批量有限，设计、研制的工作应该集中在该产品的特有功能上，不宜为减速机构的设计、研制投入大量的时间和精力，正如生产台灯的企业并不自行生产灯泡那样。作为标准系列产品的减速器，正可以适应这样的需求。

我国已经制定了一系列有关减速器的技术标准，有国家标准（GB），也有专业标准（ZBJ 等）。专业厂家按相关标准生产的系列减速器，成本低，质量可靠，可供产品设计者选购，有利于缩短产品开发周期，降低产品的研制、生产成本。

图 8-41 所示为常见齿轮减速器（含蜗杆减速器）的结构简图。

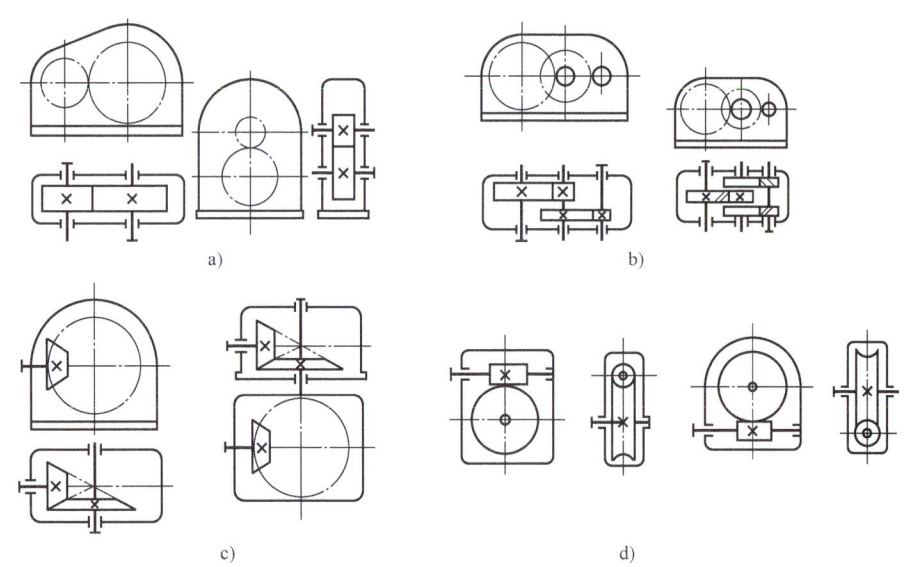

图 8-41 齿轮减速器的常见类型
a) 单级圆柱齿轮减速器 b) 二级圆柱齿轮减速器 c) 锥齿轮减速器 d) 蜗杆减速器

图 8-42a 是单级圆柱齿轮减速器的结构图，图 8-42b 是相应的立体分解简图。

常见齿轮减速器的主要特点及适用条件如下：

（1）单级圆柱齿轮减速器 一般传动比 $i \leqslant 8$；有直齿轮的和斜齿轮的两种，后者可适应较高的转速；还有卧式与立式之分（图 8-41a），可适用于产品的不同结构要求。

（2）二级、三级圆柱齿轮减速器 二级圆柱齿轮减速器的传动比为 $i = 8 \sim 60$，三级圆柱齿轮减速器的传动比为 $i = 40 \sim 400$，可满足大传动比的要求。

（3）锥齿轮减速器 用于两相交轴间的传动，单级传动比 $i \leqslant 10$；二级、三级锥齿轮减速器的传动比较大，其中的第二、第三级多采用圆柱齿轮传动。

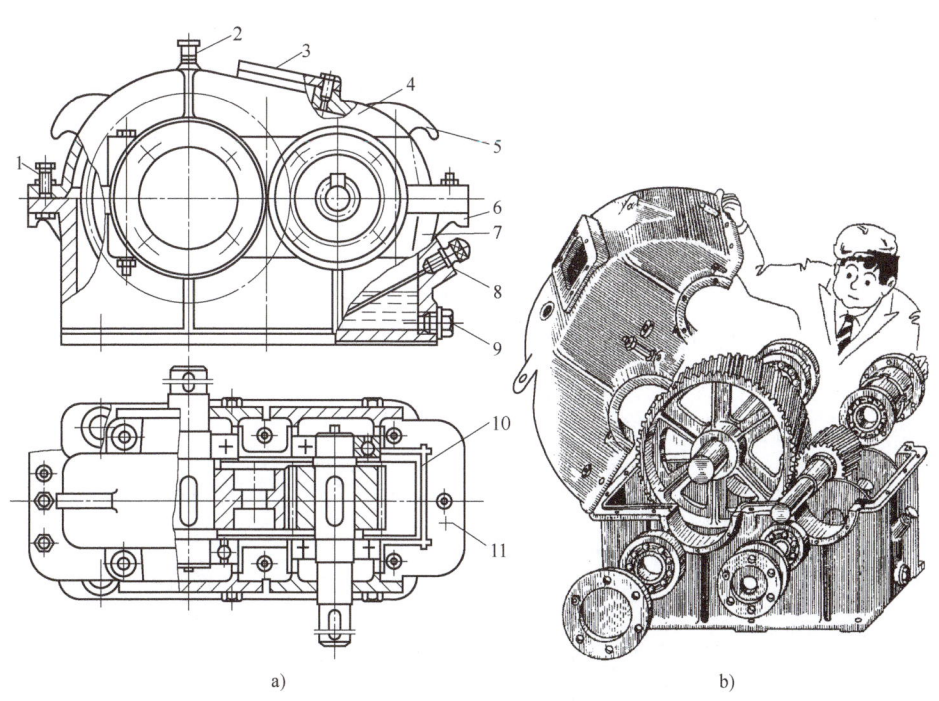

图 8-42 单级圆柱齿轮减速器的结构
a) 结构图 b) 立体分解简图
1—螺栓 2—通气孔 3—视窗盖 4—箱盖 5—吊耳 6—吊钩 7—箱座
8—油标尺 9—油塞 10—集油沟 11—定位销

（4）蜗杆减速器 单级蜗杆减速器的传动比可高达 $i=80$（若传递功率较大以 $i \geq 30$ 为宜），具有传动比较大、结构又紧凑的优点，但发热严重，不适用于大功率的传动。

2. 减速器的选用

选用标准减速器时要考虑的主要参数有：传动比、功率、结构尺寸（中心距、安装尺寸、减速器外轮廓等）、高速级齿轮的最高转速、齿轮的圆周速度与结构形式等。

由于减速器的品种、规格、型号非常多，从技术标准里查到的型号并不一定都能立即从市场上顺利买到。遇到这种情况，可与专业厂家联系订制订购。

第五节 液压传动简介

一、液压传动的原理和组成

1. 液压传动的原理

液压千斤顶是最常见也是最简单的一种液压器具，现通过对它的分析来简介液压传动的基本原理。

图 8-43 是液压千斤顶的液压系统简图，其工作原理如下：上抬操作手柄 1，小活塞 2 在小液压缸 3 中上升，密封的小液压缸下腔工作容积增大，油压减小，使单向阀 4 开启而单向阀 5 封闭，于是油池 10 中的油液通过单向阀进入小液压缸 3 的下腔，完成一次吸油过程。接着下压操作手柄 1，推动小活塞 2 向下运动，小液压缸 3 下腔工作容积减小，油压加大，使单向阀 4 关闭而单向阀 5 被顶开，于是小液压缸 3 中的油液通过油管挤进大液压缸 6 的密封下腔，推动大活塞 7 上升，从而将重物 8 顶起一段距离。如此反复上提下压

操作手柄 1，即可将重物 8 慢慢顶起来。

提升重物的工作结束后，将放油阀 9 旋转 90°使该油管成接通状态，在大活塞 7 及油液本身的重力作用下，大液压缸 6 下腔中的油液流回油池 10，大活塞 7 下降到原始位置。

从液压千斤顶的工作过程可知，液压传动的工作原理是：以不可压缩的液体为介质，通过控制密封容积的变化，使压力液体按预定通路流动来传递动力。

2. 液压传动系统的基本组成

与手动操作的液压千斤顶不同，现代液压传动系统的特征是：以液压泵为动力源，能自动连续地完成工作循环。图 8-44 是经简化的工作台往返液压传动系统，其工作过程如下。

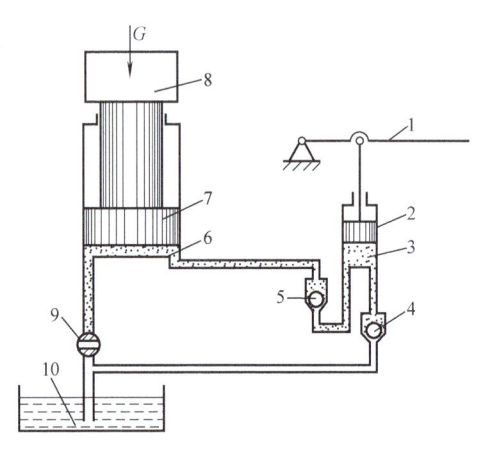

图 8-43　液压千斤顶的液压系统

1—操作手柄　2—小活塞　3—小液压缸　4、5—单向阀
6—大液压缸　7—大活塞　8—重物
9—放油阀　10—油池

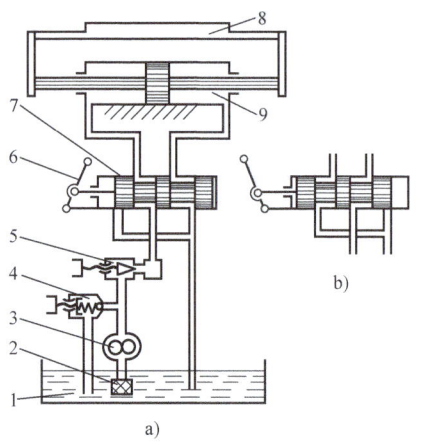

图 8-44　工作台往返的液压传动系统

1—油箱　2—过滤器　3—液压泵　4—溢流阀
5—节流阀　6—换向阀手柄　7—换向阀
8—工作台　9—液压缸

电动机（图中未画出）接通，带动液压泵 3 旋转，油液从油箱 1 中吸出并经过滤器 2 对油进行过滤；清洁的液压油经过节流阀 5、换向阀 6 进入液压缸 8；在图 8-44a 中，换向阀手柄 9 扳到靠右的位置，液压油的通路为经换向阀进入液压缸 8 的左腔，于是液压油推动液压缸 8 中的活塞连同工作台 7 向右移动。这时，液压缸 8 右腔中的油液通过换向阀 6 经回油管排回油箱。

如果将换向阀手柄 9 扳到左边位置，换向阀处于图 8-44b 所示状态，则液压油经换向阀 6 进入液压缸 8 的右腔，液压油将推动活塞连同工作台 7 向左移动。这时，液压缸 8 左腔中的油液通过换向阀 6 经回油管排回油箱。

调节节流阀 5 的开度，可以调节它后面管路中液压油的流量，从而控制工作台的移动速度：加大开启节流阀 5 的阀门就可提高工作台的移动速度。因为由液压泵 3 抽来的油经节流阀 5 输出的流量有大有小，必有部分剩余不能进入工作管路，剩余的油液可通过溢流阀 4 排回油箱 1。调节溢流阀 4 的工作压力，可以使管路、液压缸中的油液获得必要、稳定的油压，以适应液压系统末端执行机构（在本例中是工作台）不同工作阻力的需要。

从这个实例可以看出，液压系统一般由以下四个部分组成：

（1）**动力元件**　指液压泵，是系统的动力源，为液压系统提供液压油。

（2）**执行元件**　指液压缸、液压马达，作用是在液压油推动下输出力（力矩）和运动（移动、转动），以驱动工作部件，实现系统功能。

（3）**控制调节元件**　指各种阀类元件，如溢流阀、节流阀、换向阀、单向阀、伺服阀等，作用是控制系统中油液的压力、流量和流向。

（4）**辅助元件** 如油箱、油管、滤油器、压力计等。

二、液压传动的特点

与机械传动、电气传动比较，液压传动有以下优点：

1）传动平稳，便于实现频繁换向和防止过载。

2）易于获得很大的工作力或工作力矩。

3）易于在较大的范围内实现无级变速。

4）便于采用电液联合控制，实现自动化。

5）液压元件已经实现了一定的系列化、标准化、通用化，便于选用。

液压传动的缺点主要有：

1）泄漏难以完全避免，不能获得精确的传动比。

2）由于工作中油温和黏度的变化、油液中渗入空气、渗油等原因，难免造成执行机构出现一定程度的运动波动，并由此引起相应的振动、噪声等。

3）制造、安装要求较高，维修保养、故障分析与排除均需要较高的技术。

4）液压传动的机械效率不高。

建筑工地上挖掘机的工作需要工作力大，又要进行频繁的换向操作，还要求能在过载时（例如铲斗遭遇又硬又大的物体时）不损坏机器，所以正适合采用液压传动。图 8-45a 为挖掘机的示意图，其动臂、斗杆和铲斗就分别由三个液压缸活塞来驱动，操作灵活方便。图 8-45b 为推动液压缸活塞伸缩的液压传动原理图，实际上与图 8-44 中的工作台驱动系统基本相同，只不过液压缸和活塞杆按挖掘机的工作需要安装成不同的斜向角度。

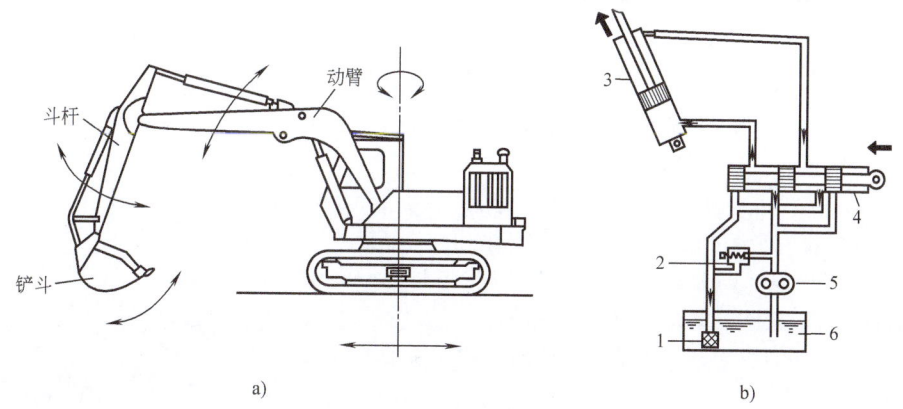

图 8-45 挖掘机及其液压操纵系统
a）挖掘机示意图 b）挖掘机的液压操纵系统
1—过滤器 2—安全阀 3—液压缸 4—控制阀 5—液压泵 6—油箱

参考资料 常用机械传动形式的性能对比

本章介绍了常用的机械传动形式，它们各有所长又各有所短，适用的工作条件也因此互不相同，现将它们的优缺点、主要性能参数列于表 8-9 中，便于读者对比，获得较为系统的了解，供设计选用时参考。

表 8-9　常用机械传动形式的优缺点及主要性能参数

传动形式	主要优点	主要缺点	功率/kW	单级传动比	线速度 /m·s^{-1}	机械效率 (%)
带传动	中心距范围大,可用于较远距离的传动,传动平稳,能过载保护,结构简单,成本较低	传动比不恒定,外廓尺寸大,轴和轴承承受较大径向力,带的使用寿命不长	平带≤1500 常用≤30 V带≤750 常用≤75	平带≤5 V带≤8 常用2~4	平带≤30 V带≤30	平带94~98 V带95
链传动	中心距范围大,可用于较远距离的传动,能适应高温、油、酸等恶劣环境,工作中径向力小	瞬时传动比不均匀,速度较高时冲击、振动、噪声较明显,在空间布置上的限制条件较多	≤4000 常用≤100	最大7 常用2~4	≤35 常用12~15	92~97
齿轮传动	传动比精确、恒定,功率和圆周速度的范围很宽,能实现空间任意两轴间的传动,结构紧凑,效率较高,应用最广泛	制造和安装精度要求较高,不适距离较远两轴的传动,不能缓冲	直齿≤750 非直齿≤5000	圆柱齿轮≤8 锥齿轮≤5	6级精度 直齿轮≤18 非直齿轮≤25	圆柱齿轮 7级精度98 8级精度97 圆锥齿轮 7级精度97 8级精度96
蜗杆传动	在小外廓尺寸下能获得大传动比,传动比恒定,传动平稳,无噪声,能自锁	效率低,工作发热严重,能传动的功率较小,加工要求高,成本较高	≤300 常用≤50	≤80	≤15	自锁≈43 单头≈73 双头≈79 多头≈87
螺旋传动	实现旋转→移动运动变换且获得大轴向力的简单机构,平稳,无噪声,传动比大,精度高,能自锁	机械效率低,磨损快,运动速度也低	小		低	30~60

习题与作业

8-1　1) 写出下列 V 带标记　① Z 型, 基准长度 630mm　② A 型, 基准长度 1120mm
　　2) 写出下列滚子链标记　① A 系列, 节距 12.7mm, 单排, 84 节
　　　② A 系列, 节距 25.4mm, 双排, 98 节
　　3) 找一条自行车链条来进行实测, 写出它的标记。

8-2　参照图 8-7b 与表 8-3 的表图, 绘制一张 V 带轮的尺寸设计图, 其参数如下: 直径 $d=100$mm, 孔径 $d_z=18$mm, A 型 V 带, 两根。
　　要求: 1) 按机械制图的准确比例绘制 (建议采用 1:1 的比例)。
　　2) 表 8-3 表图中的尺寸符号均应标注为实际的尺寸。

8-3　V 带的楔角是 40°, 为什么带轮的轮槽角有 32°、34°、36°、38°的不同? 在用于减速的 V 带传动中, 主、从动轮的轮槽角哪一个小些? 为什么?

8-4　试分析说明: 1) 自行车上采用链传动而没有采用带传动、齿轮传动的理由。
　　2) 洗衣机里采用带传动而没有采用链传动、齿轮传动的理由。
　　3) 机动车变速箱、钟表里采用齿轮传动而没有采用带传动、链传动的理由。

8-5　链传动的布置如图 8-46a、b、c、d 所示, 请判断: 四种情况下主动轮的合理转向应该是顺时针还是逆时针? 阐述理由。

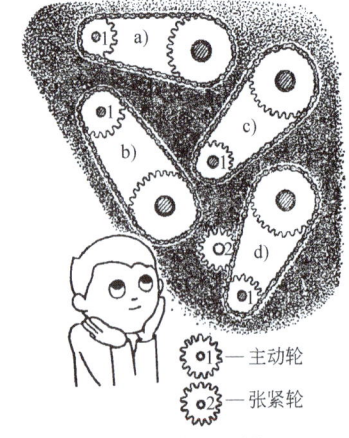

图 8-46　题 8-5 图

8-6 一对外啮合的渐开线标准直齿圆柱齿轮，已知模数 $m=1.5\text{mm}$，小轮、大轮齿数 $z_1=30$、$z_2=75$，正常齿制。试求：两轮的分度圆直径 d_1、d_2，齿顶圆直径 d_{a1}、d_{a2}，齿根圆直径 d_{f1}、d_{f2} 以及两轮的中心距 a。

8-7 已知一标准直齿圆柱齿轮传动的中心距 $a=150\text{mm}$，主动轮齿数 $z_1=20$，模数 $m=3\text{mm}$，转速 $n_1=1450\text{r/min}$。试求：从动轮的齿数 z_2、转速 n_2 及传动比 i。

8-8 已知一标准直齿圆柱齿轮传动的传动比 $i=3.5$，模数 $m=2.5\text{mm}$，两齿轮齿数之和 $z_1+z_2=99$。试求：两轮分度圆直径 d_1、d_2 和中心距 a。

8-9 一对标准安装的外啮合渐开线直齿圆柱齿轮，已知中心距 $a=100\text{mm}$，传动比 $i=3$，模数 $m=2.5\text{mm}$，正常齿制。试求：两齿轮的齿数 z_1、z_2，分度圆直径 d_1、d_2，齿顶圆直径 d_{a1}、d_{a2} 以及齿根圆直径 d_{f1}、d_{f2}。

8-10 一对正交传动的锥齿轮，主动小锥齿轮的齿数 $z_1=30$，转速 $n_1=200\text{r/min}$，从动大锥齿轮的齿数 $z_2=50$，试求：

1）大锥齿轮的转速 n_2。

2）两锥齿轮的分度圆锥角 δ_1、δ_2。

8-11 图 8-47 中的蜗杆 1 是单头蜗杆，即 $z_1=1$，蜗轮 2 的齿数 $z_2=45$，鼓轮 3 的外径 $D_0=400\text{mm}$，现用 $n_1=60\text{r/min}$（每分钟 60 转）的转速手摇蜗杆轴，试求：重物每分钟提升的距离 s。

8-12 图 8-48 所示时钟齿轮传动结构由 4 个齿轮组成，已知 1、2、4 齿轮的齿数分别为 $z_1=8$，$z_2=32$，$z_4=24$，其中分针与 1 轮轮轴固定，时针与 4 轮轮轴固定，试求 3 轮的齿数 z_3。

8-13 已知图 8-49 所示轮系中各轮的齿数为：$z_1=15$，$z_2=45$，$z_{2'}=15$，$z_3=30$，$z_{3'}=17$，$z_4=34$。试求：传动比 i_{14}，并判断 1、4 两轮的转向是相同或相反。

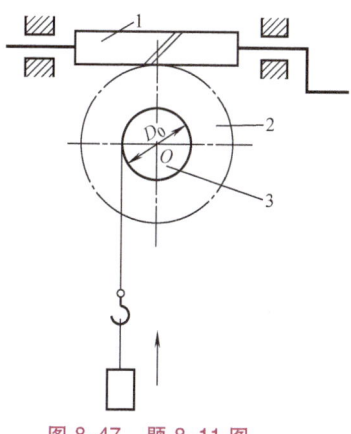

图 8-47 题 8-11 图

1—蜗杆 2—蜗轮 3—鼓轮

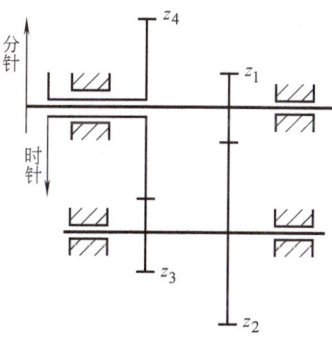

图 8-48 题 8-12 图

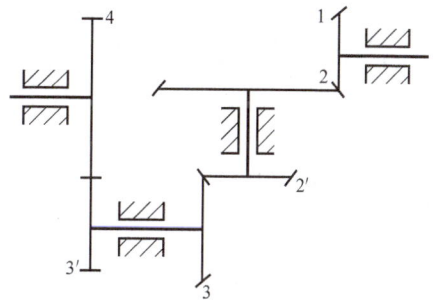

图 8-49 题 8-13 图

附　录

附录 A　机械设计基础综合作业

综合作业有以下三种类型，每个学生任选一种类型里的一个题目完成作业即可。

第一类：撰写产品结构的分析报告。

第二类：绘制产品结构图。

第三类：制作产品机构的可动模型

安排几种类型的综合作业的目的是：第一，让学生按兴趣和特长进行选择，有利于本人潜能的发挥；第二，适应各校、各专业课程设置不同的现实。

第一类作业不涉及选修课，学完本教材就能做，是适应面广的基本作业类型。

第二类、第三类作业，有利于和机械制图、设计素描、模型制作等课程的学习相结合。

附录 A.1　第一类综合作业　撰写产品结构的分析报告

一、作业要求

1. 进行实物的调研剖析

作业题中无论是否给了参考图，学生都要自己寻找产品实物，分解拆卸进行剖析。"分析报告"必须根据实物来撰写，不应"虚拟"。

2. 分析报告的内容

产品不同，分析报告不可能千篇一律，但都应该包含以下三方面的内容：

（1）产品结构与功能原理的说明　"分析报告"就像一份详尽的产品说明书，基本内容应包括工作原理、结构组成、使用维护等。分析报告必须图文结合。图的类型不限，立体图、平面图、机构运动简图、示意简图均可结合应用，以"陌生者"容易明白为准。可参考本书附录 B 中的图样。

分析中可以不涉及电工、电子技术；产品中如有电动机、绕组、电路板、带芯片的元件部件等，在插图中均以一个轮廓方框表示即可。

（2）机械技术要点的阐述　随具体产品而不同，在材料选择、连接方式、机构功能、传动形式、零件加工工艺等方面，选择 3~5 个重点技术要点加以分析阐述。

（3）提出替代的、改进的设计构思　任何功能都可用不同的结构来实现。分析报告中应提出产品现有结构的替代方案、产品局部或整体的改进设计构思。

3. 其他方面

1) 说明文字达意、顺畅、简洁,纲目层次清楚。打印手写均可,手写稿不得潦草。图形绘制规整、线型清楚、幅面干净、不存留明显的涂改痕迹。图面上的字符(汉字、字母、数字)按印刷体的要求打印或填写。

2) 采用 A4 纸张,编制页码,制作简朴封面,装订成册。

3) 作业优劣与篇幅不存在对应关系。考虑到学生们常提出这样的问题:"一份作业大概多少字?"这里做一个参考性的回应:多数同学的作业可能在 1500～4000 字的范围内,外加必要的插图。应该说明的是:作业与其他文稿一样,只要能表达清楚,简短比冗长好。

二、参考作业题

A1　一款计算机键盘的结构分析(附图 A-1)

附图 A-1　题 A1、B1 图:计算机键盘

A2　一款(计算机外设)打印机外壳部分的结构分析(附图 A-2)

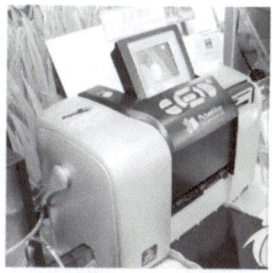

附图 A-2　题 A2 图:打印机

A3　一种卫生间换气扇的机械结构分析(附图 A-3)

附图 A-3　题 A3、B2 图:换气扇

A4　一款电话机外壳部分的结构分析（附图 A-4）

附图 A-4　题 A4、B18 图：电话机机壳

A5　一种磅秤（体重磅秤或商用磅秤）外壳部分的结构分析（附图 A-5）

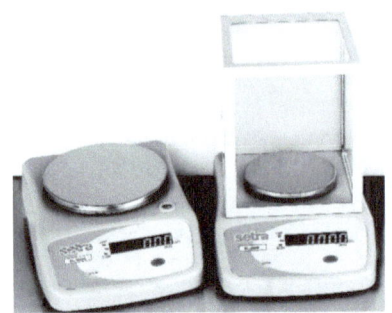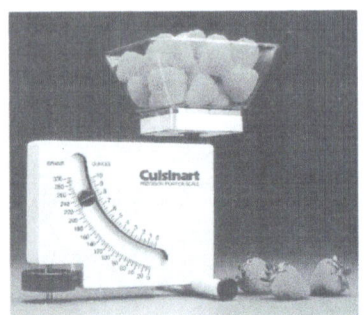

附图 A-5　题 A5、B3 图：磅秤

A6　一种家用饮水机外壳部分的结构分析（附图 A-6）

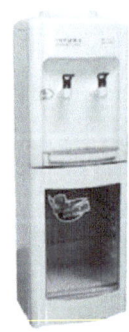

附图 A-6　题 A6：饮水机

A7　一种（或两种）自行车锁的结构分析（附图 A-7）

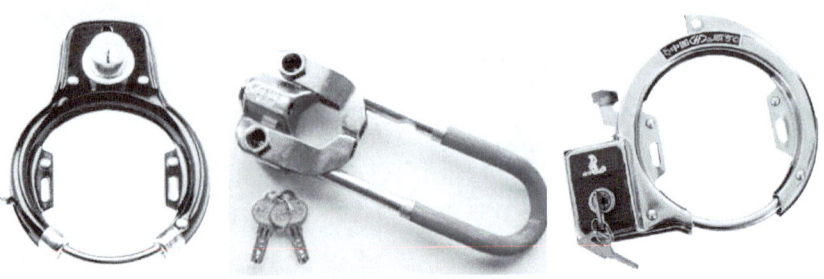

附图 A-7　题 A7、B4 图：自行车锁

A8　一种（或两种）门锁（撞锁）的结构分析（可参考附图 B-5）

A9　一种旱冰鞋的结构分析（附图 A-8）

A10　一种平路滑板的结构分析（附图 A-9）

附图 A-8　题 A9、B6 图：旱冰鞋

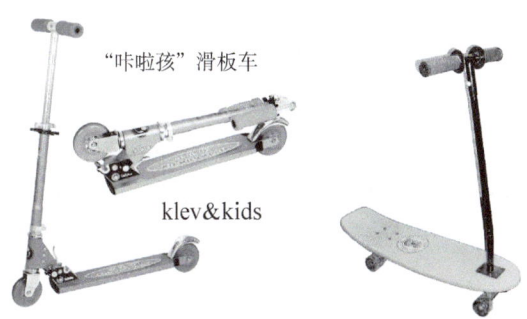

附图 A-9　题 A10 图、B7：滑板

A11　一款幼儿脚踏车的结构分析（附图 A-10）

附图 A-10　题 A11 图：幼儿脚踏车

A12　一种石英钟的结构分析（不包括机芯部分）（附图 A-11）

附图 A-11　题 A12、B8 图：石英钟

A13　一款分类垃圾箱的结构分析（附图 A-12）

附图 A-12　题 A13、B19 图：分类垃圾箱

A14　一种（医院病房、宾馆、餐馆用）室内推车的结构分析（可参考图 5-43）

A15　一种便携旅游小车的结构分析（附图 A-13）

A16　两种开关的结构分析与对比（可参考附图 B-6、附图 B-7）

A17　一种（或两种）室外健身设施的结构分析（可参考图5-47）

A18　儿童游乐场一种架空单轨脚踏车的机械结构分析（只分析脚踏车与轨道的连接机构，不涉及上部车架、把手、鞍座等部分）（附图A-14）

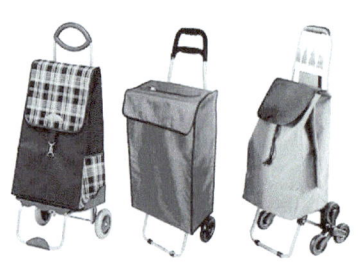
附图A-13　题A15、B9图：便携旅游小车

附图A-14　题A18图：架空单轨脚踏车

A19　两（或三）款折叠家具（桌、椅、床、柜等）的折叠机构（附图A-15及图5-41）

附图A-15　题A19、B10图：折叠家具

A20　一种（或两种）可拆式（或组装式）展架的结构分析（附图A-16）

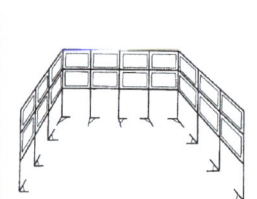

附图A-16　题A20、B11图：可拆可组装展架

A21　一种（或两种）室内射灯、壁灯及其支架的结构分析（可参考图5-45）

A22　一种城市建筑景观射灯支座的结构分析（附图A-17）

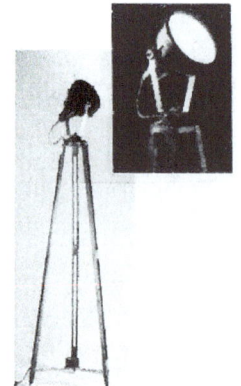

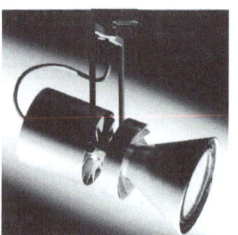
附图A-17　题A22、B13图：建筑景观射灯支座

A23 一种小型手动装钉机的结构分析（附图 A-18）

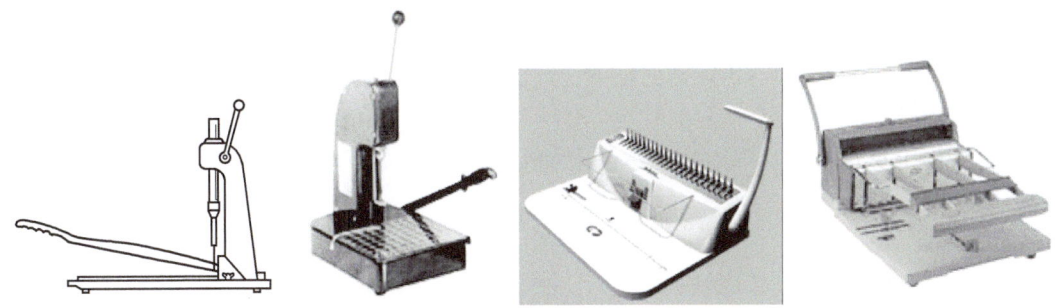

附图 A-18 题 A23、B14 图：小型手动装订机

A24 一款自行车气筒的结构分析（附图 A-19）

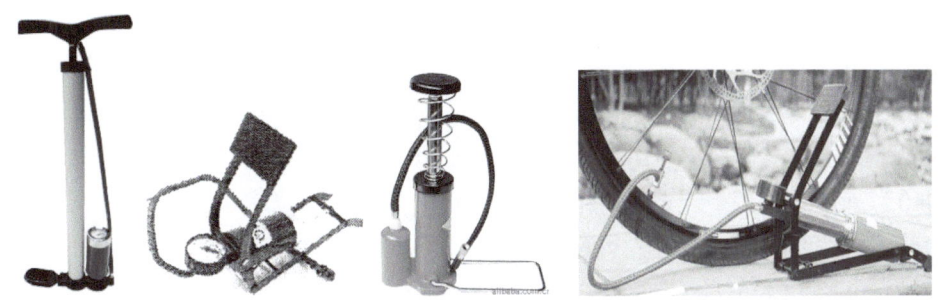

附图 A-19 题 A24、B17 图：自行车气筒

A25 一款钓具的结构分析（附图 A-20）

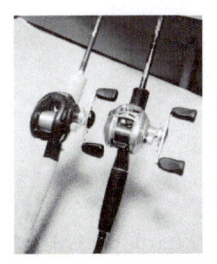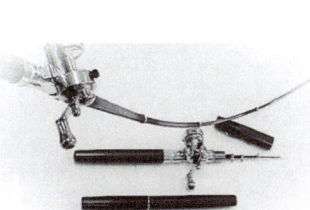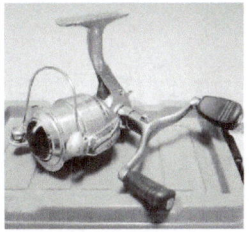

附图 A-20 题 A25 图：钓具

A26 某公告栏的结构分析（可参考图 5-9a）

附录 A.2 第二类综合作业 绘制产品结构图

一、作业要求

1. 依照实物细致地画出产品结构

作业题中无论是否有参考图，学生均应自找产品实物，依照实物绘制结构图。为了绘制正确、具体、细致，一般应把产品拆卸开来，弄清楚各零件及零件间的连接关系。

2. 两种图样类型及其要求

学生可选用工程图或透视图来绘制产品结构图，分述如下：

（1）产品结构工程图 应该符合机械制图标准，适于学过机械制图课程的学生。

（2）产品结构透视图 绘制产品的透视图（立体图），应该让"陌生者"能看清看懂该产品的结构。可参考本书图 5-4a、b，图 5-7b 和图 6-43，及附录 B 中某些图样。

3．其他方面

1）手绘采用 A2 或 A3 规格的纸张。计算机辅助绘制的打印图用 A4 规格的纸张。

2）图形应绘制规整、线型清楚、幅面干净、不得存留明显的涂改痕迹。

3）图上标注主要零部件的名称，附加简要的文字说明。

二、参考作业题

B1　一款计算机键盘的结构（附图 A-1）

B2　一种卫生间换气扇的机械结构（附图 A-3）

B3　一种磅秤外壳部分的结构（附图 A-5）

B4　一种（或两种）自行车锁的结构（附图 A-7）

B5　一种门锁（撞锁）的结构（可参考附图 B-5）

B6　一种旱冰鞋的结构（附图 A-8）

B7　一种平路滑板的结构（附图 A-9）

B8　一种石英钟外壳部分的结构（附图 A-11）

B9　一种旅游便携小推车的结构（附图 A-13）

B10　两种折叠家具的结构（在附图 A-15 中任选其二）

B11　一种可拆式（或组装式）展架的结构（附图 A-16）

B12　一种室内射灯及其支架的结构（图 5-46）

B13　一种城市建筑景观射灯支座的结构（附图 A-17）

B14　一种小型手动装订机的结构（附图 A-18）

B15　一种（或两种）室外健身设施的结构（图 5-47、图 5-2a）

B16　一种公告栏的结构（图 5-9a）

B17　一款自行车气筒的结构（附图 A-19）

B18　一款电话机外壳部分的结构（附图 A-4）

B19　一款分类垃圾箱的结构（附图 A-12）

B20　一种伸缩式圆珠笔的结构（可参考附图 B-4）

B21　一种室内推车的结构（图 5-43）

B22　一款手杖凳的结构（附图 A-21）

B23　一种家电（或仪器）机箱的结构（学生自己选定，如洗衣机、冰柜、微波炉、豆浆机等）

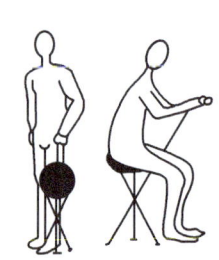

附图 A-21　题 B22、C10 图：手杖凳

附录 A.3　第三类综合作业　制作产品机构的可动模型

一、作业要求

1．只做"机构"模型

要求做产品中的机构模型，而非产品整体模型。例如"游乐园儿童摇马"的机构模型，用一块马轮廓的平板代表马即可；"公共汽车的车门开关机构"的模型，用一条直杆代表俯视的门即可，等等。

2．模型必须"可动"

对已经"弄懂了"的机构，制作可动模型还会遇到种种困难。例如，零件间位置关系

不准、构件尺寸误差大或运动副不灵活等原因，都可能使模型动不起来或动不顺畅。一一排除"卡壳"因素，可动模型做成功，认识和理解即可得到深化。

3. 模型能演示产品的功能

综合作业不是做抽象的机构模型，而是能演示指定产品功能的机构模型。模型虽不必反映产品的立体形象，但必须使"陌生者"能理解所演示产品的特定功能。

4. 其他方面

1）能进行稳定的演示，不可在演示中"散架"，不可手扶着才不坍倒，不可动作老"卡壳"等。这就要求模型关键部位的制作材料是较为牢靠的。

2）模型的尺寸可自定，但一般来说，总尺寸不宜小于 A4 纸的大小，模型放在台面上演示时，十几个围观的同学要能看清。

3）模型不必包括电动机等动力与传动部分，用手摇、推、拉着机构动作即可。有兴趣、有条件的同学装上小电动机作动力源，提高模型的档次，应该受到充分肯定。

二、参考作业题（标"＊"号者为较有难度的作业题）

C1　儿童游乐场里的"摇马"机构模型（参考图 7-22）

C2　破碎机的破碎机构模型（参考图 7-14）

C3　一种自动送料机构的模型（参考图 7-29）

C4　汽车前窗刮水器模型（参考图 7-23）

C5　惯性筛模型（参考图 7-16b）

C6　靠背可翻转的座椅模型（参考图 7-24）

C7　带棘爪的手动起重器具模型（参考图 7-45d）

C8　搅拌机中搅拌机构的模型（参考图 7-5）

C9　一个折叠椅模型及一个折叠桌模型（参考附图 A-15）

C10　一款手杖凳的模型（附图 A-21）（要求：比例 1：1，能试用）

C11＊　公共汽车的车门开关机构模型（参考图 7-26）

C12＊　长距离往返运动机构模型（不必做得很长）（参考图附图 B-13）

C13＊　设想图 7-20a、b（对心或偏置）曲柄滑块机构的一种实际应用（活动广告、商业橱窗或活动彩灯等），做出模型

附录 B　产品结构的图例与剖析（学生自学阅读材料）

附录 B 是供学生自学的内容。任课教师如果认为有必要，也可精选部分内容进行讲授或组织课堂讨论，以引导学生更好地自学。

为满足人们需求进行的功能创新，是产品创新设计的核心。功能创新大多需要通过结构设计加以实现。小小的一把壁纸刀，彻底改变了日用小刀的传统面貌：使用简便、轻巧，存放和携带安全，无须刃磨却可随时获得锋利的刃口，用材很节省，极易大规模批量化生产使价格很低廉……壁纸刀称得上是工业设计的典范。而壁纸刀成功的基础正是它合理的结构设计。环视我们的生活和工作，从自动铅笔、自动伞、抽水马桶、各种电器转换开关等小型器物，到飞机起落架、各种自动门、可折叠自行车、能上下楼梯的小推车等较复杂的器械设施，巧妙的机构和结构带给当今人们的便利和惬意，是祖辈们完全意想不到的。上面所举是以巧妙机构为主的产品，那么当代新技术产品又如何呢？手机、数码相

机、液晶显示器、彩色打印机、汽车导航系统…它们的核心技术虽不在机械方面，但它们创造的新功能却都要通过一定的硬件来实现。以数码相机为例，核心技术体现在芯片上，但机构、外壳等结构因素对产品整体功能依然至关重要，且硬件在企业生产成本中仍占了最大的比例。总而言之，无论过去与今后，设计师掌握一定的结构设计技能都是必要的。

附录 B 分为 5 类，提供了三十多个产品的图例，配有简要的文字说明。用拇指在伸缩式圆珠笔顶端一按，笔芯出来了；再一按，笔芯又缩回去了，——这是怎么回事？衣服、书包上的拉链，正向一拉就闭合锁住了，反向一拉又松开了，——这又是怎么回事？设计专业的学生应该有弄清这类问题的好奇心；只要开动脑筋，也不难弄清这类问题。通过对这些图例的钻研，学生能增强形象思维能力，打开结构构思的思维空间，在使用功能和结构之间架起桥梁，为今后产品创新的结构设计奠定更好的基础。

附录 B.1　日用小产品

1. 旋钮紧固式壁纸刀（附图 B-1）

下滑块 2 上有个斜台阶，与刀片 9 一端的斜面对应；两者紧靠，下滑快 2 上固定刀片的圆形小凸台就插入刀片的孔中；再将上滑块 4 上的通孔与下滑块 2 上的螺纹孔对准，拧紧旋钮，刀片即被夹住，使这"四小件"紧固在一起，如附图 B-1 右上角的剖面图所示。另外，上滑块 6 的宽度与刀架 7 上对应的槽宽有滑动配合的关系，刀片 9 的宽度与刀架 7 内槽槽宽也有滑动配合的关系。把"四小件"位置摆好，但先不把旋钮 1 拧紧，就可以一起插到刀架 7 里去，并可在刀架内前后推动，推到任何位置，拧紧旋钮，"四小件"就与刀架紧固在一起了。松开旋钮 1，将刀片 9 推出到需要的长度，再拧紧旋钮将刀片固定住，壁纸刀即可使用。工作完毕，将刀片 9 推入刀架 7 内并拧紧旋钮 1，可使刀片收藏在刀架内部以保安全。

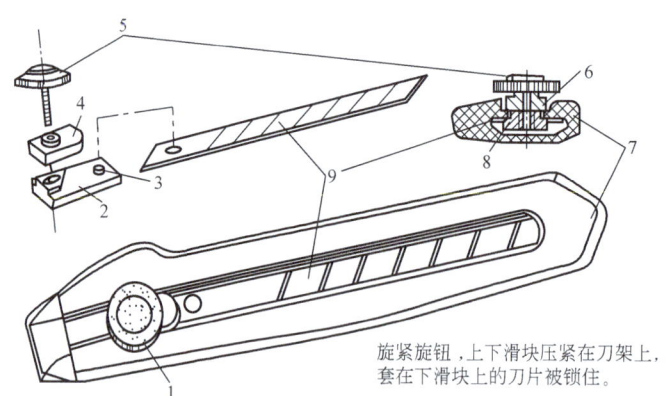

附图 B-1　旋钮紧固式壁纸刀

1、5—旋钮　2、8—下滑块　3—固定刀片凸台　4、6—上滑块　7—刀架　9—刀片

2. 棘爪定位式壁纸刀（附图 B-2）

壁纸刀的结构形式很多，旋钮紧固式壁纸刀结构最简单，但使用中要松开、拧紧旋钮才能调节刀片的伸出长度，只用一只手不能完成这个操作，有点不方便。附图 B-2 所示的棘爪定位式壁纸刀可以解决这个问题。这种壁纸刀中的滑块 6 在刀架 4 内的纵向滑动、刀片与滑块的配合定位，与旋钮紧固式壁纸刀均相似。其结构特点在于：固定刀片的滑块 3 后部，伸出两个尾部带棘爪的"脚"，刀架大直槽的两侧等距离排列有多对两两相对的刀架凹槽 5；当棘爪 1 卡在刀架大直槽两侧的凹槽里时，刀片即获得有一定牢固度的定位，

壁纸刀便能正常使用。但因滑块后部的棘爪"脚"有相当的弹性，四指与手掌紧握刀架的同时，若拇指用力推摁滑块，则滑块仍能带着刀片在刀架中纵向移动，因此单手就能调整刀片伸出长度。

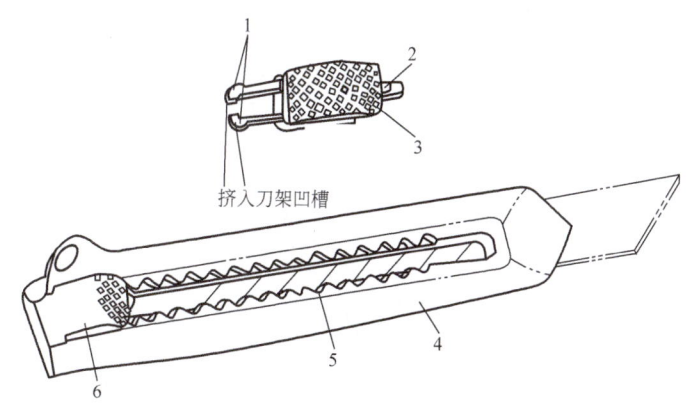

附图 B-2　棘爪定位式壁纸刀

1—滑块后的棘爪　2—固定刀片凸台　3、6—滑块　4—刀架　5—刀架凹槽

3. 拉链（附图 B-3）

拉链虽小，但被公认为是人类文明史上的一项重大技术发明。

拉链机构的关键之一，是链牙形状的互相嵌合。附图 B-3a 是链牙锁合后互相嵌合的剖面图，每个链牙的形状都相同：一侧有小凸齿，另一侧有尺寸相应的凹槽，两排链牙的凸齿与凹槽如此嵌合起来，使衬带可靠地锁合。附图 B-3a 所示是金属拉链的一种链牙，形状比较简单。现在的很多工程塑料拉链，比金属易于成型，链牙形状常较为复杂。但不论链牙形状是简单或复杂，结构的关键，都是每个链牙形状相同，又能互相嵌合。拉链机构的另一关键，是其滑动拉头的形状，如附图 B-3b 所示。滑动拉头两外侧为逐渐向左收拢的钳口形板片，其右端中部有斧形的尖劈。向右拉滑动拉头，链牙被钳口形板片向中间推挤而逐一互相嵌入，拉链锁合；向左拉滑动拉头，拉头中部的尖劈将嵌合的链牙向两边逐一推离，拉链即被解开。

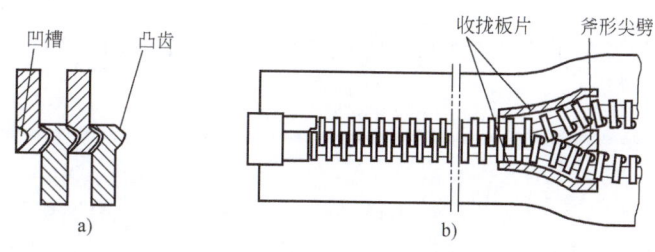

附图 B-3　拉链

a) 链牙互相嵌入　b) 拉链的锁合与解开机构

4. 伸缩式圆珠笔（附图 B-4）

笔套 6 内有一个复位弹簧 3，其前端顶在笔套内的托圈 2 上，后端顶着笔芯 5 上的凸缘 4，所以笔芯始终处于被弹簧往后推的状态中。圆珠笔的后端零件是推杆 7，推杆中心有孔，笔芯在孔内受弹簧所推直顶着孔的底面。推杆的前端有一个棘爪 12，用弹性材料制作，具有向外张开的弹力。用拇指按压推杆 7，推动推杆和笔芯一起往前移动，当笔头 1 伸出笔套 6 预设的距离时，棘爪 12 也达到笔套上第一卡口 11 的位置，棘爪自动弹进卡口。由于此时棘爪顶在第一卡口的端面上，虽撤离拇指，推杆和笔芯也不会退回，圆珠笔即可正常书写。笔套后部装有一个别杆 8，别杆前端的"▽"形尖凸 10 兼作揿钮，其位

置正对第一卡口。圆珠笔使用完毕，揿一下这个"揿钮"，棘爪被推出第一卡口后，复位弹簧把笔芯连同推杆一起往后推，当棘爪达到笔套上第二卡口9的位置时，棘爪又自动弹入第二卡口，推杆和笔芯又重新停止在这里，此时笔头已缩到笔套之内，处于不能书写的保护位置。

附图B-4只是伸缩式圆珠笔的结构形式之一，还有多种结构形式能实现类似的产品功能。

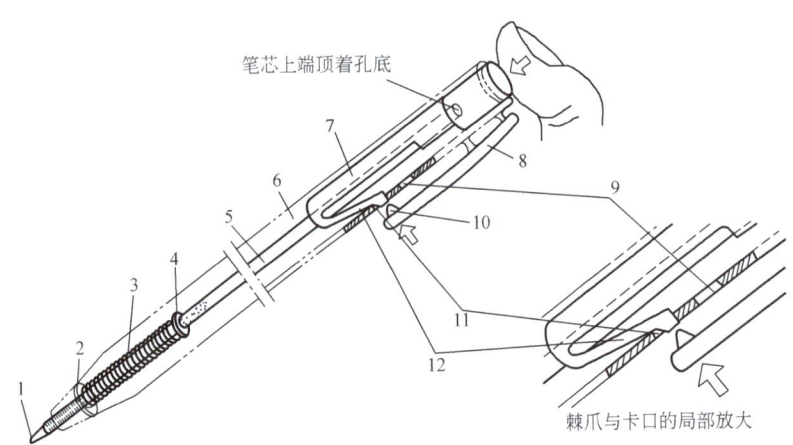

附图 B-4　伸缩式圆珠笔

1—笔头　2—托圈　3—复位弹簧　4—凸缘　5—笔芯　6—笔套　7—推杆
8—别杆　9—第二卡口　10—"▽"形尖凸（兼作揿钮）　11—第一卡口　12—棘爪

5. 舌簧式门锁（附图B-5）

附图B-5所示为舌簧式门锁，在建筑和机动车辆中较为常见。附图B-5为门关闭的状态，若逆时针转动附图B-5a中的外手柄6，或外扳附图B-5b中的外手柄6，使锁舌2向左移动（此时弹簧1受到压缩）到锁舌2能脱离挡块3阻挡的位置，门即可被拉开。关门时锁舌2的弧面即能在挡块3的斜面上滑过（此时弹簧1被压缩），一旦锁舌2越过挡块3到达关闭位置，弹簧1重新将锁舌2向右推出，使挡块3将锁舌2卡住，又恢复为关门状态。舌簧式门锁中还配有锁止器5，附图B-5所示位置的锁止器5能阻挡外手柄6的动作，使舌簧门锁处于防盗锁止状态，需要用专配的钥匙解除锁止器的锁止以后，才能通过外手柄6开门或关门。

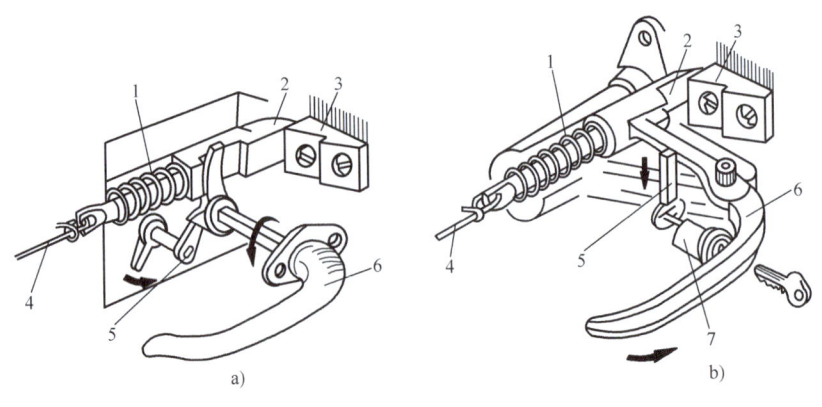

附图 B-5　舌簧式门锁
a) 旋转手柄式　b) 掀拉手柄式

1—弹簧　2—锁舌　3—挡块　4—联动钢丝　5—锁止器　6—外手柄　7—锁扣

附录 B.2　灵巧、便捷机构

1. 按钮转换开关（附图 B-6）

按钮转换开关的上层有按钮 1 和 2；中层是绝缘的摆轮 3，可绕摆轮转轴 4 偏摆。摆轮下方的孔中安置了插销弹簧 5 和插销 8，弹簧力往下推压着插销。下层的摆板 9 为铜质导体，可绕摆板轴 7 偏摆，结构像是小孩玩的跷跷板，它是接通电路的导体。摆板下方两侧有电触点 10 和 6。按压按钮 1，摆轮 3 逆时针偏摆，使插销 8 下端向右偏移，当插销 8 下端略微越过摆板轴 7 的位置时，插销弹簧 5 的推压力可使"跷跷板"（摆板 9）右端迅速被压下，于是电触点 6 立即闭合。反之，按压按钮 2，则电路闭合点从触点 6 转换到触点 10。

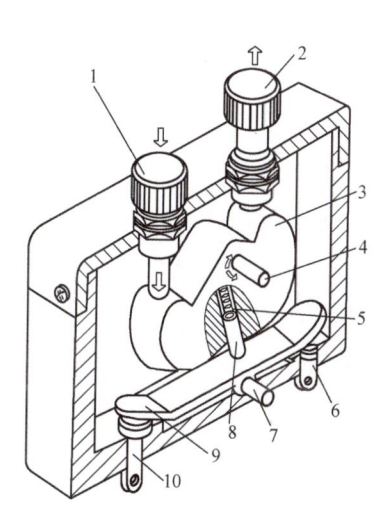

附图 B-6　按钮转换开关

1—按钮 A　2—按钮 B　3—摆轮（绝缘体）
4—摆轮转轴　5—插销弹簧　6—触点 1　7—摆板轴
8—插销　9—摆板（导体）　10—触点 2

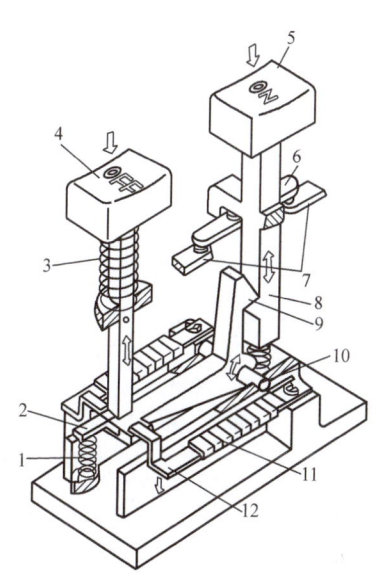

附图 B-7　过热保护开关

1—爪杆压簧　2—爪杆　3—按钮压簧　4—OFF（断开）按钮
5—ON（接通）按钮　6—可动触点　7—固定触点
8—钩爪　9—钩爪工作面　10—爪杆转轴
11—加热导线　12—双金属片

2. 过热保护开关（附图 B-7）

双金属片式过热保护（或温度控制）开关的应用很广，工作原理是：把两种膨胀系数差别明显的长条形金属片压制成一体，常温下是平直的长条形，温度升高（或降低）后，因两层金属片伸长量不同，双金属片就会翘曲起来。

附图 B-7 所示为过热保护开关，图中可动触点 6 与固定触点 7 紧压，是电路的接通状态。按压 OFF（断开）按钮 4，爪杆 2 绕爪杆转轴 10 逆时针摆动，右端钩爪工作面 9 对 ON（接通）按钮 5 下端的限位作用解脱，ON 按钮 5 受底端弹簧推压而上升，使可动触点 6 与固定触点 7 脱离，电路断开。这是人手操作使电路断开。过热保护断电的原理如下：电流过大，使双金属片 12 温度升高，由平直形变成翘曲形，其左端（即自由端，其右端是固定的）向下翘曲，压下爪杆 2 左端，爪杆 2 逆时针摆动，也使 ON 按钮 5 从钩爪工作面 9 解脱，电路自动切断。这种电路切断由双金属片过热引起，因此称为过热保护开关。断电状态下按压 ON 按钮 5，ON 按钮下的竖直杆向下运动，其下端钩爪 8 的竖侧面挤推爪杆 2 右端钩爪的斜面，爪杆 2 逆时针摆动，不会阻挡 ON 按钮的向下运动；当 ON 按钮 5 钩爪上的工作面超过爪杆 2 上钩爪的工作面 9 时，在爪杆压簧 1 的作用下，爪杆 2 立即顺时针摆动回来，使两个钩爪工作面钩住，同时可动触点 6 紧压固定触点 7，电路接通。此时撤离对 ON 按钮的按压，ON 按钮不会返回，电路维持接通状态。

3. 防拆螺钉（美国专利：5259689—1983）（附图 B-8）

张脚螺钉 2 中心有与六角插销 1 紧配合的六角形不通孔，保证六角插销不能向下卸出；螺钉的螺纹段下半部开有纵向槽 7。由于六角形不通孔下端直径逐渐减小，六角插销 1 插入时，使螺钉两脚撑开，将被连接件 3、4 锁合。锁合后，螺钉头部、六角插销 1 与工件的上表面平齐，六角插销 1 从上表面和从下方均不能卸出，因而具有防拆的保护功能。

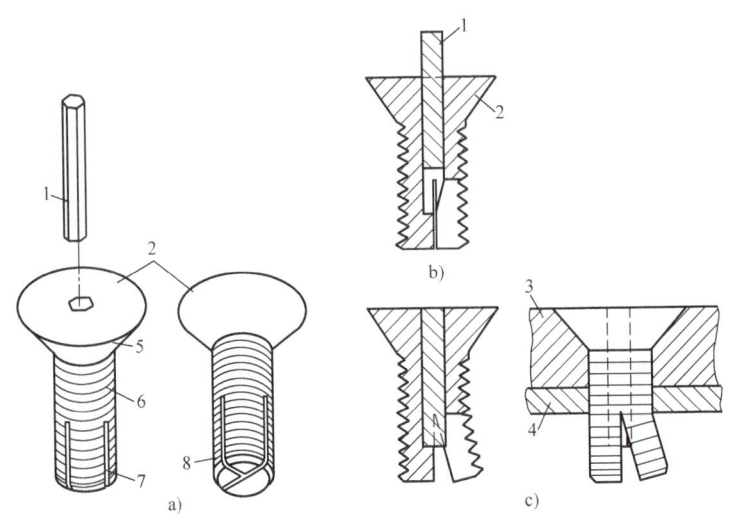

附图 B-8　防拆螺钉

a）张脚螺钉　b）预备状态　c）锁合状态

1—六角插销　2—张脚螺钉　3、4—被连接件　5—锥头　6—螺纹部分　7—槽　8—可张腿

4. 单侧旋合螺栓（美国专利：5259714—1993）（附图 B-9）

支座 2 的上端有四个凹槽 4，使用专用扳手（图中未画出）时可固定支座 2 使它不会旋转。支座 2 的管状部分沿周向分布有四个纵向长槽 5，它的下部为螺纹孔。旋入螺栓 1，在螺栓头与支座 2 上表面接触（如附图 B-9a 所示位置）以后，再继续用力转动螺栓 1，就使支座 2 开有纵槽的部分因被拉而变形收缩，如附图 B-9b 所示，能产生相当大的弹性力将被连接件夹紧。这种螺栓只需在被连接件的一侧方便地操作，锁紧力大小也易于自如地调节。

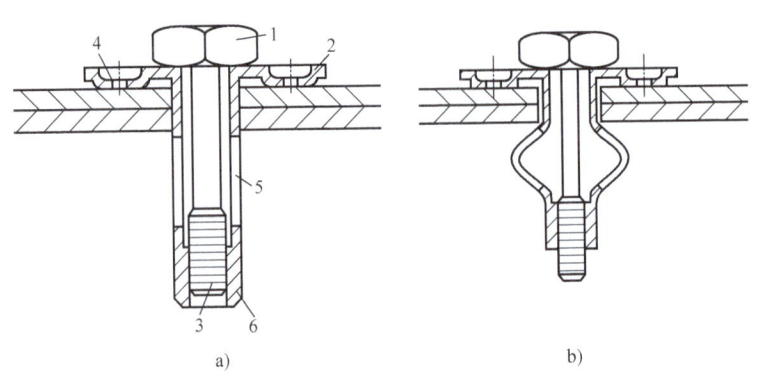

附图 B-9　单侧旋合螺栓

a）预备状态　b）锁紧状态

1—螺栓　2—支座　3—螺栓螺纹部分　4—凹槽　5—长槽　6—螺母螺纹部分

5. 变形螺母（附图 B-10）

变形螺母的工作原理是：钻孔后插入变形螺母，拧入普通螺钉（附图 B-10a）或木螺钉（附图 B-10b），使螺母套管变形收缩，形成一个受力均匀的锁合结，锁合力强，便于单侧操作。变形螺母由合成橡胶（如聚氯丁橡胶）、尼龙等制成，具有电绝缘、耐油、防漏、耐热等性能，在建筑、化工、电器等行业中广泛应用。

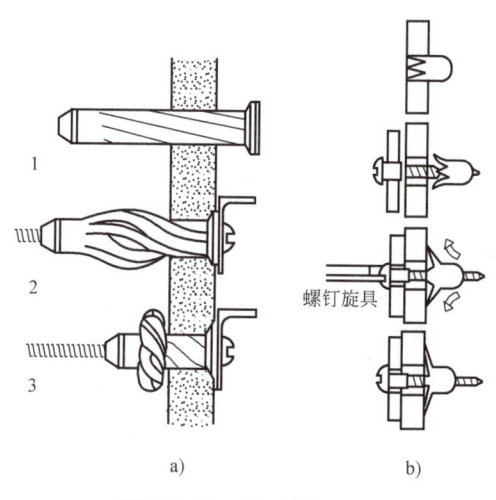

附图 B-10　变形螺母

附录 B.3　几种专用机构

1. 搓元宵机构（附图 B-11）

附图 B-11 所示搓元宵机结构的要点是：旋转圆盘 1 可绕倾斜轴 AA_1 转动，工作箱 3 以球形铰链 D 与旋转圆盘 1 连接；连杆 CB 的上端以圆柱铰链 C 与工作箱 3 连接，下端以转动销轴 B 与支承座 6 连接；支承座可绕铅垂轴 BB_1 旋转。从原动机输入动力驱动旋转圆盘 1 转动，则工作箱 3 在空间的运动形式很丰富：既含有上下、前后、左右三个方向的往复移动，又含有绕铅垂方向、水平纵向、水平横向三个轴线的正反向摆动，而且每个方向的移动速度和绕每一轴线的摆动速度，都是时快时慢周期性变化的。在这样的工作箱里放进湿度适宜的糯米粉，再放进桂花白糖的、豆沙的……团粒状元宵馅，一开机，元宵馅就能在各方向的滚动、荡漾中粘取糯米粉，逐渐形成一个个包裹均匀的元宵。

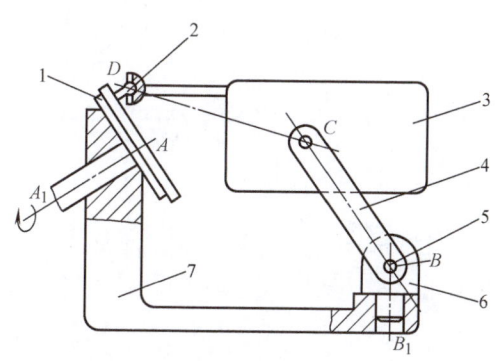

附图 B-11　搓元宵机构示意图

1—旋转圆盘　2—球形铰销　3—工作箱　4—连杆
5—转动轴销　6—支承座　7—支架

2. 便所冲水水箱（附图 B-12）

便后按下冲水手柄，经过分离杠杆 2 和提升线 8，塞球 10 从它下面的阀座 11 上被提起，存于水箱中的水就通过阀座 11 冲到便桶或便池里去。水箱中没有了水，塞球 10 因自重回落，重新将出水阀口堵住，阻断了排水的通道；同时，因没有水的浮托，浮球 6 下落下来，经过浮动杆 5 连接的杠杆，把进水阀打开，外接水管里的水通过进水管 1 和注水管 12 流进水箱；随着水箱里水面抬高，将浮球 6 慢慢托起，浮球升至一定高度，经过杠杆重新把进水阀关闭。这样，水箱的一个工作循环就结束了。

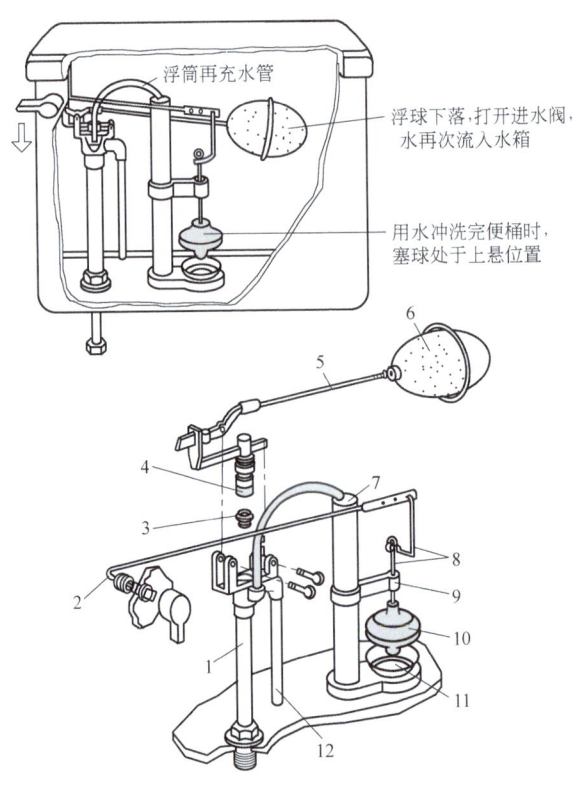

附图 B-12　便所冲水水箱

1—进水管　2—分离杠杆　3—进水阀阀座　4—进水阀垫圈　5—浮动杆
6—浮球　7—溢流管　8—提升线　9—导引臂　10—塞球　11—阀座　12—注水管

3. 长距离往返运动机构（附图 B-13）

在相距较远的两根轴间安装传动带（或传动链）7 作为传动件，传动件外侧安装销子

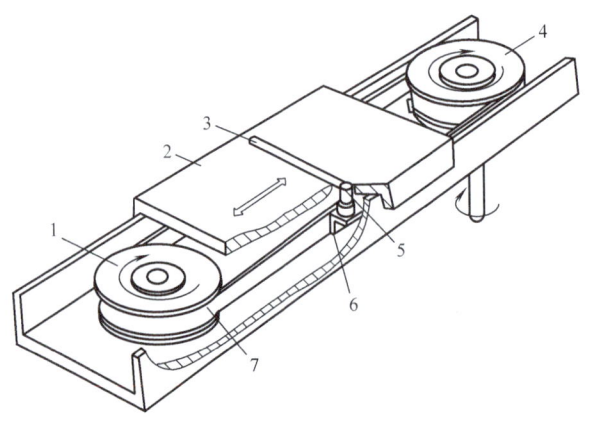

附图 B-13　长距离往返运动机构

1—张紧从动轮　2—往返工作台　3—长槽　4—驱动轮
5—驱动销　6—销子支承座　7—传动带（或传动链）

支承座6，支承座上装有驱动销5；驱动销又卡在往返工作台2上的长槽3里，于是在传动件连续运动时，就通过驱动销带动工作台做长距离的往返运动。若根据工作需要在这种长距离的行程中设置各种传感器和限位开关，可实现复杂的作业要求。

4. 供给机构（二例）（附图B-14）

将原材料、毛坯或半成品零件持续向操作位置移送的机构称为供给机构。附图B-14a为振动式供给机构原理图，振动器使料斗处于适度振动中，料斗里的零件能不断被抖落进入颈管，然后由慢速转动的槽轮（送出转筒）周期性地一一输出。附图B-14b为推杆式供给机构示意图，推杆按调定的频率往返运动，每往返一次输出一个零件。

5. 整列机构（二例）（附图B-15）

将杂乱混处在一起的零件按一定要求整理后往外输送的机构，称为整列机构。例如附图B-15a这种整列机构，即可整列杂乱混处在一起的很多短圆管：一个带齿的转轮不断地转动，每个齿上有钩头，钩头进入短圆管的孔把它钩住带走，短圆管形成了有规则的排列形式输送出去。附图B-15b是扁"凹"字形零件的整列机构：无序的零件经过带齿转轮的"梳理"，分成为有序的两列，每列中零件的"凹"形均具有相同的朝向。

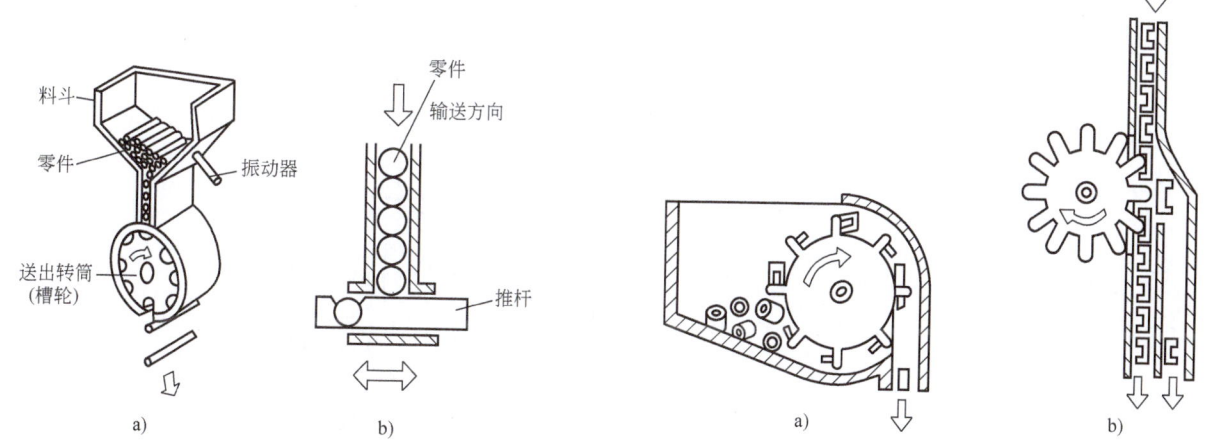

附图B-14　供给机构
a）振动式供给机构　b）推杆式供给机构

附图B-15　整列机构

6. 挑选机构（一例）（附图B-16）

通过检测发现差异并加以处理（一般是剔除）的机构称为挑选机构。附图B-16是一种能剔除厚度超标邮件的机构示意图：邮件在输送带上往X方向运动，途中都要穿过"厚度挑选用传动带"下方的缝隙，而该缝隙的高度就是邮件厚度的限制值；不超厚的邮件均可顺利通过缝隙，凡超厚的邮件，则被旋转着的厚度挑选用传动带向一侧（图中Y方向）甩出。

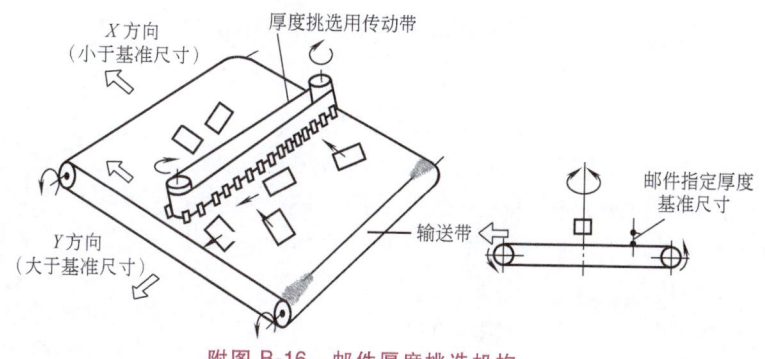

附图B-16　邮件厚度挑选机构

附录 B.4　电烤炉和台式电扇

1. 电烤炉（附图 B-17～附图 B-19）

电烤炉有简易型、定时型、调温型、定时调温型等类型，附图 B-17 是定时调温型电烤炉的外观、各构成部件及其名称，附图 B-18 是它的结构分解图。

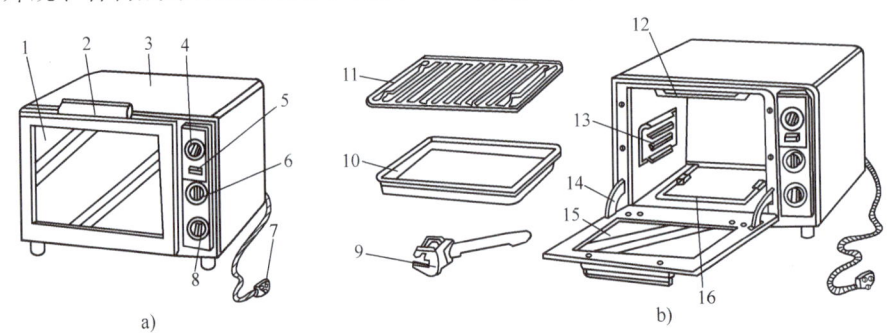

附图 B-17　定时调温型电烤炉
a）电烤炉外观　b）电烤炉各构成部件及其名称

1—炉门　2—把手　3—炉体　4—调温器旋钮　5—指示灯　6—转换开关旋钮　7—电源插头　8—定时器旋钮
9—柄叉　10—烤盘　11—烤网　12—上管状加热器　13—搁架　14—弯板　15—钢化玻璃　16—下管状加热器

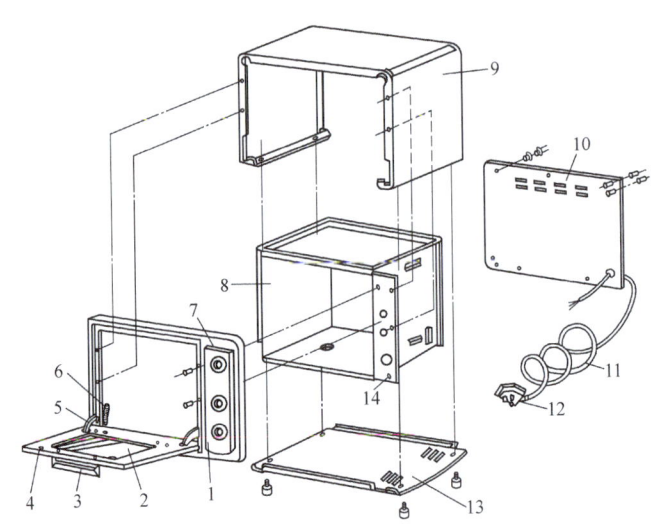

附图 B-18　定时调温型电烤炉的结构分解图

1—面板　2—钢化玻璃　3—把手　4—炉门　5—弯板　6—拉簧　7—门框
8—内腔　9—外壳　10—后盖板　11—电源线　12—电源插头　13—底板　14—控制板

附图 B-19 是电烤炉的炉门结构，虽然简单，但其构思颇有可取之处：炉门两侧各装有一块弧条形弯板（结合参看附图 B-17b 及附图 B-18），弯板的端头受拉簧的拉力。用手将炉门拉开到一定程度，炉门重力形成的力矩将大于拉簧的拉力矩，炉门可平放在台面上；用手提合炉门到一定程度，炉门的重力矩小于拉簧的拉力矩时，炉门将趋向关闭且稳定在关闭位置。

2. 台式电扇（附图 B-20～附图 B-25）

附图 B-20 是台式电扇的外形。附图 B-21 是电扇的网

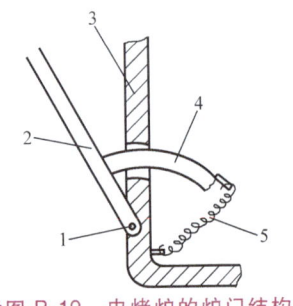

附图 B-19　电烤炉的炉门结构

1—转轴　2—炉门　3—门框
4—弯板　5—拉簧

罩和扇叶结构，附图 B-22 是电扇扇头的结构分解图。

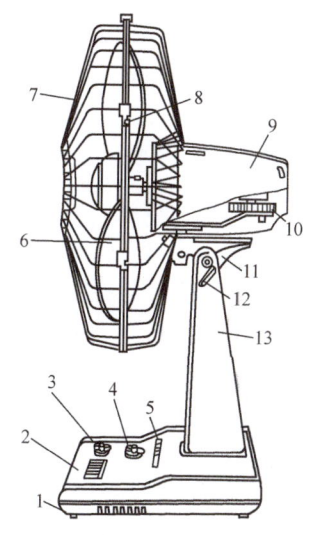

附图 B-20　台式电扇的外形

1—底座下盖　2—底座上盖　3—摇头旋钮　4—定时旋钮
5—显示器　6—扇叶　7—网罩　8—扣夹　9—扇头
10—摇头机构　11—电动机座　12——俯仰旋钮　13—立柱

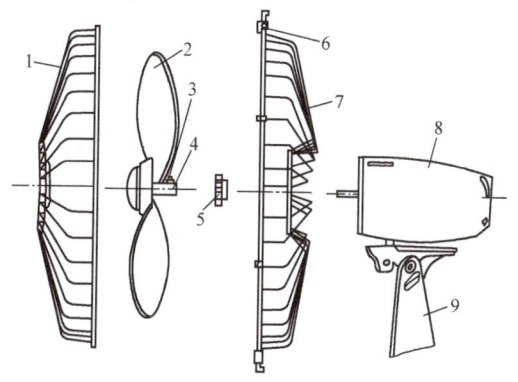

附图 B-21　电扇的网罩和扇叶结构

1—前网罩　2—扇叶　3—紧固螺钉
4—扇叶套筒　5—后网罩紧固螺母　6—扣夹
7—后网罩　8—扇头　9—立柱

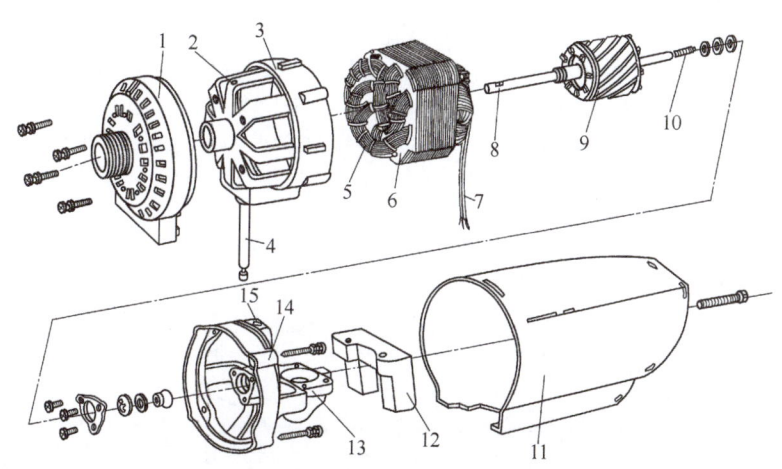

附图 B-22　电扇扇头的结构分解图

1—前外罩　2—前加油孔　3—前端盖　4—摇摆轴　5—定子绕组　6—定子铁心
7—导线　8—安装紧固网叶的轴　9—转子　10—蜗杆（与摇头机构的蜗轮相啮合）
11—后外罩　12—平衡块　13—摇头齿轮箱　14—后端盖　15—后加油孔

电扇的摇头机构有多种形式，图 7-18 所示为双摇杆式的示意图。附图 B-23 则是曲柄摇杆式摇头机构的分解图，附图 B-24 是对应的运动简图。电扇电动机转速很高，通过蜗杆 17→蜗轮 24 的一级减速、啮合轴小齿轮 26→大直齿轮 25 的二级减速（参看附图 B-23）以后，直齿轮 25 的转速已经相当低了。这个直齿轮在半径为 r_4 的位置装有一个销轴（对照参看附图 B-23 和附图 B-24），摇摆连杆的一端与这个销轴组成转动副，摇摆连杆的另一端则与装在摇摆盘上的销轴组成转动副；此销轴与摇摆盘中心的距离为 r_3。这样就构成了附图 B-24 所示的曲柄摇杆机构，它的四个构件分别是：①曲柄就是直齿轮 25，其"杆长"为 r_4;②摇杆就是摇摆盘,其"杆长"为 r_3;③连杆即图示的摇摆连杆,其杆长为 r_2;④机架就是安装着直齿轮轴和摇摆盘轴的电动机底座,其"杆长"为 r_1。第七章分析过,附图 B-24 这样的曲柄摇杆机构,当曲柄连续旋转时,摇杆在一定角度内往复摆动。因电扇的扇头装在此机构的"摇杆"摇摆盘上,因此电扇开动以后扇头会来回摆动。

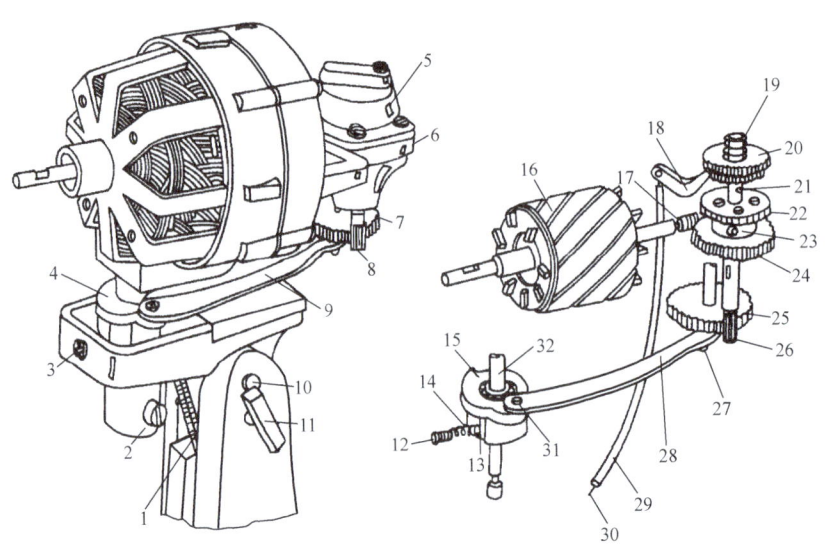

附图 B-23　曲柄摇杆摇头机构的分解图

1—钢钉套　2—定位螺钉　3、12—小螺钉　4、15—摇摆盘　5—齿轮箱盖　6—齿轮箱
7、25—直齿轮　8—啮合轮　9、28—摇摆连杆　10—转轴　11—俯仰旋钮　13—钢球
14—小弹簧　16—转子　17—蜗杆（蜗杆蜗轮一级减速）　18—控制杠杆
19—压缩弹簧　20—离合器上齿　21—销子　22—离合器下齿　23—保护装置
24—蜗轮　26—啮合轴小齿轮（啮合轴直齿轮二级减速）　27—曲柄　29—钢丝套
30—钢丝（控制离合器操纵摇头机构的工作）　31—摇杆　32—摇摆轴

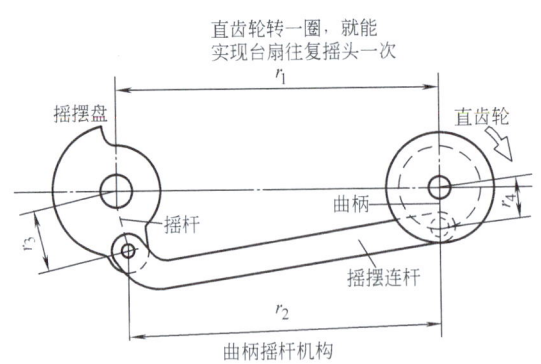

附图 B-24　曲柄摇杆摇头机构的运动简图

使用电扇时,既可能要求它摇头,也可能要求它不摇头,附图 B-25 是控制电扇是否摇头的机构:图中上半部所画的情况,钢丝套 19 处于松开状态,长弹簧 14 把电动机底座上的滑板 12 向前方（图中的左方）推开,使控制杆 11 与摇摆盘 10 脱离接触,因此曲柄摇杆机构中的摇摆盘 10 虽然还摇摆,但对电动机底座却不起作用。若将钢丝套拉紧,如附图 B-25 下部所画,则滑板 20、控制杆 18 与摇摆盘 10 处于接合状态,摇摆盘 10 就能带动扇头摇摆了。

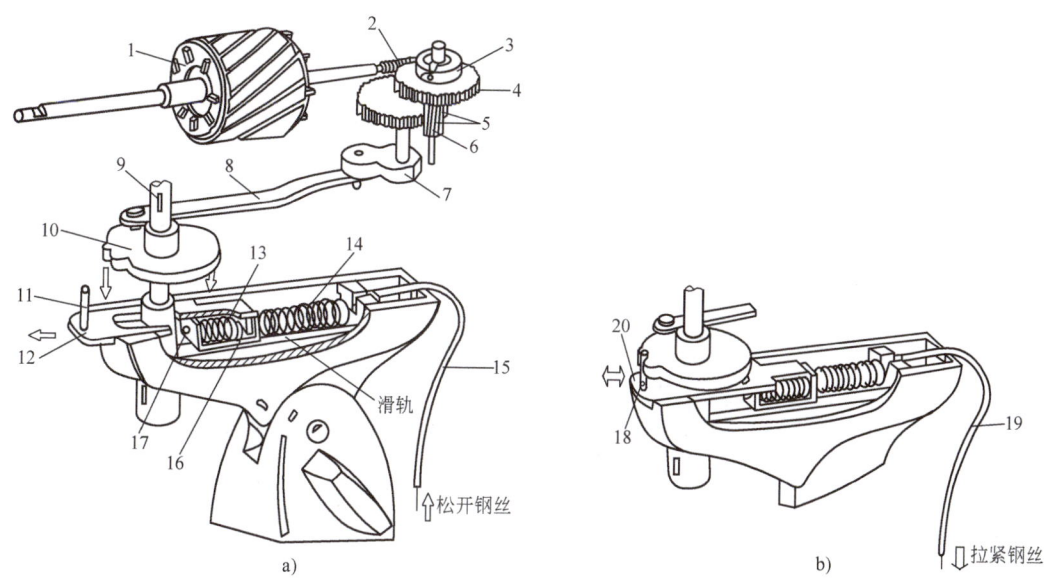

附图 B-25　电扇摇头机构的分离与接合
a) 不摇头时的情况　b) 摇头时的情况
1—转子　2—蜗杆　3—保护装置　4—蜗轮　5—直齿轮　6—啮合轴
7—曲柄　8—摇摆连杆　9—摇摆轴　10—摇摆盘　11—控制杆　12、20—滑板
13—短弹簧　14—长弹簧　15、19—钢丝套　16—滑框　17—钢丝头　18—控制杆

附录 B.5　机箱机壳

1. 典型电器机箱（附图 B-26～附图 B-32）

因材料和加工工艺不同，电器机箱的结构也不同，采用不同类型原材料制作的电器机箱如附图 B-26～附图 B-32 所示。

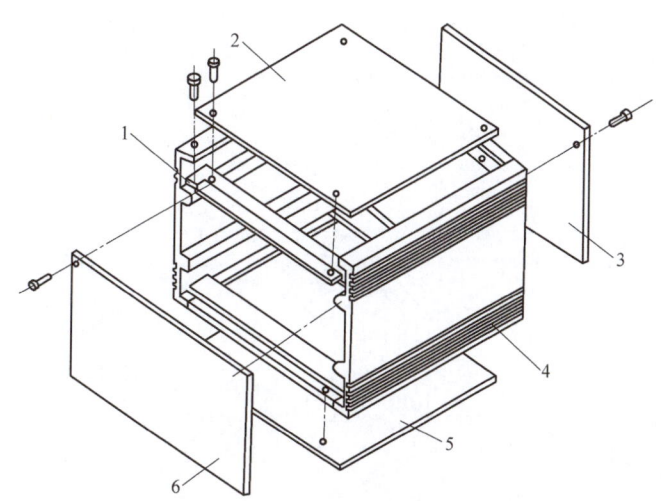

附图 B-26　塑板组合机箱
1—横梁　2—上盖板　3—后盖板　4—侧框架　5—下盖板　6—前面板

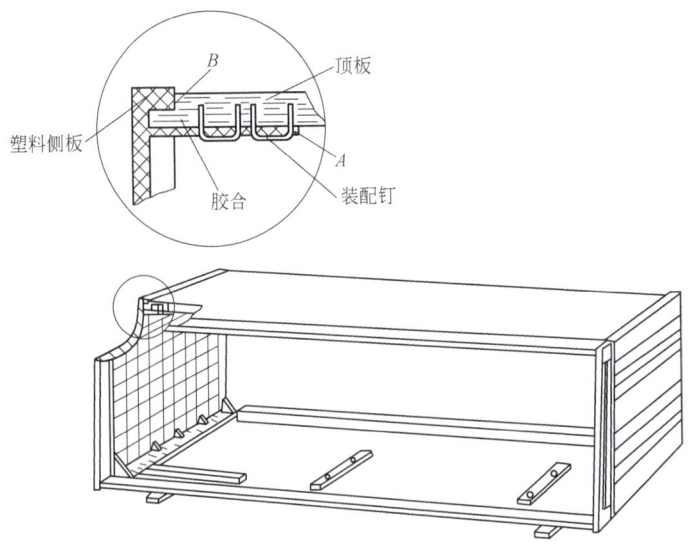

附图 B-27　拼块式塑木机箱

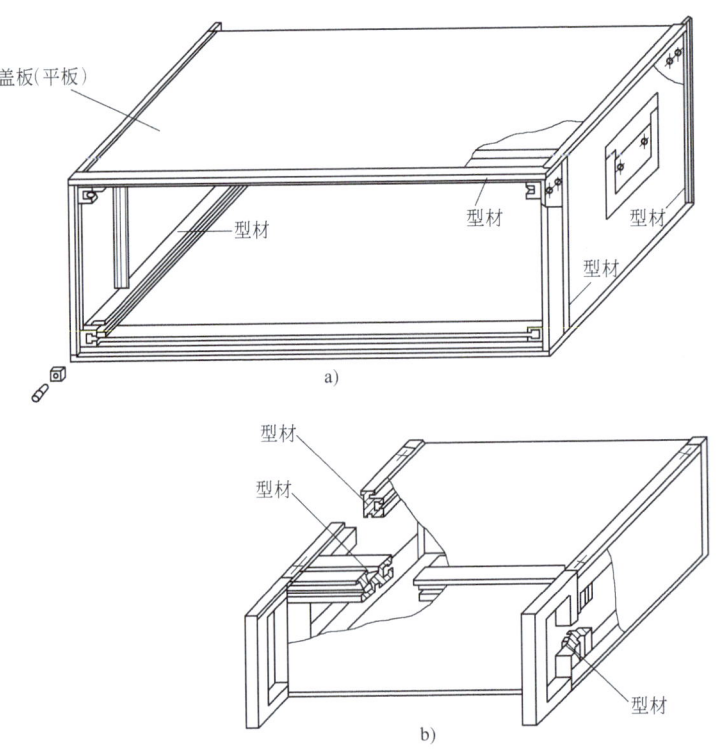

附图 B-28　型材组合机箱

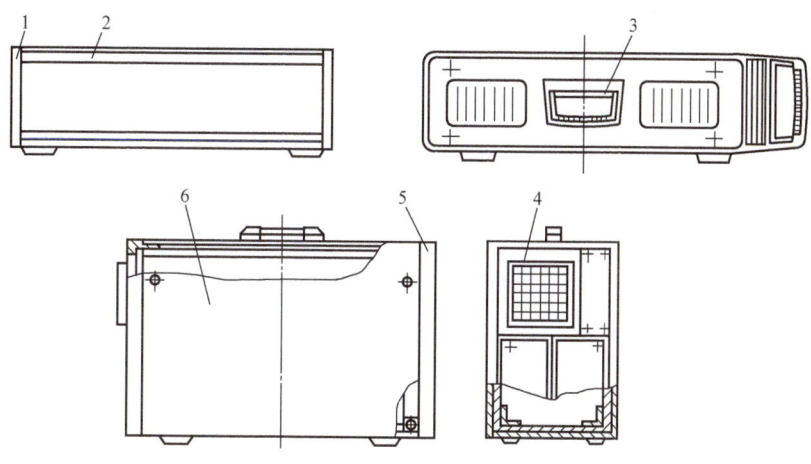

附图 B-29　型材压铸机箱

1—侧框架　2—横梁　3—提把　4—前框架（压铸件）　5—后框架（压铸件）　6—盖板

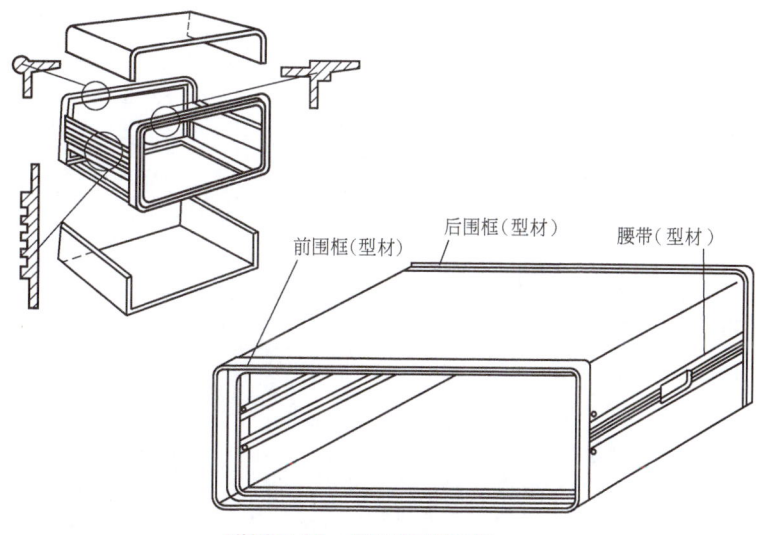

前围框（型材）　后围框（型材）　腰带（型材）

附图 B-30　型材围框机箱

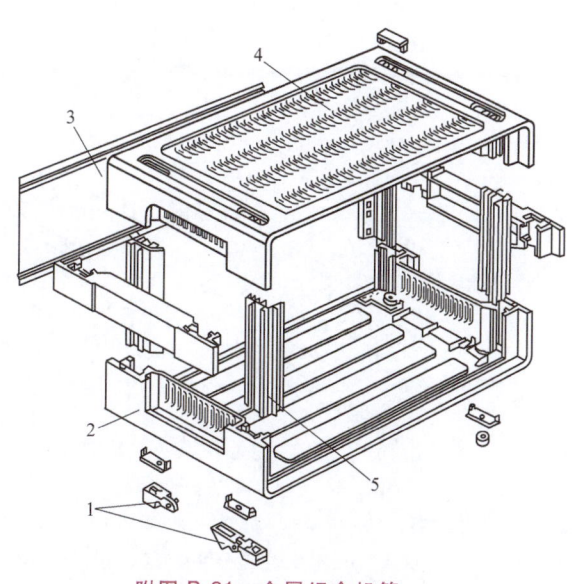

附图 B-31　金属组合机箱

1—塑料组件　2、4—塑料机壳　3—塑料侧板　5—塑料立柱

2. 电冰箱的机箱（附图 B-33～附图 B-36）

电冰箱的外观及箱体各部分的结构如附图 B-33～附图 B-36 所示。

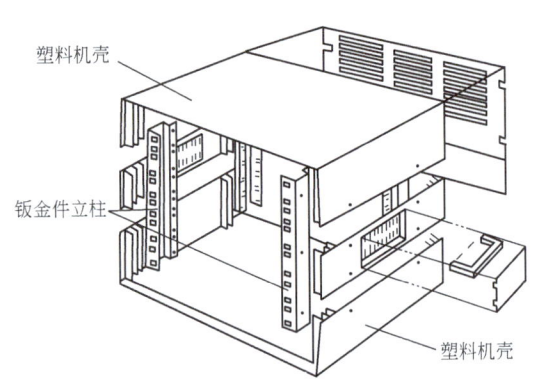

附图 B-32　塑料金属型材组合机箱

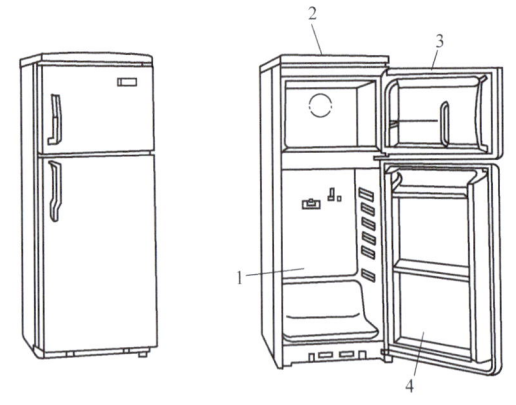

附图 B-33　电冰箱的外观

1—内胆　2—箱外壁　3—门板　4—门内胆

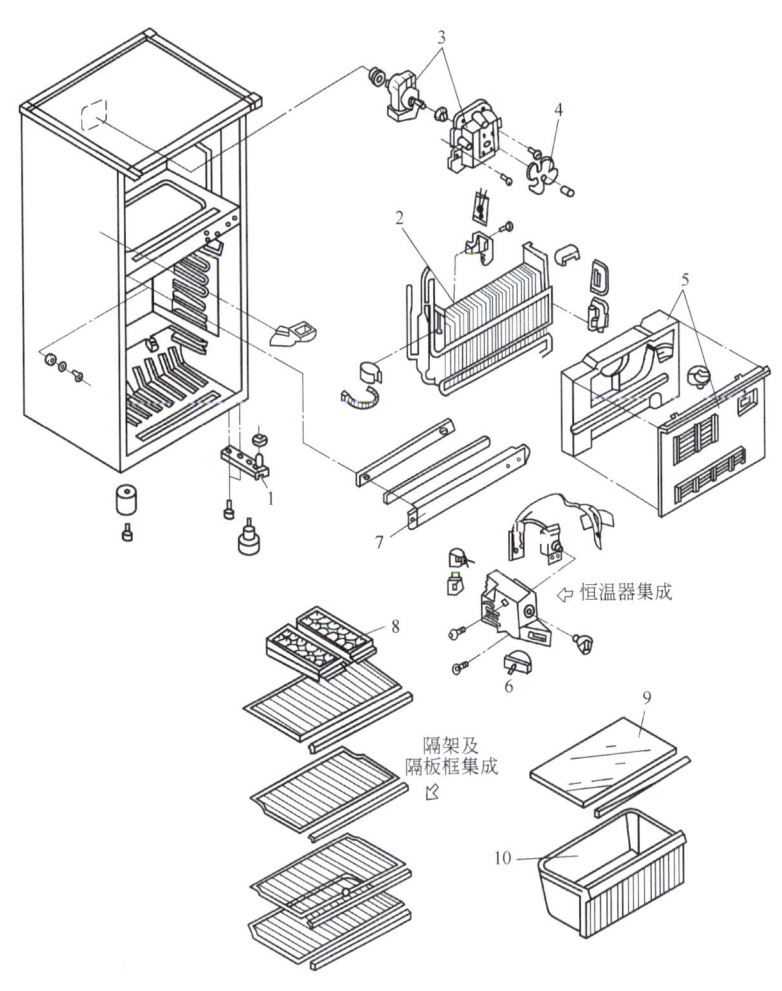

附图 B-34　电冰箱的内部结构

1—门下销　2—除霜加热器　3—风扇电动机　4—风扇　5—冷却器绝缘材料及罩壳
6—门开关　7—隔板框　8—制冰盒　9—容器玻璃盖　10—果菜储藏箱

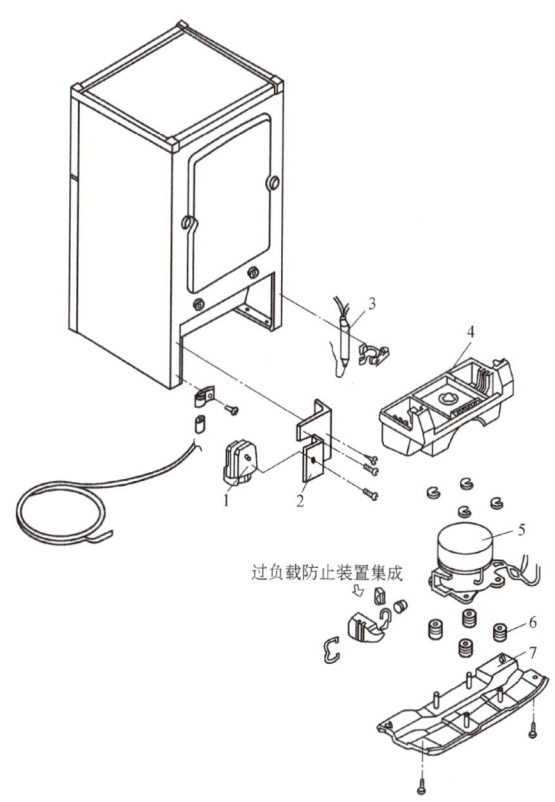

附图 B-35　电冰箱压缩机部分结构

1—除霜定时器　2—定时器托架　3—干燥器　4—蒸发盘　5—压缩机　6—胶垫圈　7—压缩机底座

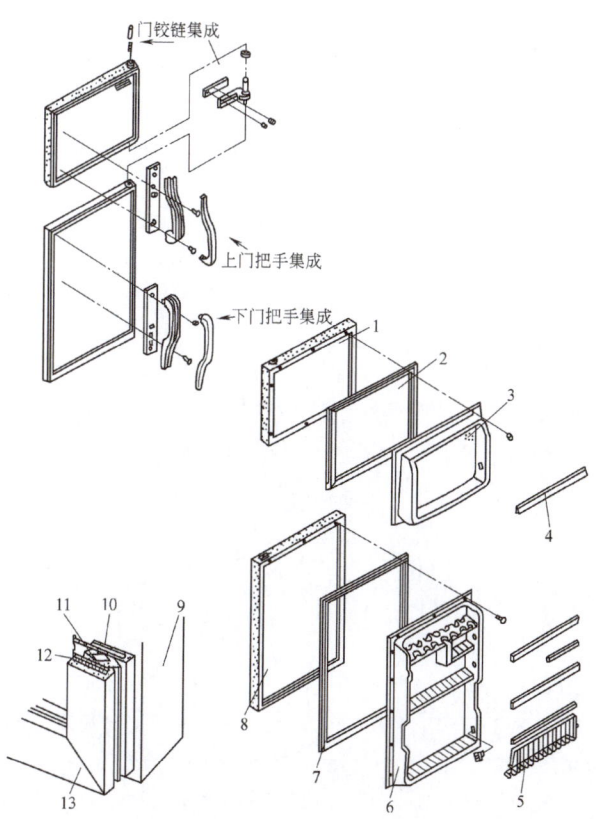

附图 B-36　电冰箱门的结构

1—上门　2—上门封条　3—上门内胆　4—瓶架支承　5—瓶托网　6—下门内胆
7—下门封条　8—下门　9—箱门　10—固装叶　11—空气腔　12—磁性条　13—磁性门封条

参 考 文 献

[1] 柯旭贵，张荣清. 冲压工艺与模具设计 [M]. 北京：机械工业出版社，2013.
[2] 申荣华，丁旭. 工程材料及其成形技术基础 [M]. 北京：北京大学出版社，2008.
[3] 成大先. 机械设计手册 [M]. 5版. 北京：化学工业出版社，2009.
[4] 濮良贵，陈国定，吴立言. 机械设计 [M]. 9版. 北京：高等教育出版社，2013.
[5] 孙桓，陈作模，葛文杰. 机械原理 [M]. 8版. 北京：高等教育出版社，2013.
[6] 杨可桢，程光蕴，李仲生. 机械设计基础 [M]. 5版. 北京：高等教育出版社，2006.
[7] 郑甲红. 机械设计基础 [M]. 西安：西安电子科技大学出版社，2008.
[8] 阮宝湘. 工业设计机械基础 [M]. 北京：机械工业出版社，2002.
[9] 韩向冬. 工程力学 [M]. 北京：机械工业出版社，1998.
[10] 庄学功. 机械基础 [M]. 北京：中国铁道出版社，1999.
[11] 范继昭. 建筑力学：上、下册 [M]. 北京：高等教育出版社，1996.
[12] 刘思俊. 工程力学练习册：上、下册 [M]. 西安：西安交通大学出版社，1999.
[13] 阮宝湘，邵祥华. 人机工程 [M]. 南宁：广西科学技术出版社，2000.
[14] 范思冲. 机械基础 [M]. 北京：机械工业出版社，1999.
[15] 陈楚玲. 应用力学及机械设计基础：上册 [M]. 北京：北京科学技术出版社，1988.
[16] 张如三，等. 材料力学 [M]. 北京：中国建筑工业出版社，1997.
[17] 王三民，诸文俊. 机械原理与设计 [M]. 北京：机械工业出版社，2001.
[18] 王春燕，陆风仪. 机械原理 [M]. 北京：机械工业出版社，2001.
[19] 黄森彬. 机械设计基础 [M]. 北京：机械工业出版社，2001.
[20] 张春林，曲继方，张美麟. 机械创新设计 [M]. 北京：机械工业出版社，1999.
[21] 孟宪源. 现代机构手册 [M]. 北京：机械工业出版社，1994.
[22] 阎敏，王文博. 机械设计基础 [M]. 北京：机械工业出版社，1999.
[23] 汤慧墭. 机械设计基础 [M]. 北京：机械工业出版社，1999.
[24] 阮宝湘. 机械工人小顾问（1）[M]. 北京：机械工业出版社，1985.
[25] 阮宝湘，石道平，朱中一. 机械工人小顾问（2）——渐开线齿轮知识 [M]. 北京：机械工业出版社，1998.
[26] 朝仓直巳. 艺术·设计的立体构成 [M]. 林征，林华，译. 北京：中国计划出版社，2000.
[27] 成大先. 机械设计图册：第1、2卷 [M]. 北京：化学工业出版社，1997.
[28] 成大先. 机械设计图册：第3、4、5、6卷 [M]. 北京：化学工业出版社，2000.
[29] 秦伟. 机械设计基础 [M]. 北京：机械工业出版社，2004.
[30] 丁树模. 机械工程学 [M]. 北京：机械工业出版社，2003.
[31] 张久成. 机械设计基础 [M]. 北京：机械工业出版社，2004.
[32] 陈长生，霍振生. 机械基础 [M]. 北京：机械工业出版社，2005.
[33] 范顺成. 机械设计基础 [M]. 北京：机械工业出版社，2001.
[34] 董玉平. 机械设计基础 [M]. 北京：机械工业出版社，1999.
[35] 柴鹏飞. 机械设计基础 [M]. 2版. 北京：机械工业出版社，2005.
[36] 张春林，焦永和. 机械工程概论 [M]. 北京：北京理工大学出版社，2003.
[37] 斯派克 J. 国外家用器具大全：上册 [M]. 叶路，牛涛，周燕，编译. 北京：宇航出版社，1988.
[38] 杨可桢，程光蕴. 机械设计基础 [M]. 北京：高等教育出版社，1997.
[39] 范钦珊. 工程力学 [M]. 北京：机械工业出版社，2007.